高温合金 GH4738 及应用

董建新 著

北京

冶金工业出版社

2014

内 容 提 要

本书共分 11 章，主要包括 GH4738 合金及发展、合金冶炼及均匀化开坯、组织特征及热处理、合金的组织与性能、热变形过程中的再结晶行为、热变形组织控制、合金冷变形行为、合金组织稳定性、涡轮盘的制备工艺及控制原则、服役后涡轮盘的寿命评估、叶片制备工艺及失效分析等内容。本书可供从事航空航天、火电、石化等领域从事 GH4738 合金部件的设计、制备、应用等研究工作的人员参考阅读。

图书在版编目 (CIP) 数据

高温合金 GH4738 及应用/董建新著 . —北京：冶金
工业出版社，2014. 11
　ISBN 978-7-5024-6762-3

　Ⅰ. ①高⋯　Ⅱ. ①董⋯　Ⅲ. ①耐热合金—研究
Ⅳ. ①TG132. 3

中国版本图书馆 CIP 数据核字 (2014) 第 244547 号

出 版 人　谭学余
地　　　址　北京市东城区嵩祝院北巷 39 号　邮编　100009　电话　(010)64027926
网　　　址　www. cnmip. com. cn　电子信箱　yjcbs@ cnmip. com. cn
责任编辑　李　臻　美术编辑　杨　帆　版式设计　孙跃红
责任校对　石　静　责任印制　李玉山
ISBN 978-7-5024-6762-3
冶金工业出版社出版发行；各地新华书店经销；三河市双峰印刷装订有限公司印刷
2014 年 11 月第 1 版，2014 年 11 月第 1 次印刷
169mm×239mm；34. 25 印张；668 千字；536 页
99. 00 元

冶金工业出版社　投稿电话　(010)64027932　投稿信箱　tougao@cnmip. com. cn
冶金工业出版社营销中心　电话　(010)64044283　传真　(010)64027893
冶金书店　地址　北京市东四西大街 46 号(100010)　电话　(010)65289081(兼传真)
冶金工业出版社天猫旗舰店　yjgy. tmall. com
(本书如有印装质量问题，本社营销中心负责退换)

前　言

GH4738 合金在 760℃ 以下具有高的抗拉和持久强度，在 870℃ 以下具有良好的抗氧化性能，特别适用于制造航空发动机和动力机械中的涡轮盘及涡轮叶片，亦可以用来作为非转动的高温结构件（如机匣、环形件）和紧固件等。该合金的优点是有良好的强韧化匹配，即在高强度下又具有足够的韧性，特别是高温持久塑性，在使用性能上表现出较低的裂纹扩展速率。

自 20 世纪 50 年代初研发推出 GH4738 合金以来（美国称为 Waspaloy 合金），人们在化学成分、冶炼和热加工工艺、热处理制度、热机械加工以及合金的组织控制方面进行了大量的研究工作，使得该合金的强度和塑性都得以不断的提高。早在 1976 年，该合金在美国的年产量就达到 4500t，约占全美国高温合金生产量的 11%，迄今仍是国际高温合金中用量较大的合金之一。我国自 1973 年开始研制该合金，并进行了小批量的生产，主要是将其用作航空发动机的涡轮叶片材料。1986 年该合金成功应用于制造烟气轮机的涡轮盘和叶片。随着动力装备对温度提高有了进一步要求，目前该合金也被选为制造一些航空发动机的涡轮盘和环行件、汽轮机叶片和螺栓等的材料。

本书以笔者课题组对 GH4738 合金进行长期研究的积累为基础，以合金特点、生产控制和应用为主线，概括了该合金的发展和相关标准演变情况；合金成分特点、合金冶炼、开坯及热处理工艺；组织性能的影响规律及合金组织稳定性；冷热变形工艺及组织优化控制；重点讨论了涡轮盘和叶片的制备及应用问题。通过总结，可以为 GH4738 合金的研究、生产和应用提供可供参考的实验数据与分析方法，并起到技术指导作用。

笔者课题组在对 GH4738 合金进行研究过程中，得到了烟气轮机设计和生产单位、合金生产单位、国家相关部门的大力支持，使得课题组得以对该合金进行长达几十年的研究分析，进而积累了丰富的实验数据。课题组几代科研人的努力，尤其是谢锡善、胡尧和及张麦仓老师的具体指导和工作，为后续工作的开展奠定了很好的基础。在此对大力支持我们工作的单位及老一辈科研人的无私投入与精诚合作表示衷心感谢。

尤其需要指出的是，研究生进行了大量的工作，在此要感谢博士研究生洪成淼、姚志浩、李林翰，硕士研究生田玉亮、贾建伟、韩一纯、郝传龙、赵丰、苏瑞平、叶校瑛、邹灵、王秋雨等的努力工作。

作　者

2014 年 10 月

目　　录

1 GH4738 合金及发展

高温合金是指能够在 650℃ 以上长期使用，具有良好的抗氧化性、抗腐蚀性能，优异的拉伸、持久、疲劳性能和长期组织稳定性等综合性能的一类材料。高温合金通常是以第Ⅷ主族元素（铁、钴、镍等）为基，加入大量强化元素而形成的一类合金。它是为了满足各种高温使用条件下现代航空航天技术的要求而发展起来的，先进的航空航天发动机一直是显示高温合金生命力最活跃的领域。高温合金还广泛地应用于工业燃气涡轮机、核反应堆、潜艇、火力发电厂和石油化工设备。

在众多的高温合金体系中，镍基变形高温合金由于具有良好的综合性能而广泛应用于各种高性能发动机部件。这类镍基高温合金的基体成分是镍元素，在这个基础上加入大量的合金化元素。随着使用温度的提高，合金化元素越来越多。一般称这种合金化含量很高的合金为高强化的高温合金。GH4738 合金就是一种主要的镍基高温合金。

1.1 GH4738 合金

1.1.1 合金成分

Waspaloy 合金（我国称其为 GH4738 或 GH4864 合金）是 Special Metal 公司于 1952 年在 New Hartford 第一次利用真空冶炼方法研制成功的 γ′ 相沉淀硬化型高温合金，主要装备于美国普惠（PWA-Pratt & Whitney）航空发动机公司 J48 型航空发动机涡轮叶片上；在 20 世纪 60 年代，美国选用该合金代替铁基及铁镍基高温合金，制成 800℃ 以下稳定使用的涡轮盘，并装机于波音 727 等发动机上。

该合金在 760~870℃ 具有较高的屈服强度和抗疲劳性能，在 870℃ 以下的燃气涡轮气氛中具有较好的抗氧化和抗腐蚀性能，加工塑性良好、组织性能稳定。广泛应用于航空、航天、石油、化工及发电等领域，适用于制作涡轮盘、工作叶片、高温紧固件、火焰筒、轴、涡轮机匣等零件。主要产品有冷轧和热轧板材、管材、带材、丝材和锻材、铸件、螺栓紧固件等。

我国自 1973 年开始研制该合金并进行小批量生产。1986 年，该合金被北京石油设计院选用，并由兰州炼油化工机械厂选作制造 1 万千瓦烟气轮机的涡轮盘和涡轮叶片材料。近二十多年来，多台大功率烟机的应用考验证明，使用该材料都得到了安全、可靠的良好效果。近几年，该合金又被我国选用于某型号航空发动机的涡轮盘和环形件等材料。

GH4738 是 Ni-Cr-Co 基沉淀硬化型变形高温合金，标准 GH4738 合金的化学成分如表 1-1 所示。合金中加入钼元素进行固溶强化，加入铝、钛元素形成沉淀硬化相，加入硼、锆元素净化和强化晶界。随着工业生产要求的提高，合金的发展非常迅速，特别是超级 GH4738 的出现和节钴型 GH4738 合金的出现，使合金的成分也发生了很大的变化。而且根据使用条件和冶炼工艺的不同，合金的成分也会有一定的变动。

表 1-1 标准 GH4738 合金的化学成分（质量分数） （％）

元　素	含　量	元　素	含　量	元　素	含　量
C	0.02 ~ 0.08	Mn	≤0.01	Si	≤0.15
P	≤0.015	S	≤0.015	Cr	18.00 ~ 21.00
Co	12.00 ~ 15.00	Mo	3.50 ~ 5.00	Ti	2.75 ~ 3.25
Al	1.20 ~ 1.60	B	0.003 ~ 0.010	Zr	0.02 ~ 0.12
Fe	≤2.00	Cu	≤0.10	Ni	基体

高温合金中含有大量的合金元素，各合金元素在合金中都起着非常重要的作用，其作用大致可分为六个方面：（1）奥氏体形成元素，如 Ni、Co、Fe 等形成合金的基体；（2）表面稳定化元素，如 Cr、Al、Ti 等，提高合金的抗氧化和抗热腐蚀能力；（3）固溶强化元素，如 W、Mo、Cr 等，溶入奥氏体基体起固溶强化作用；（4）金属间化合物形成元素，如 Al、Ti、Ta 等，与基体元素 Ni 能形成 Ni_3Al、Ni_3Ti、$Ni_3(Al、Ti)$ 等金属间化合物，对合金起沉淀强化作用；（5）碳化物和硼化物形成元素，如 C、B、Nb、Hf 等，能形成各类碳化物和硼化物，也对合金起强化作用；（6）晶界和枝晶间强化元素，如 B、Mg、Ce 等小直径的合金元素能以间隙原子或第二相的形式对晶界和在枝晶之间起强化作用。具体针对 GH4738 合金，合金元素的主要作用如下。

1.1.1.1 Al、Ti 的作用

GH4738 合金是一种沉淀硬化型高温合金，其主要的强化相为 γ′ 相，其结构式为 $Ni_3(Al、Ti)$。Al、Ti 是合金中 γ′ 相的主要成分，且随着 Al + Ti 含量的增加，γ′ 的溶解温度和百分含量都逐渐提高。考虑到 Ti 容易和 C 结合成 TiC 而使得实际用来形成 γ′ 相的有效 Ti 含量降低，因此用于生成 γ′ 相的有效 Ti 含量要依赖于 Ti 和 C 的相对含量。晶粒开始长大的温度和 γ′ 开始溶解的温度是相互关联的，随着 γ′ 的不断溶解，合金的晶粒能够不断长大，因此，通过控制合金中 Al + Ti 含量来控制 γ′ 的溶解温度和含量，进而控制合金的晶粒尺寸是 GH4738 合金研究与生产中常用的措施。同时 Al、Ti 都能提高合金的表面稳定性，一般认为 Al 有利于提高合金的抗氧化能力，Ti 有利于提高合金的抗热腐蚀能力。

1.1.1.2 Cr 的作用

Cr 是 GH4738 合金中含量较高的一个合金元素，其主要作用是增加合金的抗氧化和抗腐蚀能力。氧化过程的基本特点是进行选择性氧化，Cr 是一种与氧有很大亲和力的元素，其氧化过程要优先于其他元素。Cr 氧化会形成 Cr_2O_3 的保护性氧化膜，达到抵抗继续氧化的目的。Cr 对合金抗氧化性能的影响因 Cr 含量的不同而有所差别。当 Cr 含量低于 6% 时，随着 Cr 含量的增加，合金的抗氧化性反而下降，这是因为 Cr 含量较低，合金中的 Ni 优先与氧形成 NiO 膜，而 Cr 则溶于 NiO 中，提高镍离子的空位节点浓度，导致氧化皮内金属离子的扩散速率增加，从而加速氧化过程的进行。当合金中 Cr 含量介于 6% ~ 10% 之间时，随着 Cr 含量的增加，因生成尖晶石——$NiCr_2O_4$ 而导致氧化速率下降。当 Cr 含量在 10% 以上时，氧化膜中的 Cr_2O_3 迅速增加，从而提高合金的抗氧化性能。

1.1.1.3 Co 的作用

GH4738 合金中含有 12% ~ 15% 的 Co，其中约有 2/3 分配到基体中，其余的 1/3 分配到 γ′ 相中，溶入基体中的 Co 会产生固溶强化效果。由于 Co 的原子尺寸和电子空位数都与基体元素 Ni 非常接近，所以对短时强度的影响并不大，但是 Co 能够降低基体的层错能，而合金的蠕变速率与层错能的 n 次方成正比，因此，Co 含量的增加能导致合金的蠕变速率下降。研究指出，随着合金中 Co 含量的增加，合金的蠕变强度和持久强度都会降低。Co 还能增加 C 的固溶度，从而减少碳化物的析出。Co 还有一个非常重要的作用就是能够改善合金的塑性和热加工性能。

1.1.2 合金析出相及强化

图 1-1 为 GH4738 合金经过热处理后（1020℃ ×4h 空冷 + 845℃ ×24h 空冷 + 760℃ ×16h 空冷）的显微组织形貌。从图中可以看出 γ′ 相呈球状均匀地分布于基体中，具有两种不同的颗粒尺寸；$M_{23}C_6$ 含量较少，断续地分布于合金的晶界位置。能谱分析表明合金中尺寸较大的碳化物主要为 MC(TiC)，分布于合金的基体和晶界处，如图 1-1b 所示。小且不连续的晶界碳化物会阻止晶界滑移而极大增强韧性和蠕变抗力，改善高温持久强度；而粗大成膜状的碳化物会降低合金的韧性。

1.1.2.1 γ′ 相

γ′ 相是面心立方有序结构相，Al 原子位于角上，Ni 原子位于面心，其点阵常数通常在 0.356 ~ 0.361nm 范围。γ′ 相的成分复杂，除碳和硼以外，其他元素在该相中都有一定的溶解度，尤其是 Al、Ti、Zr 等 γ′ 形成元素在该相中的溶解度更大。由于 Ni 原子具有较低的电子空位浓度，和 Al 原子形成的 γ′ 相的点阵常数与基体的点阵常数非常接近，有利于 γ′ 相的共格析出。面心立方 γ′ 相的晶体

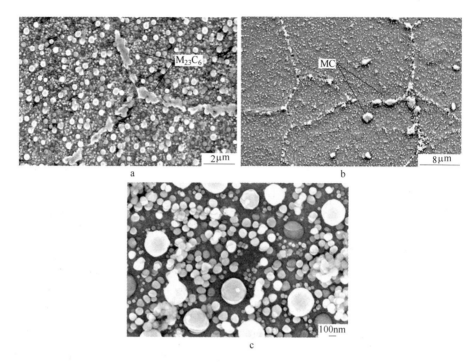

图 1-1 GH4738 合金的组织特征

a—γ' 相和晶界 $M_{23}C_6$；b—晶内和晶界 MC；c—两种尺寸的 γ' 相

结构和晶格常数与 γ 相的相容性允许具有低表面能和长期稳定的 γ' 相存在。γ' 的溶解温度随着合金中 γ' 含量的增加而增加，也随着其中 W、Mo、Co 等元素含量的增加而增加，GH4738 合金中 γ' 的溶解温度一般在 980℃ 附近。γ' 相的溶解与析出规律在高温合金的研制、生产和使用全过程中都能够起到重要的作用。为了获得更高的高温持久强度，希望得到 γ' 体积分数更高的合金，希望 γ' 中的难熔元素含量更高、热稳定性更好，也希望合金的初熔温度更高，从而可选用更高的固溶热处理温度获得最大量的细 γ'。虽然 γ' 和 γ 在晶体结构和点阵常数上极为接近，但其化学成分相差明显，γ' 相比 γ 相更抗氧化。

1.1.2.2 MC 碳化物

镍基合金中的碳化物主要有 MC、M_6C 和 $M_{23}C_6$ 等，MC 通常呈粗大不规则立方体形态或汉字状形态；$M_{23}C_6$ 明显倾向于在晶界处呈不连续不规则的块状粒子形态，当然也观察到片状和规则的几何形状。在镍基高温合金中，碳化物易于在晶界析出，而在钴、铁基高温合金中，通常在晶内析出。早期研究者们注意到了一些晶界碳化物形态对塑性的不利影响，并且采取了把 C 含量降到非常低水平的措施。然而进一步研究这种变化揭示出，在 Nimonic80A 和 Udimet500 合金中，碳含量降至 0.03% 以下时，蠕变寿命和塑性剧烈下降。目前对晶界处存在的碳化物作用如何，还有争议。大多数研究者认为碳化物的存在有益于高温下的持久强度，碳化物的形式影响塑性。

MC 碳化物是高温合金的常存相，含量通常小于 2%（体积分数）。该相具有面心立方结构，点阵常数在 0.418 ~ 0.468nm 范围。高温合金中很少形成由一种金属元素形成的碳化物，GH4738 合金中的 MC 碳化物主要是 Zr、Nb、Ti 和 Mo 的 MC 碳化物，特别是以 ZrC 为主，点阵常数为 0.4685nm，而 Ni、Co、Cr 的含量则很低。

MC 碳化物分初生和次生两种。初生 MC 碳化物是在凝固过程形成的，它们一般不均匀地分布在整个合金中，具有穿晶和沿晶形态，经常存在于枝晶间。它的析出温度通常在 1340℃ 以下。次生 MC 碳化物是指在合金初熔温度以下热处理或长期使用过程中由 γ 基体析出或由其他相转变而成的 MC 碳化物。MC 碳化物在高温下是不稳定的，它会通过下列反应分解成 M_6C 或 $M_{23}C_6$ 碳化物：

$$MC + \gamma \longrightarrow M_6C + \gamma'$$

$$MC + \gamma \longrightarrow M_{23}C_6 + \gamma'$$

温度是促进 MC 碳化物分解的重要因素：在 800℃ 以下，即使是经过数千小时的长期热暴露，MC 的分解也甚微；但在 900℃ 以上长时保温，MC 分解迅速；在 1000 ~ 1100℃ 范围内，MC 碳化物分解最剧烈。

1.1.2.3 $M_{23}C_6$ 碳化物

$M_{23}C_6$ 碳化物的晶体结构是复杂面心立方结构，也分为初生和次生两种。初生 $M_{23}C_6$ 是在 1300℃ 下形成的。次生 $M_{23}C_6$ 通常按以下两种方式形成，一种是通过 MC + γ→$M_{23}C_6$ + γ' 反应生成；另一种是从固溶剩余碳的合金基体中直接析出。$M_{23}C_6$ 的析出温度范围为 650 ~ 1080℃，析出的高峰温度在 900 ~ 1000℃ 之间。晶界、孪晶界、γ + γ' 共晶的 γ 相、初生 MC 的周围和晶内的 γ 相都是次生 $M_{23}C_6$ 的形核位置。

GH4738 合金经长期时效后组织中不会出现有害相，但在长期时效的过程中 MC 和 $M_{23}C_6$ 型碳化物的数量有明显的变化，图 1-2 为 GH4738 合金在不同的温度下保温 5000h 后，合金中 MC 和 $M_{23}C_6$ 碳化物的数量随保温温度的变化规律。从图中可以看出，$M_{23}C_6$ 碳化物在 750 ~ 950℃ 的温度范围内，随着温度的提高其数量逐渐增加，当再提高温度时，又

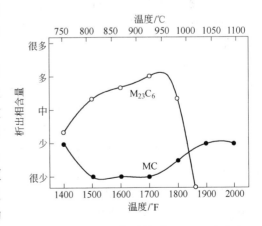

图 1-2　经 5000h 长期时效后 GH4738 合金中碳化物的含量与温度的关系[1]

发生了明显的下降，说明此时已经发生了明显的回溶现象。而 MC 碳化物的数量在 750～900℃ 的温度范围内先降低后保持稳定，当温度再提高时，随着 $M_{23}C_6$ 碳化物的溶解，MC 又会补充析出。

1.1.2.4 合金强化

镍基高温合金的强化来自于多种强化手段的综合作用，主要包括固溶强化、第二相强化和晶界强化。另外，热机械处理也可用来增加位错密度和产生位错亚结构，从而产生强化效果。

所谓固溶强化，即金属中加入的合金元素以溶质原子的形式存在于基体中，并通过与基体原子的相互作用来进行合金的强化。主要以共格错配的方式进行强化。在溶质原子浓度较高时，也以短程有序方式进行强化。对镍基合金中的单个固溶元素，虽然流变应力与点阵常数的变化服从线性关系，但各种溶质原子在镍中的屈服应力变化不是点阵常数的单值函数，而是取决于溶质元素在周期表中的位置。在相同晶格应变下，溶质原子和溶剂原子的电子空位数相差越大，强化效果越好。

γ' 相中典型的固溶强化元素是 Al、Fe、Ti、W、Co 和 Mo。Ni 原子与溶质原子直径相差从 1% 到 13%。显然原子直径相差越大的元素强化效果越明显。因此 Al、W、Mo 和 Cr 的强化作用最强，而 Co、Fe 和 Ti 的强化效果最弱。虽然原子直径相差越大，强化效果越大，但是它们的加入使合金不稳定，尤其是 W 和 Mo，过多加入会形成 σ 相。因此，它们的加入量受到一定的限制。

当然，影响合金固溶强化的不仅仅是原子半径的相对大小，金属中的缺陷也是重要因素。对于高温合金而言，层错的作用非常重要。因为层错可以看做是扩展了的位错，不管是产生交滑移还是交割，这种扩展位错都要重新束缩成为全位错，这个过程需要一定的能量，宏观上就表现为强度的提高。前面提到 GH4738 合金是一种沉淀硬化型高温合金，也就是通过时效过程析出强化相，对合金进行强化和硬化，即通过析出弥散的 γ' 相来强化，γ' 相本身具有良好的热强性和尺寸稳定性。

合金中的第二相以共格形式在基体中析出，导致在基体周围造成弹性应力场，从而对合金进行强化。第二相与基体的点阵错配度越大，内应力场也越强，相应的强化效果也越显著。典型的 GH4738 合金中 γ' 相的点阵常数 $a_{\gamma'} = 0.3588$ nm，基体 γ 相的点阵常数 $a_\gamma = 0.3579$ nm，其错配度为 $(a_{\gamma'} - a_\gamma)/a_\gamma = 0.25$。可以看出合金中第二相与基体的错配度不是很大，因此其他强化机制对合金强度的贡献也不小。

蠕变变形是由位错在滑移面的运动造成的，当位错在弥散分布的第二相前受阻时，那么扩散过程（如刃位错的攀移和螺位错的割阶性扩散移动）将是蠕变的速度控制过程。所以认为蠕变过程的强化程度和扩散过程有很大关系。但是实验事实表明 GH4738 合金中的蠕变扩散激活能要比纯金属的自扩散激活能高，所以扩散模型的考虑是不成熟的，它忽略了 γ′ 相的本质及其与位错的交互作用。

基于上面的讨论，考虑到 GH4738 合金的强化机制，要考虑位错与第二相的交互作用。当位错运动在 γ′ 颗粒前面受阻时，如果 γ′ 颗粒比较细小和弥散，那么位错将会切割 γ′ 相，形成类似拖曳位错运动的应力，从而造成对合金的强化。当 γ′ 相比较粗大，且颗粒间距比较宽时，位错在 γ′ 相周围弓弯和绕越（即 Orowan 机制），绕越之后在 γ′ 相周围留下位错圈，随着位错的不断绕过，γ′ 相周围的位错密度不断加大，从而造成对 GH4738 合金的强化。

1.1.3 合金冶炼方法

20 世纪 50 年代初期 Pratt & Whitney 公司研制出 GH4738 合金后，开始是在大气中冶炼，合金的性能较低。50 年代末 60 年代初，美国特殊金属公司（SMC）开始试验真空感应冶炼（VIM）新工艺，使得 GH4738 合金的性能达到一个新的水平。我国上钢五厂从 1973 年开始研制 GH4738 合金，采用真空感应＋真空自耗重熔的冶炼工艺和直接轧制成型的热加工方法。采用合适的冶炼工艺能得到比较均匀的组织，同时还要消除合金中一些难熔元素的偏析。

图 1-3 所示为合金钢锭中所呈现的典型树枝状结晶组织，图中不同黑色程度

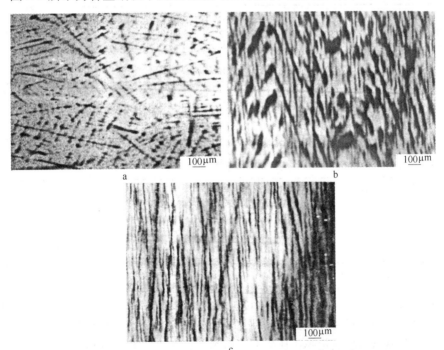

图 1-3　合金钢锭和钢坯中呈现的成分偏析导致的材质不均匀性

a—钢锭中呈现的枝晶组织；b—由 φ508mm 钢锭锻成 356mm 方坯中的不均匀组织；

c—由 φ508mm 钢锭锻成 190mm 方坯中的不均匀组织

的样品腐蚀效果显示出成分的不均匀性，如果这种枝晶偏析得不到有力的消除，就会遗传到后续的锻坯上。图 1-3b、c 是由 $\phi508mm$ 钢锭锻造的 356mm 方坯及 190mm 方坯上所呈现的成分不均匀的条带组织。这种成分不均匀性将会导致最后锻件的晶粒不均匀和性能不均匀性。

1.2　合金性能

1.2.1　物理性能

　　合金的熔化温度范围为 1330 ~ 1360℃，密度 $\rho = 8.22g/cm^3$，合金无磁性。

　　热导率、比热容、线膨胀系数、弹性模量和切变模量分别列于表 1-2 ~ 表 1-5。电阻率见图 1-4。

表 1-2　合金的热导率

$\theta/℃$	360	460	545	640	770	855	985
$\lambda/W \cdot (m \cdot ℃)^{-1}$	16.8	18.3	20.2	22.4	24.1	25.3	28.0

表 1-3　合金的比热容

$\theta/℃$	360	460	545	640	770	855	985
$c/J \cdot (kg \cdot ℃)^{-1}$	515	540	573	603	640	665	707

表 1-4　合金的线膨胀系数

$\theta/℃$	20 ~ 100	20 ~ 200	20 ~ 300	20 ~ 400	20 ~ 500	20 ~ 600	20 ~ 700	20 ~ 800	20 ~ 900
$\alpha/℃^{-1}$	12.47 $\times 10^{-6}$	12.73 $\times 10^{-6}$	13.04 $\times 10^{-6}$	13.53 $\times 10^{-6}$	13.97 $\times 10^{-6}$	14.47 $\times 10^{-6}$	15.05 $\times 10^{-6}$	15.68 $\times 10^{-6}$	15.95 $\times 10^{-6}$

表 1-5　合金的弹性模量

$\theta/℃$	20	100	200	300	400	500	600	700	800	850	900
E_D/GPa	224	219	213	206	200	193	185	178	169	—	156
E/GPa	214.5	—	—	—	178.0	165.5	137.0	125.5	113.0		
G/GPa	85						71	67	62		

注：$d16mm$ 热轧棒，经 1080℃/4h/AC + 稳定化 + 时效处理。

　　合金在空气介质中试验 100h 后的氧化速率见表 1-6。合金抗盐雾腐蚀能力良好。合金氧化时会产生主要由富 Cr_2O_3 组成的氧化膜，它具有保护作用，但其抗氧化效果与富 Al_2O_3 氧化膜相比较弱。合金 Cr/Al 之比大约为 14:1，通常将形成 Cr_2O_3 氧化膜的合金转化成 Al_2O_3 氧化膜合金的 Cr/Al 为 4:1，而前者要明显大于这个值。Al_2O_3 氧化膜生长得较慢一些。和其他形成 Cr_2O_3 的高温合金一样，在高温下合金主要沿着晶界发生较严重的内氧化现象。

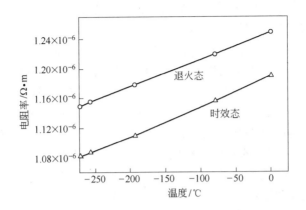

图 1-4　合金的电阻率

表 1-6　合金的抗氧化性

$\theta/℃$	900	1000
氧化速率/g·(m²·h)⁻¹	0.083	0.226

$\quad$和其他现有的商业用薄板高温合金相比，GH4738 合金具有中等的抗热腐蚀能力。室温下合金具有较强的抗应力腐蚀能力。将加载应力的试样浸入到 3.5% 的 NaCl 溶液中，停留 10min，进行 50min 的干燥，最后进行持续 6 个月的试验。接下来的试验表明，室温拉伸性能没有下降。

1.2.2　力学性能

$\quad$对于涡轮叶片材料，蠕变和持久是特别重要的性能；而对于涡轮盘材料，则要求细晶，应具有良好的拉伸性能和低周疲劳性能。GH4738 合金在 760℃ 以下具有高的抗拉强度和持久强度，在 870℃ 以下具有良好的抗氧化性能。该合金很大的优点是良好的强韧化匹配，即在高强度的条件下又具有足够的韧性。

$\quad$图 1-5 为不同高温合金涡轮盘材料在 650℃ 时的抗拉强度和持久塑性的比较

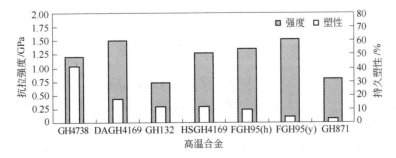

图 1-5　典型涡轮盘材料在 650℃ 时的抗拉强度和持久塑性的对比

图，从图中可以看出，同为涡轮盘材料但强度的差别很大，GH4738 既属于高强度合金同时它的持久塑性是最高的。

对于主要应用于涡轮盘材料的合金来说，其疲劳性能是非常值得关注的一个方面。高的疲劳断裂抗力是与细晶和高的沉淀强化相体积分数相适应的。合金的疲劳断裂行为是由疲劳裂纹萌生和疲劳裂纹扩展两个过程构成的，特别是对于疲劳裂纹的扩展行为而言，粗晶小 γ′ 材料具有较高的疲劳裂纹扩展（FCP）抗力，即疲劳裂纹扩展速率（da/dN）最低；而细晶大 γ′ 材料的 FCP 抗力较差，即 da/dN 最高。因为疲劳裂纹的萌生和扩展这两个过程是相互制约的，所以，表面具有细晶大 γ′ 而内部具有粗晶小 γ′ 粒子的复相组织材料能够具有最长的总疲劳寿命。高温合金涡轮盘基本上是在疲劳蠕变交互作用条件下运行的，因而在这种条件下的裂纹扩展速率是人们最为关心的。不同高温合金涡轮盘材料在 650℃ 疲劳蠕变交互作用下（即保载 90s）的裂纹扩展速率的比较见图 1-6，不难看出，裂纹扩展速率最慢的是 GH4738 和固溶后缓冷处理的 FGH95 合金。比较这些裂纹扩展速率的曲线可以发现，凡是裂纹扩展速率缓慢的合金，不是曲线的斜率在发生锐减就是曲线出现明显的拐点，且曲线所对应的应力强度因子 ΔK 的范围较宽，而裂纹扩展速率较快的合金其曲线总是很陡，曲线的斜率变化较小，曲线所对应的 ΔK 的范围也较窄。高温合金涡轮盘材料裂纹扩展速率的快慢不取决于强度高低，而与持久塑性密切相关，高温合金的强韧化是保证使用性能的关键。

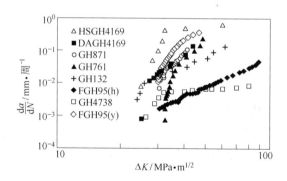

图 1-6　几种涡轮盘材料在 650℃ 保载 90s
周期持久条件下的裂纹扩展速率

GH4738 合金经过固溶、稳定化和时效处理后的硬度范围在 HRC34～44。例如，固溶退火态（1079℃，0.5h）合金在 760℃、843℃ 和 927℃ 进行时效后的室温硬度如图 1-7 所示。在 760℃ 时效后的硬度随着时效时间的延长而增加，原因是细小 γ′ 相的继续析出。在 843℃/24h 或 927℃/1h 的时效后，由于 γ′ 过时效，硬度下降。硬度随着时效时间的延长而增加，表明对与时间相关的缺口脆性具有敏感性，应该避免；而硬度的降低说明对与时间相关的缺口脆性不具敏感性。标准热处理包括一个在843℃下进行的稳定化退火，这可以有效地减小与时间有依赖性的缺口敏感性。

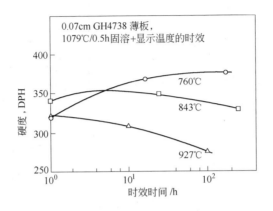

图 1-7 时效温度对固溶处理后合金的影响[2]

图 1-8 给出了经 1020℃/4h/空冷 + 845℃/4h/油冷 + 760℃/16h/空冷后试验温度对棒材和锻件拉伸性能的影响规律，合金的蠕变断裂寿命与温度的关系如图 1-9 所示。在 816℃、276MPa 的条件下，固溶退火温度对热轧和冷拉拔线材的断裂寿命和伸长率的影响如图 1-10 所示[2]。

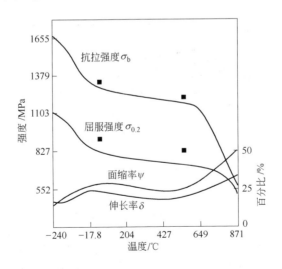

图 1-8 合金的拉伸性能

GH4738 合金的低周疲劳性能受温度和循环周次的影响较大，图 1-11 显示了合金在 650 ~ 870℃的疲劳性能，高的疲劳断裂抗力是与细晶和高的沉淀强化相的

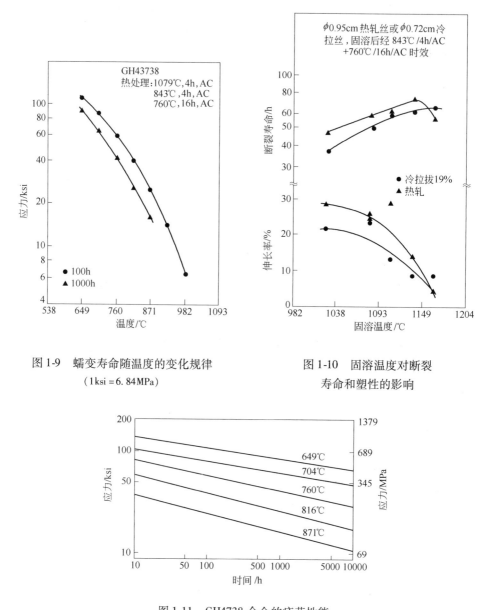

图 1-9　蠕变寿命随温度的变化规律
（1ksi = 6.84MPa）

图 1-10　固溶温度对断裂
寿命和塑性的影响

图 1-11　GH4738 合金的疲劳性能

体积分数相适应的。从图 1-12 可以看出，合金经 1010℃/4h 固溶并经 850℃/4h
+760℃/16h 时效后，晶粒尺寸约为 100μm，当温度从室温提高到 649℃ 时，合
金的低周疲劳循环寿命降低为原来的 1/10。在 549℃ 和 649℃ 的裂纹扩展速率基
本相同，并且比室温的裂纹扩展速率大 10 倍。Cr 含量对合金的持久寿命也有重
要的影响，实验表明，随 Cr 含量的减少，合金的持久寿命会逐渐升高。

　　在 732℃/517MPa 条件下，细小的 γ′析出相的体积分数对合金蠕变断裂寿命的影响如图 1-13 所示。合金中 γ′颗粒的大小分布通常分为两种，这分别是在 γ′溶解温度以下进行的两次或多次的热处理过程中析出的。细小的 γ′析出相的数量可以通过改变固溶和稳定化热处理的温度和时间得到控制。当细小的 γ′析出相体积分数为 30% 时可以获得最大的断裂寿命[2]。

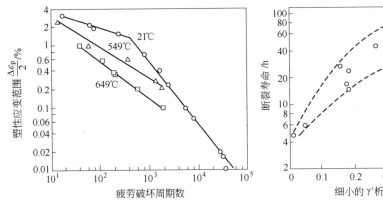

图 1-12　在 21℃、549℃ 和 649℃ 下的　　　图 1-13　　细小的 γ′析出相的体积分数
　　　　　低周疲劳失效行为　　　　　　　　　　　　对合金蠕变断裂寿命的影响

　　粗晶小 γ′材料疲劳过程开始是硬化，达到最大应力之后便开始软化到断裂；而细晶大 γ′材料则总是硬化并达到饱和。这是因为粗晶小 γ′材料的强化机制是切割机制，位错切割小 γ′，形成拖曳位错的应力，从而提高合金的强度，而细晶大 γ′材料则是通过绕过机制强化合金，随着位错不断在大 γ′周围绕过，位错密度不断增加，从而强化合金。在高温条件下，由于氧化速率增加、蠕变加剧，特别是晶界滑移和晶界空洞的增加，这些都降低了合金的疲劳寿命，不论是粗晶小 γ′材料还是细晶大 γ′材料，随温度的升高其疲劳寿命都会迅速下降。

1.3　合金热加工和热处理

1.3.1　热加工

　　热加工是通过变形使合金具有良好的形状和晶粒尺寸，合金在使用之前还必须经过热处理以得到更加优良的组织，从而进一步提高其使用性能。

　　高温合金一般含有大量的强化元素，因此，高温强度高，塑性低，这导致了它的热加工性能具有以下特点：

　　（1）导热性差。高温合金的热导率一般只有普通结构钢的 1/4 左右，因此，在加热、冷却或变形过程中，容易出现比较大的温差，这种温差所引起的热应力容易导致裂纹的出现。

（2）变形抗力大。为了提高高温性能，在合金中加入了大量的合金元素，而随着合金化程度的提高，由于固溶强化和时效强化作用增强，合金的高温变形抗力迅速提高。一般高温合金的热变形抗力是普通结构钢的 4~7 倍。

（3）热加工温度范围窄。一般钢的热加工温度范围为 400℃ 左右，而高温合金为了提高高温强度而加入了大量的强化元素，这使得它的熔点降低同时再结晶温度升高，因此，热加工温度范围变窄。

（4）热加工塑性低。高温合金由于合金化程度很高，因而塑性较低。普通结构钢一次变形量可以达到 80% 以上，而一般镍基高温合金则远远低于这个水平，尤其是难变形高温合金，如 GH720Li 的临界变形量小于 40%。因此，在热加工过程中极易出现裂纹。

（5）没有相变重结晶。高温合金的基体从低温到高温都是奥氏体组织，在加热过程中不发生多晶转变和相的重结晶，一旦形成粗大的晶粒组织，不能使用相变重结晶的方法进行改善。所以，加工再结晶对变形高温合金的晶粒组织影响很大。因此，在高温合金热加工时，一定要谨慎地选择变形程度和变形温度，尤其是最后一火的变形温度及变形量，要避开临界变形区，以免出现粗大或不均匀的晶粒组织。

一般情况下，为了降低热变形抗力和有效地利用变形过程中的动态回复和动态再结晶，同时考虑到尽可能地消除与基体共格的 γ' 相强烈的强化作用，热加工温度范围尽可能选择在动态再结晶温度和 γ' 相全部溶解温度以上初熔点以下的单相 γ 相区内。一般称为单相 γ 相区变形。对于一般强化的高温合金，这是很容易实现的，但对于高强化的高温合金，选择这种热加工温度范围是很困难的。主要因为，随着 Al、Ti、Nb 元素含量的增加，合金的熔点降低，而且，由于合金化程度的加剧，合金中初熔温度降低，成分不均匀性增大，所有这些使得合金热加工的最高加热温度降低。同时，随着 Al、Ti 含量的增加，γ' 相的完全回溶温度上升，如果存在 γ' 相，它们会严重地阻止动态再结晶的进行，因此，导致动态再结晶温度同步上升。从而，单相 γ 相区越来越窄。针对这种高合金化的难变形高温合金，其热加工温度不可避免地落在 γ 和 γ' 相的双相区范围内。通常称这种变形工艺为 $\gamma + \gamma'$ 双相区变形。显然与基体共格的 γ' 相的存在使得变形抗力很大而且塑性比较低。

在变形高温合金的发展过程中，由于合金化程度不断提高，合金的加工塑性随高温强度的提高而降低。锻压加工工艺技术的发展不仅要解决变形高温合金的最佳工艺参数选择问题，而且要解决高温合金在选定的工艺参数下，获得要求的组织和性能，以满足不同零件使用的性能要求这一问题。控制热加工参数，使合金加工后获得要求的组织结构，从而使合金获得优异的使用性能。

选择锻造程序，即选择所用的设备、模具材料和最终规格，要求的前提是知道使高温合金变形需要多大的能量。影响流变应力的因素是温度、应变速率、总应变、初始显微组织和化学成分。可借助于许多不同类型的实验（包括压缩、拉伸和扭转）得到高温合金的流变变形数据。

加热与变形温度的确定不仅要考虑使合金有较好的热加工塑性，而且要使合金获得满意的组织。为此，要防止合金过热，加热温度过高或在确定的上限温度下保持时间过长都会造成过热，变形即可引起严重开裂。同时也要防止终锻温度过低，变形的下限温度一般要接近再结晶温度，温度过低一方面使变形抗力急剧增加，另一方面会造成冷加工现象，致使应力最大部位（沿45°剪切）开裂；同时，冷加工区域在随后的热处理时容易出现粗大晶粒，内应力难以消除。还需避免变形温度过高而使晶粒粗大，晶界析出薄膜相。

高温合金的热加工变形程度应根据以下不同情况来确定：是铸态还是已经变形状态，不同变形温度，不同锻压方法即不同的变形速率，不同合金的合金化水平即不同的塑性水平。对于形状复杂的锻件而言，一般变形是不均匀的，或者多火次、多锤锻造也存在变形程度确定及分配问题。一般要参考合金的固溶再结晶图，控制变形程度，使之不出现粗大晶粒，避开临界变形。

GH4738 合金热加工的形变抗力较大，变形温度范围较窄（一般为 980～1162℃），该合金的顶锻塑性变形图如图 6-1 所示，可以看出在 1050～1100℃温度范围内可以进行到 60% 大变形量的热加工，不仅不开裂，而且能获得 ASTM4～6 级的晶粒度，更低或更高的温度都不利于变形。

由于合金的晶粒尺寸直接影响到合金的性能，所以在加工过程中能影响到合金晶粒尺寸的因素是值得考虑的。合金在锻造过程中一般会发生再结晶，其再结晶晶粒尺寸随流变应力的提高、变形量的增加和温度的降低而减小。早期合金多采用高温锻造（1180℃），合金的变形抗力比较小，容易加工成型，但是由于变形温度较高，MC 会溶解于基体，在随后的空冷过程中，在 1080℃ 左右会再次沿晶界析出，从而会降低合金的塑性。低温锻造（980～1080℃）逐步发展，并在工业生产中成为现实。低温锻造是在 $\gamma + \gamma'$ 两相区实施变形，利用 γ' 来控制动态或静态再结晶和晶粒长大，热处理后合金的晶粒度可以达到 4～5 级或更细，其综合性能比较优越。近些年来又出现了细晶热机械处理，将变形温度降得更低，终锻变形量更大（达到40%）。

锻造高温合金的组织控制是获得所需力学性能的重要手段。在合金的组织控制中晶粒控制是一个首要的关键。为了使锻件获得所需要的晶粒组织，必须先控制坯料的晶粒。因此，晶粒控制是合金从开坯热加工到最终锻造成型全过程都要控制的因素。特别是对于涡轮盘而言，为了获得高的屈服强度和优良的低周疲劳性能，需要获得 ASTM4～6 级甚至 8～10 级的细晶组织。采用在 γ' 溶解温度以下的两相区进行低温锻造，使大颗粒的 γ' 相能阻止晶粒的长大是锻造的关键。但是锻造温度的降低，增加了变形抗力，使得成型困难。为此发展了等温锻造或者是把模具加热到相当高的温度的热模锻。特别需要提出的是残余的成分偏析存在，使得 γ' 相的溶解不均匀，这对锻后的晶粒尺寸也是很有影响的。为了更好地控制合金的性能和晶粒组织，必须测定 γ' 相的溶解温度，特别是由不同炉号合金化学成分的波动（主要是 Ti 和 Al 含量的波动）而引起的 γ' 相溶解温度的变化。

根据锻件要求控制晶粒，同时根据合金成分所确定的 γ' 相溶解温度以及合金的塑性图来合理确定锻造温度，并且控制适宜的变形量，才能达到 GH4738 合金锻件所要求的组织和相应的力学性能。

1.3.2　热处理

GH4738 合金的热处理主要包括固溶处理、中间处理和时效处理。固溶处理的目的是将钢液凝固和随后的冷却过程中析出的 MC、M_6C、$M_{23}C_6$ 等碳化物和在塑性变形过程中进一步析出的 M_6C、$M_{23}C_6$ 或粗大 γ' 强化相尽量溶解到基体当中，以得到单相组织，为以后的沉淀时效析出均匀细小的强化相做准备。固溶处理温度一般在 1000℃ 以上。然后经过 845℃ 的中间处理和 760℃ 的时效处理再次从基体中析出强化相 γ'。中间处理是介于固溶处理和时效处理之间的热处理，英美文献中称之为稳定化处理，前苏联文献中称为低温固溶或高温时效，一般中间处理温度低于固溶温度而高于时效温度。中间处理的目的就是使高温合金晶界析出一定量的各种碳化物和硼化物，如二次 MC、M_6C、$M_{23}C_6$ 以及 M_3B_2，提高晶界强度。同时晶界和晶内析出较大颗粒的 γ' 相，使晶界、晶内强度得到协调配合，提高合金持久和蠕变寿命及持久伸长率，改善合金长期组织稳定性。大多数高温合金尤其是合金化程度高的时效强化合金一般都需要进行中间处理。

时效处理也称为沉淀处理，其目的是在基体中析出一定数量和大小的强化相，以达到合金最大的强化效果。通常时效温度取合金主要使用温度。时效处理对合金强度起决定性作用。目前，GH4738 合金采用以下两类不同的热处理工艺：

（1）热处理制度 A：1066～1080℃/4h/空冷 + 845℃/24h/空冷 + 760（782）℃/16h/空冷；

（2）热处理制度 B：996～1037℃/4h/空冷 + 845℃/4h/空冷（油淬或水淬）+ 760℃/16h/空冷。

两工艺的不同点是固溶处理温度分别在 γ' 相溶解温度两侧，在 845℃ 稳定化的保温时间也有较大的差别。GH4738 合金在烟气轮机中用作涡轮盘和叶片的使用条件不同。涡轮叶片工作温度较高，突出要求长期的持久和蠕变等性能，为此，较大的晶粒组织是比较有利的；而涡轮盘工作温度较低，突出要求屈服强度和低周疲劳性能，为此细晶组织是有利的。显然，对于叶片应采用高于 γ′溶解温度的高温固溶处理（约1080℃），而对于涡轮盘而言则应采用低于 γ′溶解温度的"低"温固溶处理（约1020℃），其目的是利用未溶解的大块 γ′相来抑制晶粒的长大。为此，涡轮叶片一般采用热处理制度 A，而涡轮盘一般采用热处理制度 B。

为了合理地制定确切的固溶处理温度，应该掌握每个合金炉号的 γ′相溶解温度。一般来说美国高温合金冶金厂提供合金坯料时都提供 γ′相溶解温度，以备用户参考。两种热处理条件下的力学性能是有所不同的。图 1-14 和图 1-15 分别表示出叶片和盘件在两种热处理制度条件下的拉伸和持久性能[2]。从图 1-14 可以看出虚线所示为适应盘件细晶组织要求而作的"低"温固溶处理，合金具有较高的屈服和抗拉强度。但是，如图 1-15 所示，盘件（"低"温固溶）热处理和叶片（"高"温固溶）热处理得出的持久性能有一个交叉点。在高温情况下，"低"温固溶（虚线所示）的持久性能略低，而"高"温固溶（实线所示）的持久性能高，这适合于涡轮叶片的运行情况。一般来说叶片处的工作温度至少会比涡轮盘轮缘部位高出50℃。

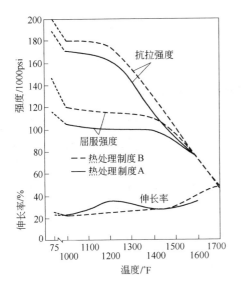

图 1-14　合金在两种不同热处理
条件下的拉伸性能
（1psi = 6. 89kPa）

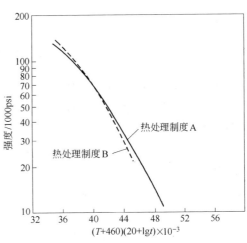

图 1-15　合金在两种不同热处理条件下的
持久性能（Larson-Miller 图）
T—温度，℉；t—时间，h

镍基高温合金具有较大的焊接热裂倾向。溶解度有限的元素 Ni 或 Fe 作用易在晶界形成低熔点物质，如 Ni_2Si、Ni_2B 等。此外，Al、Ti、B 等对焊接性也有较大影响。焊接裂纹敏感性试验得到的高温合金中 Al、Ti 总含量与焊接难易程度的关系见图 1-16。图中 A 为易焊区，B 为可焊区，C 为难焊区。GH4738 合金处于可焊区的边界上，其焊接性能较差。为此，需要选用合适的堆焊材料和方法、特殊的堆焊工艺以及焊前和焊后处理。

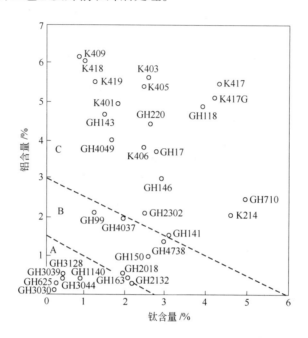

图 1-16　高温合金焊接难易程度与 Al、Ti 含量的关系

和其他高温合金一样，GH4738 合金用气体-钨电弧焊或电子束焊后在热影响区有微裂纹产生。微裂纹是由焊接裂纹引起的，它在样品内部不易被超声波和 X 射线所检测到，但在金相观察下能够发现。微裂纹与早期晶界和晶内低熔点碳化物的熔解有关。微裂纹的减轻可以通过以下几种方式：降低晶粒大小；通过热处理降低晶界铝、钛的偏聚；减少低熔点夹杂相的含量，提高材料纯度。焊接熔池的宽高比是影响焊接微裂纹的最主要的参数。带有比例小于 1.6 狭窄的焊接熔池会促进微裂纹生成，大的焊接熔池带有大的比例，可以产生致密焊接。焊接熔池的形貌反过来受焊接速度和材料厚度的影响。GH4738 合金微裂纹的产生受焊接速度、焊板厚度、热处理的影响[3]。

对 GH4738 合金来说，焊后热处理产生的裂纹是一个难题，特别是对厚的部件而言。在焊接过程中产生高的热梯度将导致在焊接区和热影响区产生高的残余应力。在对焊后的合金进行加热过程中，残余应力的释放和由 γ′ 相产生的强化同时存在。γ′ 相产生的强化将伴随塑性的下降，这将导致在焊接区和热影响区加热使残余应力被消除前产生裂纹。合金中 γ′ 强化相的量将影响焊后热处理开裂程度。它与 GH4169 相比较易开裂，但与强化相较多的合金如 Udimet700 相比较不易开裂。GH4738 合金焊后热处理产生裂纹的情况可以通过在焊前 1080℃ 固溶处理 0.5h 加水冷来处理，这样可将材料"软化"。

GH4738 合金可以通过惯性焊接和电子束焊接自行得到致密的焊缝。这样的焊缝有和基体合金相当的低周、高周疲劳性能及蠕变性能。

1.4 组织和性能的关系及组织控制

合金的组织直接影响到合金的使用寿命。GH4738 合金的 γ' 相、MC、$M_{23}C_6$ 等相在基体和晶界的分布以及这些相的大小和形状都影响着合金的强度、韧性、硬度等各个方面的力学性能指标，合金的晶粒度也对其使用性能有着重要的影响，所以采用合理的方法得到良好的组织是合金获得使用的重要前提。

合金的组织一般要通过热加工和热处理两个过程来控制。冶炼后的合金一般要在 1200℃ 左右均匀化退火 2～4 天以消除难溶元素的偏析，合金均匀化退火之后才可以进行热加工。

1.4.1 晶粒度和析出相的影响

高温合金的性能同其他金属材料一样，是由其组织决定的。高温合金的组织特点主要表现为：晶粒度（包括晶粒大小及其均匀性），强化相的种类、数量及其分布特征，有害杂质（铅、铋、锡、锑、砷、硫等）的含量及其分布情况等。其中与锻造过程密切相关的是晶粒度。高温合金在加热和冷却过程中无同素异构转变，因此，晶粒大小和均匀度主要靠热变形工艺来控制。高温合金，特别是镍基高温合金的低倍晶粒大小和均匀性，对性能有很大影响。随着晶粒尺寸或晶粒不均匀性的增大，合金的力学性能（σ_b、σ_s、δ、ψ）下降，但合金的持久强度却随着晶粒的增大而增加，并在一定的晶粒尺寸下达到最大值，当晶粒继续增大时，持久性能下降。持久强度的增加只是发生在晶粒均匀的状态下，而当晶粒尺寸明显不均匀时，持久寿命明显下降，如图 1-17 所示。相反地，随着晶粒的减小，σ_b、σ_s 特别是疲劳强度得到提高。

晶粒尺寸对蠕变强度也有很大的影响。起先，蠕变强度随着晶粒的增大而增加，但当晶粒再增大时，蠕变强度反而减小。对蠕变强度来说，也有一个最佳的晶粒尺寸。总之，粗晶对叶片的力学性能、高温持久性能、疲劳及热疲劳强度，特

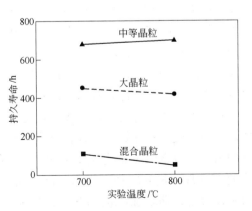

图 1-17　晶粒尺寸对持久性能的影响

别是对室温瞬时拉伸性能有明显不利影响。

Rehrer[4]等人研究了 GH4738 合金的主要强化元素 Al、Ti 含量对 γ′溶解温度和力学性能的影响，以及 γ′的溶解与晶粒长大之间的关系。随着 Al、Ti 含量的增加，γ′的溶解温度逐渐提高，如图 1-18 所示。在 A 区 γ′没有溶解，为均匀弥散的 γ′粒子；在 B 区 γ′部分溶解，图中所标的百分数是固溶处理温度所在的 γ′百分数量的近似值；在 C 区 γ′粒子完全溶解。图 1-19 给出了 Al + Ti 含量及固溶处理温度对晶粒长大和再结晶的影响。对比图 1-18 和图 1-19 可以清楚地看到晶粒开始突然长大的温度和 γ′开始溶解的温度是相同的，γ′的溶解与否对晶粒的长大产生了更大的影响。当 γ′完全溶解后，晶粒尺寸则从原始的 ASTM5 ~ 7 级长大到 ASTM2 ~ 4 级。

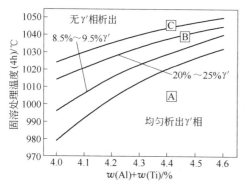

图 1-18 γ′含量与 Al + Ti 含量和固溶处理温度的关系

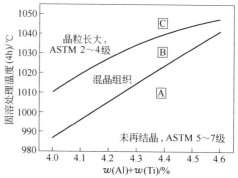

图 1-19 Al + Ti 含量和固溶处理温度对晶粒长大的影响

图 1-20 表示了 GH4738 合金经 1018℃ （图中实线） 和 1074℃ （图中虚线）/4h/油淬 +845℃/4h/空冷 +760℃/16h/空冷后室温拉伸性能随 Al + Ti 含量变化的结果[2]。数据表明采用不完全固溶处理 （1018℃），屈服强度随 Al、Ti 含量的增加有大幅度的增加。采用完全固溶处理 （1074℃），屈服强度随 Al、Ti 含量的增加也有增加，但增加量较不完全处理增加量少。不论是不完全固溶处理还是完全固溶处理，抗拉强度 σ_b 都随 Al、Ti 及 Al + Ti 含量的增加而增加；Al、Ti 含量增加虽使合金塑性有所降低，但不甚显著。

对于涡轮叶片材料，蠕变和持久是特别重要的性能；而对于涡轮盘材料，则要求细晶，应具有良好的拉伸性能和低周疲劳性能。研究表明，随着 Al + Ti 含量的增加，合金中 γ′的含量也从 30% 增加到 50%。合金的抗拉强度和屈服强度均随 Al + Ti 含量的增加而提高，但塑性却随之下降。实验指出，增加合金中的 Al + Ti 含量，即增加沉淀相含量，能极大地提高合金的持久寿命。高于 760℃时，合金中大部分的 γ′都溶于基体而导致断裂强度的大幅度下降，但对于 γ′含

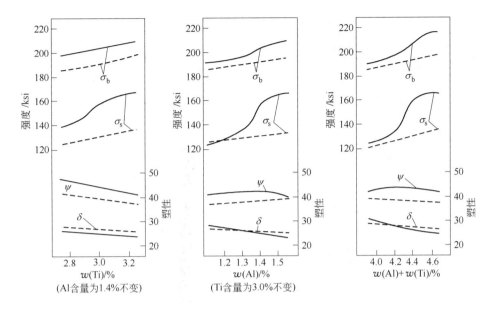

图 1-20　合金中的不同 Al、Ti 含量对室温拉伸性能的影响

(1ksi = 6.84MPa)

量较高的合金，虽然有部分 γ' 会溶解，仍有大部分 γ' 以强化相存在，使其持久寿命比较高。合金中的细 γ' 体积分数越高，合金的高温持久强度也越高。

1.4.2　组织可控性

1.4.2.1　晶粒度控制

热加工使高温下产生塑性变形，一方面起机械破碎作用，消除初生粗大树枝状组织，改善铸态组织；另一方面则产生形变再结晶过程，新晶粒在原始粗大奥氏体晶界等处重新形核、长大，使晶粒得以细化，其主要影响因素为变形量、变形温度、变形速率以及冷却规范等，合理控制热加工参数，会得到符合要求的微观晶粒组织。

图 1-21 为 GH4738 合金涡轮盘及叶片在锻造过程中由工艺不当而造成的混晶组织典型形貌。严重的混晶现象对合金性能是有害的，它将会降低材料的疲劳性能，进而降低产品的使用寿命。晶粒的不均匀性是大直径锻棒和锻件上存在的突出问题，锻造过程中形成的混晶组织还会在后续热处理过程中遗传下来，在变形量较小、变形温度过低和变形温度过高的情况下都会产生类似的混晶组织。

此外，晶粒度除了受到热加工工艺的控制外，还受到固溶温度和保温时间的影响。GH4738 合金在亚固溶温度以下进行热处理时，晶界处的初始 γ' 相未能完

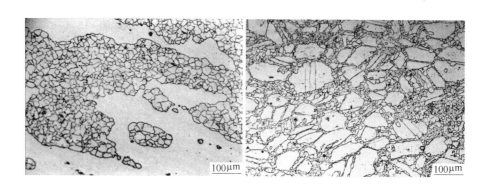

图 1-21　锻造过程中产生的混晶组织

全溶入 γ 基体，从而抑制晶粒长大，获得细晶组织，合金的强度和低周疲劳性能好；合金在过固溶温度以上热处理时，初始 γ′ 相溶入 γ 基体，晶粒受到的 γ′ 相的钉扎抑制作用减弱，从而晶粒将明显长大，最终会获得粗晶组织，合金的蠕变和裂纹扩展抗力增加。图 1-22 为 GH4738 合金的晶粒尺寸随固溶温度的变化规律。在固溶温度 1030℃ 以下晶粒尺寸变化十分缓慢；固溶温度等于 1040℃ 时，晶粒尺寸变化存在拐点；固溶温度大于 1040℃ 时晶粒尺寸变化明显。因此，1040℃ 为 γ′ 相的回溶温度，大于此温度，γ′ 相发生溶解，但晶粒的长大仍受 MC 和

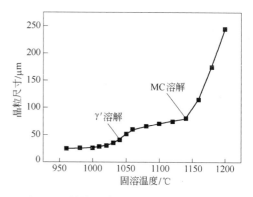

图 1-22　晶粒尺寸随固溶温度的变化关系

$M_{23}C_6$ 碳化物限制。当固溶温度在 1080 ~ 1150℃ 时，晶粒尺寸长大速度较平缓，但当固溶温度大于 1150℃ 时，晶粒尺寸长大速度增加。因此，可看出在 MC 碳化物回溶温度和 γ′ 相回溶温度处，晶粒尺寸的变化出现明显的拐点。因此，对热加工工艺及热处理制度的控制是影响晶粒度控制的关键点。

1.4.2.2　热加工控制

在热加工对组织的影响方面，科研工作者做了大量工作。Donachie[5] 研究了合金在 982 ~ 1176℃ 范围内锻造工艺对合金组织和性能的影响，研究结果认为在较高的固溶温度下，锻造变形量至关重要；MC 碳化物的析出可以使晶界成膜，严重影响着合金的冲击韧性。同时，研究还发现在 1080℃ 锻造的棒材经热处理后，可产生粗细不均匀的混合晶粒，在 980 ~ 1080℃ 锻造，可以得到好的加工塑性，且很少形成 MC 碳化物薄膜，获得颗粒状的 $M_{23}C_6$ 碳化物。图 1-23 为实际生

产中 GH4738 合金晶界出现的包膜状碳
化物组织，这对合金性能是不利的。

此外，在 20 世纪 80 年代，Guima-
raes[6]研究了该合金在应变速率为 10^{-4} ~
$50s^{-1}$，变形温度在 875 ~ 1220℃，应变
量在 0.7 以下时合金的硬化软化行为及
静态再结晶过程中的组织特征。Guima-
raes 研究表明，随着变形温度的降低及
应变速率的提高，合金应力逐渐增加；
在变形温度为 1000 ~ 1220℃，应变速

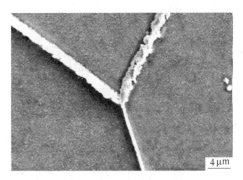

图 1-23　晶界碳化物包膜组织

率为 5.0×10^{-4} ~ $9.3 \times 10^{-2} s^{-1}$ 的条件下，经过大于 0.4 的应变量才能观察到合
金动态再结晶现象，此外，对应力-应变曲线和组织进行分析，得到了实验条件
下，1100℃和1150℃这两种变形温度下主要软化机制是静态回复和静态再结晶，
在 1100℃和1150℃下，静态回复完全的时间分别为 30s 和 4s，回复过程的热激
活能为 330kJ/mol；静态再结晶开始的时间分别为 15s 和 60s，而静态再结晶完全
的时间分别为 600s 和 2000s，静态再结晶激活能为 430kJ/mol。Livesey[7]研究发
现动态再结晶需达到最小的应变量才能发生，再结晶量随着应变的增加而增加；
动态再结晶后，细小的晶粒将会立即发生静态及亚动态再结晶，在终锻温度
970℃下 1s 后发现有亚动态（静态）再结晶发生，高于 1150℃经过 1s 后则该过
程完成；此外，动态再结晶引起合金应力-应变曲线产生峰值，合金的再结晶激
活能为 475kJ/mol。

尽管很多研究者对 GH4738 合金的热加工过程进行了研究，但是缺乏系统模
型的构建。目前，一般采用唯象的 Avrami 方程描述再结晶动力学转变[8~11]：

$$X = 1 - \exp[-k(\varepsilon - \varepsilon_{c})^{n}] \qquad (1-1)$$

$$d_{drm} \propto Z^{m} \qquad (1-2)$$

$$\varepsilon_{c} = 0.83\varepsilon_{p} \qquad (1-3)$$

$$\varepsilon_{p} \propto d_{0}^{a}Z^{b} \qquad (1-4)$$

式（1-1）中 X 为动态再结晶体积百分比；式（1-1）、式（1-2）和式（1-4）
中，m、n、k、a、b 为与材料性能有关的常数；Z 为 Zener-Hollomn 参数；d_{drm} 为
动态再结晶晶粒尺寸；式（1-3）中 ε_{p} 为峰值应变；ε_{c} 为动态再结晶发生的临界
应变。

基于上述模型，研究者结合不同的钢种、热加工条件，导出了各自的动力学
转变模型，其中较为典型的冶金物理模型有：

（1）为在热轧过程中显微组织演化模型作出显著成绩的主要有 Sheffield 大学的 Sellars，其模型几乎涵盖了在钢材热轧过程中所有的再结晶及晶粒长大现象。随后，Sellars 与 Yada 等人在新日铁公司以及 Saito 等人在日本川崎制铁公司合作发表了各自的模型。在 1991 年，Devadas 总结前人经验，汇总并确立了 C-Mn 钢再结晶及晶粒长大过程模型。此外，Nanba 等人在碳钢模型建立方面也做了大量工作。尽管各个模型的具体形式不同，但是都遵循了动态再结晶、亚动态再结晶、静态再结晶及晶粒长大过程的基本原理。这些模型并非简单的线性回归，而是对显微组织演变本质的经验总结。

（2）20 世纪 90 年代中期，随着科技的进步，Shen 等人通过 Gleeble 热模拟试验机研究了 GH4738 合金在变形温度 1010～1121℃，应变速率 0.02～3.5s[-1]，不同变形量下动态再结晶、亚动态再结晶和晶粒长大过程中的组织演化规律，并利用有限元技术对组织演化模型进行模拟预测[12]。

1.4.2.3 晶粒度对性能影响

合金晶粒的尺寸和均匀性等都会对性能产生很大影响，固溶温度的变化导致晶粒度不同，进而影响到合金的性能。合金经 996℃、1010℃、1020℃、1030℃、1040℃固溶处理 4h 后油冷，后经同一时效处理制度：845℃/4h/AC ＋760℃/16h/AC 时效处理。图 1-24 示出了固溶温度对室温和 540℃拉伸性能的影响规律[19]，在 1020℃时强塑性较高，高于 1020℃时，随固溶温度升高强度略有下降，塑性随固溶温度升高而提高，随后呈下降趋势。这一变化规律与 γ′相、碳化物相的溶解规律是一致的。

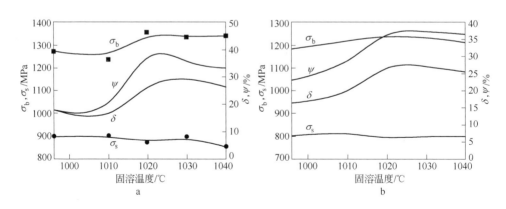

图 1-24 固溶温度对室温（a）和 540℃（b）拉伸性能的影响

晶粒尺寸对蠕变强度也有很大的影响。蠕变强度随着晶粒尺寸的增大而增加，但当晶粒尺寸继续增大时，蠕变强度反而减小。因此，对蠕变强度来说，也有一个最佳的晶粒尺寸。而且，粗晶对叶片的力学性能、高温持久性能、疲劳及热疲劳强度，特别是对室温瞬时拉伸性能有明显不利影响。

对于主要应用于涡轮盘的 GH4738 合金来说，其疲劳性能是非常值得关注的方面，而这其中晶粒度较其他影响因素而言，对合金疲劳性能的影响也是至关重要的。涡轮盘基本上是在疲劳蠕变交互作用条件下运行的，因而在这种条件下的显微组织的好坏是人们最为关心的。GH4738 合金涡轮盘材料裂纹扩展速率的快慢不取决于强度高低，而与持久塑性密切相关，合金的强韧化是保证使用性能的关键。

晶粒大小对裂纹扩展速率的影响也比较显著。在高温合金中，粗晶组织更有利于裂纹扩展速率的降低，但是并非晶粒越粗越好。晶粒尺寸显著影响合金的裂纹扩展速率，粗晶材料的裂纹扩展速率较慢，细晶材料的裂纹扩展速率较快。但晶粒尺寸过大则易引起沿晶断裂，降低材料的抗裂纹扩展能力。因此，合理控制晶粒大小可提高材料的抗裂纹扩展性能。GH4738 合金是变形高温合金中抗裂纹扩展能力较好的一种合金。

如图 1-25 所示，随着固溶温度的提高，GH4738 合金的裂纹扩展速率逐渐降低。研究发现，当晶粒尺寸增大一倍时，裂纹扩展速率降低为之前的 1/5。粗晶的断裂方式主要为沿晶，抗裂纹扩展能力较好。细晶的断裂方式主要为穿晶，抗裂纹萌生的能力较好。另外在高温下，晶界呈黏滞状态，在外力作用下易产生滑动和迁移，因而细晶的抗裂纹扩展能力降低。高温下晶粒过粗、过细对材料的性能都不利。因此，为得到较好的力学性能和裂纹扩展速率的匹配，应该合理控制晶粒尺寸，得到最佳的抗裂纹扩展能力。

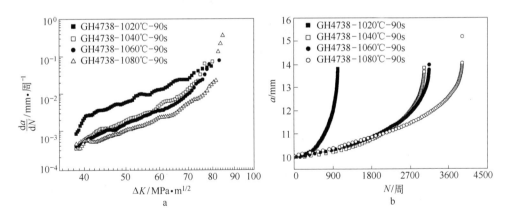

图 1-25 不同固溶温度下的裂纹扩展速率及 a-N 曲线

a—裂纹扩展速率；b—a-N 曲线

实际生产加工过程中会出现局部晶粒不均匀的现象，混晶可能对断裂过程产生不利影响。图 1-26 为混晶与正常晶粒的对比图，一般来说，小晶粒区域的晶界面多，热强性较差，塑性较好，而大晶粒区域热强性较好，塑性较差。因此，经标准热处理制度 B 后混晶和正常组织 GH4738 合金的裂纹扩展速率曲线对比见图 1-27。由图 1-27 可见，两种组织状态在不同保载时间下的裂纹扩展速率差别不明显。当晶粒尺寸不均匀时，裂纹扩展速率明显增加。在大小晶粒交界处容易出现应力集中，而促使裂纹在较粗大的晶粒边界产生，并沿晶粒界面迅速扩展。

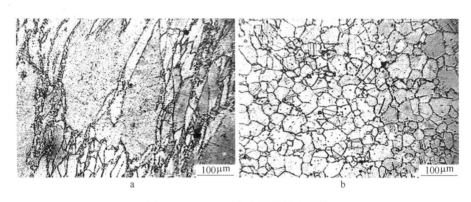

图 1-26   GH4738 合金的晶粒度形貌

a—混晶；b—正常晶粒

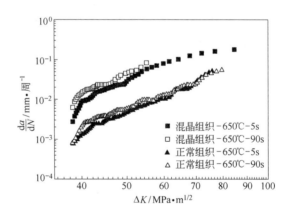

图 1-27   混晶和正常组织在不同保载时间下的裂纹扩展速率曲线

综上所述，控制 GH4738 合金的晶粒度对合金性能至关重要，对涡轮盘疲劳、蠕变、拉伸性能及裂纹扩展性能都起着关键作用。

1.4.3   强化相控制

由于 γ′相的大小及数量分布等是提供 GH4738 合金强化的主要途径，所以 GH4738 合金中 γ′相的尺寸及其分布对合金性能具有极其重要的作用。而 γ′ 强化相主要受合金成分（尤其是 Al、Ti 含量）、热处理条件及热加工工艺控制，所以需要从合金成分及热加工参数等方面来探讨对强化相的控制问题。

1.4.3.1 强化相与 Al、Ti 量的关联性

GH4738 合金通过固溶强化、γ′相析出及碳化物强化等综合作用来达到强化的效果，然而该合金 γ′相大约占合金总质量的22.6%，γ′相是合金强化的主要来源。合金的性能主要取决于基体中 γ′相的百分含量、颗粒大小和颗粒的粗化速率等，不同固溶温度下随着 Al + Ti 含量的增加，硬度也会逐渐增加；同时，合金硬度随着固溶温度的提高而呈现不同程度的下降，Al + Ti 含量越高，硬度值波动越小，如图 1-28 所示[4,13]。

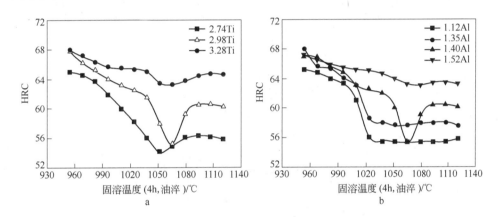

图 1-28　Al 及 Ti 含量及固溶温度对硬度的影响规律

a—Al 为 1.4% 的结果；b—Ti 为 3.0% 的结果

图 1-29 为 Al + Ti 含量对 GH4738 合金性能的影响[4]。从图 1-29a、b 和 c 的对比分析中可知，抗拉强度随着 Al + Ti 含量的增加而增加；固溶温度几乎对拉伸性能没有影响；冷却速率也几乎对拉伸性能没有影响，但是对于 Al + Ti 含量较高的合金，则显示出了抗拉强度随着冷却速率增加而增加的规律；无论冷却速率是否变化，强化相含量明显影响着持久性能及疲劳裂纹扩展抗力，随着 γ′相含量的增加，性能都得到改善；裂纹扩展速率具有明显的时间依存性。然而，随着 γ′析出相含量的增加，依存度降低。

如图 1-30 所示，Chang 等人[13]研究了 GH4738 合金在室温和高温下 Al + Ti 含量对拉伸性能的影响，研究发现拉伸性能随着 Al + Ti 含量的提高而提高，但塑性逐渐降低。

1.4.3.2 热处理对强化相的影响

热处理制度强烈地影响着合金中强化相的含量及形貌。热处理工艺的制定通常根据产品的应用领域来决定，以便控制合金的强化相与晶粒度。例如，在涡轮叶片上，蠕变和持久性能是最重要的，因此，解决的办法通常是在 γ′相完全溶解

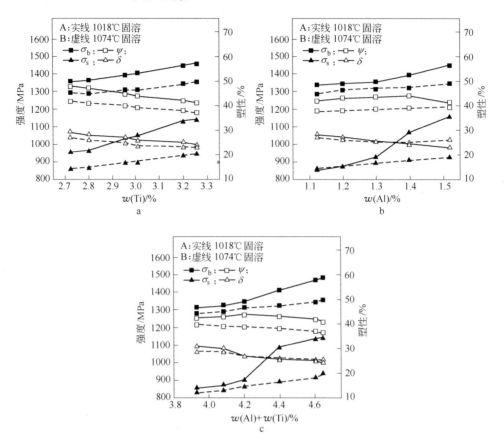

图 1-29　Al 及 Ti 含量和热处理对室温拉伸性能的影响

a—w(Al) = 1.4%；（b）w(Ti) = 3.0%；c—Al + Ti 含量变化

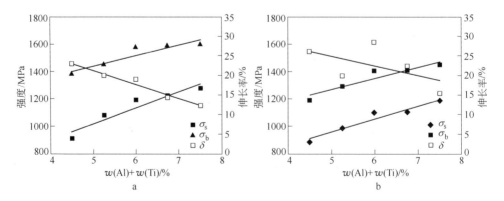

图 1-30　Al + Ti 含量对合金拉伸性能的影响

a—室温拉伸；b—高温 650℃ 拉伸

温度以上进行固溶处理，约 1060 ~ 1080℃ 温度范围，以促进再结晶及晶粒长大，同时使晶界上析出一定量的 $M_{23}C_6$，粗的晶粒尺寸（ASTM 3 级）和晶界碳化物可以提升抗蠕变性。相反，如盘件及环形件受到抗拉强度和低周疲劳的限制，一般采用亚固溶处理（1000 ~ 1030℃），以便于保留锻造产生的小晶粒尺寸。图 1-31 为经过 A、B 两种标准热处理后合金的强化相形貌。可知，合金经过 B 标准热处理后，出现大小两种 γ′ 强化相，即双模分布；而经过 A 标准热处理后，合金强化相表现出均一单模分布的特点。由此可见，合金固溶热处理温度对合金组织将产生巨大影响。

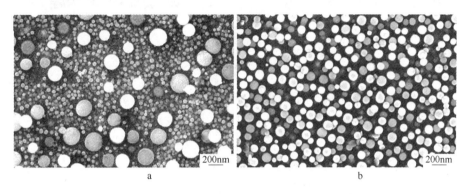

图 1-31　经两种标准热处理后的组织

a—B 标准热处理；b—A 标准热处理

合金冷却速率对 γ′ 强化相也具有重要影响。典型 γ′ 相的形貌在冷速变慢时的变化规律如图 1-32 所示[14]。

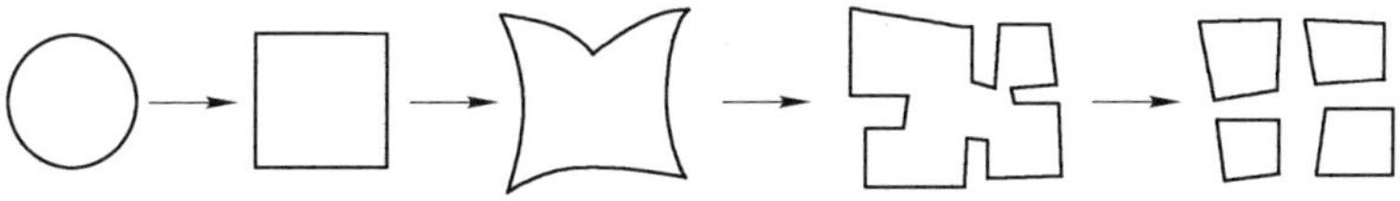

图 1-32　慢速冷却过程中的 γ′ 相形貌演化示意图

此外，Penkalla 等人[15]研究了 Waspaloy（GH4738）合金在不同冷速条件下的组织形貌演变。图 1-33 为钢锭不同位置的强化相形貌，可见在合金边缘处冷速快，强化相呈现球形，而在中心处冷速慢，γ′ 强化相则呈现花瓣形。在该文献中，Penkalla 等人还得到了有关 Waspaloy 合金的 TTT 曲线，如图 1-34 所示。从图 1-34 中可以得到不同冷却速率下各析出相的转变过程，以及转变或析出的动力学过程。

Groh[16]研究了冷却速率范围在 5.5 ~ 145℃/min，γ′ 强化相含量的变化及性能差异，研究表明，随着冷却速率的提高，合金中的一次及时效 γ′ 强化相的尺寸

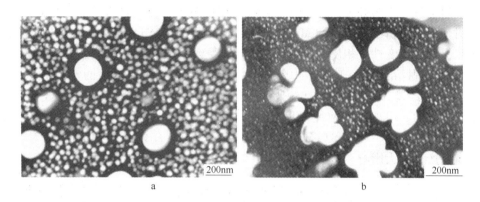

图 1-33 钢锭不同位置强化相形貌

a—边缘位置；b—中心位置

先快速减小，后基本保持不变；而合金中的时效 γ′ 相的百分含量却逐渐增加到一定数值后保持不变，如图 1-35 所示。此外，随着冷速的提高，合金的拉伸性能及蠕变均有所改善，如图 1-36 所示。

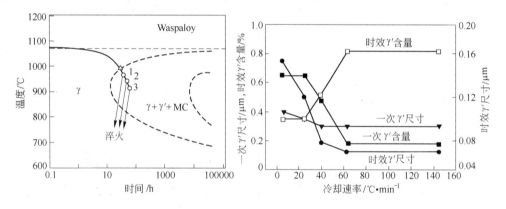

图 1-34 GH4738 合金的 TTT 曲线   图 1-35 冷却速率与强化相的关系

Chang 等人[13]也研究了冷却速率对 Waspaloy 合金性能的影响。其研究结果表明，冷却速率对裂纹扩展速率的影响不明显（见图 1-37），但是可以明显提高合金的抗拉强度，且与增加强化相含量提高强度的效果一致。

1.4.4 晶粒异常长大现象

晶粒异常长大是组织中少数大晶粒吞并基体中其他较小晶粒而长大的现象。晶粒异常长大为双峰晶粒尺寸分布，即为远大于平均晶粒尺寸的地方有一些大晶粒分布。晶粒异常长大又称为二次再结晶，其发生的前提是正常长大被抑制，包

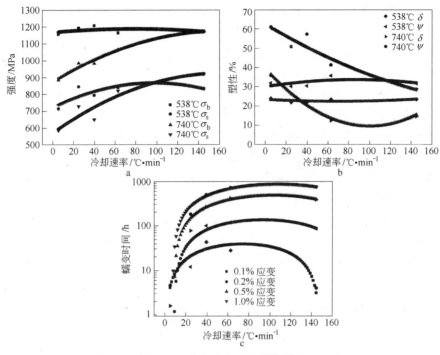

图 1-36 冷却速率对性能的影响

a—拉伸性能；b—塑性；c—蠕变性能

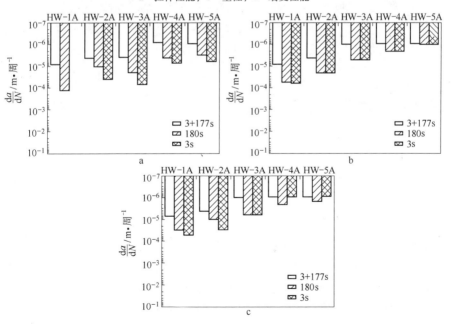

图 1-37 裂纹扩展速率在不同载荷条件下随着冷却速率的变化

a—500℃/min；b—200℃/min；c—50℃/min

括弥散相抑制、厚度抑制、织构抑制、表面能控制等，这是因为只有一般晶粒长大速率很慢时，非常大的晶粒才能有效地长大。二次再结晶必须超过一个十分确定的最低温度才发生，二次再结晶的大晶粒并不是由重新形核长大而获得的，它是原来一次再结晶的一些特殊晶粒经历一定孕育期后长大而形成的。如果这些特殊晶粒取向偏离一次再结晶织构，可能会快速长大，或者说它们的晶界迁移有一些特定条件。

　　在大飞机、地面燃气轮机和大型烟气轮机等需求的牵引下，对高温合金大型构件（诸如大型涡轮盘、大型叶片和大轴等）提出了更高的质量控制要求。图1-38 为不同牌号的高温合金出现的异常晶粒长大现象。图1-38a 为 GH710 高温合金涡轮盘表面出现的粗晶组织；图1-38b 为 GH4133B 合金宏观异常晶粒混晶现象。异常晶粒混晶现象在高温合金涡轮盘锻造过程中常有发生，这对高温合金性能是不利的。在实际生产中，也发现 GH4738 合金涡轮盘中出现异常混晶现象。因此，需要分析造成合金晶粒异常长大现象的原因及影响因素。晶粒异常长大的发生必须有某些晶粒能摆脱抑制其长大的因素，影响晶粒异常长大的因素较多，大量研究认为，晶粒异常长大与初始晶粒度分布、变形量、织构和第二相粒子有关。

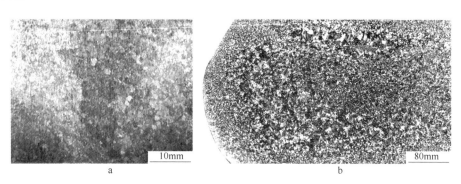

图 1-38　高温合金异常晶粒长大组织
a—GH710 低倍粗晶；b—GH4133B 低倍粗晶

1.5　合金标准及演变

　　自20世纪50年代该合金问世以来，很多研究者对合金的化学成分、冶炼和热加工工艺、热处理制度以及合金的强度和塑性等方面进行了细致的研究，使合金的强度和塑性都得到不断的提高。70年代末在调整成分和细化晶粒的基础上又推出了高强度和高塑性的超级 GH4738，如图 1-39 所示。

　　迄今，GH4738 合金仍在不断发展，研究成果直接反映在工厂的生产中。美国在对该合金进行研究的过程中，将钢锭越做越大，杂质越来越低，成分越来越

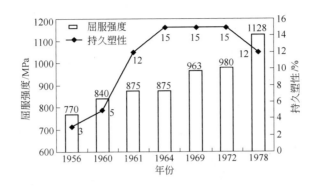

图 1-39 美国 Waspaloy 合金的发展

均匀，晶粒越来越细，最后的锻件也越来越大，例如美国 Wyman-Gondon 制造厂用 5 万吨水压机可以锻出直径约 1.4m 的涡轮盘。另外，合金不断发展的同时，ASTM 标准也在不断修订，以美国标准 AMS5704 来说，就已经从 20 世纪 60 年代的 A、B 版本发展到了 1996 年的 5704F 和 2000 年的 5704G。

美国宇航标准对应两种标准热处理，针对低温固溶的热处理（简称 1020℃亚固溶热处理，即热处理制度 B），表述为：

固溶处理：加热到 (996～1038)℃ ±14℃，保温 4h ± (0.25～0.5)h，水冷或油冷；

稳定化处理：加热到 843℃ ±8℃，保温 4h ±0.5h，空冷；

时效处理：加热到 760℃ ±8℃，保温 16h ±1h，空冷。

为了使读者对美国 Waspaloy 合金标准的演变情况有一个系统的了解，将美国针对 Waspaloy 合金 AMS 宇航标准的演变情况统计对比如下，为方便对比，把主要内容简化成表格列出，见表 1-7 ～表 1-18。若需要参考标准全文，可查阅相关标准文件。

表 1-7 AMS 5707F

颁布日期 修订日期	1963 年 7 月 15 日 1981 年 4 月 1 日
热处理	1020℃亚固溶热处理
硬　度	应为 HB321～403 或等价值，但如果拉伸性能符合要求，应不以硬度值作为判废标准
持久性能	732℃/517MPa，$\tau \geqslant 23h$，$\delta \geqslant 8\%$ 815℃/276MPa，$\tau \geqslant 23h$，$\delta \geqslant 5\%$
晶粒度	应小于 3 级，允许个别晶粒是 1 级

表 1-8　AMS 5707H

颁布日期 修订日期	1963 年 6 月 1994 年 8 月　代替 AMS 5707G
热处理	1020℃亚固溶热处理
硬　度	应为 HB321~437
室温拉伸	$\sigma_b \geq 1103$MPa，$\sigma_s \geq 758$MPa，$\delta \geq 15\%$，$\varphi \geq 18\%$
持久性能	732℃/517MPa，$\tau \geq 23$h，$\delta \geq 8\%$ 816℃/276MPa，$\tau \geq 23$h，$\delta \geq 5\%$
晶粒度	小于 3 级或更细

表 1-9　AMS 5707J

颁布日期 修订日期	1963 年 7 月 15 日 2000 年 8 月　代替 AMS 5707H
热处理	1020℃亚固溶热处理
硬　度	应为 HB321~403 或等价值，但如果拉伸性能符合要求，应不以硬度值作为判废标准
室温拉伸	$\sigma_b \geq 1103$MPa，$\sigma_s \geq 758$MPa，$\delta \geq 15\%$，$\varphi \geq 18\%$
持久性能	732℃/517MPa，$\tau \geq 23$h，$\delta \geq 8\%$ 816℃/276MPa，$\tau \geq 23$h，$\delta \geq 5\%$
晶粒度	应小于 3 级或更细

表 1-10　AMS 5706J

颁布日期 修订日期	1964 年 1 月 1996 年 8 月
热处理	1020℃亚固溶热处理
硬　度	应为 HB321~437
室温拉伸	$\sigma_b \geq 1104$MPa，$\sigma_s \geq 759$MPa，$\delta \geq 15\%$，$\varphi \geq 18\%$
持久性能	732℃/517MPa，$\tau \geq 23$h，$\delta \geq 8\%$
晶粒度	小于 3 级或更细

表 1-11　AMS 5706K

颁布日期 修订日期	1964 年 1 月 1996 年 8 月　代替 AMS 5706J
热处理	1020℃亚固溶热处理
硬　度	应为 HB321~437
室温拉伸	$\sigma_b \geq 1104$MPa，$\sigma_s \geq 759$MPa，$\delta \geq 15\%$，$\varphi \geq 18\%$
持久性能	732℃/517MPa，$\tau \geq 23$h，$\delta \geq 8\%$
晶粒度	小于 3 级或更细

表1-12 AMS 5704B

颁布日期	1966 年 3 月 15 日
修订日期	1976 年 1 月 15 日　代替 AMS 5704A
热处理	1020℃亚固溶热处理
硬　度	应为 HB321～403
室温拉伸	$\sigma_b \geq 1207$MPa，$\sigma_s \geq 827$MPa，$\delta \geq 15\%$，$\varphi \geq 18\%$
538℃拉伸	$\sigma_b \geq 1069$MPa，$\sigma_s \geq 724$MPa，$\delta \geq 15\%$，$\varphi \geq 18\%$
持久性能	732℃/552MPa，$\tau \geq 23$h，$\delta \geq 5\%$
	816℃/293MPa，$\tau \geq 23$h，$\delta \geq 5\%$
晶粒度	不允许有混晶存在

表1-13 AMS 5704C

颁布日期	1966 年 3 月 15 日
修订日期	1982 年 1 月 1 日　代替 AMS 5704B
热处理	1020℃亚固溶热处理
硬　度	应为 HB341～401
室温拉伸	$\sigma_b \geq 1205$MPa，$\sigma_s \geq 825$MPa，$\delta \geq 15\%$，$\varphi \geq 18\%$
538℃拉伸	$\sigma_b \geq 1070$MPa，$\sigma_s \geq 725$MPa，$\delta \geq 15\%$，$\varphi \geq 18\%$
持久性能	732℃/550MPa，$\tau \geq 23$h，$\delta \geq 5\%$
	815℃/293MPa，$\tau \geq 23$h，$\delta \geq 5\%$
晶粒度	不允许有混晶存在

表1-14 AMS 5704D

颁布日期	1966 年 3 月 15 日
修订日期	1988 年 4 月 1 日　代替 AMS 5704C
热处理	1020℃亚固溶热处理
硬　度	应为 HB341～401
室温拉伸	$\sigma_b \geq 1207$MPa，$\sigma_s \geq 827$MPa，$\delta \geq 15\%$，$\varphi \geq 18\%$
538℃拉伸	$\sigma_b \geq 1069$MPa，$\sigma_s \geq 724$MPa，$\delta \geq 15\%$，$\varphi \geq 18\%$
持久性能	730℃/552MPa，$\tau \geq 23$h，$\delta \geq 5\%$
晶粒度	不允许有混晶存在

表1-15 AMS 5704E

颁布日期	1966 年 3 月 15 日
修订日期	1993 年 10 月 1 日　代替 AMS 5704D
热处理	1020℃亚固溶热处理
硬　度	应为 HB341～401
室温拉伸	$\sigma_b \geq 1207$MPa，$\sigma_s \geq 827$MPa，$\delta \geq 15\%$，$\varphi \geq 18\%$
538℃拉伸	$\sigma_b \geq 1069$MPa，$\sigma_s \geq 724$MPa，$\delta \geq 15\%$，$\varphi \geq 18\%$
持久性能	732℃/552MPa，$\tau \geq 23$h，$\delta \geq 5\%$
	815℃/293MPa，$\tau \geq 23$h，$\delta \geq 5\%$
晶粒度	不允许有混晶存在

表 1-16 AMS 5704F

颁布日期 修订日期	1966 年 3 月 1995 年 4 月 代替 AMS 5704E
热处理	1020℃亚固溶热处理
硬 度	应为 HB341～401 或等价值，但如果拉伸性能符合要求，应不以硬度值作为判废标准
室温拉伸 538℃拉伸	$\sigma_b \geq 1207\text{MPa}$, $\sigma_s \geq 827\text{MPa}$, $\delta \geq 15\%$, $\varphi \geq 18\%$ $\sigma_b \geq 1069\text{MPa}$, $\sigma_s \geq 724\text{MPa}$, $\delta \geq 15\%$, $\varphi \geq 18\%$
持久性能	732℃/552MPa, $\tau \geq 23\text{h}$, $\delta \geq 5\%$ 816℃/293MPa, $\tau \geq 23\text{h}$, $\delta \geq 5\%$
晶粒度	应基本均匀，没有明显的细晶粒和粗晶粒区，不允许有成堆长大的大晶粒存在

表 1-17 AMS 5704G

颁布日期 修订日期	1966 年 3 月 15 日 2000 年 10 月 代替 AMS 5704F
热处理	1020℃亚固溶热处理
硬 度	应为 HB341～401
室温拉伸 538℃拉伸	$\sigma_b \geq 1207\text{MPa}$, $\sigma_s \geq 827\text{MPa}$, $\delta \geq 15\%$, $\varphi \geq 18\%$ $\sigma_b \geq 1069\text{MPa}$, $\sigma_s \geq 724\text{MPa}$, $\delta \geq 15\%$, $\varphi \geq 18\%$
持久性能	732℃/552MPa, $\tau \geq 23\text{h}$, $\delta \geq 5\%$ 815℃/293MPa, $\tau \geq 23\text{h}$, $\delta \geq 5\%$
晶粒度	不允许有混晶存在

表 1-18 PWA 685K

颁布日期 修订日期	1956 年 5 月 5 日 1971 年 8 月 15 日
热处理	1020℃亚固溶热处理
硬 度	应为 HB313～403
室温拉伸	$\sigma_b \geq 1207\text{MPa}$, $\sigma_s \geq 827\text{MPa}$, $\delta \geq 15\%$, $\varphi \geq 18\%$
持久性能	732℃/518MPa, $\tau \geq 23\text{h}$, $\delta \geq 3\%$ 815℃/276MPa, $\tau \geq 23\text{h}$, $\delta \geq 5\%$
晶粒度	

针对高温固溶的热处理（简称 1080℃过固溶热处理，即热处理制度 A），表述为：

固溶处理：加热到(1038～1079)℃±14℃，保温 1～4h，以相当于空冷的速度或更快的速度冷却；

　　稳定化处理：加热到 843℃ ±8℃，保温 4h ±0.25h，若作为叶片的需要保温 24h ±1h，空冷；

　　时效处理：加热到 760℃ ±8℃，保温 16h ±1h，空冷。

　　标准的演变情况见表 1-19 ~ 表 1-23。

表 1-19　AMS 5708G

颁布日期 修订日期	1963 年 7 月 1995 年 12 月　代替 AMS 5708F
热处理	1080℃ 过固溶热处理
硬　度	应为 HRC32 ~ 42
持久性能	816℃/328MPa，$\tau \geqslant 23h$，$\delta \geqslant 8\%$
晶粒度	小于 3 级或更细

表 1-20　AMS 5708H

颁布日期 修订日期	1963 年 7 月 2002 年 11 月　代替 AMS 5708G
热处理	1080℃ 过固溶热处理
硬　度	应为 HRC32 ~ 42
持久性能	816℃/328MPa，$\tau \geqslant 23h$，$\delta \geqslant 8\%$
晶粒度	小于 3 级或更细

表 1-21　AMS 5709F

颁布日期 修订日期	1963 年 7 月 1994 年 8 月　代替 AMS 5709E
热处理	1080℃ 过固溶热处理
硬　度	应为 HRC32 ~ 42
持久性能	816℃/328MPa，$\tau \geqslant 23h$，$\delta \geqslant 8\%$
晶粒度	不均匀的混合结构是允许的，但粗细混晶区在 100 倍下不超过全视场的 20%

表 1-22　AMS 5709G

颁布日期 修订日期	1963 年 7 月 2000 年 8 月　代替 AMS 5709F
热处理	1080℃ 过固溶热处理
硬　度	应为 HRC32 ~ 42
持久性能	816℃/328MPa，$\tau \geqslant 23h$，$\delta \geqslant 8\%$
晶粒度	不均匀的混合结构是允许的，但粗细混晶区在 100 倍下不超过全视场的 20%

表 1-23   PWA 687F

颁布日期 修订日期	1960 年 6 月 1 日 1964 年 1 月 10 日
热处理	1080℃过固溶热处理
硬　度	应为 HRC32 ~ 42
持久性能	732℃/449MPa, $\tau \geqslant 40\text{h}$, $\delta \geqslant 5\%$ 815℃/276MPa, $\tau \geqslant 50\text{h}$, $\delta \geqslant 5\%$
晶粒度	

参 考 文 献

[1] Collins H E. Long-time stability of carbide in WASPALOY[J]. Transactions of American Society for Metals, 1969, 62: 82 ~ 104.

[2] Klopp W D. Nonferrous Alloys—Waspaloy. 1986.

[3] Gayda J, Miner R V. Fatigue crack initiation and propagation in several nickel-base superalloys at 650℃[J]. International of Fatigue, 1983, 5(3): 135 ~ 143.

[4] Rehrer W P, Muzyka D R, Heydt G B. Solution treatment and Al + Ti effects on the structure and tensile properties of WASPALOY[J]. Journal of Metals, 1970, 22: 32 ~ 38.

[5] Donachie M J, Pinkowish A A, Danwsi W P, et al. Effect of hot work on the properties on Waspaloy[J]. Metallurgical Transactions, 1970, 1(9): 2623 ~ 2630.

[6] Guimaraes A A, Jonas J J. Recrystallization and aging effects associated with the high temperature deformation of WASPALOY and Inconel 718[J]. Metallurgical Transactions A, 1981, 12: 1655 ~ 1666.

[7] Livesey D W, Sellars C M. Hot-deformation characteristics of Waspaloy[J]. Materials Science and Technology, 1985, 1: 136 ~ 144.

[8] Hodgson P D, Mcfarlane D, Gibbs R K. The mathematical modeling of hot rolling[J]. Journal of Japan Society for Technology of Plasticity, 1987, 28: 195 ~ 197.

[9] Jeong H S, Cho J R, Park H C. Microstructure evolution of superalloy for large exhaust valve during hot forging[J]. Materials Processing and Design, 2004, 712: 684 ~ 689.

[10] Devadas C, Samarasekera I V, Hawbolt E B. The thermal and metallurgical state of steel strip during hot rolling: Part Ⅲ. Microstructural evolution[J]. Metallurgical Transaction A, 1991, 22: 335 ~ 349.

[11] Thebault J, Solas D, Faudeur O, et al. Microstructural evolution modeling of nickel base superalloy during forging[J]. Material Science Forum, 2010, 636 ~ 637: 624 ~ 630.

[12] Shen G S, Semiatin S L, Shivpuri R. Modelling microstructural development during the forging of Waspaloy[J]. Metallurgical and Materials Transactions A, 1995, 26: 1795 ~ 1802.

[13] Chang K M, Liu X B. Effect of γ' content on the mechanical behavior of the WASPLOY alloy system[J]. Materials science and Engineering A, 2001, 308: 1 ~ 8.

[14] Sajjadi S A, Elahifar H R, Farhanqi H. Effects of cooling rate on the microstructure and me-

chanical properties of the Ni-base superalloy UDIMET 500 [J]. Journal of Alloys and Compounds, 2008, 455(1~2): 215~220.

[15] Penkalla H J, Wosik J, Czyrska-Filemonowicz A. Quantitative microstructural characterization of Ni-base superalloy[J]. Materials Chemistry and Physics, 2003, 81(2~3): 417~423.

[16] Groh J R. Effect of cooling rate from solution heat treatment on Waspaloy microstructure and properties[C]//Kissinger R D, Deye D J, Anton D L, eds. Proceeding of the 8th International Symposium on Superalloy, Superalloy 1996, TMS, Warrendale, PA, 1996: 621~626.

[17] Hillert M. On the theory of normal and abnormal grain growth[J]. Acta Metallurgica, 1965, 13: 227~238.

[18] Rios P R. Abnormal grain growth in pure material[J]. Acta Metallurgica, 1992, 40(10): 2765~2768.

[19] 王秀芬, 王林涛, 彭永辉, 等. GH864 合金自由锻圆饼热处理制度与组织性能的研究[J]. 金属学报, 1999, 35(S2): S174~S176.

2 合金冶炼及均匀化开坯

当前 GH4738 合金的冶炼方法可采用真空感应炉 + 真空电弧重熔或真空感应炉 + 电渣重熔或真空感应炉 + 电渣重熔 + 真空电弧重熔冶炼工艺。由于 GH4738 的合金化程度高（所含 Cr、Co、Mo、Ti、Al 等元素的总和大于 40%），在钢锭凝固时会造成明显的枝晶偏析而造成合金成分的不均匀性。这种不均匀性会遗传到后续的锻件上，导致成分和组织不均匀，以致性能的不均匀性。特别是为大锻件需要生产大型钢锭（ϕ610 ~ 760mm）时的偏析更为严重。为了减轻偏析，该合金钢锭在热加工成坯料前必须在高温（接近固相线温度）进行几十小时长时间的扩散退火，这是使合金取得成分和组织均匀性必不可少的一个重要前提，随后进行锭型的开坯。

2.1 合金冶炼

2.1.1 真空感应

真空感应熔炼是一种在真空条件下利用电磁感应加热原理来熔炼金属的金属工艺制备过程。在电磁感应过程中会产生涡电流，使金属熔化。相比非真空感应熔炼，真空感应炉熔炼使得在真空下熔炼能严格控制合金中活泼元素，如铝、钛等的含量，因而保证合金的性能、质量及其稳定性；有利于去除气体和减少非金属夹杂物；有害元素夹杂如铅、铋、碲、镉、铜、硒等在冶炼镍基合金时可以挥发去除。因此，真空感应炉成为最重要的一次熔炼设备。航空、航天等重要部件以及一些高温旋转部件通常采用真空感应炉熔炼电极母材，然后再经过电渣重熔或真空电弧炉重熔。但真空感应炉熔炼也有它的不足：合金液与坩埚耐火材料之间发生某些化学反应，使合金在一定程度上受到污染；其因仍采用钢锭模浇铸，不能控制合金凝固过程，钢锭结晶组织存在着普通铸锭工艺所具有的一些缺陷。

2.1.1.1 真空精炼

真空熔炼可以使冶炼合金中的气体及有害夹杂含量降低。只要有足够高的真空度，足够高的温度以及足够长的精炼时间，均可获得明显的去氮效果。影响降氮效果最主要的因素是精炼温度、精炼时间、合金成分及加入时机、搅拌强度等。研究指出，在真空感应炉熔炼条件下，氮不是以氮化物形式浮升去除，而主要是氮原子在合金液中迁移、扩散，穿过气-液相界面层，形成氮分子被泵抽走。这一过程的限制性环节，首先是迁移、扩散速度问题。从图 2-1 可以看出，精炼开始后气体含量随精炼时间的延长不断降低[1]。最初阶段，合金含氮量迅速下降，然后脱氮速度减慢，直到趋于平衡。对于不同的合金，脱氮应有各自合适的精炼时间，不过，无限延长精炼时间是无益的，往往会带来一系列害处。

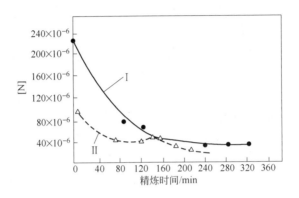

图 2-1　精炼期的降氮

Ⅰ—新料法；Ⅱ—返回料法

　　合金成分对去氮的影响是很大的，尤其是与氮亲和力较强元素的存在更为明显，当合金铬含量从 30% 增加到 60% 时，氮的传质系数从 12.13×10^{-8} cm/s 减小到 4.8×10^{-8} cm/s。故一般与氮亲和力强的元素（如 Al、Ti 等）在可能的条件下，应在精炼后期加入，当然更应限制合金本身的含氮量。其次氧与硫是表面活性物质，当它们富集在气-液界面时，使氮的去除有效面积减少，降低脱氮效率。为了降氮的需要，应尽量去除合金中的氮和硫，相反碳氧反应造成的沸腾，不仅可以降低氧含量，还有利于脱氮过程的进行。为促进脱氮、脱碳等反应的进行，应对合金加强搅拌，其效果明显。

　　真空感应熔炼过程中的脱氧有多种途径：氧化膜去除，沉淀脱氧及真空下碳脱氧。研究指出，在真空熔炼时，随精炼时间延长氧含量下降，特别是在有碳氧反应时下降较快，但当碳含量降到（0.01 ± 0.001）% 时，出现氧含量拐点，这与真空熔炼中的"坩埚反应"有关。因此，从脱氧角度来看，真空感应熔炼过程中精炼温度不宜过高，尤其精炼时间不能过长。为了获得氮、氧含量都低的综合效果，应选择合适的精炼温度及精炼时间。同时应改善坩埚条件，如可采用氧化钙坩埚，还可以有利于脱硫。

　　精炼期开始不久，合金中氢含量就可以降到 0.0001% 以下。因为在真空条件下氢在合金中的溶解度很低，氢原子又很小，与合金中诸元素的亲和力又不大，故迁移扩展到气-液相界面的速度快。因此只要经过真空精炼，氢含量就可以降到比较满意的程度。

2.1.1.2　真空感应冶炼工艺

具体如下：

(1) 开炉前的准备工作：设备检测。要求原材料化学成分精确，有足够的纯度、块度和干燥程度。坩埚打结后在正式冶炼前要经高真空洗炉，开炉初期一般冶炼低牌号合金，到中期坩埚是最好阶段，用来冶炼要求严格的高级合金。如果改换冶炼品种，一般均要先洗炉再进行正式熔炼。制定工艺前，应对合金成分、熔点、性能要求、产品用途、原材料情况等有充分了解，配料计算及称量精确无误，同时制定出合适的工艺以作为操作的依据。

(2) 装料：对于不同的材料，应根据其熔点、易氧化程度、密度、加入量及挥发难易程度等加到不同部位，并选择合适的加入时间。对蒸气压高的元素（如镁等），为保证其回收，应在出钢前不久通入氩气后再加入，并且减少真空停留时间。活泼元素及微量有益元素（如 Al、Ti、B 等）在精炼后期加入。而基本材料、不易氧化的元素及装入较多的合金均在装料时直接加入坩埚。

(3) 熔化：熔化期的任务为使炉料熔化；去气、去除有害金属夹杂物和非金属夹杂物；使合金具有适当的温度；控制好熔炼室的真空度，为精炼期创造条件。

(4) 精炼：精炼期的主要任务是脱氧、脱氮以及去除有害杂质、调整合金成分和温度。精炼期的温度、真空度及在真空下保持的时间是真空感应熔炼最重要的三个工艺参数。精炼期应有适当的高温度、足够高的真空度和比较短的精炼时间，具体要根据冶炼需要确定。

(5) 出钢浇铸：精炼末期，当合金成分、温度调整合适时，应即刻出钢。注温、注速随钢种和锭型而异。真空下浇铸，合金的流动性比较好，因而注温可适当降低，一般控制其超过合金熔点 $60 \sim 80 ℃$ 即可。为了防止喷溅和"冲模"，开始浇铸时速度要慢，待锭模内形成熔池后，则可快速注入，至冒口处，再改为细流填注。

真空感应熔炼是一种成熟的真空熔炼方法。实践证明，真空感应炉在高温合金生产中具有重要的作用和地位，一方面它是生产真空电弧重熔及电渣重熔所需自耗电极的重要熔炼设备；另一方面它是用来生产铸造高温合金（制备母合金及熔铸精密铸件）的主要设备。为了提高熔炼金属的纯净度，采取严格控制原材料纯净度，提高坩埚材料的稳定性，延长精炼时间，吹氩搅拌脱氮以及造渣脱硫、陶瓷过滤器浇铸等措施。

2.1.2　电渣重熔

电渣重熔在净化金属、减少钢中偏析和改善钢锭结晶组织方面具有优越条件，所以被广泛应用于滚珠轴承钢、工具钢、不锈钢及高温合金等优质钢的重熔。

2.1.2.1 电渣重熔的原理

电渣重熔的基本原理如图 2-2 所示[1]。
自耗电极、渣池、金属熔池、电渣锭、底
水箱、短网导线和变压器之间形成电回路。
当强大的电流通过回路时，由于液态炉渣
具有一定的电阻，渣池内产生强大的渣阻
热。渣阻热一方面把渣池自身加热到高温，
另一方面把埋入渣池中的自耗电极端部逐
层熔化和加热，薄层电极金属液在重力、
电磁力以及熔渣冲刷力的综合作用下，沿
电极熔端表面向下流动并汇集成熔滴，熔
滴力图向下坠落，但熔渣与熔滴界面张力
则力图阻止熔滴脱离。随电极金属的不断
熔化，熔滴体积逐渐增大，当其重力和电
磁力、熔渣冲刷力的综合作用超过界面张

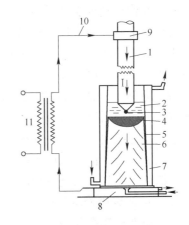

图 2-2　电渣重熔的基本原理图
1—自耗电极；2—渣池；3—熔化液层与熔滴；
4—金属熔池；5—渣皮；6—电渣锭；
7—结晶器；8—底水箱；9—卡头；
10—短网；11—变压器

力的作用时，熔滴断落。断落熔滴穿过熔池，转移到金属熔池，完成熔滴过渡
过程。

金属熔池一方面不断接受过热的金属熔滴及渣池的热量，另一方面又受到结
晶器中的水冷却，不断向下和向结晶器壁方向散热，即液态金属熔池同时受定向
加热和定向冷却的双重作用。熔池内的金属液按由下而上由边缘向中心的顺序逐
渐结晶成锭。重熔过程中，渣池与金属熔池不断上移。上移的渣池在水冷结晶器
的内表面上首先形成一层渣壳（它是重熔锭渣皮的前身，也可视为锭结晶的模
壁），它起到径向绝热作用，导致径向散热强度小。基于这样的结晶特点，电渣
重熔锭结晶朝轴向发展。

电渣重熔与一般冶炼方法的不同之处在于，在电渣重熔过程中，自耗电极的
熔化、钢-渣的冶金反应、钢液的结晶、铸锭的形成等都是在一个连续的工作程
序中进行的。电渣重熔由于它本身的特点，具有一系列的优越性：钢锭的纯洁度
高；钢锭轴向结晶，组织致密、均匀；钢锭的表面良好；设备简单，操作方便。
但也存在一些不足，如生产工艺流程较一般炼钢方法复杂；电耗高，重熔费用
高，生产率较低；去气效果较差；含铝、钛元素高的合金，成分不易准确控制和
调整等。因而需要在电渣重熔工艺、渣系、设备上进行探索和研究。

2.1.2.2 电渣重熔冶炼工艺

具体如下：

（1）冶炼前的准备工作：应包括结晶器和电极的准备。应该对结晶器进行

清洁处理并检查其内表面是否光洁以保证表面质量。结晶器的直径（$D_结$）应根据所熔炼的金属电极直径（$D_极$）来确定，$D_结/D_极$ 的比值通常称为填充比，其大小还应与适当的渣系及电参数相匹配。电极表面要力求光洁，对于含活泼元素的金属电极，更需要严格除锈。

（2）化渣：化渣的目的是要在熔化金属之前先形成一个高温液态渣池，化渣的方法分固渣引燃和液渣引燃两种。固渣引燃就是将金属自耗电极棒直接压在引弧熔剂上通电引弧后熔化固体渣料以形成渣池。液渣引燃可用石墨电极先在结晶器内化渣，待渣池形成后再换入金属电极进行重熔，也可用专门的化渣炉将熔融的液渣注入结晶器后进行金属重熔。

（3）电渣重熔渣系的选择：强烈的渣洗作用是电渣重熔极为重要的优越性，因此，正确选择渣系和控制渣量是很重要的工艺参数。熔渣起热源作用，精炼作用，渣皮的隔热和保证钢锭表面质量的作用，同时起保温及隔绝大气的作用。渣系的选择原则为：沸点应高于熔炼时的渣池温度；熔点要低于重熔金属的熔点；较高的电阻率；良好的流动性；严格控制不稳定氧化物及变价的氧化物；如果需要去除金属中的硫则需要高碱度；对非金属夹杂要有良好的润湿、吸收及溶解的能力；不易吸氢；高温液态下透气性较小；与金属相比具有较大的线膨胀系数差别；不易蒸发，析出物的毒性较小；价格低廉。

（4）熔炼操作参数：要正确选择熔炼的电流、熔炼电压、熔炼功率及电绝缘等。同时电极的截面积大小、重熔金属的电阻率等也都是影响熔滴大小及其滴落频率的因素。

（5）补缩：重熔结束前应当逐渐减慢电极下降的速度，也即减少输入电功率，目的是降低熔速、缩小金属熔池体积，使金属锭的头部得到良好的补缩而不形成缩孔、疏松等铸锭缺陷。

2.1.3　真空电弧重熔

真空电弧炉适用于生产铁基、镍基或钴基高温合金和钛、钨、钼、钽、铌、锆等难熔金属及其合金，也可重熔有特殊用途的钢和合金。真空电弧重熔是二次重熔的主要手段之一。

2.1.3.1　真空电弧重熔的原理

真空电弧重熔是在无渣和低压的环境下或者是在惰性气体的气氛中，金属电极在直流电弧的高温作用下迅速地熔化，并在水冷结晶器内进行再凝固，但液态金属以熔滴的形式通过近 5000K 的电弧区域向结晶器中过渡以及在结晶器中保持和凝固的过程中，发生一系列的物理化学反应，使金属得到精炼，从而达到了净化金属，改善结晶结构，提高性能的目的，如图 2-3 所示[1]。因此，真空电弧重熔法的实质是借助于直流电弧的热能把已知化学成分的金属自耗电极在低压下或者在惰性气体中进行重新熔炼，并在水冷结晶器内铸成钢锭以提高其质量的熔炼过程。

真空电弧重熔具有两个主要的冶金特点：一是自耗电极呈薄层熔化然后集中成熔滴向金属熔池滴落，熔滴的形成和过渡都处在真空环境中；二是金属液在水冷结晶器中凝固。

真空电弧重熔的优点是可有效去除钢和合金中的氢和有害金属夹杂；能有效去除氧、氮，主要靠其夹杂物的上浮，一部分由挥发去除；改善夹杂物的分布及状态，由于其结晶特点以及重熔过程中夹杂物的熔解和再生，重熔后金属中的夹杂物分布弥散；不接触耐火材料，因而可杜绝外来夹杂物的玷污；活泼元素烧损少，合金成分比较稳定。但是与电渣重熔相比，钢锭表面质量较差，致密度较差，缩孔不能完全消除；重熔后的锭子通常要经表面扒皮；脱硫能力以及改善夹杂物分布不如电渣重熔。

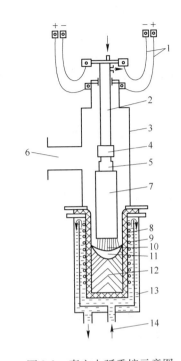

图 2-3　真空电弧重熔示意图

1—电流导线；2—水冷电极杆；3—真空室；
4—电极夹头；5—过渡电极；6—接真空系统；
7—金属自耗电极；8—水冷铜结晶器（上）；
9—稳弧线圈；10—电弧；11—金属熔池；
12—金属锭；13—水冷结晶器（底）；
14—进出冷却水

2.1.3.2　电弧重熔冶炼工艺

具体如下：

（1）自耗电极的准备：可采用铸造或锻造的电极来熔炼钢和合金，熔炼钛或钨、钼等高熔点金属及它们的合金时则用压制电极。对于钢质电极，要求成分合格、表面光洁、弯曲度小，若是铸造的要切除其缩孔。对于压制电极，要求有必要的致密度。熔炼前，要在真空或氩气保护下把电极牢固地焊在过渡电极上，焊接面积不得小于电极断面的 2/3，焊缝不能有氧化现象。

（2）引弧期的操作：引弧前要选择好极性，直流电弧 70% 的热量分布在阳极，30% 分布在阴极。在熔炼钢和合金时采用正极性操作（即自耗电极为阴极），以保证熔池能得到较多的热量而提高锭表面质量。引弧的方法有两种，一种是底水箱上放一块同钢种的底垫，然后以同钢种车屑引弧；另一种办法是直接在底水箱上用车屑引弧。金属熔化后逐渐增加电流，但熔池形成后，用相当于正常电流的 1.1～1.2 倍大的电流熔化一段时间，以保证锭底部的质量。

（3）正常熔炼期的操作：熔炼期的工艺制度直接关系到重熔锭的冶炼质量，必须合理控制电流、电压、熔化速率和冷却强度。

（4）封顶期的操作：封顶的目的在于减小钢锭头部的缩孔，减轻头部"V"形收缩区的疏松程度以及促进夹杂物的最后上浮和排除，从而减少钢锭切头量，提高成材率。

2.1.4　实际冶炼工艺及控制

为了提高合金的纯净度，尽量降低我国 GH4738 超大涡轮盘（直径 1450mm）的硫含量，通过对原材料的提纯处理、真空感应冶炼过程中脱硫以及脱氮技术的利用，使得合金在纯洁度上显著提高。同时，对真空自耗冶炼工艺控制过程进行研究，控制超大锭型的元素偏析，获得均匀理想高质量的超大合金锭。为了获得更佳性能的涡轮盘材料，采用真空感应 + 保护气氛电渣 + 真空自耗的三联冶炼工艺路线。

三联冶炼工艺控制流程为：原材料→真空感应炉熔炼浇铸电极棒→电极切头、表面研磨→电渣重熔电渣锭→快锻锻制电极棒→电极切头、表面研磨→真空自耗炉熔炼自耗锭。

（1）真空感应冶炼。按照对超大型涡轮盘 GH4738 合金的成分设计要求，在合金标准成分范围内，C 控制在低限，Al 尽量控制在成分限的高限范围，Ti 合金控制在中上限，S 的控制目标是越低越好。

按照总体的控制目标，真空感应冶炼的原材料要求为：0 号或 1 号镍板、金属 Cr、金属 Mo、电解 Co 板、金属 Ti、A00 铝、金属 Zr、镍镁、镍碳、同钢种返回料不大于 30%。所有金属元素和合金材料应洁净，不得有油污、锈蚀、灰尘等脏物。镍板、金属 Cr 和 Co 板要按规定烘烤后方可使用。返回料块度适中，表面需要进行同样的处理。

功率曲线见图 2-4。真空度及漏气率必须符合要求才能进行炼钢。电极成品取两支样品进行成分分析，一支进行化学成分全分析，另一支测气体 N、H、O 分析。最终浇铸成电极。

（2）电渣重熔冶炼。浇铸成的电极表面经研磨清除氧化皮。采用 CaF_2：Al_2O_3：CaO：MgO：TiO_2 的五元渣系，固渣起弧，控制渣量、功率和熔速，采用氩气保护。

（3）电渣锭锻电极工艺。加热到 1170℃，经两火次，锻方后倒棱滚圆，切头尾，制成供真空自耗重熔用的电极。

（4）真空自耗重熔。锻造后的电极经平头、研磨后，进行自耗重熔。正确控制冶炼电流和电压，控制正常阶段的熔速，采用氦气冷却。确定液滴短路功率因素和液滴控制级别。自耗重熔后，钢锭真空下冷却 120min 后脱模避风空冷。

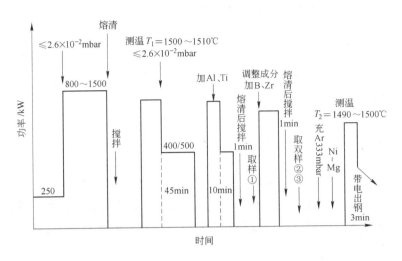

图 2-4 真空感应冶炼合金的功率曲线

$(1 bar = 10^5 Pa)$

通过三联工艺冶炼后的合金成分列于表 2-1，从表中可以看出，合金成分控制良好，硫含量已降低到 8×10^{-6}，已经接近国际水平。

表 2-1 超大涡轮盘合金锭经三联工艺冶炼后的合金成分控制 （%）

项 目	C	Cr	Co	Mo	Al	Ti	Fe	B	Zr	Mn	Si	Cu	Mg	S	P	Bi	Pb
标 准	0.02/ 0.08	18.00/ 21.00	12.00/ 15.00	3.50/ 5.00	1.20/ 1.60	2.75/ 3.25	≤2.0	0.003/ 0.010	0.02/ 0.12	≤0.10	≤0.15	≤0.10	≤0.01	≤0.015	≤0.015	≤0.0001	≤0.0005
电 极	0.025	19.15	13.32	4.43	1.57	3.13	0.16	0.005	0.08	0.02	0.04	0.02		0.003	0.003	0.00010	0.0005
电渣锭（头）	0.03	18.88	13.01	4.2500	1.52	3.17	0.16	0.006	0.08	0.02	0.06	0.02	0.01		0.006	0.00010	0.0005
电渣锭（中）	0.03	19.07	13.21	4.25	1.49	3.18	0.16	0.006	0.07	0.02	0.06	0.02	0.01		0.006	0.00010	0.0005
电渣锭（尾）	0.03	19.11	13.26	4.3	1.44	3.21	0.40	0.006	0.05	0.02	0.06	0.02	0.01		0.006	0.00010	0.0005
自耗锭（头）	0.02	18.74	13.4	4.45	1.51	3.12	0.2	0.004	0.06	0.02	0.05	0.02	0.0008		0.006	0.00010	0.0005
自耗锭（中）	0.03	18.74	13.35	4.44	1.53	3.16	0.2	0.006	0.07	0.02	0.05	0.02	0.0008		0.006	0.00010	0.0005
自耗锭（尾）	0.03	18.74	13.35	4.44	1.53	3.13	0.17	0.006	0.05	0.02	0.05	0.02	0.0008		0.006	0.00010	0.0005

注：Ni 余。

2.2 合金锭均匀化

由于在工业凝固过程中，不可避免地会发生溶质的再分配，造成先凝固区与后凝固区的成分差异，也就是所谓的显微偏析，显微偏析必须采取均匀化扩散退火来降低或消除。关于铸锭的均匀化退火工艺的选择，实际生产过程中大多采用试验来总结扩散退火工艺，虽然试验的方法比较可靠准确但会耗费大量的人力和物力，并且针对不同的锭型需要进行反复的试验，这样会延长生产周期。因此用模拟计算的方法来给出铸锭均匀化所需的时间是值得研究的，国内外学者曾用残余偏析指数的公式来推测合金退火所需的时间，实践证明只要参数选择合适，是可以用残余偏析指数来预测合金扩散退火的最佳工艺的。

2.2.1 偏析形成的原因及影响

2.2.1.1 引起偏析的原因

引起高温合金偏析的原因是多种多样的，既有外部原因，也有内部原因。外部原因包括原料的纯净度、熔炼工艺的合理选择、铸模的温度、铸锭的冷却速度、温度梯度和时间等；内部原因包括合金成分、各个元素的特性、枝晶生长速率、晶体形核率、枝晶间距、液相的流动等。对于不同合金，引起其偏析的原因应是内外因素共同作用。

（1）元素凝固特点。在非平衡凝固过程中原子在液体内部的扩散、固体内部的扩散及两相之间的扩散是相当慢的，在非平衡凝固条件下，各晶粒内部的成分都不是一致的，外层后结晶的部分含低熔点组元比较多，在合金凝固时，先凝固的枝晶干含高熔点的元素多，后凝固的枝晶间含低熔点的元素多。

（2）熔炼工艺。熔炼过程中，工艺的稳定性对宏观偏析的形成有重要影响。如在电渣重熔的 GH4169 中，电流突然增大，导致熔速加快和熔池加深，偏析加重；若电流突然减少，导致熔化过程中断，当再开始熔化时，局部温度变化也会导致偏析；冶炼工艺的合理选择对偏析也有重要影响，研究表明：三次熔炼要优于一次或二次熔炼，例如真空感应＋电渣重熔＋自耗重熔要比单独的电渣重熔或自耗重熔偏析轻得多。

（3）浇铸过程中的外界条件：

1）外来浇铸过程中的杂质：由于某些原因，在浇铸过程中，一些杂质能够进入铸锭，从而形成形核核心，而此类杂质本身或富集某些元素或贫乏某些元素，从而导致偏析；2）外界气体对浇铸溶质元素的影响：浇铸过程中，若大面积与空气接触，则会发生气体或元素的吸纳或逸出（也包括某些溶质元素的挥发），从而使元素的分布不均匀产生偏析；3）浇铸过程中，液流速度也会对偏析产生一定的影响。

（4）合金成分。高温合金由十几种元素组成，由于本身的特性以及它们含量的不同，它们对偏析的影响也不尽相同，主要表现在：扩大液固相温度区间。合金的凝固偏析与合金的凝固温度区间有密切联系，通常凝固温度区间越大，合金的树枝状偏析越严重。这方面的典型例子是 Hf 元素，加 Hf 的 K6 合金的液相线温度及终凝温度都比不含 Hf 的 K5 合金低，且凝固温度范围变宽，从而导致偏析的加剧。此外，P、Zr、B、Si 等元素降低了终凝温度，扩大了凝固温度区间，促进了主要合金元素的树枝状偏析[2,3]，而高温合金中的十几种元素既有正偏析元素，也有负偏析元素。这些元素的偏析除了与本身的特性有关外，还与元素在合金的含量有关，元素含量不同，其偏析程度是不同的。

（5）铸造工艺参数：

1）浇铸温度的影响。有研究表明[4]，降低浇铸温度能够使 K4169 的晶粒细化，枝晶间距减小，从而使元素的偏析减小。

2）冷却速度的影响。冷却速度越大，枝晶间距越小，枝晶分叉越少，从而减轻偏析。

3）铸锭尺寸的影响。无论是多大尺寸的铸锭，显微偏析总是存在的，一般来说，尺寸越小，偏析的程度越小。但是对宏观偏析而言，针对不同的合金，其铸锭在一定尺寸内不会出现偏析，然而随着尺寸的增大，会出现宏观偏析，导致铸件的报废。

4）温度梯度 G_L 和生长速率 v 对偏析的影响。Hunt 给出了一次枝晶间距公式：$\gamma = AG_L^{-0.5}v^{-0.25}$，从式中可看出，温度梯度越大，生长速率越大，枝晶间距越小，偏析越少。同时，随着凝固速率的增大，固相扩散的不足程度增加，枝晶偏析程度增大，但当凝固速率进一步增大时，枝晶偏析趋于减小。

2.2.1.2 偏析的影响

一般而言，由于偏析的存在，不可避免地对合金的性能产生影响，合金的好坏主要取决于性能，因此有必要分析偏析对性能的影响程度。

A 偏析对热加工性的影响

高温合金较差的热加工性主要体现在热加工温度范围窄，变形抗力大和塑性低三个方面，其根本原因在于与基体共格的 γ' 相的强烈时效作用和溶于基体内的固溶强化作用。

热加工温度指的是合金变形的温度范围，一般来说，热加工温度范围越大，越有利于合金的加工，合金元素的偏析可导致热加工温度范围变窄。例如对于 GH4742 合金来说，其合金化程度相当高，特别是 Nb 元素含量较高，虽然高合金化有利于合金的高温强度逐渐提高，但同时也会降低合金的熔点，增大成分的不均匀性，降低固溶于基体中的 Ti、Al、Nb 元素的含量，最终会导致变形抗力的降低。镍基高温合金在单相范围内变形是最理想的，而大量合金元素的加入使 γ' 的溶解范围越来越窄，这使合金在单相 γ 范围内变形越来越困难或不可能进行，且 γ' 相的强化效果导致变形越来越困难，强化相 γ' 的数量增加使其完全溶解温度上升，这样导致变形温度范围越来越窄，热加工抗力急剧增大，热加工塑性降低。这种恶劣的热加工性能已经成为材料进一步发展的障碍。

B 偏析对合金强度的影响

对于 GH4169 合金，由于合金偏析形成的 δ 相会对合金强度产生影响。事实证明，不仅晶粒大小而且晶内δ相的多少对性能也有直接的影响，不论δ相是针状还是短棒、颗粒状，当数量过多并且分布不均匀时，均起到软化作用，导致合金强度下降，塑性上升。当合金中无δ相时，也会降低强度，并导致缺口敏感，只有当合金中含有适量的δ相，才能起到有利作用。因此合金的组织均匀性对合金的性能有极大的影响。

C 偏析对持久性能影响

在GH4169合金铸锭的凝固过程中，枝晶间的Laves相周围析出针状δ相，δ相的偏析导致生成晶粒不均匀的粗细晶条带组织，由于粗细晶的力学行为不同，必然造成材料的性能不均，当这种组织的试样进行650℃、686MPa的光滑持久试验时，一般来说，粗晶组织的持久性能高，所以裂纹应发生在晶内δ相的细晶内，但事实相反，裂纹均在贫δ相区的大晶粒晶界上发生。

D 偏析对缺口敏感性影响

合金中偏析形成的Laves相和δ相是影响合金工艺、组织和性能的重要相。Laves相是脆性有害相，在成品中不允许存在；δ相是一个既有利又有害的相，它的形貌、数量和分布能起到控制合金晶粒组织、改善塑性、消除缺口敏感性的重要作用，但过多的δ相将强烈地降低合金的高温强度。因此，可以说合金材质的优劣在很大程度上取决于对δ相的控制。出现粗细晶条带的直接原因是δ相的析出和溶解，而δ相出现贫富条带的根源是原始轧棒中存在着铌元素偏析。在热处理过程中，富铌的枝晶间析出大量δ相形成屏障，阻碍晶粒的长大，变成细晶条带，贫铌的枝晶干不析出δ相，晶粒长大形成粗晶条带，因此解决粗细晶条带的根本出路是减轻和改善钢锭中的铌偏析。虽然高温短时处理抑制了δ相的析出，但偏析严重时，贫铌区虽经调质处理，仍无δ相析出，故不足以改善晶界状态，所以产生缺口敏感。

E 偏析对冲击韧性的影响

一般认为，σ相、μ相等TCP相在晶界析出会降低高温合金的韧性。冲击韧性、塑性随晶粒尺寸的细化和均匀化而升高。研究认为晶界碳化物对合金的冲击韧性有影响，当晶界处存在分布不均匀且尺寸偏大的碳化物时，浓度越高，合金的冲击韧性越低。虽然合理的热处理工艺对合金有害相的消除有帮助，例如GH4169合金在900℃以下固溶，可以避免δ相析出而产生明显的粗细晶条带，力学性能的测试也完全达到技术条件的要求，但先天性的偏析如不消除，仍对合金的性能有影响。

总的说来，早期的研究认为，无论是铸造高温合金还是变形高温合金，均匀化工艺有利于提高铸锭的热加工塑性、室温抗拉强度、蠕变强度，例如对变形GH4169和GH4738合金而言，前者Nb元素的均匀分布，有利于随后的热加工过程中δ相均匀析出，后者减少偏析可以降低碳化物的不均匀析出。

2.2.1.3 均匀化的评价方法

合金的偏析包括两方面，即偏析相和元素分布的偏析，因此在评价合金均匀化时应从两个方面考虑，即偏析相的消除程度和元素分配程度。对偏析相的评价方法主要是观测其在合金中的含量，一般来说，借助于金相法或图像分析仪就可测定合金中偏析相的含量。偏析相包括多种，一种是低熔点有害相，一种是初熔相，对于低熔点有害相而言，其消除非常容易，在适当的温度下较短的时间就可以消除。例如 GH4169 合金中的 δ 相，在 1100℃左右几个小时就可消除，但对于那些高熔点初熔相，其消除是相当的困难，即使在高温经长时间的退火，其含量变化也不是太显著，因此对高温合金特别是 GH742、GH4738、GH4169，其偏析相均匀评判的标志是看低熔点相的消除程度。

合金在高温退火主要是消除元素的偏析，特别是针对 GH4169 这些偏析较严重的合金。一般是通过评判偏析系数大小来评判均匀化，常用的方法是借助于电子探针或能谱仪测定合金枝晶间和枝晶干元素的含量，接着计算出偏析系数，这种方法可以准确说明偏析值为多少时，合金可达到均匀化。在评判元素偏析程度时，通用的方法是用残余偏析指数来评判。通常用 δ 来表征合金中元素的偏析程度，其表达式为：$\delta = \dfrac{C_{\max} - C_{\min}}{C_{0\max} - C_{0\min}}$，式中 δ 为偏析指数，$C_{\max}$、$C_{\min}$ 分别为经均匀化处理后的最高浓度和最低浓度，$C_{0\max}$、$C_{0\min}$ 为原铸态的最高和最低浓度值。从式中可以看出，残余偏析指数 δ 与元素的扩散系数、枝晶间间距和均匀化时间等参量有关。也就是说可以通过残余偏析指数来估计合金所需的均匀化时间，但是此评判方法也有不足，例如残余偏析指数达到多少，就可以评判合金大致达到了均匀化，此外合金中元素的扩散系数值较难得到。但与第一种评判方法相比，其更有参考价值。

2.2.2　均匀化工艺

高温合金由于合金化程度高而极易产生成分偏析。合金强化程度的提高，不可避免地造成凝固过程中成分偏析更加严重。这种偏析不仅对铸造合金而且对变形合金的组织性能都有很大的影响。高温合金中的偏析一般有树枝晶和（γ + γ′）共晶偏析的情况。大量合金化元素和微量元素的加入导致镍基高温合金在凝固过程中产生严重的枝晶偏析，并析出如（γ + γ′）共晶、Laves 相以及 δ 相、μ 相等许多有害的脆性相。这些相往往成为热加工过程中裂纹的萌生源。因此，在热加工之前必须对铸锭进行均匀化处理，溶解合金中的第二相，减轻甚至消除元素偏析，从而提高其热加工塑性。对于树枝晶偏析，钨和钴容易偏析于晶轴内，而钛、钼、铬、铝、铌、锆（还有微量元素硫和锡）等都偏聚于树枝晶间隙。（γ + γ′）共晶处一般含钛、铝、铌和镍量要高于平均含量，含铬、钼、钴量低于平均含量，（γ + γ′）共晶边缘处的偏析比共晶心部更为严重。由于存在上述两类偏析，所以在共晶周围的树枝晶处，元素的偏析为上述两个偏析的叠加，结果造成此处极富铬、钼等 TCP 相形成元素。元素的树枝晶间偏析也常常造成碳化物共晶、硼化物共晶和其他相析出。因此控制铸造合金的铸造工艺以调整偏析是一项重要的环节。同样，GH4738 合金经过冶炼后也存在析出相和元素的偏析，需对合金的偏析程度和均匀化工艺进行分析研究。

2.2.2.1 合金铸态组织

图 2-5 为 φ508mm 铸锭不同部位铸态的金相组织。其中浅色区域为枝晶干，

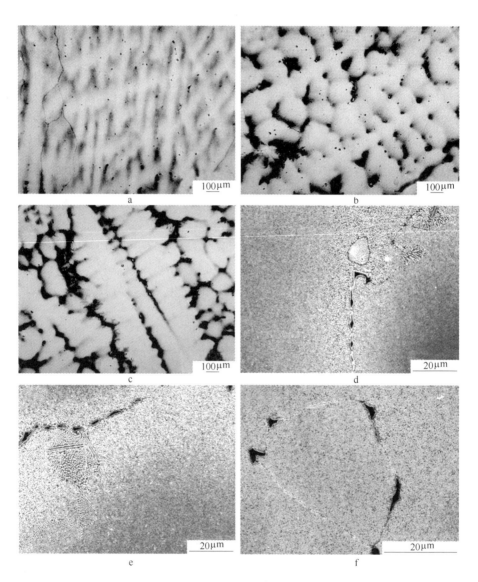

图 2-5 合金铸锭的金相组织

a，d—铸锭边缘 OM 和 SEM；b，e—铸锭 R/2 OM 和 SEM；c，f—铸锭中心 OM 和 SEM

黑色区域为枝晶间，从图中可看出在枝晶间分布着一些黑色组织，经测量计算，得出铸锭中心处原始树枝状组织的一次枝晶间距约为504μm，二次枝晶间距为160μm；铸锭$R/2$处一次枝晶间距为376μm，二次枝晶间距为161μm；铸锭边缘处一次枝晶间距为148μm；二次枝晶间距为89μm。图2-5同时也给出了枝晶干、枝晶间和枝晶边缘分布的析出相形态。

GH4738合金不同部位析出相形态如图2-6所示，MC碳化物尺寸较大，形状不规则，大部分呈岛状和有棱角的大块状，如图2-6c所示；$M_{23}C_6$碳化物尺寸较小，形状也不规则，$(\gamma + \gamma')$共晶呈扇状，如图2-6a所示；出现少量η相是由于Ti元素的偏析，η相的形状呈片状，如图2-6d所示。

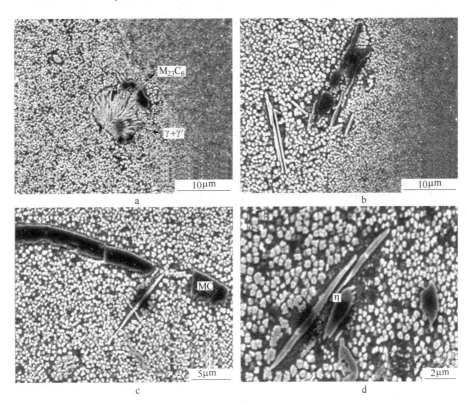

图2-6　合金枝晶间存在的析出相

a—$(\gamma + \gamma')$共晶$+ M_{23}C_6$；b—枝晶干和枝晶间γ'相的形态；c—MC；d—η相

为了表征GH4738合金铸锭中元素的偏析程度，分别对枝晶干、枝晶间和枝晶边缘进行元素偏析程度的对比分析，并用偏析系数K表征铸锭内元素的偏析程度，K即枝晶间元素最高含量与枝晶干元素最低含量的比值，K值越接近1表示偏析程度越小，元素偏析分析结果见表2-2。合金元素Ti和Mo偏聚于枝晶间，为正偏析元素；合金元素 Cr 和 Co 偏聚于枝晶干，为负偏析元素，且 Ti、Mo、Cr、Co 元素在铸锭中心的偏析最为严重，在铸锭 R/2 处，铸锭边缘的偏析程度相对最轻。同时计算了各元素的偏析比 S，即枝晶间中心元素最高含量与枝晶干中心元素最低含量的比值。从偏析的程度看，Ti > Mo > Cr > Co。

表 2-2　合金不同部位的元素偏析

部　位	元素平均偏析系数			
	Ti	Cr	Co	Mo
边　缘	1.42	0.96	0.98	0.84
R/2	1.92	0.93	0.91	1.17
中　心	2.62	0.89	0.86	1.19

2.2.2.2　合金均匀化过程中的组织演化

利用 Thermal-Calc 软件中的 Scheil-Guller 模型可以计算合金在凝固过程中的元素再分配规律，为实际偏析规律的分析提供理论依据。图 2-7 为 GH4738 合金液态时合金元素随温度变化呈现的分配规律，其中 Mo 和 Ti 元素为正偏析元素，随液相体积的减小，它们在液相中的含量呈增加趋势，而 Cr、Co 等元素的含量随液相体积的减少而减少，也就是说，Mo、Ti 等元素偏聚于液相最后凝固区域，即枝晶间；Cr 等元素则偏聚于枝晶干。Mo、Ti 的偏析程度大。

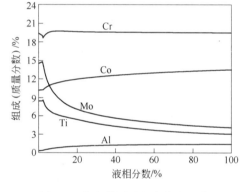

图 2-7　合金凝固过程中合金元素
分配规律的热力学计算

热力学平衡相计算表明（见图 3-1），GH4738 合金的初熔点约为 1314℃，γ′相的析出温度约为 1034℃，平衡相对应的计算结果为随后均匀化处理的温度选择提供了理论依据。一般说来，均匀化退火的温度一般应在 γ′完全回溶温度和合金初熔温度之间选择。根据热力学计算结果可以看出均匀化温度应在 1034~1300℃ 范围内选择，考虑到均匀化温度较高对组织会产生不利的影响，合金的均匀化温度选择在 1040~1200℃ 范围内较合适。

为了分析均匀化过程中合金的组织演变规律，采用不同温度和时间对合金进行高温扩散退火。图 2-8 为合金在 1120℃ 均匀化退火不同时间得到的 OM 组织形貌。通过比较可以看出，合金退火 1.5h 后，枝晶间存在的大块黑色组织已经溶解，但在枝晶间仍存在一些尺寸较小的相。此外，也能明显看出合金经 1.5h 退火后，枝晶边缘存在扩散。随着退火时间的延长，枝晶间和枝晶干的界限越来越模糊，这一特点可以从合金经 2h、2.5h、3.5h 退火的金相组织中看出。

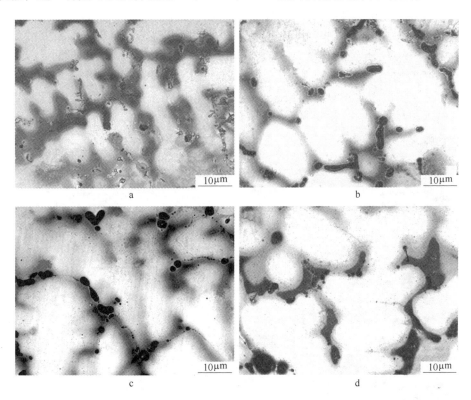

图 2-8　合金经 1120℃不同保温时间的金相组织
a—1.5h；b—2h；c—2.5h；d—3.5h

　　低温阶段退火主要是观察低熔点组织是否溶解，图 2-9 为合金在 1120℃退火1.5h 和 2.5h 的 SEM 组织形貌，从照片中可以看出枝晶间的低熔点组织经 1.5h

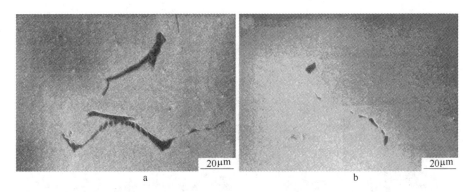

图 2-9　合金经 1120℃/1.5h（a）和 2.5h（b）保温后的 SEM 组织

退火后已经不存在，只有 MC 存在，退火 2.5h 后，一些大块碳化物分解成小块状，由此可见，合金经 1120℃退火 1.5h 已经能消除低熔点组织，为了保证低熔点组织被彻底消除，可以选择 2h 或更长的时间退火。

图 2-10 为合金在 1140℃下退火若干时间后的显微组织形貌，由图中可知随着退火时间从 1.5h 经过 2h、2.5h 逐渐延长到 3.5h，枝晶间和枝晶干的界限与未进行 1140℃均匀化处理之前相比（如图 2-5 所示）越来越模糊，可以推测枝晶边缘确实存在扩散现象。对应的 SEM 组织可以看出，枝晶间的低熔点组织经 2h 退火已经不存在，只有碳化物 MC 存在，随着退火时间延长到 2.5h，一些大块的碳化物分解成小块状。

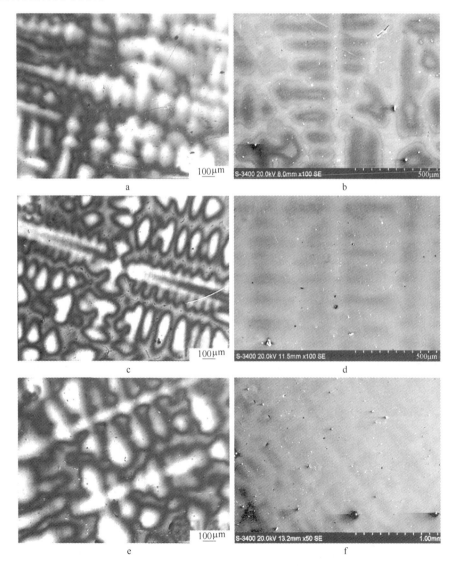

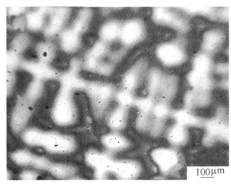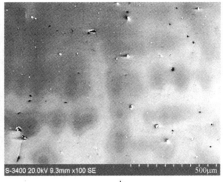

g   h

图 2-10   合金经 1140℃不同保温时间均匀化后金相和 SEM 组织
a, b—1.5h; c, d—2h; e, f—2.5h; g, h—3.5h

为了研究合金经 1140℃退火 1.5h、2h、2.5h、3.5h 后的均匀化效果,对所有样品进行了能谱分析,以获得枝晶间和枝晶干偏析元素的消除程度。且通过计算获得了主要偏析元素的偏析比,如表 2-3 所示。比较表 2-2 和表 2-3 均匀化处理前后的元素偏析比可以看出,经过 1140℃不同时间的热处理之后,合金元素偏析的确是得到了一定的消除。但是在 1140℃均匀化效果还没有达到要求,经 3.5h 均匀化后的试样 Ti 元素的偏析比为 1.32。

表 2-3   经过 1140℃退火不同时间后元素的偏析比

偏析元素	均匀化时间			
	1.5h	2h	2.5h	3.5h
Ti	2.121	1.489	1.687	1.321
Cr	0.866	0.944	0.926	0.911
Co	0.849	0.967	0.929	0.946
Mo	1.043	1.080	1.196	1.162

增加温度至 1180℃,合金不同部位经 8h 均匀化处理后的金相组织见图 2-11,从图中可以看出,虽然这三个样品都经过 1180℃/8h 处理,但边缘试样在低倍的金相显微镜下已经基本观察不到枝晶的存在,如图 2-11a 所示,而 R/2 和中心的样品还有部分枝晶组织存在,如图 2-11b 和 c 所示。表 2-4 列出了对应的元素偏析比。

从图 2-11 和表 2-4 中可以看出,经过 1180℃/8h 热处理后,边缘样品已经得到完全均匀化,元素的偏析已经消除。但是 R/2 和中心样品却还存在一定微量的

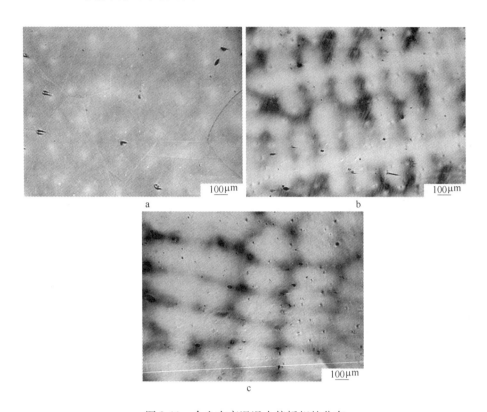

图 2-11   合金在高温退火偏析相的分布

a—1180℃/8h，边缘；b—1180℃/8h，$R/2$；c—1180℃/8h，中心

偏析，而消除偏析的效果要远远好于 1140℃ 的均匀化热处理制度。

表 2-4   经过 1180℃/8h 热处理后的元素偏析比

试样位置	元素的偏析比 S			
	Ti	Cr	Co	Mo
$R/2$	1.48	1.91	0.94	1.03
中　心	1.31	0.90	0.97	1.15

图 2-12 为经 1180℃ 和 1200℃ 不同时间扩散退火后的金相组织形貌，图 2-13 为相应的 SEM 显微组织。可以看出在 1180℃ 保温不同时间，时间越长，均匀化效果越好。中心处样品已观察不到枝晶组织，可以认为已经完全均匀化。而在 1200℃ 保温不同时间时除了在 8h 样品中观察到有少量的枝晶组织外，其他也已经不存在枝晶组织，也可理解为完全均匀化，消除了元素的偏析。

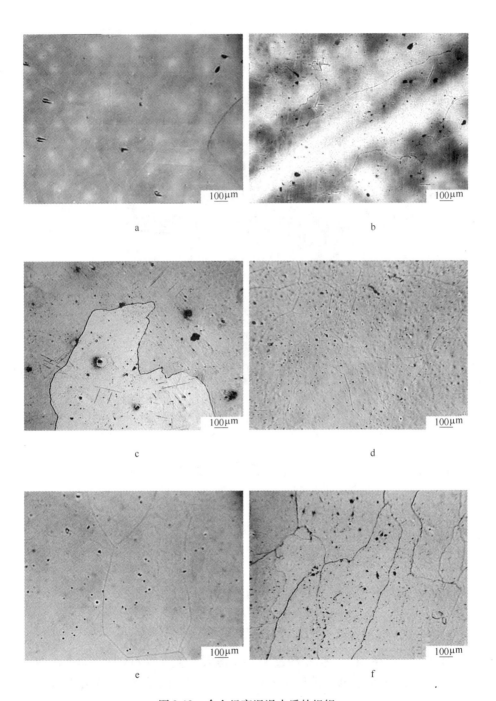

图 2-12　合金经高温退火后的组织

a—1180℃/8h，$R/2$；b—1180℃/20h，$R/2$；c—1180℃/40h，$R/2$；
d—1200℃/8h，边缘；e—1200℃/20h，边缘；f—1200℃/40h，边缘

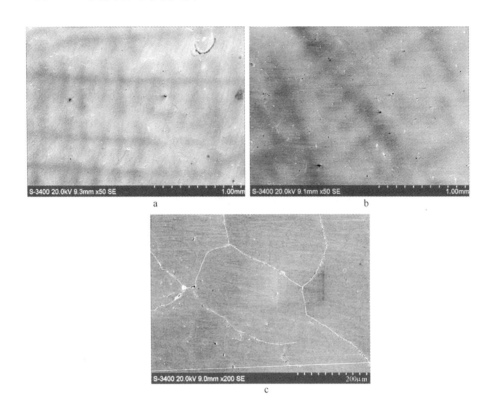

图 2-13 合金均匀化处理后的 SEM 组织
a—1200℃/20h，$R/2$；b—1180℃/20h，$R/2$；c—1180℃/40h，$R/2$

由于在经过 1180℃/40h 均匀化处理后，已经观察不到枝晶的存在，故理解为已经均匀化，元素偏析基本消除，但能观察到此时晶粒尺寸已经较大。从元素偏析程度来看，合金在 1200℃/20h 和 1180℃/40h 温度和退火时间内都可以将元素偏析消除，那么只有从偏析相的多少来评判合金的均匀化，即根据合金在不同温度、不同时间下偏析相含量的多少确定合金的均匀化。实验结果表明在一定温度下随着时间的延长，合金中的偏析相呈减少趋势，但到一定程度其含量变化并不是太明显；此外，合金在 1180℃ 退火 20h 后仍存在较多的偏析相，合金在 1180℃ 退火 40h 后偏析相的含量和合金在 1200℃ 退火 20h 后偏析相的含量差不多。另外从硬度方面来看，均匀化后的硬度值（19.0HRC）都比铸态组织（34.0HRC）的要低很多，但是经过 1180℃ 退火 40h 和 1200℃ 退火 20h 的两个样品的硬度却相差不大。从偏析相含量多少和成本的角度考虑，合金在 1180℃ 退火 40h 较合理。

实际上，合金均匀化工艺的制定，除了要关注均匀化过程中的枝晶偏析消除外，还必须考虑均匀化过程中晶粒的长大现象，即需要关注在均匀化处理过程中由高温保温较长时间导致晶粒尺寸长大而引起的晶粒度遗传现象以及热加工塑性的降低。

工程上一般认为残余偏析指数达到0.2时，就可以完成均匀化退火处理。提高均匀化温度和延长保温时间，能使残余偏析指数减小。但是在均匀化工艺的制定过程中，不能为了快速彻底地消除枝晶偏析，而一味追求更高的均匀化温度和更长的保温时间。图2-14所示为690合金均匀化过程中残余偏析指数与晶粒尺寸的关系，残余偏析指数在0.2附近的均匀化工艺包括1180℃/30~60h、1220℃/30~40h和1240℃/30h。虽然在这些均匀化工艺条件下枝晶偏析基本上被消除，但并不意味着这几个工艺条件均是最佳的均匀化制度，690合金均匀化工艺的制定，必须综合考虑枝晶偏析的消除、晶粒尺寸长大引起的晶粒度遗传现象和热加工塑性下降等。1180℃/40~60h处理会使晶粒尺寸急剧长大，而且保温时间过长会增加铸锭表面氧化层深度，也降低了生产效率。同样，1220℃/30~40h和1240℃/30h处理也会使晶粒尺寸明显增大以及高温氧化严重。晶粒尺寸增大，就需要更大的变形量使均匀化后电渣重熔铸锭开坯时得到细化晶粒，但过大的变形量势必会增加锻造开裂的危险性。同时晶粒尺寸越大，锻造过程中铸锭表现的变形抗力越大，开坯后晶粒的均匀程度越差。因此，1180℃/30h处理使枝晶偏析基本被消除，合金性能得到改善，晶粒尺寸也仅有一定程度的增加，因此，在制定均匀化工艺制度时不能只考虑完全消除偏析，一定要综合偏析消除与晶粒长大两个矛盾的因素来确定合适的工艺制度。

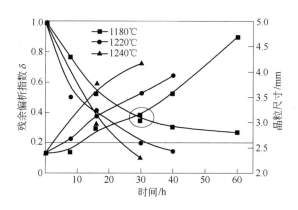

图2-14 690合金残余偏析指数与晶粒尺寸关系

2.2.3 均匀化计算模型及验证

选择铸锭的均匀化退火工艺时，大多采用试验来总结，虽然试验方法比较可靠准确，但会耗费大量的人力物力，并且针对不同的锭型需要反复试验，因此，采用数学模拟的方法计算出铸锭均匀化所需的时间对实践有非常重要的指导意义。

加热温度和保温时间是制定均匀化退火制度最重要的两个参数。一般而言，枝晶元素浓度分布近似符合余弦分布，这种浓度的变化可以用如下的公式表述[5,6]：

$$C(x) = \overline{C} + \frac{1}{2}\Delta C_0 \cos\frac{2\pi x}{L} \tag{2-1}$$

式中，$C(x)$ 表示 x 所在位置的元素浓度；L 为枝晶间的距离；ΔC_0 为偏析元素的最高或者最低浓度与其平均浓度的差值；$\overline{C}$ 为元素平均浓度。均匀化过程中偏析元素的浓度随时间和位置有如下变化规律[6]：

$$C(x) = \overline{C} + \frac{1}{2}\Delta C_0 \cos\frac{2\pi x}{L}\exp\left(-\frac{4\pi^2}{L^2}Dt\right) \tag{2-2}$$

式中，D 为偏析元素的扩散系数。为了更清楚地表征均匀化扩散处理的结果，同时也为了便于计算，引入残余偏析指数 δ 来衡量合金中元素的偏析程度，式(2-2)变为如下形式：

$$\delta = \frac{C_{max} - C_{min}}{C_{0max} - C_{0min}} = \exp\left(-\frac{4\pi^2}{L^2}Dt\right) \tag{2-3}$$

由式（2-3）可知，影响残余偏析指数 δ 的因素包括偏析元素的扩散系数、均匀化保温时间和枝晶的间距等。D 作为目标偏析元素在某一温度下的扩散系数，可以用下式表示：

$$D = D_0\exp\left(-\frac{Q}{RT}\right) \tag{2-4}$$

式中，D_0 为扩散常数；Q 为元素扩散激活能；T 为温度。

残余偏析指数的计算要考虑到合金元素的扩散系数和激活能，从而在理论上计算残余偏析指数与各个工艺参数的关系，其中包括：铸态的残余显微偏析值控制在何值时，才能保证热加工后变形组织均匀；温度、时间和枝晶臂距均对铸态均匀化产生重要影响，如何选择合理的均匀化温度等。Semiatin 对 Waspaloy 合金均匀化工艺进行了研究[7]，并且通过实验数据得出了合金中元素的激活能和扩散常数（见表2-5），从理论上指导了 GH4738 合金的均匀化工艺。

除了实验数据外，还可以利用 Thermo-Calc 软件和 DICTRA 扩散动力学软件包进行计算，得到 Ti 和 Cr 等元素在研究范围内的扩散系数和激活能，利用式(2-3)、式（2-4）可以计算出铸锭中元素偏析程度与工艺参数之间的关联性规律。设定枝晶间的距离 $L = 160\mu m$，图2-15所示为均匀化温度改变时残余偏析指

表 2-5　合金中元素在不同温度的扩散系数、扩散常数和激活能

元　素	$D/\mathrm{cm}^2 \cdot \mathrm{s}^{-1}$				$D_0/\mathrm{m}^2 \cdot \mathrm{s}^{-1}$	$Q_0/\mathrm{kJ} \cdot \mathrm{mol}^{-1}$
	1180℃	1200℃	1220℃	1240℃		
Ti	6.11×10^{-11}	11.1×10^{-11}	17.2×10^{-11}	26.0×10^{-11}	4.17×10^{-6}	221
Al	5.75×10^{-11}	10.1×10^{-11}	13.8×10^{-11}	29.6×10^{-11}		
Cr	2.12×10^{-11}	4.0×10^{-11}	7.22×10^{-11}	11.2×10^{-11}	1.08×10^{-6}	239
Co	6.49×10^{-11}	13.6×10^{-11}	17.1×10^{-11}	23.3×10^{-11}	1.35×10^{-6}	215

数与保温时间之间的关系，可以看出随着均匀化温度的升高，均匀化所需时间逐渐缩短。图 2-16 为均匀化温度为 1180℃和 1200℃时不同枝晶间距下的偏析指数与时间的关系，结果表明当均匀化温度不变时，枝晶间距增大，均匀化所需时间急剧增加，因此在铸锭凝固过程中必须严格控制和减小枝晶间距，以加速均匀化过程。此外，图中所有曲线的斜率都随时间的延长而减小，这是因为随着均匀化扩散过程的进行，枝晶干与枝晶间的浓度梯度逐渐变小，扩散变得越困难，残余偏析指数 δ 减小幅度越低。

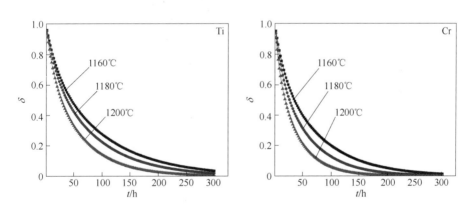

图 2-15　枝晶间距为 160μm 时在不同温度下
残余偏析指数和时间的关系曲线

通常情况下认为 δ 达到 0.2 时，就可以完成均匀化退火处理。从上述的实验结果可以得到 ϕ508mm 合金铸锭的枝晶间距约为 200μm，图 2-17 给出了当枝晶间距为 200μm 时在不同温度下元素残余偏析指数随时间的变化规律，计算结果显示合金中 Ti、Cr 元素在 1180℃退火 20h 的残余偏析指数分别为 0.25、0.26，1200℃退火 30h 的残余偏析指数分别为 0.07、0.21；而实验结果显示 Ti、Cr 元素在 1180℃退火 20h 的残余偏析指数分别为 0.15、0.31，1200℃退火 30h 的残余

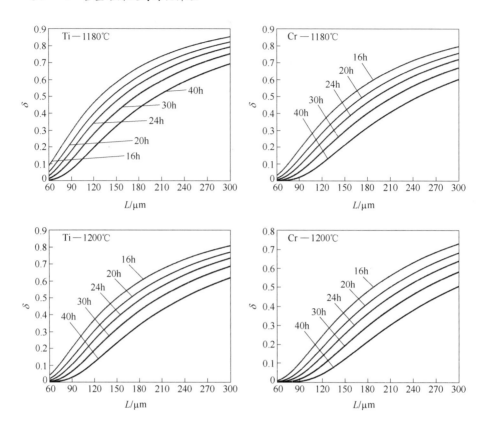

图 2-16　在不同温度下残余偏析指数与枝晶间距和时间的关系曲线

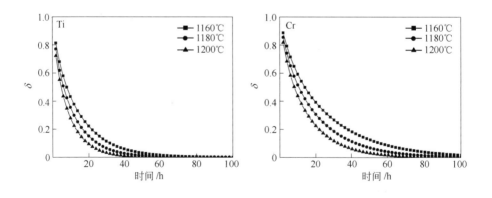

图 2-17　枝晶间距为 200μm 时不同温度下残余偏析指数和时间的关系

偏析指数分别为 0.03、0.12，考虑到合金的枝晶间距取的是平均值，所以在误差范围内，实验值和计算值还是比较吻合的。因此可以认为，计算结果与实验结果吻合得较好，说明计算模型可以较好地反映均匀化过程中元素的偏析指数的变化规律。

同时也可以给出固定退火时间为 20h 和 40h 时，残余偏析指数与枝晶间距随温度的变化规律（图 2-18）。

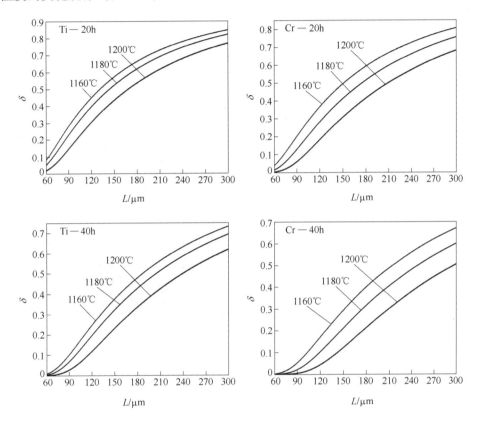

图 2-18　不同温度下退火时间为 20h 和 40h 时
残余偏析指数与枝晶间距的关系曲线

从以上的计算结果可以看出，通过建立 GH4738 合金均匀化过程中元素偏析的理论模型，可以提供不同锭型尺寸、冷却速度和工艺参数之间的关系，并为制定均匀化工艺提供理论依据。该计算模型和方法还存在一定的缺陷，例如此公式并不是适用于所有的高温合金，仅适用于 GH4738 合金（但在获得研究合金所需的各参数后，同样可以进行分析计算），此外残余偏析指数取值为多少时可作为均匀化结束的标准等还需进一步的判据研究。但 Semiatin 研究的结果认为残余偏析指数为 0.3 ~ 0.4 时，合金的均匀化基本完成。依据 Semiatin 的研究结果，运用公式进行计算表明本次研究的合金经 1180℃ 退火 20h 是比较合理的，再结合实验结果可以看出 φ508mm 锭型的合金在 1180℃ 经 20h 的退火可以使合金基本达到均匀化。

从以上计算和讨论可以看出，通过理论计算和分析，建立了 GH4738 合金锭型偏析程度与均匀化处理工艺参数之间的理论关系，并得到了实验数据的验证，因此，为高温合金扩大锭型后均匀化处理工艺的优化提供了理论依据。

2.3　合金锭锻造开坯

2.3.1　开坯过程

具体针对 φ610mm 自耗锭，采用 1180~1200℃ 保温约 45h 的均匀化工艺，随炉冷至 600℃ 后，出炉空冷。随后的开坯采用两镦两拔的镦拔工艺，合金锭经分段加热到 1170℃，通过多火次进行开坯。装炉前的合金锭见图 2-19，镦粗后，回炉再加热时间为 120min，其余均为 90min。

图 2-19　装炉前的合金锭

第一火和第二火：压钳把，第一火头部取约 150mm 长压至 400mm 方，回炉保温，再第二火从 400mm 方压至 250mm 方左右，如图 2-20 所示。钳口压制结束后，在合金锭中间 1/3 处包石棉包套，回炉加热。

第三火：第一次镦粗（图 2-21）。慢速压下到原高度的 1/2，变形量约 50%，变形时间约 2min。第一次镦粗后，尽管在合金锭中间采用了软包套措施，但由于高径比大于 3，镦粗结束时仍然还会出现双鼓现象。镦粗结束时，坯料表面温度约 1050℃，坯料表面并未出现明显裂纹。

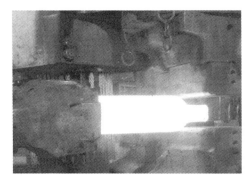

图 2-20　压钳把从 400mm 方压至 250mm 方

图 2-21　第一次镦粗

第四火：第一次拔长见图 2-22。坯料回炉加热，拔长到 640mm 方后，再倒棱锻成截面为 630mm 的八角形，钢锭中部包一圈保温棉，变形时间约 3min。

第五火：第二次镦粗。坯料经中间部分包套后回炉加热，慢速压下到原高度的 1/2 镦粗，变形量约 50%。变形时间约 2min。

第六火：第二次拔长。坯料回炉加热时间约 3h，从高度约 860mm 拔至长度约 1900mm，拔长到 640mm 方。变形时间约 3min，如图 2-23 所示。

图 2-22　第一次拔长

图 2-23　第二次拔长和倒角

第七火：表面修正。坯料回炉加热，将合金锭修正为直径约 620mm 的坯料，变形时间约 2min。

锻后空冷，并敲上钢印（炉号、钢种、节号），圆柱体的钳把切除后锻造成 90mm 方熔检试样，圆柱体经车床剥皮成 ϕ600mm 钢锭，然后再进行超声波探伤。探伤合格后圆柱体按所需长度下料。下料后两端平头，倒角 $R \geqslant 30$mm。剥皮时，以大部分缺陷被剥清为准，个别缺陷可采用研磨清除。

2.3.2　开坯后的组织特征

在开坯后的 GH4738 锭坯上切取样段。为了观察开坯后原始组织特征，分别在圆柱锭的中心、1/2 半径及边缘处取 10mm×10mm×15mm 的试样块进行观察，如图 2-24 所示。

观察锭坯的金相组织可以看出，中心和 1/2 半径处的组织已全部都是再结晶后的等轴晶粒，如图 2-25 所示，而边缘处因为形变量比较小，只在晶界等易形核位置发生了再结晶，存在混晶组织。

为了进一步研究边缘处混晶区域的范围，又沿半径方向紧靠 3 号样品向中心处逐步取样分析，见图 2-26。由图可以看出，4 号样品中还存在混晶组织，但相

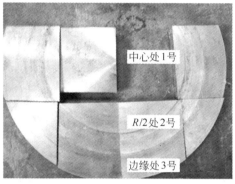

图 2-24 开坯后的锭坯及取样分析部位

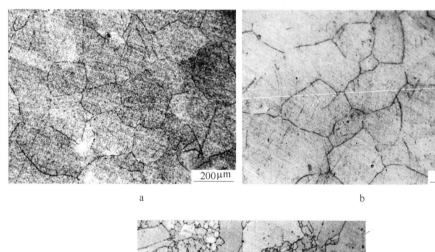

a

b

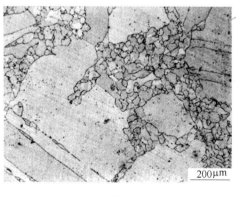

c

图 2-25 开坯后锭坯中心 (a)、R/2 (b) 和
边缘处 (c) 的金相组织

比图 2-25，混晶组织已明显减少。5 号样品已基本无混晶组织，只是在个别位置还存在个别的混晶。由此可以看出，该原始铸锭的混晶范围大约为从边缘往里约 25mm 厚度范围。

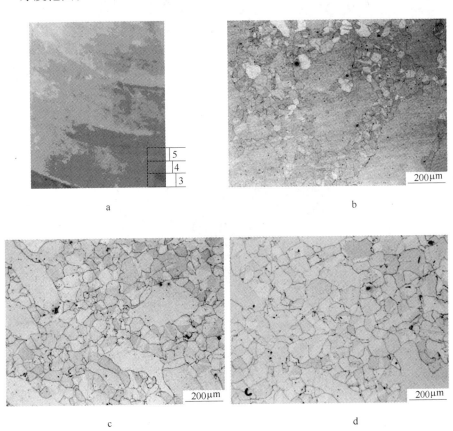

图 2-26　取样部位及各部位的晶粒组织

a—取样部位；b—4 号处的晶粒组织；c—4～5 号交界处的晶粒组织；

d—5 号处的晶粒组织

为了观察第二相粒子的析出和分布情况，1～3 号样品分别用扫描电镜进行观察。图 2-27 分别为圆盘中心、1/2 半径、边缘处所取试样中 γ' 的分布情况，从图中可以看出，析出的 γ' 相多为方形和球形；三个位置处的 γ' 分布都比较均匀，析出相的体积分数也相差不大；γ' 粒子的尺寸分布情况为：中心处 > $R/2$ > 边缘处，这可能是因为中心处的散热比较慢，γ' 粒子有充足的时间长大。此外，在 3 号样品的扫描图像中可以看到晶界处还有长条状的析出物，应该为析出的碳化物。

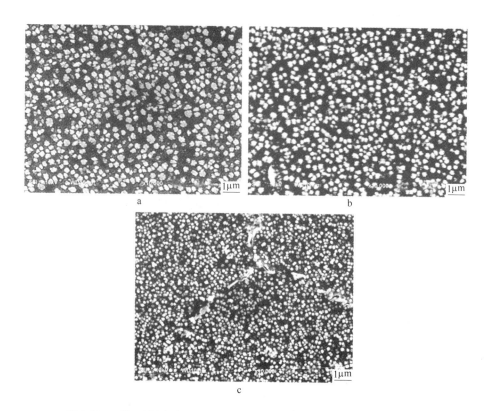

图 2-27　开坯后圆盘中心（a）、$R/2$（b）和边缘处（c）的 γ' 相分布

参 考 文 献

［1］王惠. 金属材料冶炼工艺学［M］. 北京：冶金工业出版社，1995.

［2］Zhang J，Singer R F. Hot tearing of nickel-based superalloys during directional solidification［J］. Acta Materials，2002，50：1869～1879.

［3］Zhu Yaoxiao，Zhang Shunnan. Effect of P，S，B，Si on the solidification segregation of inconel 718 alloy［J］. Superalloys 718，625，706，TMS，1994：89～98.

［4］熊玉华. 铸造工艺参数和细化剂对 K4169 高温合金铸态组织的影响［J］. 金属学报，2002，38（5）：529～533.

［5］朱冠妮，毕中南，董建新，等. 镍基耐蚀合金 C-276 铸锭元素偏析和均匀化工艺［J］. 北京科技大学学报，2010，32（5）：628～633.

［6］龙正东，马培立，仲增墉. IN 706 合金锭的均匀化处理［J］. 钢铁研究学报，1997，9（1）：21～24.

［7］Semiatin S L，Kramb R C，Turner R E，etc. Analysis of the homogenization of a nickel-base superalloy. Scripta Materialia，2004，51：491～495.

3　组织特征及热处理

对于 GH4738 合金，晶粒度及分布在基体和晶界上的 γ' 相、MC 和 $M_{23}C_6$ 碳化物都会影响其强度、韧性和硬度等力学性能指标。γ' 相的含量决定了合金的强度，抗拉强度和屈服强度均随 γ' 相含量的增加而提高，而塑性却随之降低；γ' 相的溶解温度是制定热加工和固溶热处理的重要指标。因此，要想通过选择合理的热加工和热处理工艺获得良好的组织，进而提高合金的使用性能，就需要掌握析出相的析出规律。高温合金中主要合金元素的含量变化、调整对显微组织、组织稳定性及最终性能有很大的影响。在实际生产过程中，每个炉次的 γ' 相和碳化物主要形成元素的含量会有所不同，它们的析出量、析出和回溶温度也会产生变化。因此具体工艺的制定与合金元素的含量及组织特征存在着密切的联系。

3.1　合金成分对析出相的影响规律

3.1.1　合金成分对平衡相的影响

GH4738 合金的性能与相析出行为有关，而析出相又与合金成分相关联，要控制合金的组织和性能，有必要在合金的成分变化与相的析出行为变化规律方面积累丰富的理论数据。通过冶金和材料热力学数据库计算软件 Thermo-Calc，可分析合金中可能析出的平衡相及合金的化学成分对各相析出规律的影响。

GH4738 合金中 C、Al、Ti 和 Cr 是碳化物 MC、$M_{23}C_6$ 和 γ' 析出相的主要形成元素，因此研究这四种元素对析出相的影响具有代表性。将 GH4738 合金的标准成分和温度参数作为 Thermo-Calc 软件的输入条件，改变合金中主要析出相形成元素 C、Al、Ti、Cr 的含量，得到可能的平衡析出相，并给出合金化学成分对析出相的影响规律，揭示各相的析出规律。在改变一个元素的含量时，其他元素的含量均采用典型成分值。合金的典型化学成分（质量分数，%）为 0.04C，20Cr，14Co，4Mo，3Ti，1.4Al，1Fe，余 Ni。经热力学平衡相计算，得出其化学成分为典型含量时各相析出量与温度的关系，见图 3-1。从图中可以看出，主要平衡相有 γ 相、γ' 相、MC 和 $M_{23}C_6$ 碳化物及 σ 相和 μ 相。由计算结果可知，该典型成分合金所对应的初熔和终熔温度分别为 1314℃ 和 1363℃，凝固范围只有 49℃。MC 的开始析出温度为 1314℃，γ' 相的初始析出温度为 1034℃，$M_{23}C_6$ 在低于 971℃ 时就开始析出。400℃ 各析出相对应的平衡成分如表 3-1 所示，其中 C、Cr 在 $M_{23}C_6$ 中占有很大比重，是其主要组成元素；Al、Ti 则是γ′(Ni₃(Al、Ti))相的主要组成元素；Co、Mo 在各相中的含量不是很大；Fe 在各个析出相中的含量更是十分微小，甚至为零。γ′为合金的主要强化相，碳化物 MC 和 M₂₃C₆ 所占的比例虽然较小，但它们多分布于合金的晶界处，因此对合金的性能有较大的影响。

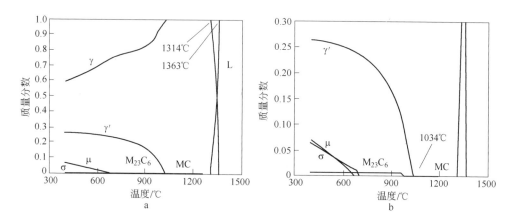

图 3-1　各相析出量与温度的关系

（b 图为 a 图的局部放大图）

表 3-1　合金析出相（400℃）对应的平衡成分（质量分数）　　　（%）

析出相	析出相的质量分数	成　分						
		Cr	Mo	Co	C	Al	Ti	Ni
γ	0.59	23.43	0.93	16.39	微量	0.07	0.01	57.56
γ′	0.28	1.60	0.08	2.43	—	5.15	11.33	79.37
M₂₃C₆	0.0091	71.6	20.27	1.26	5.14	—	微量	1.70
MC	0.0028	1.31	1.17	微量	18.70	微量	78.80	微量

3.1.1.1　C 含量的影响

C 在 GH4738 合金中的含量只有 0.04% 左右，但是对合金中的析出相，特别是碳化物的影响十分明显。从计算的结果可以知道，C 含量的变化对合金中 γ′ 相的析出温度和析出量的影响不大，对合金的初熔和终熔温度基本没有影响；随着碳含量的增加，碳化物的开始析出温度变化不大，但 MC 和 M₂₃C₆ 的析出量均明显增加。

图 3-2 为碳化物的析出量和析出温度随着 C 含量的变化关系曲线。从图 3-2a 中可以看出，随着 C 含量的增加，它们的析出量表现出线性递增的规律。其中 MC 的质量分数从 0.02% C 的 0.0008 增加到 0.10% C 的 0.008；而 M₂₃C₆ 的质量分数则从 0.005 升高到 0.023。随着合金中碳化物含量的增多，晶界处将会有更

多的碳化物析出，它们粗大成膜的趋势也更明显，这将会直接导致合金韧性的降低。因此对于碳含量较大的炉号来说，在热加工和热处理之后，要尤其注意合金中碳化物在晶界处的析出行为。图 3-2b 为 $M_{23}C_6$ 和 MC 的析出温度随着 C 含量的变化规律，由图可见，在 0.02% C 时 MC 的析出温度为 1284℃，当 C 含量从 0.04% 增加到 0.10% 时，析出温度从 1316℃ 提高到 1321℃；而 $M_{23}C_6$ 的析出温度随着 C 含量的增加略有提升，从 0.02% C 时的 970℃ 提高到 0.10% C 时的 973℃。

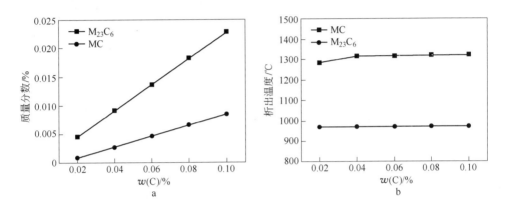

图 3-2 $M_{23}C_6$ 和 MC 的析出量和析出温度随 C 含量的变化规律

a—析出量；b—析出温度

3.1.1.2 Al 含量的影响

从计算结果可知，Al 的含量从 1.1% 增加到 1.6% 时，合金初熔温度从 1365℃ 降为 1360℃，而合金的终熔温度没有太大变化，始终保持在 1314℃ 左右。在 Al 含量从 1.1% 增加到 1.6% 的过程中，合金中 η 相的析出量逐渐减少，直至消失。γ' 的析出温度和析出量随 Al 含量的变化如图 3-3 所示。Al 含量分别为

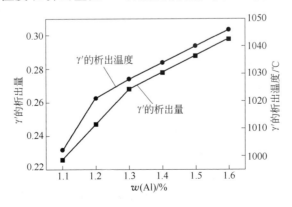

图 3-3 γ' 的析出温度和析出量随 Al 含量的变化

1.1%、1.4%和1.6%时，γ'的析出温度分别为1002℃、1034℃和1046℃，其析出量分别为0.226、0.278和0.298。可见，γ'的析出温度和析出量都随合金中Al含量的增加而明显增加。

3.1.1.3 Ti含量的影响

当Ti含量为2.75%时，合金的初熔和终熔温度分别为1317℃和1366℃；当Ti的含量提高到3.25%时，析出温度分别降到1311℃和1360℃。图3-4a为γ'的析出温度和析出量随Ti含量的变化，从计算的结果可以发现，随着合金中Ti含量的提高，γ'的析出温度和析出量都有所增加，但这种效果不如Al的影响效果明显。

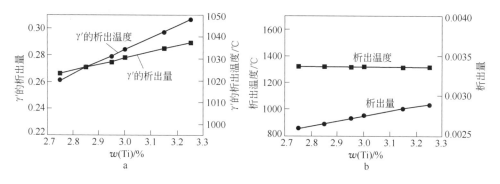

图3-4 γ'相（a）和MC（b）的析出温度与析出量随Ti含量的变化

Ti是MC的主要形成元素，Ti含量变化对MC析出量和析出温度的影响规律如图3-4b所示。从图中可以看出，Ti含量对MC的析出温度无太大的影响，析出温度保持在1318～1313℃的范围内。而MC的析出量却随着Ti的增加而增加，从2.75%Ti时的0.0026提高到3.25%时的0.0029。

3.1.1.4 Cr含量的影响

Cr是合金中含量较高的一个合金元素，其主要作用是增加合金的抗氧化能力和抗腐蚀能力。随着Cr含量的提高，合金的初熔和终熔温度有所降低，从18%Cr时的1320℃和1369℃降为21%时的1310℃和1360℃。

Cr是$M_{23}C_6$的主要形成元素，Cr含量对其析出量和析出温度的影响如图3-5所示，从图中可以看出，$M_{23}C_6$的析出量不受Cr含量的影响；而析出温度却随着Cr含量的增加而提高，从18%Cr时的955℃提高到21%时的978℃。

GH4738合金的热处理主要包括固溶、中间处理（稳定化处理）和时效处理。其中中间处理的目的是在晶界处析出一定量的碳化物，尤其是$M_{23}C_6$，因此在制定中间处理温度时，要考虑Cr含量的变化引起的$M_{23}C_6$析出温度的变化，如果Cr含量较高，则要适当提高稳定化处理的温度。

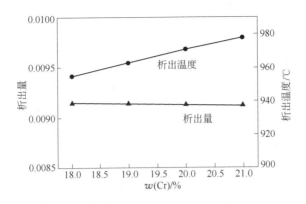

图 3-5　Cr 含量对 $M_{23}C_6$ 的析出量和析出温度的影响

3.1.1.5　Co、Mo 和 Fe 含量的影响

前面讨论的 C、Al、Ti 和 Cr 都是 γ'、$M_{23}C_6$ 和 MC 的主要元素，而 Co、Mo 和 Fe 元素主要分配于基体中，起到固溶强化的作用，如果它们的含量低于标准成分，则对基体的固溶强化作用会降低。Co 元素对 GH4738 合金的初熔和终熔温度没有影响；而 Mo 元素含量的增加将会降低合金的初熔和终熔温度，从 3.5% Mo 时的 1317℃ 和 1365℃ 降为 5% Mo 时的 1307℃ 和 1358℃。

3.1.1.6　Al 和 Ti 对 γ' 相的共同影响

从图 3-3 和图 3-4 的计算结果可以看出，随着 Al 和 Ti 含量的增加，γ' 的溶解温度和析出量都有所提高。对于不同的炉号，Al 和 Ti 的含量都会有所波动，在制定具体的热加工和热处理工艺时，γ' 的溶解温度是一个很重要的决定参数。为了对每炉合金制定具体的热加工及其热处理工艺，必须同时考虑 Al 和 Ti 的含量变化。图 3-6 为当 Al 和 Ti 的含量（质量分数）分别在 1.2% ~

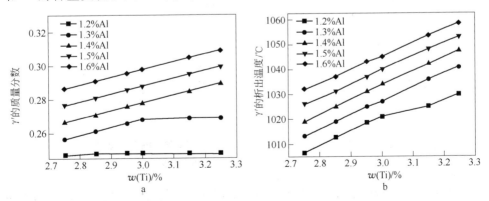

图 3-6　γ' 的析出量和析出温度随 Al 和 Ti 含量的变化规律

a—γ' 的析出量；b—γ' 的析出温度

1.6% 和 2.75% ~3.25% 的范围内波动时，γ'的析出温度和析出量的变化。

根据图 3-6 的结果，就可以获得具体成分所对应的 γ'的析出量和析出温度。从图 3-6a 可以发现，当 Al 的含量为 1.2% 时，γ'的析出量随着 Ti 的增加几乎没有太大的变化，当 Al 含量为 1.3% 时，其析出量先增加后保持不变。而 γ'的析出温度在 1.2% Al 时，增加缓慢。Al 含量增加时，γ'的析出温度和析出量几乎随着 Ti 含量的增加而线性递增，如图 3-6a、b 所示。由于 γ'的主要成分是 Ni₃(Al,Ti)，当 Al 含量较低时，仅有的 Al 和 Ti 结合，生成了 Ni₃(Al,Ti)，随着 Ti 含量的进一步增加，合金中没有足够的 Al，因此 γ'的析出量和析出温度几乎不发生改变。

当 Al 和 Ti 含量分别从 1.2% 和 2.75% 提高到 1.6% 和 3.25% 时，γ'的析出温度从 1006℃ 升高到了 1059℃，增加了 53℃。GH4738 合金的热加工和固溶温度的选择与 γ'的析出和回溶温度有关，因此在制定工艺时，要注意 Al 和 Ti 含量对 γ'析出温度的影响。

3.1.1.7 C 和 Ti 对 TiC 的共同影响

从以上的结果可知，C 和 Ti 的含量对 TiC 的析出量和析出温度都有一定的影响，因此有必要将它们综合起来，得到的计算结果如图 3-7 所示。从图 3-7a 可以看出，虽然 TiC 的析出量随着 Ti 含量的增加而增加，但 Ti 含量的影响要远远小于 C 含量的作用，所以 C 含量是决定合金中 TiC 析出量的主要因素。从图 3-7b 可以看出，在 C 和 Ti 整个成分变化范围内，MC 碳化物的析出温度为 1321 ~ 1313℃，区间只差 8℃。

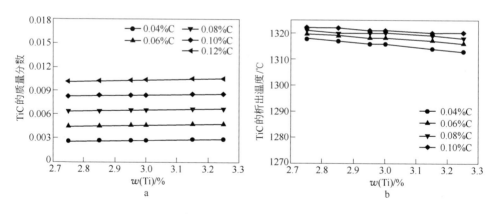

图 3-7 TiC 的析出量和析出温度随 C 和 Ti 含量的变化规律

a—TiC 的析出量；b—TiC 的析出温度

上面对 GH4738 合金中可能析出的平衡相及元素的含量变化对其影响的规律进行了计算分析，可从计算规律上获得合金成分变化对析出相影响的理论计算值，为随后的热加工和热处理提供理论依据。

3.1.2 合金的组织特征对比分析

将美国 Allvac 公司和美国 Special Metals 公司（简称 SMC）生产的棒料与国内企业生产的不同规格棒料的合金成分控制、夹杂物水平及显微组织特征进行对比分析，来了解 GH4738 合金的组织特征行为。

3.1.2.1 成分对比

表 3-2 为 SMC 公司质保书上提供的合金化学成分。从表中看出，SMC 公司提供的 Waspaloy 合金所含化学元素共计 18 种，包含 C、Mn、Si、Cr、Ni、Co、Fe、Mo、Ti、Al、B、S、P、Cu、Pb、Bi、Se、Zr，并且分析了提供棒料的两端成分（如上端 TOP 和下端 BOT）。提供了五次测试的平均成分，成分差别不是很大，说明其冶炼过程中成分的量化控制比较稳定，波动性比较小。

表 3-2　美国 SMC 公司生产的棒料的化学成分（质量分数）　　（％）

序号	元素	棒料下端	棒料上端	平均 1	平均 2	平均 3	平均 4	平均 5
1	C	0.035	0.036	0.0355	0.0335	0.0355	0.0325	0.034
2	Mn	0.02	0.02	0.02	0.02	0.02	0.02	0.02
3	Si	0.04	0.05	0.045	0.05	0.045	0.055	0.055
4	Cr	18.87	18.88	18.875	18.985	18.875	19.07	19.28
5	Ni	余						
6	Co	13.26	13.28	13.27	13.285	13.27	13.285	13.24
7	Fe	1.01	1.01	1.01	1.23	1.01	1.225	1.34
8	Mo	3.86	3.86	3.86	3.945	3.86	4	4.065
9	Ti	3.1	3.08	3.09	3.115	3.09	3.095	3.115
10	Al	1.34	1.33	1.335	1.3	1.335	1.34	1.36
11	B	0.0044	0.0045	0.00445	0.0045	0.00445	0.0048	0.00465
12	S	0.0003	0.0003	0.0003	0.00035	0.0003	0.00045	0.00045
13	P	0.001	0.001	0.001	0.002	0.001	0.002	0.002
14	Cu	0.01	0.01	0.01	0.05	0.01	0.035	0.035
15	Pb	$<5 \times 10^{-4}$	$<5 \times 10^{-4}$	$<5 \times 10^{-4}$	$<5 \times 10^{-4}$	$<5 \times 10^{-4}$	$<5 \times 10^{-4}$	$<5 \times 10^{-4}$
16	Bi	$<3 \times 10^{-5}$	$<3 \times 10^{-5}$	$<3 \times 10^{-5}$	$<3 \times 10^{-5}$	$<3 \times 10^{-5}$	$<3 \times 10^{-5}$	$<3 \times 10^{-5}$
17	Se	$<3 \times 10^{-4}$	$<3 \times 10^{-4}$	$<3 \times 10^{-4}$	$<3 \times 10^{-4}$	$<3 \times 10^{-4}$	$<3 \times 10^{-4}$	$<3 \times 10^{-4}$
18	Zr	0.065	0.064	0.0645	0.0645	0.0645	0.0645	0.065

为了对进口和国产合金成分控制水平有一个较全面的了解，将美国两家公司和国内生产的合金棒料成分控制一并列于表 3-3。

表3-3 国内外生产企业对棒料成分（质量分数）控制的对比分析   （%）

序　号	元　素	国内炉号1	国内炉号2	国内炉号3	SMC	Allvac
1	C	0.04	0.035	0.057	0.0355	0.036
2	S	0.003	0.003	0.0014	0.0003	< 0.0003
3	Mn	0.02	0.02	—	0.02	0.02
4	Si	0.06	0.06	—	0.045	< 0.02
5	Cr	19.00	19.12	19.59	18.875	19.63
6	Mo	4.21	4.33	4.51	3.86	4.29
7	Co	13.28	13.37	14.50	13.27	13.23
8	Ti	2.97	2.9	2.99	3.09	3.12
9	Al	1.34	1.48	1.47	1.335	1.44
10	B	0.005	0.007	0.0042	0.0044	0.008
11	Zr	0.03	0.05	0.064	0.064	0.06
12	Fe	0.59	0.60	—	1.01	0.85
13	Cu	0.01	0.02	—	0.01	< 0.01
14	Ni	余	余	余	余	57.25
15	P	0.002	0.003	0.010	0.001	< 0.003
16	Bi	0.0001	0.0001	—	0.00003	< 0.00001
17	Pb	0.0005	0.0005	—	0.0005	< 0.0001
18	Mg	0.001	0.002	0.005	—	0.001
19	Nb + Ta	—	—	—	—	0.03
20	Ti + Al	—	—	—	—	4.56
21	Ni + Co	—	—	—	—	70.48
22	Nb	—	—	—	—	0.02
23	Ta	—	—	—	—	< 0.01
24	W	—	—	—	—	0.02
25	V	—	—	—	—	0.02
26	Se	—	—	—	0.0003	< 0.00005
27	Ag	—	—	—	—	< 0.0001
28	Sn	—	—	—	—	0.0017
29	O	0.0005	0.0005	—	—	< 0.0005
30	N	0.0037	0.0048	—	—	0.003
31	Te	—	—	—	—	< 0.00005
32	Tl	—	—	—	—	< 0.00005
33	As	—	—	—	—	0.003
34	H	0.0001	0.0001	—	—	—

从表3-3中的数据可以看出，Allvac公司分析的元素种类最多，达到35种之多，而SMC公司提供了18种元素含量，缺少对Nb、Ta、W、V、Ag、O、N、Te、Tl、As等元素的迹量分析。

因此，从合金成分的总体控制来看，Allvac公司对合金成分的控制最严格，SMC公司生产的合金比国内也要严。总体上，国内生产的合金料纯净度不如美国料。S、Pb、Bi含量对比有较大的差距，尤其S相差较大；Bi相差也达10倍以上；Pb相差5倍左右。可以看出，国内生产合金在微量元素控制方面与国外相比有一定的差距，尤其与Allvac公司的差距更大。

3.1.2.2 合金夹杂物对比

用于对比分析的棒料规格为：美国Allvac公司三种尺寸直径分别为$\phi80mm$、$\phi48mm$、$\phi40mm$，美国SMC公司三种尺寸：$\phi41mm$、$\phi44.5mm$、$\phi54mm$；国内生产四种尺寸：$\phi58mm$、$\phi45mm$、$\phi42mm$、$\phi35mm$的合金棒料。

图3-8为美国Allvac公司不同规格棒料的夹杂物大小和分布形态的金相观察。从总体情况看，Allvac公司$\phi80mm$和$\phi48mm$棒料的夹杂物含量较少，而$\phi40mm$棒料则夹杂物含量稍高。

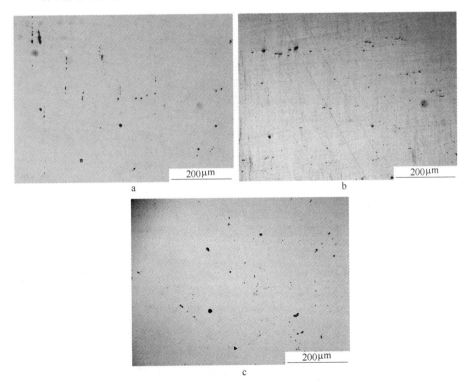

图 3-8 Allvac 公司生产的棒料中的夹杂物

a—$\phi80mm$；b—$\phi48mm$；c—$\phi40mm$

图 3-9 为美国 SMC 公司不同规格棒料的夹杂物大小和分布形态的金相观察。从夹杂物的控制水平看，Allvac 公司冶金控制比较严格，提供的轧态棒料内含夹杂物较少。实际上，单从价格方面看，Allvac 公司的报价就比 SMC 公司的高，从这一点看，此次分析的 Allvac 公司产品质量稳定性和可靠性方面要优于 SMC 公司。

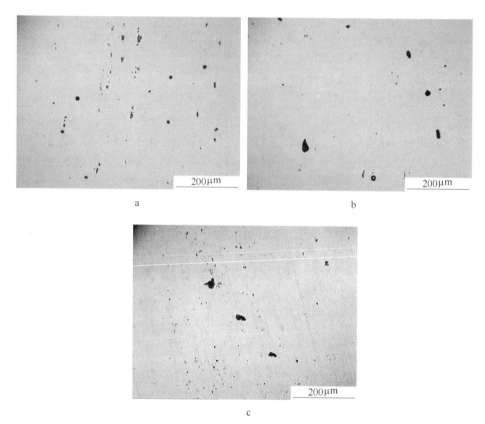

图 3-9 SMC 公司生产的棒料中的夹杂物

a—ϕ54mm；b—ϕ44.5mm；c—ϕ41mm

图 3-10 为国内企业生产的不同规格棒料的夹杂物大小和分布形态的金相组织，对比可以看出，国内生产的合金棒料冶金质量与进口产品基本相当，但是质量的控制稳定性国内生产企业还需加强，如国内生产的 ϕ42mm 的棒料中夹杂物较多，较 SMC 公司的产品夹杂物更加严重，从而看出其冶金控制有待改进。

总之，从冶金质量上看，尽管美国不同的生产企业也存在不同的控制水平，我国在冶金质量稳定性方面还需加强和进一步改进提高。

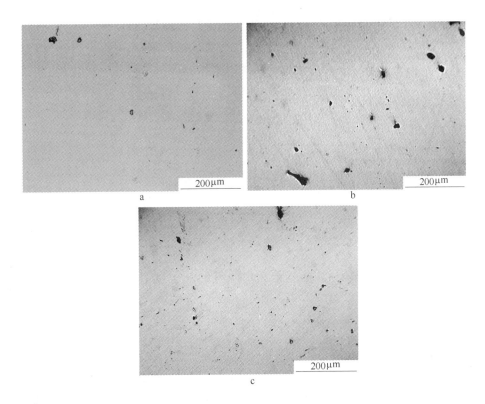

图 3-10 国内企业生产的棒料中的夹杂物

a—φ58mm；b—φ45mm；c—φ35mm

3.1.2.3 轧态晶粒度对比

GH4738 合金的原始轧态晶粒度组织，对之后的热处理有遗传作用，故了解轧态的棒料组织特征具有重要意义。

图 3-11 为 Allvac 公司不同规格棒料的晶粒度组织，从图中可以看出，晶粒均匀，不存在混晶现象。

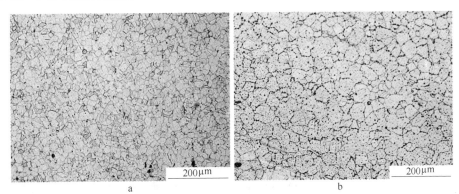

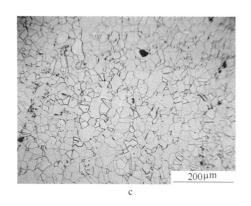

c

图 3-11　Allvac 公司生产的棒料轧态的晶粒组织
a—φ80mm；b—φ48mm；c—φ40mm

图 3-12 为美国 SMC 公司不同规格棒料的晶粒度组织，同样晶粒度较均匀。

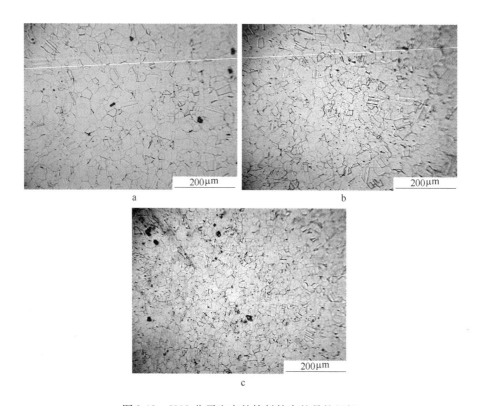

a　　　　　　　　　　　　　　　　b

c

图 3-12　SMC 公司生产的棒料轧态的晶粒组织
a—φ54mm；b—φ44.5mm；c—φ41mm

图 3-13 为国内公司不同规格棒料的晶粒度组织，从图中可以看出，晶粒度存在一定程度的大小不均现象，ϕ58mm 棒料尤为严重，说明我国对合金棒料的晶粒度控制水平还需提高，对合金组织的精确控制与美国生产企业相比有一定的差距。

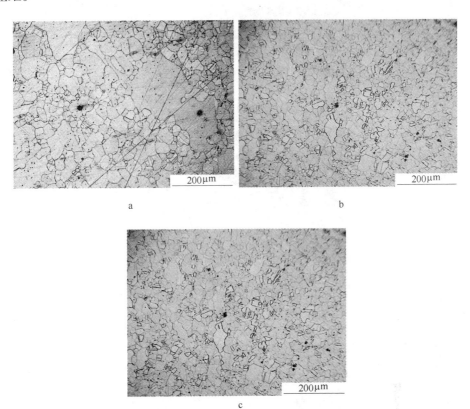

图 3-13 国内公司生产的棒料轧态的晶粒组织

a—ϕ58mm；b—ϕ45mm；c—ϕ35mm

3.1.2.4 棒料轧态晶界析出相和强化相对比

图 3-14 为 Allvac 公司 ϕ80mm 轧态棒料的 SEM 组织特征，从图中可以看出，晶界上有少量碳化物析出，呈点链状形态分布，为了更清晰地显示碳化物形态和强化相特征，采用场发射扫描电镜进行观察，可以清晰地呈现晶界碳化物的分布形态，强化相 γ' 分布均匀。

图 3-15a 为 SMC 公司 ϕ41mm 棒料轧态晶界析出相的形貌，不同棒料间没有太明显的区别。与 Allvac 公司棒料相比，晶界相差别不大。图 3-15b 为国内公司生产的 ϕ35mm 合金晶界碳化物形态分布特征，与前两家美国公司产品相比，在晶界碳化物方面差别不大。

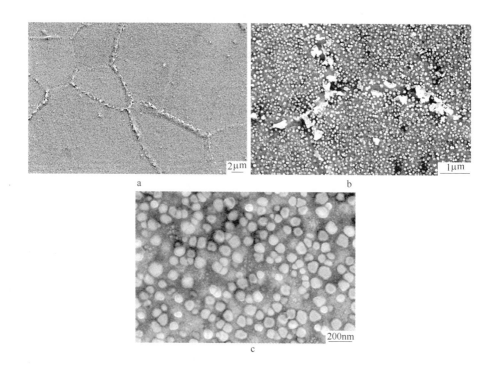

图 3-14　Allvac 公司 φ80mm 棒料轧态晶界相（a，b）和
强化相（c）的 SEM 形貌

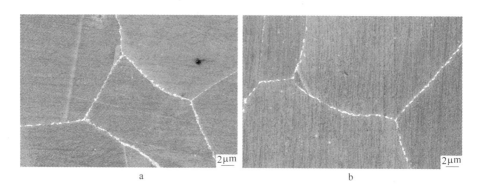

图 3-15　SMC 公司 φ41mm 棒料（a）和国内公司 φ35mm
棒料（b）轧态晶界特征

3.1.2.5　棒料热处理后晶粒组织对比

以上是对不同规格棒料轧态的组织特征进行了对比分析，至于热处理后有何区别，也需要进行仔细的对比观察分析，执行的热处理制度为：（1080±10）℃/4h 空冷，（845±8）℃/24h 空冷，（760±8）℃/16h 空冷。

从棒料热处理后的晶粒度看，各公司产品晶粒度都较均匀，没有混晶组织，如图 3-16 ~ 图 3-18 所示。

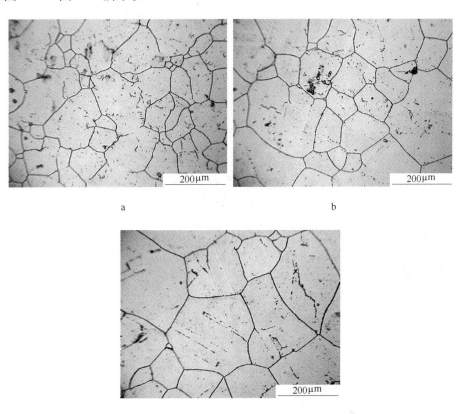

图 3-16 Allvac 公司生产的棒料热处理后的晶粒组织
a—φ80mm；b—φ48mm；c—φ40mm

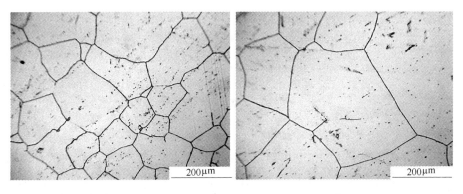

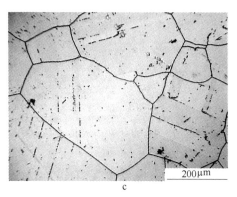

图 3-17   SMC 公司生产的棒料热处理后的晶粒组织

a—ϕ54mm；b—ϕ44.5mm；c—ϕ41mm

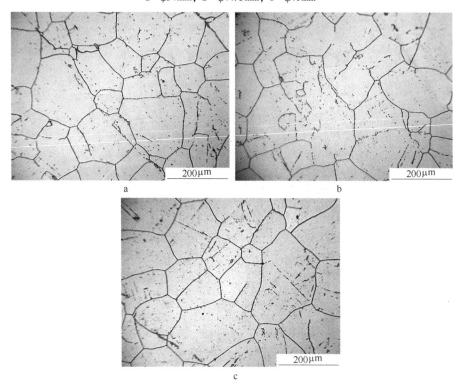

图 3-18   国内公司生产的棒料热处理后的晶粒组织

a—ϕ58mm；b—ϕ45mm；c—ϕ35mm

3.1.2.6   热处理后的晶界形貌

为了对热处理后晶界相分布形态有更进一步的了解，对不同规格的合金棒料晶界相进行仔细的观察分析，各合金棒料热处理后晶界均有大量碳化物相析出，但碳化物在晶界上的分布程度稍有差别，如图 3-19 所示，经过固溶热处理（A

制度）后，晶界碳化物相呈现项链状断续分布。可想而知，若成分控制不当，或碳化物在晶界析出过多，很可能会形成晶界碳化物包膜，导致性能恶化。因此，采用过固溶热处理（A 制度）的锻件，如烟气轮机动叶片，对晶界碳化物分布形态的控制就显得尤为重要。因经过两级时效，强化相的分布形态差别不大，如图 3-20 所示。

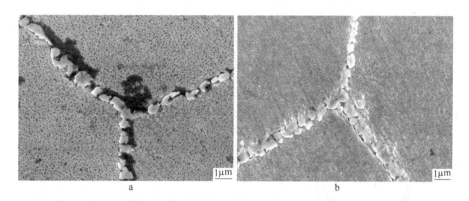

图 3-19　Allvac 公司 ϕ40mm 棒料(a)和国内公司 ϕ42mm
棒料(b)热处理后的晶界形貌

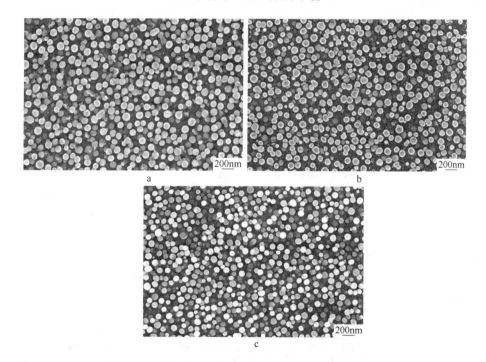

图 3-20　不同公司生产的棒料热处理后的强化相形貌
a—Allvac ϕ40mm；b—SMC ϕ41mm；c—国内 ϕ45mm

通过对国内外不同生产企业生产的不同规格棒料轧态及热处理态组织行为、合金成分控制等进行系统的对比分析，对 GH4738 合金的成分控制和组织特征有了较全面的了解，同时也为我国企业进行合金产品研发指引了努力方向。

3.1.2.7　合金力学性能对比

Allvac 公司生产的合金采用真空感应加真空自耗冶炼，针对不同的热处理制度测试了持久性能和硬度。

热处理 B：(1020 ± 10)℃/4h 空冷，(845 ± 8)℃/4h 空冷，(760 ± 8)℃/16h 空冷。测试部位为纵向中心，温度为 816℃，加载 327.50MPa。测试结果：寿命 23.1h，二次加载：361.97 MPa，寿命：30.3h，伸长率：58%；硬度 HRC：47。

热处理 A：(1080 ± 10)℃/4h 空冷，(845 ± 8)℃/24h 空冷，(760 ± 8)℃/16h 空冷。测试部位为纵向中心，温度为 816℃，加载 327.50MPa。测试结果：寿命 23.1h，二次加载：361.97MPa，寿命：30.3h，三次加载：396.45MPa，寿命：40.4h，伸长率：38%；硬度 HRC：42；晶粒度：平均 ASTM 7.5；γ' 溶解温度：1048.89℃。

SMC 公司生产的合金采用真空感应加真空自耗（VIM + VAR），锭型大小为 ϕ508mm，γ' 溶解温度：锭尾 1047.2℃，锭头 1045.5℃。针对不同的热处理制度测试了持久性能和硬度。

热处理 B，测试温度：816℃，加载 327.50MPa，持久寿命：34.4h，伸长率：44.8%；硬度 HRC：41。

热处理 A，测试温度：816℃，加载 327.50MPa，持久寿命：56.8h，伸长率：31%；硬度 HRC：35。

国内公司棒料经热处理 B 制度，对应的力学性能列于表 3-4。从力学性能对比数据可以看出，力学性能数据相差不大，都能满足相应标准的要求，但从美国两家公司提供的数据看，这两家公司都提供了强化相 γ' 的溶解温度，甚至 SMC 公司还提供了锭头锭尾的 γ' 溶解温度。从这点也可以说明，美方公司对 γ' 相的溶解温度的测试已经常规化，可能该数据对随后的热加工有很重要的作用，这点应该引起我们的重视。

表 3-4　国内公司成品棒料的力学性能

规格	硬度 HB	室温拉伸性能				540℃拉伸性能				732℃/510MPa 持久性能	
		σ_b/MPa	$\sigma_{0.2}$/MPa	δ/%	ψ/%	σ_b/MPa	$\sigma_{0.2}$/MPa	δ/%	ψ/%	τ/h	δ/%
ϕ45mm	329	1380	975	29	42	1220	810	22	33	46：57	21
ϕ42mm	345	1370	965	30	45	1260	865	21	35	98：30	26
ϕ35mm	363	1340	950	25	35.5	1280	885	15.5	35	92：35	19

3.1.2.8 裂纹扩展速率对比

为了更进一步对比 Allvac 公司与国内公司生产的合金棒料在裂纹扩展速率方面的差别，对两公司的样品进行裂纹扩展速率的测试分析。测试温度为 650℃，波形为保载 90s，测试温度下电位变化与裂纹长度变化之间的关系为 $\Delta a = 5.927\Delta V$。从图 3-21 的对比结果可以看出，除了国内 $\phi 42mm$ 棒料的裂纹扩展速率较快和断裂时间较短外，其他棒料的裂纹扩展速率与 Allvac 公司的相当，甚至裂纹扩展速率还稍低。因此，总的来看，Allvac 公司的数据较稳定，而国内公司的数据还有一定的波动，也就是说，国内企业在产品的质量稳定性方面与 Allvac 公司还有一定的差距。

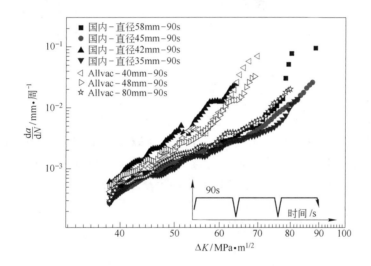

图 3-21 Allvac 与国内公司生产的不同规格棒料的裂纹扩展对比

同时，也为了进一步对比 SMC 公司与国内公司的产品在裂纹扩展速率方面的区别和存在的差距，图 3-22 给出两公司实验结果的裂纹扩展速率对比曲线。从对比结果中可以看出，SMC 公司的数据也有一定的分散性，也就是说，从裂纹扩展数据分析角度，国内产品与 SMC 产品相当，但与 Allvac 公司有一定差距。因此，从产品质量的稳定性方面来看，Allvac 公司表现最佳，SMC 与国内公司相当，均与 Allvac 公司有一定的差距。

3.2 合金的组织演变规律

3.2.1 γ′相和碳化物回溶

为了研究合金中 γ′相的析出和回溶规律，合金经过不同温度 T，4h 水冷处理后，测定 γ′相、碳化物含量及晶粒尺寸。其中 $T = 20℃$（锻态），960℃，980℃，

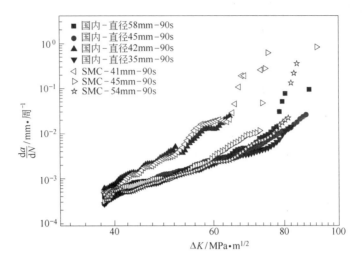

图 3-22 SMC 与国内公司生产的不同规格棒料的裂纹扩展对比

1000℃， 1010℃， 1020℃， 1030℃， 1040℃， 1050℃， 1060℃， 1080℃，
1100℃，1120℃，1140℃，1160℃，1180℃，1200℃。同时，在 φ90mm 圆柱形
坯料上取样，并以标准热处理 B 工艺为基础（时效：845℃/4h/AC + 760℃/16h/
AC），在固溶温度 T = 1000℃，1010℃，1020℃，1030℃下，分别采用油冷及水
冷两种冷却介质处理，分析显微组织变化规律。

　　试样经过固溶 T/4h 处理后立即水淬，不同固溶温度下化学定量相分析结果
如图 3-23 所示。结果表明：γ′相在 960℃已经有相当部分的溶解，随着固溶温度
的升高，γ′相迅速溶解，到 1040℃已经基本上全部溶解。其中 0.65% 左右的残
余含量是由于随后水冷过程不能完全抑制 γ′相析出。

　　为了研究在不同固溶温度处理后冷却速度对合金强化相的析出行为，试样在
1000 ~ 1030℃不同温度固溶 4h 后，
分别进行水冷和油冷处理，然后对
经过不同温度不同冷却速度的合金
进行 γ′相化学定量相测试分析，结
果见图 3-24，从图中可以看出，总
体上油冷比水冷的 γ′相析出量要
多，油冷冷却速度慢，不能完全抑
制冷却过程中 γ′相的析出，致使油
冷 γ′相数量比水冷多。而且随着固
溶温度的升高，水冷 γ′相数量下
降，但油冷的下降趋势不显著。

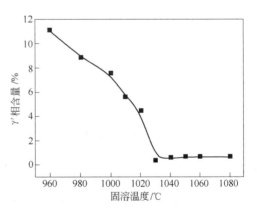

图 3-23 不同固溶温度对 γ′相含量的影响

尽管固溶后 γ′的析出量有明显的不同，但是对以上不同状态处理的样品进行同样的时效处理（845℃/4h/AC +760℃/16h/AC），再对时效后的 γ′相进行化学定量分析。结果显示，不管固溶后 γ′相的析出量有多么明显的不同，时效后 γ′相析出总量几乎完全相同（图 3-24），经过双时效后，代表时效后的 γ′相含量的两条线已经接近重合，均占 21.5% 左右。

碳化物含量随固溶温度变化规律如图 3-25 所示，碳化物开始随着固溶温度升高而逐渐增多，在 1010℃ 达到最大，随后又迅速溶解。相图计算结果显示，GH4738 合金 $M_{23}C_6$ 碳化物的溶解温度为 1020～1100℃，碳化物数量的上述变化趋势是由 $M_{23}C_6$ 碳化物的析出与溶解造成的。

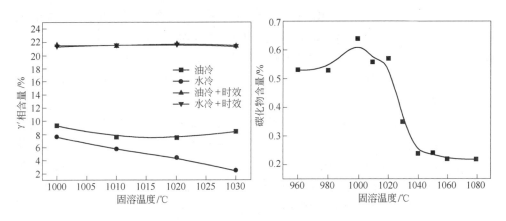

图 3-24　冷却介质、固溶温度和
时效对 γ′相含量的影响

图 3-25　碳化物含量随固溶
温度变化规律

使用场发射电镜观察时发现，在固溶温度低于 1040℃，存在未溶解的大 γ′相，如图 3-26 所示。当固溶温度等于 1040℃时，基本上不存在未溶解的大 γ′相；当固溶温度大于 1040℃时，除了基体 γ 相外，只存在 MC、$M_{23}C_6$ 碳化物，没有

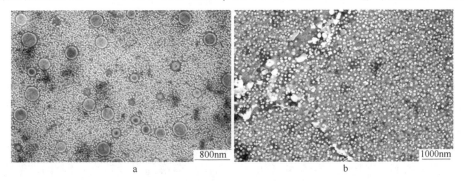

图 3-26　不同固溶温度下合金的 SEM 组织形貌
a—1020℃；b—1120℃

γ′相存在。温度上升到 1120℃时，碳化物（此时只有 MC，$M_{23}C_6$ 已经完全溶解）开始大量溶解，在 1200℃已经基本上不存在 MC 碳化物。

从以上的实验观察结果可以看出，晶粒长大规律（图 1-22）与 γ′相溶解及碳化物（MC，$M_{23}C_6$）的溶解有密切关系。合金中 γ′相的溶解量决定了 1040℃以下晶粒长大的程度。在 γ′相完全溶解温度（1040℃）以下，未溶解的 γ′相是阻碍晶粒长大的主要因素，在未溶解的大 γ′相阻碍下，晶粒长大十分缓慢。此时，晶粒长大过程受到 γ′相的影响，阻止晶粒快速长大；当固溶温度大于 1040℃以后，γ′相完全溶解，晶粒长大的阻力大大减少，晶界迁移速度迅速增加，致使晶粒快速长大。固溶温度从 1030℃上升到 1120℃，晶粒尺寸增加一倍以上，但此时碳化物并未完全溶解，晶粒长大仍然受到 MC 以及部分未溶解的 $M_{23}C_6$ 的阻碍。在固溶温度达到 1100℃时，$M_{23}C_6$ 已经完全溶解，只剩下 MC 来阻碍晶粒长大。在 1140℃以上，MC 碳化物开始大量溶解，晶界迁移的阻碍力降低，致使晶粒长大速度进一步加快。

因此，对 GH4738 合金的晶粒度进行控制时需要特别关注 γ′相完全溶解温度和碳化物大量溶解温度点。

碳化物在高温合金中的作用是复杂的，又是动态的。GH4738 合金中碳化物的含量、分布及形态对合金的性能产生很大的影响。例如，如果晶界处产生较多的粗大碳化物，就会导致晶界碳化物析出增加，甚至形成晶界碳化物包膜，直观上看似乎晶界"宽化"，从而弱化了晶界的强度（此时观察到的晶界厚度较宽，通俗称为晶界宽化）；另外，粗大形状的碳化物也是疲劳裂纹源产生、扩展的"敏感地带"。碳化物的回溶与析出是一个动态的过程，它与温度和保温时间存在着一定的关系。同时其回溶与析出规律对再结晶、晶粒度也产生影响。

在热加工过程中 MC 的析出和回溶对合金的组织控制有很大的影响，碳化物对热变形过程中的动态再结晶和热处理时的静态再结晶的影响，将显著影响晶粒组织的均匀性；另外 MC 是晶界碳化物是否成膜的关键因素。MC 的回溶温度是制定具体热变形参数的重要依据，因此需要通过系统的碳化物回溶、析出实验获得其演变规律。

图 3-27 为经不同温度固溶处理后的显微组织形貌。从图 3-27a ~ d 可以看出，合金经 1170℃和 1150℃/4h 的固溶处理后，晶界和晶内的 $M_{23}C_6$ 和 MC 均发生了回溶。合金中 MC 碳化物可分初生和次生两种，初生 MC 碳化物是在凝固过程中形成的，多分布于晶内及晶界处，平均尺寸较大，由上面热力学平衡相计算的结果可知，它的析出温度在 1304℃左右；次生 MC 碳化物是在合金初熔温度以下在热加工后的冷却、热处理或长期使用过程中由 γ 基体析出或由其他相转变而成的。初生的 MC 碳化物由于尺寸较大而且析出、溶解的温度较高，因此在热加工和热处理的过程中也比较稳定。所以可知在图 3-27c 中未回溶的那部分少量碳化物就是回溶温度较高的初生 MC。

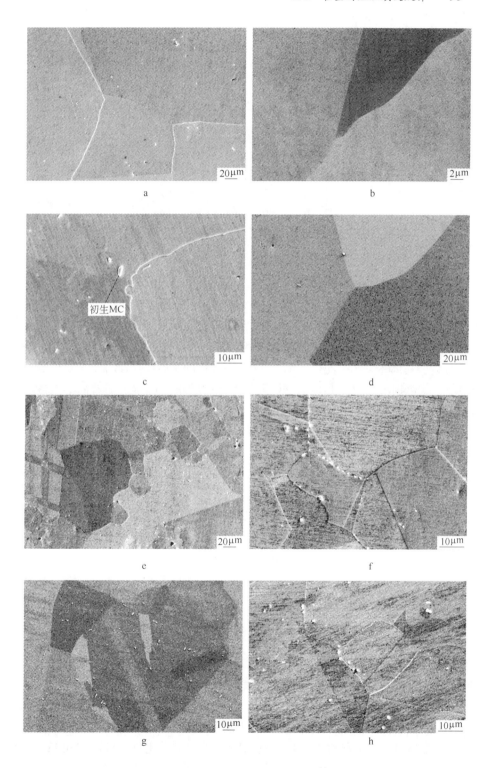

a

b

c

初生MC

d

e

f

g

h

图 3-27　在不同温度固溶后的显微组织形貌
a, b—1170℃/4h 水冷；c, d—1150℃/4h 水冷；e, f—1130℃/4h 水冷；
g, h—1100℃/4h 水冷；i, j—1080℃/4h 水冷

当固溶温度降为 1130℃ 时，从图 3-27e、f 可以看出，晶界处的 $M_{23}C_6$ 发生了充分的回溶，而 MC（白色的块状物）仍然存在，说明 MC 碳化物的回溶温度为 1150℃ 左右。从图 3-27g~j 可以看出，当回溶温度从 1130℃ 降为 1080℃ 时，合金中 MC 的数量有所增加，这是因为次生那部分 MC 在高温下是不稳定的，一方面会回溶于基体中（在高温）；另一方面它会通过 $MC + \gamma \rightarrow M_{23}C_6 + \gamma'$ 反应分解成 $M_{23}C_6$ 碳化物。而温度是促进 MC 碳化物分解的重要因素，随着固溶温度的降低，MC 发生反应分解的速度明显降低，因此在合金中留下的 MC 的数量也会增多。结合图 3-27 和图 1-22 的实验结果可以得出结论，GH4738 合金中 MC 碳化物的回溶温度约为 1150℃。

3.2.2　晶界碳化物的演变行为

3.2.2.1　预处理温度对后续热处理过程中显微组织演化的影响

在 GH4738 合金热变形的过程中，选择过高的变形温度就会超过 MC 的回溶温度，回溶的 MC 碳化物在空冷及后面的热处理过程中会发生再析出的现象。MC 碳化物的回溶、再析出会导致碳化物膜的形成，进而影响 GH4738 合金的使用性能。为了研究回溶的 MC 碳化物在后续标准热处理各环节中是如何演化的以及对最终晶界相形态的影响规律，同时为了进一步实验研究合金锻件（如烟气轮机动叶片）的锻造温度在 MC 回溶温度 T_{MC} 以上及以下时对晶界相的影响规律，在标准热处理前于 T_{MC} 以上的 1170℃、1150℃ 和 T_{MC} 以下的 1130℃、1100℃ 进行预处理，分别研究观察其组织的演化规律。

图 3-28 为在 MC 回溶温度 T_{MC} 以上（1170℃ 和 1150℃）进行预处理后再经 1080℃/4h 空冷固溶处理后得到的显微组织形貌。对析出颗粒进行能谱分析表明，B 颗粒为 TiC，A 点和 C 点处为（TiMoCr）C 型碳化物。1170℃ 和 1150℃ 已

经高于 MC 碳化物的回溶温度，经过 4h 的预处理后晶界处的 MC 会充分地回溶到基体中，当在 1080℃的温度下进行固溶时，MC 会重新沿着合金的晶界处均匀、连续地析出，如图 3-28a 和 b 所示。

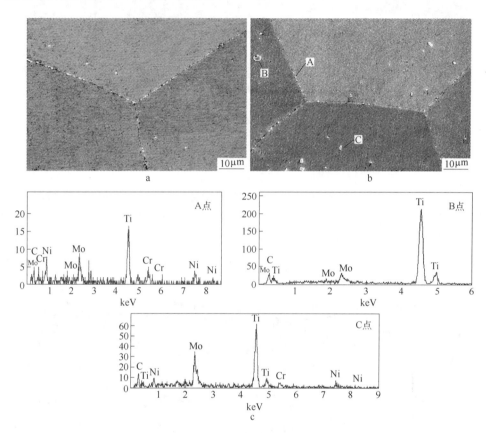

图 3-28　预处理温度（T_{MC}以上）对显微组织的影响及能谱分析

a—1170℃/4h 空冷 + 1080℃/4h 空冷；b—1150℃/4h 空冷 + 1080℃/4h 空冷；c—A、B、C 三点的能谱分析

图 3-29 为在 MC 回溶温度 T_{MC}以下（1130℃和1110℃）进行预处理后再经 1080℃/4h 空冷固溶处理得到的显微组织形貌。从图中可以看出，在合金的晶界处没有连续碳化物析出，但在晶界和基体中有一些颗粒尺寸较大的碳化物存在，它们是经过预处理后遗留下来的，这是因为预处理的温度 1130℃和 1110℃没有超过 MC 碳化物的回溶温度。

对比图 3-28 和图 3-29 可以看出，对分别经过 T_{MC}以上及以下预处理的试样进行 1080℃/4h 空冷处理后，晶界上的碳化物形态已经有很明显的不同，在 T_{MC}以上时，晶界上的碳化物已经有较连续的趋势，而在 T_{MC}以下时晶界上只有零星的、尺寸较大的 MC 碳化物存在。

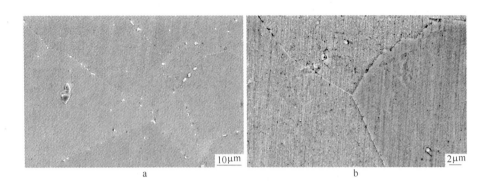

图 3-29 不同预处理温度（T_{MC} 以下）对显微组织的影响

a—1130℃/4h 空冷 + 1080℃/4h 空冷；b—1100℃/4h 空冷 + 1080℃/4h 空冷

为了进一步研究在此基础上合金晶界碳化物的演化，进行 845℃/24h 空冷的稳定化处理。图 3-30 为经不同温度预处理后再进行 1080℃/4h 空冷 + 845℃/24h 空冷得到的晶界碳化物形貌。从图中可以看出，经 T_{MC} 以上预处理（1170℃ 和 1150℃）及固溶和稳定化后，晶界处的碳化物较多、较为致密，部分晶界处还出现了棒状的碳化物，如图 3-30b 所示。能谱分析表明，此时晶界上 Cr 的含量明

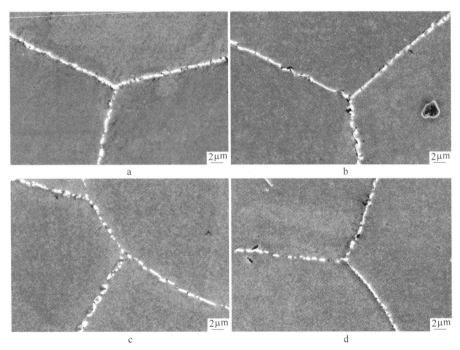

图 3-30 经不同温度预处理 + 1080℃/4h 空冷 + 845℃/24h 空冷后的 SEM 组织

a—1170℃/4h 空冷；b—1150℃/4h 空冷；c—1130℃/4h 空冷；d—1100℃/4h 空冷

显增加，说明稳定化处理后，晶界上有 $M_{23}C_6$ 析出。而预处理温度在 T_{MC} 以下时，碳化物断续地分布在晶界处，如图 3-30c、d 所示。

从以上分析可以看出，在 T_{MC} 以上和以下进行预处理后，再经固溶 + 稳定化处理，晶界上的碳化物在形貌、数量和连续性上区别明显。继续进行 760℃/16h 空冷时效处理，研究经过全程过固溶标准热处理（A 制度）后最终晶界碳化物形态的差异。图 3-31 为经不同温度预处理后，再进行整个标准热处理制度得到的晶界碳化物的显微形貌。当选择较高的预处理温度（T_{MC} 以上）时，得到的最终组织晶界较宽，碳化物颗粒粗大、连续，如图 3-31a 所示。随着预处理温度的下降，晶界碳化物的连续性下降，晶界的宽化现象也有所减弱。

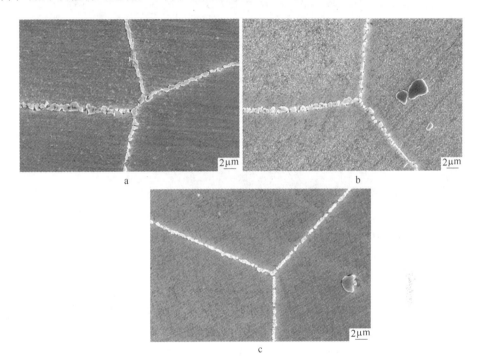

图 3-31 经不同温度预处理 + 1080℃ 标准热处理后的 SEM 组织

a—1170℃/4h 空冷（T_{MC} 以上）；b—1130℃/4h 空冷（T_{MC} 以下）；c—1080℃/4h 空冷

在不同的温度进行预处理时，经过全程热处理后除了晶界碳化物会发生上述不同的析出行为外，合金的晶粒度也会有所差异，从图 3-32 可以看出预处理温度对晶粒度的影响非常明显，随着预处理温度的提高，晶粒度逐渐增大。

从以上的分析可以看出，当预处理温度高于 T_{MC} 时，MC 碳化物会回溶于基体中，在 1080℃/4h 的固溶过程中会沿着晶界重新、较连续地析出，在后面的稳定化和时效过程中，析出的 $M_{23}C_6$ 碳化物会沿着晶界与重新析出的 MC 复合，最终导致晶界析出相增多，形成晶界"宽化"的现象。

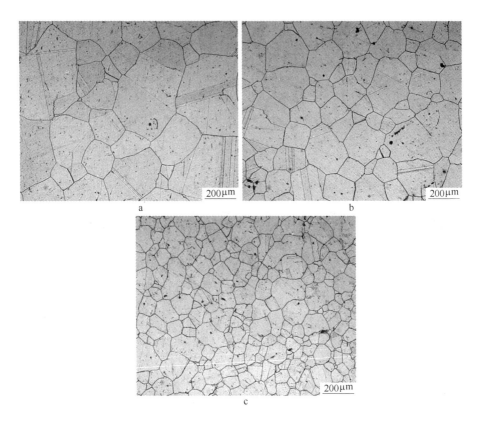

图 3-32 经不同温度预处理 + 1080℃ 标准热处理后的金相组织

a—1170℃/4h 空冷；b—1130℃/4h 空冷；c—1080℃/4h 空冷

在 GH4738 合金的热加工过程中，热变形温度是一个很重要的参数，当温度过高时，也会发生 MC 回溶再析出的现象。所以在热变形时应该避免温度高于 T_{MC}（不低于 1150℃），否则容易出现碳化物在晶界成膜的现象。根据文献报道，这种形态的碳化物会显著降低合金的性能；而在恰当的热变形温度下，得到的晶界碳化物在晶界处断续分布，这种形态的碳化物对 GH4738 合金的晶界起到强化的作用，均匀分布的细小晶界碳化物颗粒对高温合金的强度有利。

3.2.2.2 合金晶界碳化物等温时效析出规律

对经 1080℃/0.5h/AC 固溶处理的试样在试验温度范围内进行不同时间的等温时效，观察晶界碳化物的析出行为。图 3-33 ~ 图 3-40 给出了 GH4738 合金在 700 ~ 1050℃ 温度范围内时效不同时间的 SEM 组织。合金在 700℃ 等温时效后的组织形貌如图 3-33 所示。由图可见，在 700℃ 经过 2h 时效后，晶界无析出相；时效 24h 后，晶界有非常少量的析出相；时效 96h 后晶界上出现细小而又连续的析出相，呈链状分布。

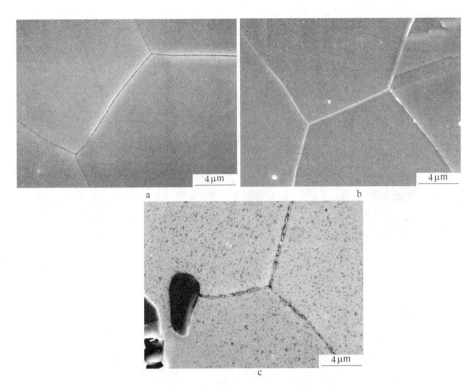

图 3-33　700℃等温时效后的 SEM 组织

a—2h；b—24h；c—96h

图 3-34 为合金在 760℃等温时效后的组织形貌。从图中可以看出，当时效 20min 后，合金晶界有非常少量的析出相析出；时效 2h，晶界有细小的颗粒相析出，这些颗粒相呈链状分布。

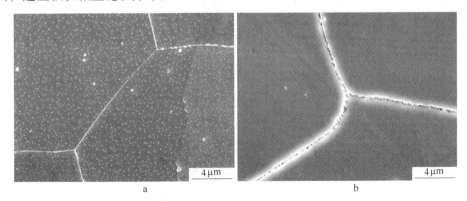

图 3-34　760℃等温时效后的 SEM 组织

a—20min；b—2h

合金在800℃等温时效后的组织形貌如图3-35所示，合金仅时效5min后，晶界便有一些析出相析出，但数量不是很多；随着时效时间的延长，到2h时，析出数量增多，但是颗粒依旧很细小，呈链状分布于晶界。

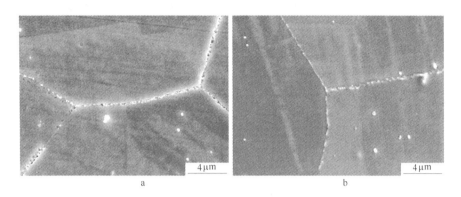

图 3-35 800℃等温时效后的 SEM 组织

a—5min；b—2h

合金在843℃等温时效后的组织形貌如图3-36所示。可以看出，合金时效

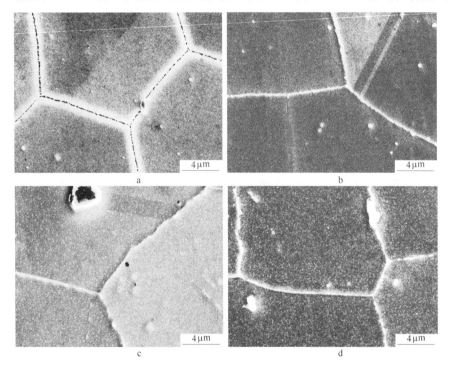

图 3-36 843℃等温时效后的 SEM 组织

a—5min；b—2h；c—4h；d—24h

5min 后，晶界便有不少析出相析出；随着时效时间延长到 2h 时，析出数量增多，但颗粒仍然比较细小，呈链状分布于晶界；时效 24h 后，晶界析出相明显长大，但仍呈链状分布。

图 3-37 为合金在 900℃ 等温时效后的组织形貌，合金仅时效 5min 后，晶界已有大量的析出相析出，但颗粒比较细小；当时效时间达到 2h 后，晶界析出相尺寸明显长大，呈连续块状分布。

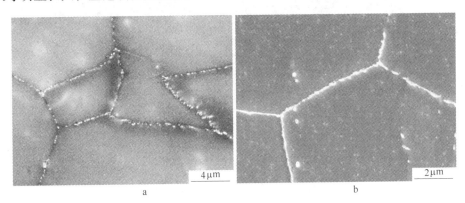

图 3-37　900℃ 等温时效后的 SEM 组织
a—5min；b—2h

图 3-38 为合金在 950℃ 等温时效后的组织形貌。从图中可以看出，合金仅仅时效 5min 后，晶界已有大量的析出相析出，但颗粒比较细小；当时效时间达到 2h 后，晶界析出相急剧长大。此时，晶内 γ' 强化相在扫描电镜下已经清晰可见。

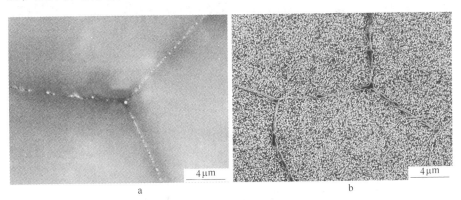

图 3-38　950℃ 等温时效后的 SEM 组织
a—5min；b—2h

合金在 996℃ 等温时效后的组织形貌如图 3-39 所示，合金时效 5min 后，晶界已有大量的析出相析出，并且晶内的 γ' 强化相已经依稀可见，说明在此温度下，γ′强化相的析出速率很快；当时效时间达到 2h 后，晶界析出相急剧长大，晶内 γ′ 强化相长大明显，但数量相对于 950℃时效 2h 少，GH4738 合金在此温度下进行一次时效，可以获得大尺寸的 γ′ 强化相。

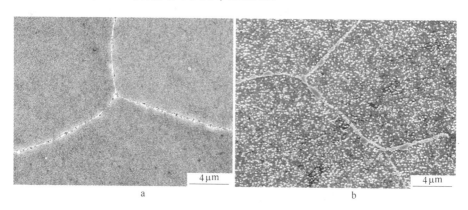

图 3-39   996℃等温时效后的 SEM 组织
a—5min；b—2h

合金在 1050℃等温时效后的组织形貌如图 3-40 所示。可以看出，合金时效 5min 后，晶界无任何析出相；时效时间达到 2h 后，晶界基本上仍无析出相，只是在少量部位有极少量的白色析出颗粒，晶内有 γ′ 相析出，尺寸较大，但数量很少，因此，可以判定，当时效温度达到 1050℃时，晶界上无析出相，γ′ 相接近溶解温度。

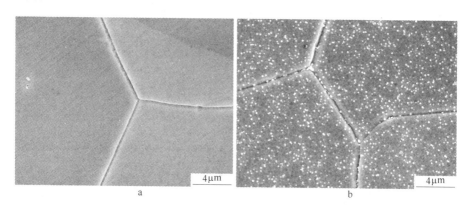

图 3-40   1050℃等温时效后的 SEM 组织
a—5min；b—2h

由图 3-33 ~ 图 3-40 可以看出，在 800 ~ 1000℃温度范围内等温时效几分钟，晶界上即出现析出相，并且根据其析出特点和析出量，可推测其析出峰在 900 ~ 1000℃，在此温度范围内，随着时效时间的延长，晶界析出相明显增多并长大。

随着时效温度的降低，析出相在晶界的析出越来越慢，低于900℃时效时，随着时效时间的延长，晶界析出相长大缓慢；在1050℃时效时，随时效时间的延长，晶界无析出相析出。因此，根据不同温度、不同时间等温时效后晶界析出相的组织形貌，可得到GH4738合金中晶界析出相的等温转变动力学曲线（TTT图），如图3-41所示。

上面是通过实验对GH4738合金中$M_{23}C_6$的晶界析出行为进行了研究，但是只能判断合金晶界析出相的整体析出情况，为了进一步确定其析出行为，通过动力学模拟软件JMatPro-demo计算合金中$M_{23}C_6$的等温析出动力学曲线，如图3-42所示。

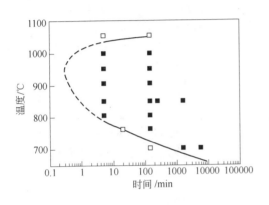

图3-41 等温时效过程中晶界
析出相的TTT曲线

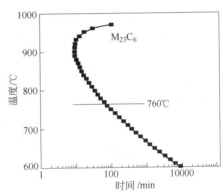

图3-42 JMatPro-demo模拟
计算得到的TTT曲线

从等温时效处理实验和模拟计算的结果可以看出，GH4738合金中$M_{23}C_6$的析出峰值温度为900~950℃。

3.2.3 碳化物和γ'相的析出

GH4738合金现在主要采用两种标准热处理制度，分别是1020℃亚固溶标准热处理（B）和1080℃过固溶标准热处理（A），它们的主要区别是所选用的固溶温度不同，分别高于和低于γ'的析出温度，另外稳定化的时间也有差异，前者为4h，后者为24h。

对GH4738合金进行两种热处理制度不同阶段、不同时间的热处理，了解在这些过程中，晶界碳化物和γ'相的析出、长大等演化行为，通过掌握这些重要相的析出规律，可以为合金的组织控制提供重要的指导依据。

图3-43为合金经过1020℃固溶处理后，在稳定化过程中晶界碳化物的析出行为，从图中可以看出经1020℃固溶水冷后，在合金中有少量的碳化物存在，它们沿着基体的晶界处断续地分布，经过845℃/4h的稳定化处理后，晶界处的碳

化物有所增加，随着保温时间的延长，碳化物的数量逐渐变多。

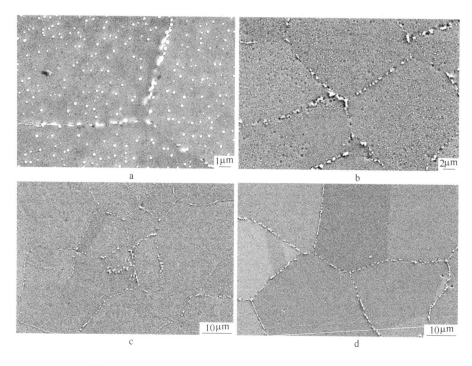

图 3-43　经 1020℃/4h 水冷＋不同时间稳定化的晶界形貌

a—1020℃/4h 水冷；b—1020℃/4h 水冷＋845℃/4h 水冷；

c—1020℃/4h 水冷＋845℃/16h 水冷；d—1020℃/4h 水冷＋845℃/24h 水冷

　　图 3-44 为合金经过 1080℃固溶处理后，在稳定化的过程中晶界碳化物的析出行为，从图中可以看出经 1080℃固溶水冷后，晶界上的碳化物已经全部消失，只是在合金的基体中分布着一些较大的颗粒状碳化物，说明 1080℃发生了 $M_{23}C_6$ 回溶，只留下熔点较高的 MC。经过 845℃/4h 的稳定化处理后，晶界上的碳化物呈链状分布，随着时间的继续延长，碳化物的数量逐渐变多，前面断续的碳化物已经连在了一起。

　　将图 3-43 和图 3-44 比较可以看出，在稳定化过程中，经 1080℃固溶处理的晶界碳化物的析出比 1020℃处理的要快速得多。对比图 3-43b 和图 3-44b 可以看出，同样是经过 4h 的稳定化处理，前者的晶界处只是断续地分布一些碳化物，而后者已经形成了较为连续的结构。这是因为 $M_{23}C_6$ 碳化物在 1080℃的保温过程中，回溶于基体中，因此基体中也就有更大的 C 的过饱和度，所以在 845℃的处理过程中，$M_{23}C_6$ 形核析出的速度也要快。

　　以上是对晶界碳化物在热处理不同阶段析出情况的观察分析，对强化相 γ′于不同热处理过程中的变化规律也进行了系统的观察分析。

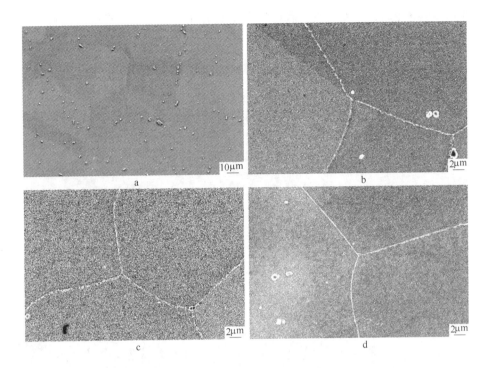

图 3-44 经 1080℃/4h 水冷 + 不同时间稳定化得到的晶界形貌

a—1080℃/4h 水冷；b—1080℃/4h 水冷 + 845℃/4h 水冷；

c—1080℃/4h 水冷 + 845℃/16h 水冷；d—1080℃/4h 水冷 + 845℃/24h 水冷

图 3-45 为原始棒料中 γ′ 相的显微形貌，此时合金中主要有一种尺寸的 γ′ 相，平均晶粒尺寸为 50nm，它们是在棒材加工成型后的冷却过程中形核并长大的。

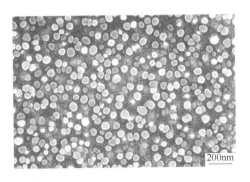

图 3-45 棒料中 γ′ 相的显微形貌

经 1020℃/4h 水冷固溶处理后再经过不同时间稳定化得到的 γ′ 相形貌见图 3-46。在 1020℃温度下进行固溶处理时，在合金的基体和晶界处仍留有少量的 γ′ 相，和棒料中的 γ′ 相相比，留下来的 γ′ 相颗粒还发生了一定的长大现象。

1020℃/4h 空冷后，在空冷的过程中二次 γ′相开始形核析出，在随后的稳定化过程中，这两种尺寸的 γ′相均发生了长大。

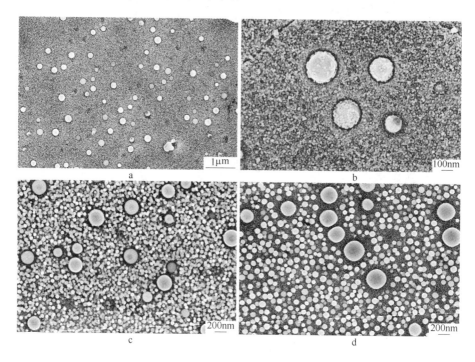

图 3-46 经 1020℃/4h 水冷固溶处理 + 不同时间稳定化得到的 γ′相形貌

a—1020℃/4h 水冷；b—1020℃/4h 空冷；c—1020℃/4h 水冷 + 845℃/4h 水冷；

d—1020℃/4h 空冷 + 845℃/24h 空冷

图 3-47 为合金在 1020℃/4h 固溶及稳定化处理过程中一次和二次 γ′相大小的变化规律。从图中可以看出，在固溶后空冷过程中，大 γ′相从 156nm 长到了 185nm，而此时析出的小 γ′相的平均直径为 17nm。随着保温时间的延长，大、小 γ′相颗粒的长大速度都有所减慢，稳定化完成后它们的尺寸分别达到 72nm 和 228nm。

图 3-48 为经 1080℃/4h 空冷固溶处理后再经不同时间稳定化得到的 γ′相形貌。1080℃/4h 空冷过程中，γ′开始形核析出，如图 3-48a 所

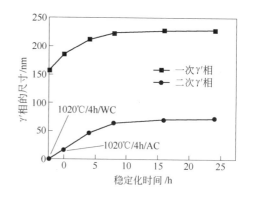

图 3-47 一次和二次 γ′相经 1020℃/4h 固溶后随稳定化时间的长大速率

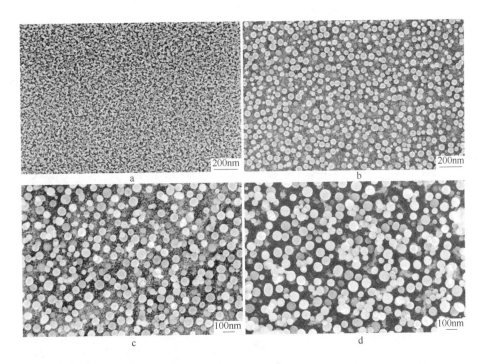

图 3-48 经 1080℃/4h 空冷固溶处理 + 不同时间稳定化得到的 γ′相形貌

a—1080℃/4h 空冷；b—1080℃/4h 空冷 + 845℃/4h 水冷；

c—1080℃/4h 空冷 + 845℃/16h 水冷；d—1080℃/4h 空冷 + 845℃/24h 水冷

示。γ′相的颗粒大小随保温时间的变化如图 3-49 所示。

对 γ′相平均半径 r 和时间 t 的关系分析表明，其长大规律符合点阵扩散控制的 Ostwald 熟化过程，$(r^3 - r_0^3)^{1/3}$ 与 $t^{1/3}$ 符合线性关系，如图 3-50 所示。

1020℃标准热处理和 1080℃标准热处理除了固溶时间不一样以外，还有一个

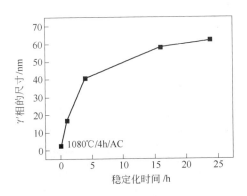

图 3-49 γ′相经 1080℃/4h 固溶后随
稳定化时间的长大速率

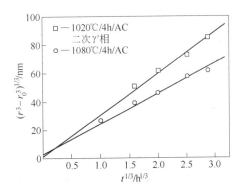

图 3-50 γ′相的平均半径 r 和
时间 t 的关系

明显的区别就是稳定化时间有差异。分别进行表 3-5 中的热处理制度，研究在这四组制度中组织的演化规律。

表 3-5 GH4738 合金的热处理制度

制度编号	固 溶	稳定化	时 效
B（1020℃标准热处理）	1020℃/4h 空冷	+845℃/4h 空冷	+760℃/16h 空冷
B₁	1020℃/4h 空冷	+845℃/24h 空冷	+760℃/16h 空冷
A₁	1080℃/4h 空冷	+845℃/4h 空冷	+760℃/16h 空冷
A（1080℃标准热处理）	1080℃/4h 空冷	+845℃/24h 空冷	+760℃/16h 空冷

图 3-51 为经表 3-5 中不同热处理制度处理后 GH4738 合金的显微组织。从图中可以看出，经 B 制度处理后，晶界碳化物较少，有两种大小的 γ′ 相组成，平

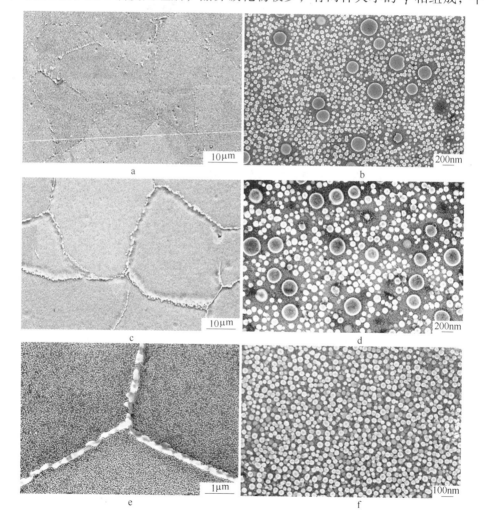

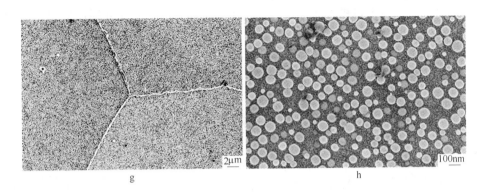

图 3-51 经不同热处理制度后的 SEM 组织

a，b—B 制度；c，d—B$_1$ 制度；e，f—A$_1$ 制度；g，h—A 制度

均尺寸分别为 50nm 和 180nm。在固溶和时效采用的制度完全相同的条件下，随着稳定化时间的增加，晶界碳化物的数量有所增加，在晶界呈现半连续状；一次 γ′ 相的形貌差别不大，而稳定化时间的延长对二次 γ′ 相的平均直径影响较大，由稳定化 4h 的 50nm 变为 24h 的 90nm，而数量却明显减少，如图 3-48b、d 所示。当固溶温度为 1080℃时经 4h 的稳定化后，晶界碳化物较多，且成连续状，基体内部只有一种尺寸的 γ′ 相，平均直径为 36nm。当稳定化时间延长至 24h 时，晶界碳化物的致密度增加，γ′ 相的平均直径也增大到 61nm。

图 3-52 为经不同热处理后合金的金相组织。过固溶热处理后的晶粒尺寸明显长大，由亚固溶热处理的 42μm 长大至 78μm。

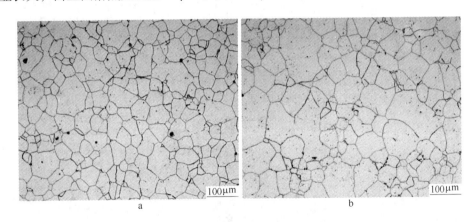

图 3-52 经不同热处理制度后的金相组织

a—B 制度；b—A 制度

现在烟气轮机动叶片广泛采用的是 1080℃的标准热处理制度，稳定化是其中重要的一个步骤，晶界碳化物和 γ′ 相的析出与长大主要在这个阶段完成，所以有

必要在上述 A、B 制度的基础上再补充几个时间点，比较稳定化时间对显微组织的影响规律。

图 3-53 为固溶和时效处理在温度和时间保持不变的条件下，合金的显微组织随稳定化时间的变化规律。从图中可以看出，稳定化时间的变化对晶界碳化物的影响为：当保温时间为 10min 和 20min 时，晶界碳化物的析出量略少于 1h 和 8h 的合金，差别没有过于明显的原因在于 760℃/16h 的保温会有 $M_{23}C_6$ 的补充析出。对比图 3-53b、d、f 和 h 可以发现，稳定化时间对 γ′ 相的析出行为有较大的影响，表现为随着时间的延长 γ′ 相的尺寸逐渐增加。

1020℃ 和 1080℃ 热处理制度为 GH4738 合金现在较普遍采用的标准热处理制度，所对应的组织特征总结于表 3-6，可以看出组织中的晶粒度大小、晶界碳化物数量、形态和 γ′ 相都有明显的差异。

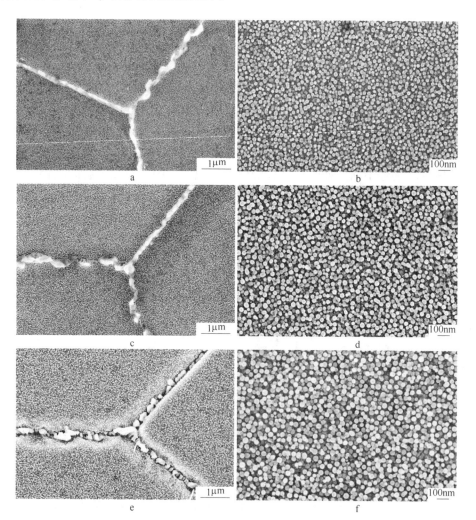

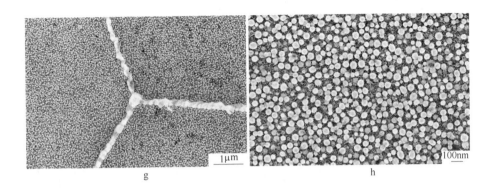

图 3-53 经不同热处理制度后的 SEM 组织

a，b—1080℃/4h 空冷 + 845℃/10min 空冷 + 760℃/16h 空冷；

c，d—1080℃/4h 空冷 + 845℃/20min 空冷 + 760℃/16h 空冷；

e，f—1080℃/4h 空冷 + 845℃/1h 空冷 + 760℃/16h 空冷；

g，h—1080℃/4h 空冷 + 845℃/8h 空冷 + 760℃/16h 空冷

表 3-6 A、B 制度对应的组织特征

制　度	平均晶粒度	晶界碳化物	γ' 相
B（1020℃标准热处理）	28μm	较少，断续分布	50nm + 180nm
A（1080℃标准热处理）	78μm	较多，成连续状	61nm

经过热变形和固溶温度为 1080℃ 的标准热处理后，在某些晶界处碳化物粗化和连续，部分地方呈羽毛状。图 3-54 为宽化晶界碳化物的 TEM 组织形貌，从图中可以看出，晶界上共有两种形态的碳化物，一种是颜色较深、呈块状，而且较为连续的 MC；另外一种白颜色的碳化物为 $M_{23}C_6$，它们填充和包裹在颗粒状 MC 之间形成了较宽化和趋于连续的晶界析出相形态。

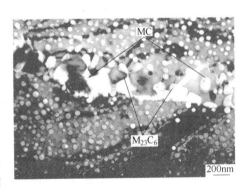

图 3-54 宽化晶界碳化物的 TEM 组织形貌

综合以上实验分析，对晶界碳化物的析出给出示意说明，图 3-55 为当合金的预处理温度在 MC 的回溶温度（T_{MC}）之上和之下时，合金中碳化物分布的示意图。在 1080℃ 以上加热时，晶界上的 $M_{23}C_6$ 已经全部发生回溶；当温度在 T_{MC} 以上时基体中只有一次 MC 存在，T_{MC} 以下时在晶内和晶界上还有 MC 存在。

经不同的预处理温度，在后续的热处理过程中，晶界碳化物的演化模型见图 3-56。GH4738 合金最终晶界碳化物的形貌与热处理前合金中 MC 碳化物是否发

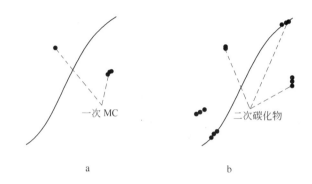

图 3-55 热加工过程中 MC 碳化物的演化

a—预处理温度在 T_{MC} 以上；b—预处理温度在 T_{MC} 以下（1150～1080℃）

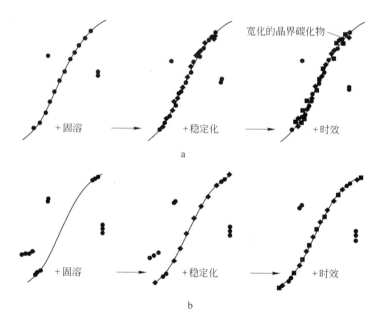

图 3-56 晶界碳化物在热处理过程中的演化模型

a—预热处理温度在 T_{MC} 以上；b—预热处理温度在 T_{MC} 以下

●—MC；◆—$M_{23}C_6$ 在稳定化过程中析出；

■—$M_{23}C_6$ 在时效过程中析出

生回溶有很大的关系，也就是说是否超过了 MC 碳化物的回溶温度。当回溶的 MC 在固溶的过程中发生再析出时，它们主要沿着晶界连续地析出，此时基体中大量的碳被消耗掉。稳定化和时效过程中析出的 $M_{23}C_6$ 碳化物附着在 MC 的周围，最终形成了宽化的晶界碳化物结构，演化过程如图 3-56a 所示。而当预处理温度低于 MC 的回溶温度时，合金中较粗大的 MC 还会存在于基体和晶界处，基体中也不会有那么大的碳的过饱和度，在1080℃的固溶过程中，合金中少量的$M_{23}C_6$回溶，在稳定化和时效阶段又沿着晶界析出，它们呈颗粒状断续地分布，如图3-56b所示。

当合金在T_{MC}以上和以下进行热加工时，在后面的热处理过程中晶界碳化物也会发生上述的演化过程。如果变形温度超过T_{MC}，会加重晶界碳化物宽化成膜趋势，所以应该避免在此温度以上进行热加工。

烟机叶片在长时间的运行过程中，碳化物在晶界会有补充析出的现象，同时还可能伴随有复杂的碳化物与γ'相间的相互反应。如果叶片在热加工过程中选用的变形温度过高，导致在后续热处理过程中形成了宽化的晶界碳化物结构，那么运行期间的再次析出会对已经形成的宽化晶界更为不利，使得晶界会更加弱化，合金的抗蠕变和疲劳性能也会大幅度地下降，叶片发生断裂的危险也会增大。因此选用合理的热加工温度、得到良好的晶界碳化物结构对保证成品叶片的性能及安全运行是至关重要的。

3.3 热处理工艺的影响

3.3.1 亚固溶热处理性能

亚固溶标准热处理（即热处理B）后的组织特征见图3-51a、b。为了进一步分析亚固溶热处理过程对合金性能的影响，使合金在不同温度固溶，分别采用油冷（OC）和水冷（WC）处理，然后均经845℃/4h/AC + 760℃/16h/AC时效，得到固溶温度对合金在室温及540℃高温下瞬时拉伸性能影响的曲线，如图3-57所示。在两种冷却条件下室温瞬时拉伸强度σ_b基本不变；在晶粒不发生明显长大前，随着固溶温度的升高，屈服强度$\sigma_{0.2}$逐渐升高，但固溶温度超过1040℃后，晶粒发生明显长大，$\sigma_{0.2}$增强不明显；拉伸塑性随着固溶温度的升高即晶粒

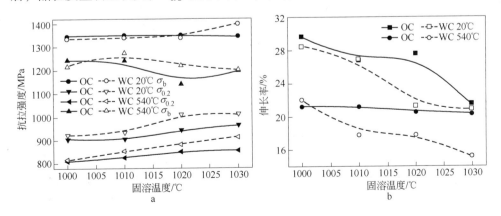

图3-57 固溶温度对拉伸性能的影响

a—抗拉强度；b—伸长率

尺寸的增大都有所下降,如图 3-57b 所示。合金在 540℃ 高温下瞬时拉伸性能的变化趋势与室温时的变化趋势相似。

图 3-58 中 732℃/549MPa 下的持久性能曲线显示出:在两种冷却条件下,随着固溶温度的升高,材料的持久寿命 τ 逐渐提高,而持久塑性 δ 在油冷条件稍有增加,在水冷条件下略有下降趋势。综上性能研究发现,室温、540℃ 下瞬时拉伸性能 $\sigma_{0.2}$ 及 732℃/549MPa 条件下的持久寿命 τ,水冷条件下处理得到的性能指标值基本上都高于同固溶温度下的油冷处理。

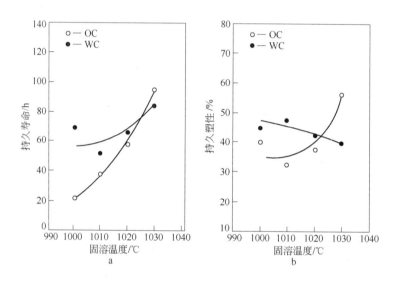

图 3-58　固溶温度对 732℃/549MPa 条件下持久性能的影响

以上结果显示,固溶温度显著影响 γ' 相析出过程,而 γ' 相的强化效果与 γ' 相尺寸有密切联系,γ' 相尺寸越小,强化效果越明显。倘若固溶时 γ' 没有完全溶解,γ' 相就会阻止晶粒长大,致使合金晶粒尺寸长大不明显。

然而,随着小 γ' 相析出数量的增加,材料的屈服强度和持久强度随着固溶温度的升高而有增加。此外结果表明,合金油冷时的 $\sigma_{0.2}$ 和 τ 低于水冷,这主要是由于油冷过程中析出的 γ' 相在时效过程中长大,降低了强化效果。

研究结果可以看出[2],于 1010~1040℃ 固溶加双时效处理均可达到较理想的性能。综合考虑热处理制度用 1020℃/4h 油冷 + 845℃/4h 空冷 + 760℃/16h 空冷处理为优。为了进一步了解性能的变化规律,测试经上述热处理后的试样在不同温度下的拉伸和冲击性能。不同温度下的拉伸性能见图 3-59,700℃ 的屈服强度 $\sigma_{0.2}$ 值最高,σ_b 在 500℃ 达到最大值;600℃ 时 σ_b 下降至 1070MPa,塑性随温度升高而提高;到 800℃ 时 δ、ψ 均达最高值[2]。

通过改变固溶温度调整原始合金的晶粒度,再经过 845℃/4h/AC + 760℃/

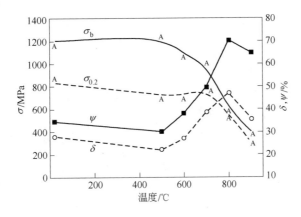

图 3-59　不同温度下的拉伸性能

16h/AC 双时效处理，分别获得 A 特粗晶（133μm）、B 粗晶（85μm）和 C 细晶
（24μm）三种晶粒尺寸的合金试样，将该三种晶粒尺寸的试样进行如下三种试
验：650℃高温瞬时拉伸试验、815℃/294MPa 及 732℃/490MPa 蠕变试验、650℃
裂纹扩展速率试验。

　　试样经过 650℃瞬时拉伸性能试验结果见表 3-7。可见，晶粒细化有利于抗拉
强度的提高，但塑性有随着晶粒尺寸增加而降低的趋势。

表 3-7　三种不同晶粒度的试样在 650℃的拉伸性能

拉伸性能	A（特粗晶粒）	B（粗晶粒）	C（细晶粒）
σ_b/MPa	1086	1145	1169
δ/%	27.4	26.6	—
ψ/%	31.3	28.5	41.3

　　在 815℃/294MPa 和 732℃/490MPa 两条件下就晶粒大小对蠕变性能的影响
进行对比分析，从图 3-60 的结果可以看出，在两种蠕变条件下合金都表现为随
着晶粒尺寸的增加，稳态蠕变速率降低，蠕变寿命增加，但是蠕变伸长率降低。

　　从表 3-7 及图 3-60 可以看出，当合金晶粒尺寸减小时，650℃下的瞬时抗拉
强度增加，而塑性明显增加；稳态蠕变速率随着晶粒尺寸的增加而降低，但蠕变
寿命结果显示当晶粒尺寸为 85μm 时，蠕变寿命最长，晶粒度尺寸为 24μm 时，
寿命最短。结果显示，发挥合金寿命最佳值应将晶粒度控制在一定范围内，既能
保证合金具有必要的强度，又要具有合格的蠕变寿命。

　　测试了三种不同晶粒度的合金试样在 650℃疲劳及疲劳/蠕变交互作用下的
裂纹扩展速率，加载方式为保载 5s（测试时马达的正反转所需的最短时间，相

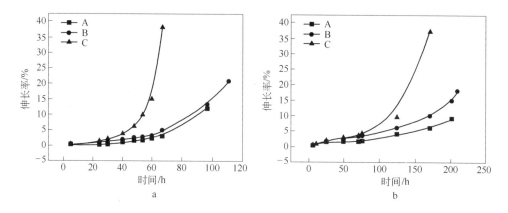

图 3-60   晶粒大小对蠕变性能的影响

a—815℃/294MPa；b—732℃/490MPa

当于疲劳）和保载 180s 梯形波，试验加载和卸载时间均为 15s。从图 3-61 的疲劳和 180s 保载的疲劳/蠕变交互作用下裂纹扩展速率 da/dN 和应力强度因子 ΔK 之间的曲线关系可知，晶粒尺寸对合金的裂纹扩展速率影响显著。在两种裂纹扩展试验条件下，随着晶粒尺寸的增加，合金的裂纹扩展速率都降低，裂纹扩展寿命也有明显提高。

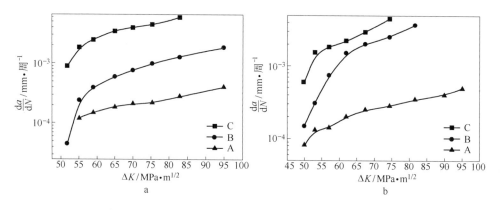

图 3-61   裂纹扩展速率曲线

a—保载 5s；b—保载 180s

为了对裂纹孕育开裂和扩展有更系统的了解，分别测试计算了在不同晶粒度情况下试验合金的裂纹开裂时间 t_i 和断裂寿命 t_f，并把结果列于表 3-8。结果表明，合金在 180s 保载的疲劳/蠕变交互作用条件下，断裂寿命明显高于单纯的疲劳试验。合金的疲劳试样裂纹开裂时间 t_i 和断裂寿命 t_f 都远小于相应的疲劳/蠕变条件下的裂纹扩展数据。在所研究的晶粒尺寸范围内（24～133μm），粗晶和特粗晶合金在疲劳及 180s 保载的疲劳/蠕变交互作用条件下 t_i/t_f 基本相同。可以得知，在 GH4738 合金中晶粒尺寸对裂纹开裂时间和断裂寿命 t_i/t_f 之比的影响不大。

表 3-8　裂纹孕育期与断裂时间结果

试样编号	波　形	裂纹开裂时间 t_i/h	断裂寿命 t_f/h	t_i/t_f
A		7.5	33.0	0.23
B		7	33.5	0.21
C		3	14.0	0.21
试样编号	波　形	裂纹开裂时间 t_i/h	断裂寿命 t_f/h	t_i/t_f
A		40.3	156	0.26
B		32.3	122	0.27
C		8.07	33.3	0.24

上述试验结果表明，固溶温度是影响碳化物及 γ' 相的回溶规律的关键因素，当温度高于 1040℃ 时，γ' 相基本溶解，碳化物仅有部分残留在晶界上，此时晶粒的长大受限因素大为降低，故晶粒迅速长大；当固溶温度偏低时，γ' 相没有完全溶解，γ' 相阻止晶粒长大，故晶粒尺寸没有显著的变化。碳化物的回溶温度同样显著影响合金晶粒度的长大，高于碳化物的回溶温度，晶粒度将失去晶界相的钉扎而迅速长大。然而，不同的固溶温度处理后的试样经过双时效处理，合金中的 γ' 相含量是一致的。而晶粒度又显著影响合金的高温性能，所以可以通过控制析出相的回溶温度来改变固溶温度以调整晶粒度的大小，通过双时效处理来满足合金中所需的 γ' 相含量，以控制合适的强度和蠕变持久性能。

此外，室温瞬时拉伸性能在两种冷却条件下，强度 σ_b 基本不变。在晶粒不发生明显长大之前，随着固溶温度的升高，屈服强度 $\sigma_{0.2}$ 逐渐升高，但固溶温度超过 1040℃ 后晶粒发生明显长大，然而 $\sigma_{0.2}$ 增强不明显。拉伸塑性都有所下降，水冷条件下拉伸塑性下降得更加明显。γ' 相的强化效果是与 γ' 相尺寸密切联系的，γ' 相尺寸越小，强化效果越明显。性能测试表明，GH4738 合金的晶粒尺寸对 650℃ 高温拉伸性能、蠕变、裂纹扩展速率的影响显著。在一定的晶粒尺寸范围内，晶粒越大，该合金的蠕变及抗裂纹扩展能力越好。这对如何选择该合金的热加工温度，精确控制合理晶粒度具有重要指导作用，既要保证合金具有良好的加工塑性，又要保证合金具有优良的强度性能，故建议合金热加工温度应高于 γ' 相的溶解温度，低于 MC 碳化物溶解温度。

为了进一步获得合金在保温过程中晶粒度长大规律，在开坯后的锻坯上取样，在 1060℃ 保温至 25h，保温不同时间得到的晶粒尺寸如图 3-62 所示。

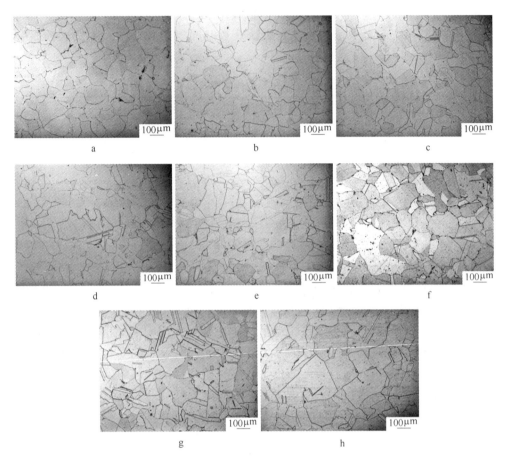

图 3-62 1060℃保温过程中的晶粒组织

a—0h；b—0.5h；c—1h；d—5h；e—10h；f—15h；g—20h；h—25h

可以看出，随保温时间的延长晶粒长大。增加温度至 1080℃，晶粒尺寸随保温时间延长明显增加（图 3-63）。

图 3-64 给出了晶粒尺寸随保温时间延长的变化规律，保温时间的延长将会使得晶粒长大。从这点看，在对合金锻件进行加热过程中，要注意控制保温的时间，不能无故延长保温时间，否则会造成晶粒长大，为后续热变形过程中晶粒度的控制带来困难。

3.3.2 过固溶热处理组织与性能

设计实验的固溶温度分别为 1020℃、1040℃、1060℃、1080℃，然后统一经过两次时效 845℃/24h/AC + 760℃/16h/AC，以研究固溶热处理制度 A 对合金组织性能的影响。

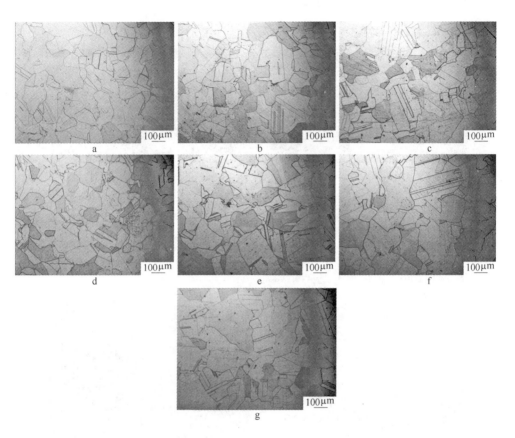

图 3-63 1080℃热处理后的显微组织照片

a—0.5h；b—1h；c—5h；d—10h；e—15h；f—20h；g—25h

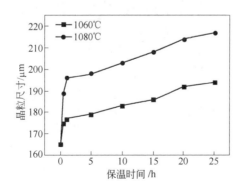

图 3-64 保温过程对晶粒长大的影响

图 3-65 为合金轧态的组织特征，轧态时晶粒尺寸约 23.2μm（ASTM 8 级），晶粒度组织均匀，强化相 γ′尺寸大小也较为均匀，大约为 40nm。

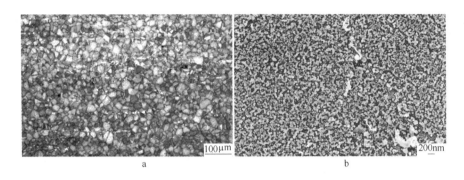

图 3-65 轧态显微组织情况

a—晶粒组织；b—晶界和 γ′ 相

而经 1020℃ 固溶并时效后的组织特征见图 3-66，晶粒已经长大至 89μm，γ′相 158～41.2nm，碳化物不完全断续。

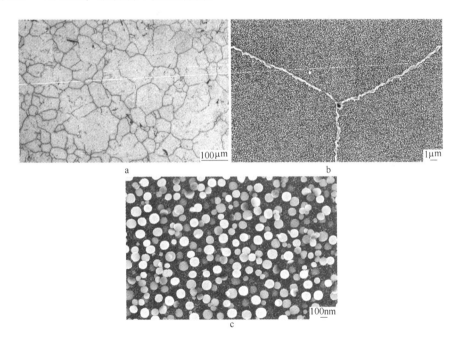

图 3-66 1020℃ 固溶热处理后的显微组织

a—晶粒；b—晶界；c—强化相

温度增加至 1040℃，晶粒长大至约 100.5μm，γ′相大小与 1020℃ 热处理相比变化不明显，约 144～40nm，碳化物呈连续的项链状，如图 3-67 所示。

经 1060℃ 热处理后的组织见图 3-68，晶粒粒径约为 138.5μm，γ′相为 142～

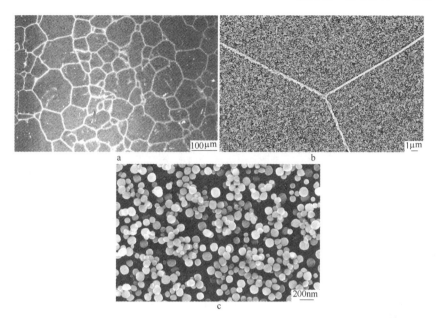

图 3-67 1040℃固溶热处理后的显微组织

a—晶粒；b—晶界；c—强化相

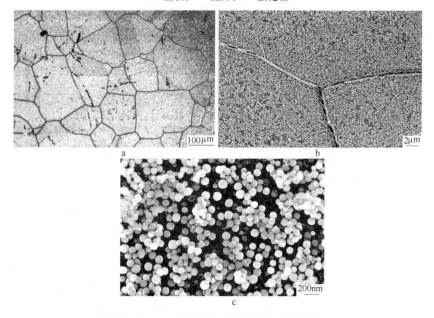

图 3-68 1060℃固溶热处理后的显微组织

a—晶粒；b—晶界；c—强化相

41nm。而经 1080℃热处理后的组织特征如图 3-69 所示，此时晶粒长大至约 165.7μm，强化相 γ′相约 183nm，晶界碳化物呈现连续状分布。

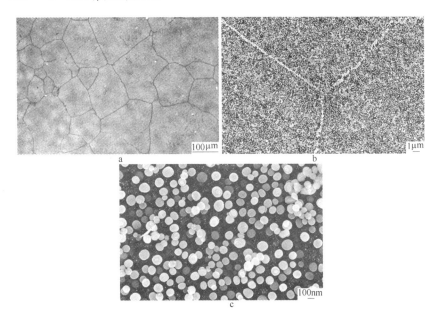

图 3-69　1080℃固溶热处理后的显微组织

a—晶粒；b—晶界；c—强化相

　　为了进行对比分析，测试实际的烟气轮机动叶片经标准热处理 A 后的组织特征，见图 3-70，晶粒大小约为 169μm，γ' 相约为 140nm。

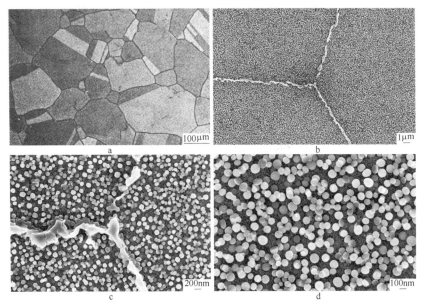

图 3-70　实际烟机动叶片经 1080℃固溶热处理后的显微组织

a—晶粒；b，c—晶界；d—强化相

经过不同固溶热处理后的晶粒度随固溶温度升高而递增，如图 3-71 所示。硬度变化见表 3-9，硬度随着固溶温度的升高略有下降。冲击韧性的实验测量结果如图 3-72 所示，随固溶温度增加冲击性能下降。

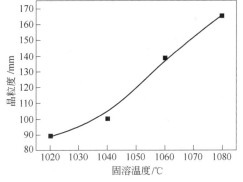

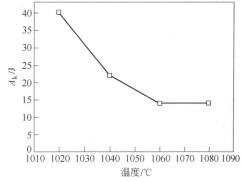

图 3-71　晶粒度随固溶温度变化规律　　　　　图 3-72　不同固溶温度对冲击韧性的影响

表 3-9　硬度变化规律

固溶温度/℃	轧态	1020	1040	1060	1080	实际叶片
平均值 HB	342.60	349.75	348.95	320.69	310.95	336.11

815℃的高温拉伸性能见表 3-10，抗拉强度在 1020~1060℃ 之间基本不变，1080℃时有所提高。屈服强度在 1040℃时达到最大值。断面收缩率和伸长率等塑性指标随着固溶温度的升高而下降。815℃的持久性能影响规律见表 3-11，持久寿命在 1040℃时达到最大。

表 3-10　固溶温度对高温拉伸性能的影响

固溶温度/℃	实验温度/℃	屈服强度/MPa	抗拉强度/MPa	δ/%	Ψ/%
1020	815	525.0	630.0	54.0	61.5
1040	815	552.5	630.0	39.5	46.5
1060	815	547.5	630.0	33.0	36.5
1080	815	535.0	647.5	31.5	36.0
实际叶片	815	557.5	637.5	30.5	43.5

表 3-11　固溶温度对持久性能的影响

固溶温度/℃	实验温度/℃	应力/MPa	伸长率 δ/%	Ψ/%	时间/h
1020	815	325	34.5	39.0	53.0
1040	815	325	24.0	37.5	63.3
1060	815	325	23.5	28.5	48.1
1080	815	325	29.5	40.5	28.1
实际叶片	815	325	36.5	40.5	71.9

固溶温度对保载 90s 的疲劳/蠕变交互作用条件下的裂纹扩展速率的影响如图 3-73 所示，从图中可以看出，固溶温度对裂纹扩展速率的影响不太明显，但随固溶温度增加裂纹扩展速率稍有增加。

疲劳是 GH4738 合金构件（尤其是涡轮盘）失效的主要原因，而构件的疲劳寿命不仅仅取决于裂纹的萌生过程，裂纹的扩展也是非常重要的因素，甚至 85% ~ 90% 的寿命

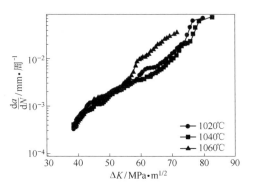

图 3-73　固溶温度对裂纹扩展速率的影响

都耗费在裂纹扩展过程。为了研究不同组织状态对合金裂纹扩展速率的影响，对合金进行了有选择的热处理，改变了合金的组织状态，并通过裂纹扩展速率试验比较研究了不同组织状态的合金的疲劳裂纹扩展速率。

选择了如下两种热处理制度：（1）不对合金做固溶处理，只做一次中间时效处理。时效制度为：845℃/24h，空冷。由于在 845℃ $M_{23}C_6$ 大量析出，因此在此温度下保温 24h 有可能使原本分布在晶界上的碳化物粗化，使晶界出现宽化现象；也有可能会在晶界上析出更多的碳化物，使晶界碳化物的分布状态由离散分布演化为连续分布。（2）做全过程热处理 1080℃/4h，空冷 + 845℃/24h，空冷 + 760℃/16h，空冷。

图 3-74 为热处理后的合金与未处理的合金晶粒组织的对比，经 1080℃固溶处理 + 全过程时效的合金，其晶粒尺寸明显大于未进行热处理的合金，这说明合金在 1080℃固溶处理时发生了晶粒明显长大的现象。而对比图 3-74a 和 b，未发现 845℃时效的过程对晶粒组织的大小产生很大影响。

图 3-75 为热处理后的合金与未处理的合金晶界组织形貌的对比。从图 3-75a 和 b 的对比可以看出，单独经 845℃时效 24h 后合金的晶界明显宽化，碳化物明显长大，由于碳化物的长大和新的碳化物在时效过程中析出，碳化物在晶界上连续分布。从图 3-75a 和 c 的对比中可以看出，经 1080℃固溶 + 全过程时效处理之后，合金的晶界并未宽化，碳化物尺寸大小也差不多，但是合金在 845℃/24h 的时效处理比服役前合金 845℃/4h 的时效处理碳化物析出的更充分，因而碳化物在晶界呈连续分布。

对热处理后的合金进行了疲劳裂纹扩展速率试验，其温度条件、载荷大小和载荷波形、应力比等试验条件都与未经热处理的相同。图 3-76 为未经热处理及经两种热处理后合金的疲劳裂纹扩展速率曲线，可以看出，经 1080℃固溶 + 全过程时效后合金的裂纹扩展速率最低，未经热处理的合金裂纹扩展速率最高，而 845℃时

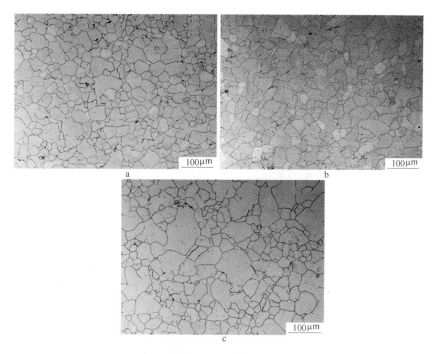

图 3-74　未经热处理及经两种热处理后合金的晶粒组织对比

a—未处理；b—845℃时效；c—1080℃固溶 + 全过程时效

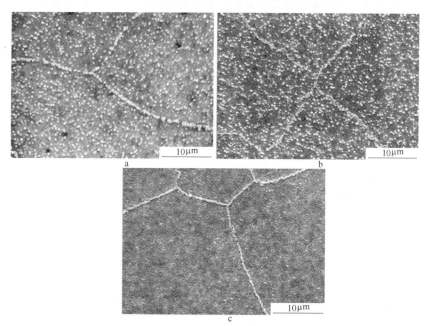

图 3-75　未经热处理及经两种热处理后合金的晶界组织形貌对比

a—未处理；b—845℃时效；c—1080℃固溶 + 全过程时效

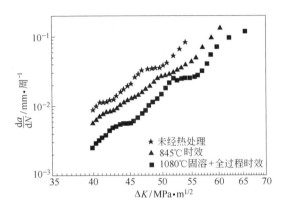

图 3-76　未经热处理及经两种热处理后合金的裂纹扩展速率曲线

效后合金的裂纹扩展速率居中。经 1080℃ 固溶 + 全过程时效后合金的裂纹扩展速率曲线上，ΔK 的范围是比较宽的，而未经热处理的合金 ΔK 的范围最窄。

1080℃ 的高温固溶使晶粒组织明显长大。众所周知，在高温合金中，粗晶组织更有利于裂纹扩展速率的降低。因而，由于这些原因的综合作用，使合金经 1080℃ 固溶处理 + 全过程时效后，裂纹扩展速率性能得到了较大的改善。

以上系统分析了 GH4738 合金两种标准热处理过程中对组织和性能的影响，图 3-77 给出了经 A、B 制度处理后合金在室温、538℃ 和 815℃ 下的拉伸性能。从图中

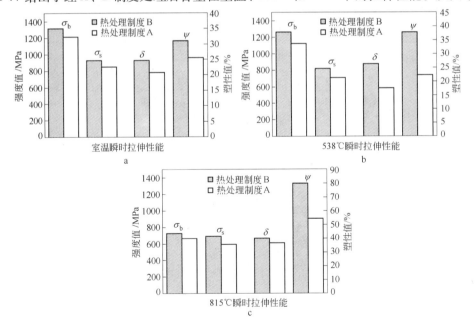

图 3-77　经 A、B 制度处理后的拉伸性能

a—室温；b—538℃；c—815℃

可以看出，经固溶温度低的 B 制度（1020℃）处理的试样和 A 制度（1080℃固溶）处理的试样相比，在所有的实验温度下，抗拉强度和拉伸塑性都明显要高。

图 3-78 为经 A、B 制度处理后合金在 732℃/517MPa 和 815℃/330MPa 下的持久性能。从图中可以看出，A 工艺得到的高温持久断裂寿命明显高于 B 工艺，而且持久温度越高，这种优势越明显；而 B 工艺可以获得高的持久塑性。比较图 3-77 和图 3-78 可以得出结论，B 工艺上述性能的改善，是以大幅度降低持久寿命为代价的。

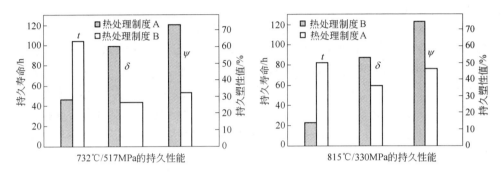

图 3-78　经 A、B 制度处理后的持久性能

从上述可以看出经这两种热处理制度处理后材料的组织特征和力学性能都有明显的不同，1020℃标准热处理后材料具有较好的强塑性配合，尤其在塑性指标方面有明显的优势，但 1080℃标准热处理后材料却在持久寿命上表现突出。所以，可以根据不同材料零部件对性能的不同要求来选择对应的热处理制度。

参 考 文 献

[1] 凌刚 . Waspaloy 合金的晶粒度控制及其对力学行为的影响 [D]. 北京：北京科技大学，1989.
[2] 王秀芬，王林涛，彭永辉，等 . GH864 合金自由锻圆饼热处理制度与组织性能的研究 [J]. 金属学报，1999，35(S2)：S174～S176.

4 合金的组织与性能

高温合金热端部件的设计已经由单纯考虑拉力破断的设计发展到疲劳损伤以至到近代的损伤容量设计。

GH4738 合金部件按标准要求达到的化学成分和力学性能指标仅是必要的考核指标之一，实际上部件的运行工况是载荷在变动，温度有波动，介质条件恶劣，再加上由某种因素而引起的小裂纹和裂纹的扩展。为此，合金部件除常规性能以外，在低周疲劳、疲劳/蠕变交互作用性能以及裂纹扩展方面也需要有较好的表现。本章就镁元素的影响，晶粒度和晶界碳化物及强化相对合金裂纹扩展和相关性能进行进一步的测试分析，为合金的组织与性能关联性提供进一步的实验数据。

4.1 镁的影响

合金全部采用真空感应 + 真空自耗（VIM + VAR）双联工艺冶炼含镁合金（0.006%）和不含 Mg 合金，以研究 Mg 对合金性能的影响规律。

表 4-1 为 650℃瞬时拉伸的试验结果，此处粗晶是经 1080℃/4h/AC + 845℃/24h/AC + 760℃/16h/AC 热处理获得的，对应的晶粒尺寸约 80μm，细晶是经 1010℃/4h/AC + 845℃/24h/AC + 760℃/16h/AC 热处理获得的，对应的晶粒大小约 30μm。结果表明 650℃下微量元素 Mg 对抗拉强度和塑性均无明显影响。

表 4-1　不同条件下合金在 650℃的拉伸性能

样　品	B	C	D	E
组织成分特征	粗晶含 Mg	细晶含 Mg	粗晶未含 Mg	细晶未含 Mg
σ_b/MPa	1145.0	1169.0	1152.0	1177.0
δ/%	26.6	—	21.4	31.4
Ψ/%	28.5	41.3	22.9	33.0

表 4-2 是蠕变试验结果。图 4-1 是 815℃/294MPa、732℃/490MPa 下的蠕变曲线。从图中可以看出，在两种蠕变条件下含 Mg 的合金都表现为随着晶粒尺寸的增加，稳态蠕变速率 ε_{min} 降低，持久寿命增加，但是持久塑性降低。在粗晶中稳态蠕变速率 ε_{min} 继续降低，但是持久寿命反而有所下降，同时持久塑性亦大幅度下降，仅只有含 Mg 细晶合金的 1/3 ~ 1/4。这是由于在蠕变曲线上基本没有出

现蠕变第三阶段。

表 4-2 蠕变性能

试 样	815℃/294MPa			732℃/490MPa		
	ε_{min}/%·h^{-1}	t_r/h	δ/%	ε_{min}/%·h^{-1}	t_r/h	δ/%
B	0.0185	111.0	20.6	0.0241	210.5	15.7
C	0.0308	67.0	38.3	0.0363	171.0	32.8
D	0.0341	53.9	15.8	0.0830	75.3	15.0
E	0.0513	47.6	13.9	0.0818	70.5	16.0

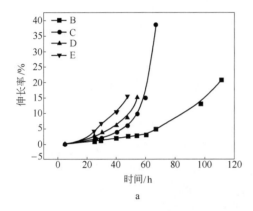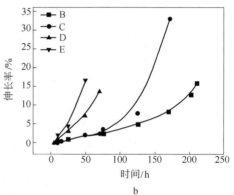

图 4-1 蠕变曲线

a—815℃/294MPa；b—732℃/490MPa

比较含 Mg 与无 Mg 合金的蠕变性能和全蠕变曲线可见：不论是粗晶还是细晶 Mg 的加入都使得合金的蠕变第二阶段显著延长，并且出现了明显的蠕变第三阶段，结果在蠕变性能上表现为 Mg 的加入使合金的稳态蠕变速率 ε_{min} 大幅度下降，持久寿命大幅度提高，特别是在细晶条件下，持久塑性迅速提高可达到 30% 以上，蠕变温度越高，Mg 的这种作用表现得越明显。同时，断口观察表明含有 Mg 的合金中，随着晶粒尺寸减小，合金的塑性增加，在沿晶断口上逐渐显示出局部塑性变形。在无 Mg 的合金中，粗晶和细晶合金大都显示沿晶断口。

合金在 650℃蠕变，疲劳以及疲劳/蠕变交互作用下裂纹开裂和扩展的试验数据见表 4-3。结果表明合金不论其晶粒尺寸大小以及合金中是否含有 Mg，在蠕变条件下各种试验材料的裂纹开裂时间 t_i 和断裂寿命 t_f 都远远大于疲劳和 180s 保载的疲劳/蠕变交互作用条件下的 t_i 和 t_f。具体来说蠕变条件下的 t_i 和 t_f 几乎比疲劳条件下高两个数量级；比 180s 保载的疲劳/蠕变交互作用下高一个数量级以上。

表 4-3 裂纹孕育期与断裂时间

试样编号	波 形	裂纹开裂时间 t_i/h	断裂寿命 t_f/h	t_i/t_f
B		7.0	33.5	0.21
C		3.0	14.0	0.21
D		8.0	35.0	0.23
E		1.75	3.42	0.51
试样编号	波 形	裂纹开裂时间 t_i/h	断裂寿命 t_f/h	t_i/t_f
B		32.3	122.0	0.27
C		8.07	33.3	0.24
D		32.3	100.8	0.32
E		7.07	16.7	0.42

在所研究的晶粒尺寸范围内（24 ~ 133μm），粗晶和特粗晶合金在疲劳条件下 t_i 和 t_f 基本相同，只是在 180s 保载的疲劳/蠕变交互作用条件下特粗晶合金的 t_i 和 t_f 比粗晶合金稍高。但粗晶和细晶不论是否含有镁，在疲劳和 180s 保载的疲劳/蠕变交互作用下，两者的 t_i 和 t_f 就有十分明显的差别。细晶的合金 t_i 和 t_f 是粗晶的 1/10 ~ 4/10。但是细晶中，Mg 的加入使得断裂寿命 t_f 有明显的提高，Mg 的这种作用在疲劳条件下表现更为显著；Mg 的加入不但使断裂寿命 t_f 有明显的提高（提高近 5 倍），而且也使得裂纹开裂时间 t_i 明显增加（增加近一倍）。

比较不同条件合金的裂纹开裂时间 t_i 占整个断裂寿命 t_f 的比例即 t_i/t_f 可以得出，含 Mg 的合金在疲劳和 180s 保载两种载荷作用下，晶粒尺寸对 t_i/t_f 影响甚微。但在无 Mg 的合金中则表现为随着晶粒尺寸的减小，t_i/t_f 剧烈上升，无 Mg 细晶合金的 t_i/t_f 已经高达 0.5，即裂纹开裂时间已占整个断裂寿命的一半。Mg 对粗晶材料的 t_i/t_f 影响不大，表现为不改变 t_i/t_f 比值（疲劳条件下）和稍稍增加 t_i/t_f 比值。在细晶材料中 Mg 对 t_i/t_f 有着剧烈影响，无 Mg 合金的 t_i/t_f 是有 Mg 合金的 2 倍以上。

图 4-2 分别是在疲劳和 180s 保载的疲劳/蠕变交互作用下裂纹扩展速率 da/dN 和应力强度因子 ΔK 之间的曲线关系。在所给定的应力条件下，所有试验材料在两种载荷下都是从裂纹第一阶段开始，初始扩展速率的增长率较大并逐步降低，经过一定周次的扩展后转入第二阶段，然后保持稳态，仅在 180s 保载的疲劳/蠕变交互作用下无 Mg 细晶材料最后进入了第三阶段，裂纹加速扩展直至最后断裂。从所有样品的分析结果可以看出，裂纹在第一阶段的扩展量所占比例都较小。在双对数坐标上不同条件下合金的 da/dN 与 ΔK 在第一阶段基本上是线性关系，符合 Paris 方程 $\dfrac{da}{dN} = c(\Delta K)^n$，回归方程系数如表 4-4 所示。

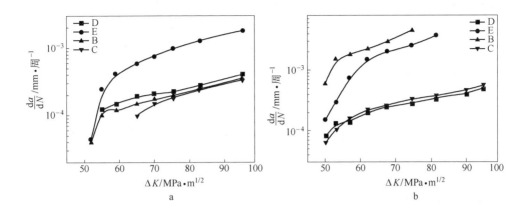

图 4-2 裂纹扩展速率疲劳

a—疲劳；b—180s 保载

表 4-4 Paris 公式回归系数分析

试样编号	波　形	阶段 I				阶段 II			
		C	n	r	ΔK	C	n	r	ΔK
B		1.104×10^{-13}	4.08	0.994	51.6 ~ 62.1	1.38×10^{-10}	2.31	0.991	51.3 ~ 99.3
C		4.98×10^{-37}	17.6	0.962	53.3 ~ 56.9	1.04×10^{-11}	3.22	0.988	56.9 ~ 94.5
D		2.38×10^{-14}	4.43	0.942	51.3 ~ 65.5	1.64×10^{-9}	1.72	0.992	65.5 ~ 96.5
E		5.01×10^{-20}	8.38	0.993	51.6 ~ 57.1	2.82×10^{-9}	2.28	0.979	57.1 ~ 83.4
试样编号	波　形	阶段 I				阶段 II			
		C	n	r	ΔK	C	n	r	ΔK
B		8.17×10^{-17}	5.92	0.987	50.0 ~ 60.3	1.87×10^{-8}	1.22	0.960	60.3 ~ 95.4
C		2.66×10^{-30}	13.9	0.988	50.9 ~ 60.0	1.23×10^{-11}	3.37	0.995	60.0 ~ 81.1
D		2.09×10^{-15}	5.15	0.958	51.4 ~ 62.5	1.44×10^{-9}	1.87	0.993	62.5 ~ 90.6
E		5.20×10^{-24}	10.6	0.957	50.9 ~ 55.8	1.023×10^{-9}	2.41	0.987	55.8 ~ 67.8

从表 4-4 中可以看出，裂纹扩展第一阶段 Paris 方程指数明显高于第二阶段，

这表明第一阶段的 da/dN 对 ΔK 的敏感性大于第二阶段。

在两种载荷谱条件下，晶粒尺寸对 da/dN 的影响表现为随着晶粒尺寸的增加 da/dN 下降。但当晶粒相当大时（大于 $70\mu m$），晶粒尺寸的作用减弱，这表现为在含 Mg 特粗晶合金中 da/dN 仅比含 Mg 粗晶合金稍低。特别是在疲劳条件下，两者几乎相等。

Mg 对粗晶合金的裂纹扩展速率影响不大。在疲劳条件下无 Mg 合金和含 Mg 合金扩展速率 da/dN 基本相等；在 180s 保载的疲劳/蠕变交互作用条件下，无 Mg 合金 da/dN 略高于含 Mg 合金。两种细晶材料的 da/dN 有显著差别，不论是在疲劳条件下还是 180s 保载的疲劳/蠕变交互作用下，无 Mg 细晶合金的 da/dN 都要比含 Mg 细晶合金的 da/dN 高出一个数量级。这表明 Mg 仅在细晶合金中对裂纹扩展速率产生影响。

载荷谱会影响晶粒尺寸和 Mg 对 da/dN 的作用程度。在疲劳最高应力下加入了 180s 保载使得含 Mg 细晶合金和无 Mg 细晶合金的 da/dN 差别缩小；含 Mg 粗晶合金和无 Mg 粗晶材料的 da/dN 差别增大。它表明随着蠕变因素的增多，Mg 对细晶合金裂纹扩展速率的作用减弱，对粗晶合金的裂纹扩展速率的作用加强。随着 180s 保载的引入产生了疲劳/蠕变交互作用。在含 Mg 粗晶、无 Mg 粗晶以及含 Mg 细晶合金中都表现为 da/dN 基本不变，在无 Mg 细晶合金中 da/dN 下降。

4.2　晶粒度的影响

4.2.1　晶粒尺寸对裂纹扩展速率的影响

从裂纹扩散激活能角度分析裂纹扩展速率，其决定因素与合金的本身性质有关；从能量角度分析裂纹扩展速率，其决定常数与晶粒尺寸有关，并且裂纹扩展中裂纹与晶粒尺寸和强化相存在相互作用。

晶粒尺寸显著影响合金的裂纹扩展速率，粗晶的裂纹扩展速率较慢，细晶的裂纹扩展速率较快。但晶粒尺寸过大则易引起沿晶断裂，降低材料的抗裂纹扩展能力。

晶粒尺寸受固溶温度和保温时间的控制。亚固溶线温度热处理，在晶界处的初始 γ' 相未能完全溶入 γ 基体，可以抑制晶粒长大，获得细晶组织，合金的强度和低周疲劳性能好；过固溶线温度热处理，初始 γ' 相完全溶入 γ 基体，晶粒明显长大，得到粗晶组织，合金的蠕变和裂纹扩展抗力优良。GH4738 合金晶粒大小随固溶温度的变化规律见图 1-22，根据合金晶粒尺寸随固溶温度的变化规律，多阶段曲线拟合得到晶粒尺寸 $D(\mu m)$ 与固溶温度 $T(℃)$ 的关系：

$$D = 4474.64 - 9.06983T + 0.00462T^2 \quad (960℃ \leqslant T \leqslant 1040℃) \quad (4-1)$$

$$D = -4340.68 + 7.7466T - 0.0034T^2 \quad (1040℃ \leqslant T \leqslant 1140℃) \quad (4-2)$$

$$D = 31030.5 - 55.65T + 0.025T^2 \quad (1140℃ \leqslant T \leqslant 1180℃) \quad (4-3)$$

为了排除碳化物对裂纹扩展速率的影响，更好地对比晶粒尺寸对裂纹扩展速率的影响，调整合金的固溶温度1020℃、1040℃、1060℃和1080℃/4h 空冷后再进行845℃/24h/AC +760℃/16h/AC 时效处理。从晶粒尺寸上看，合金的晶粒尺寸随固溶温度升高而增大（见图4-3），合金在1080℃固溶处理时发生了明显的晶粒长大现象，因此时 γ′相和部分晶界碳化物溶入基体，晶界失去了第二相颗粒的钉扎而快速长大。

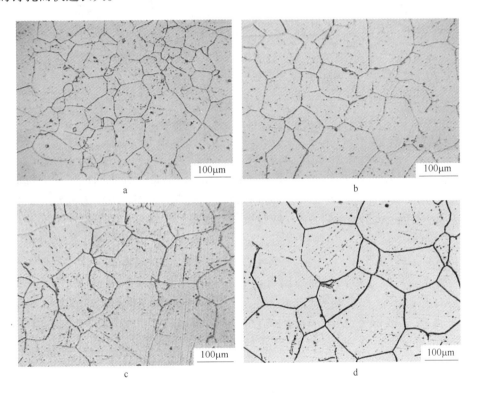

图4-3 不同固溶温度处理后合金的晶粒度
a—1020℃；b—1040℃；c—1060℃；d—1080℃

除合金的晶粒尺寸发生变化以外，晶界碳化物和 γ′相尺寸没有明显变化。随固溶温度的升高，合金的裂纹扩展速率降低（见图4-4），固溶温度从1020℃增加到1040℃，裂纹扩展速率降低3倍；从1040℃增加到1060℃，裂纹扩展速率降低不明显，大约降低1.2倍；从1060℃增加到1080℃，裂纹扩展速率大约降低 1.6 倍。从，a-N 曲线上看，随着固溶温度的增加，a-N 曲线向右侧移动，说明当裂纹长度相同时，所能承担的应力增加，断裂周期增加。由此得到，断裂周次增量与裂纹扩展速率增量之间的关系为：

$$\Delta N = -0.32496 + 1.08718\Delta\left(\frac{\mathrm{d}a}{\mathrm{d}N}\right) \tag{4-4}$$

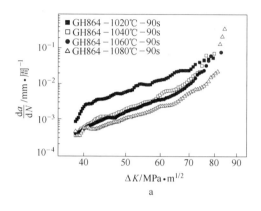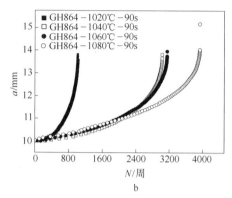

图 4-4　不同固溶温度下的裂纹扩展速率及 a-N 曲线

a—裂纹扩展速率；b—a-N 曲线

　　晶粒尺寸增大一倍，裂纹扩展速率增加五倍。其他研究表明：粗晶的抗裂纹扩展速率能力较好，断裂方式主要为沿晶。细晶的抗裂纹萌生能力较好，断裂方式主要为穿晶。另外在高温下，晶界呈黏滞状态，在外力作用下易产生滑动和迁移，因而细晶粒无益。但晶粒太粗，易产生应力集中。因而高温下晶粒过粗、过细对材料的性能都不利。

　　为了更好地总结同一种高温合金中晶粒尺寸和裂纹扩展速率之间的关系，分别对国产棒料（直径 $\phi35mm$、$\phi42mm$、$\phi45mm$ 和 $\phi80mm$）、Allavc 公司棒料（直径 $\phi40mm$、$\phi48mm$ 和 $\phi80mm$）和 SMC 公司棒料（直径 $\phi41mm$、$\phi45mm$ 和 $\phi54mm$）的晶粒尺寸进行对比分析。平均晶粒尺寸变化范围为 $50 \sim 150\mu m$。不同规格合金试样在 650℃ 的裂纹扩展速率曲线见图 3-21 和图 3-22。不同规格 GH4738 合金的裂纹扩展速率相差不大，分布在较窄的区域内。

4.2.2　混晶组织的影响

　　实际生产加工中会出现局部晶粒不均匀的现象，混晶可能对断裂过程产生影响。一般说来，小晶粒区域的晶界面多，热强性较差，塑性较好，而大晶粒区域热强性较好，塑性较差。

　　将产生混晶的组织和正常晶粒组织进行对比测试分析，图 4-5a 为混晶组织形貌，该混晶组织经标准热处理 B 后的晶粒组织特征如图 4-5b 所示，作为对比，正常晶粒组织如图 4-5c 所示。

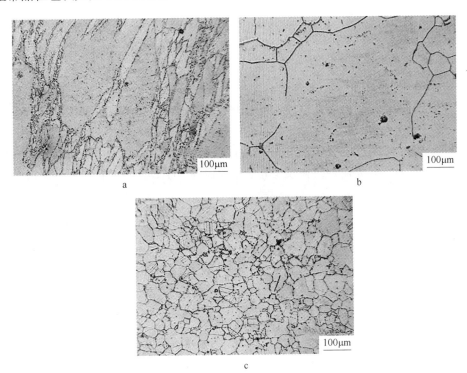

图 4-5 未热处理的混晶（a）、热处理后（b）和正常晶粒组织（c）

将混晶与正常组织的合金经热处理 B 制度后的拉伸性能、高温持久性能和高周疲劳进行对比分析[1]。从表 4-5 的拉伸性能和表 4-6 的持久性能可以看出，混晶和正常晶粒对拉伸和持久性能的影响不太明显。

表 4-5 拉伸性能的对比

项 目	$\sigma_{0.2}$	σ_b	$\delta/\%$	$\psi/\%$
混晶组织室温	995	1420	22	33
	995	1420	24	33
正常组织室温	980	1330	11	12
	990	1380	18	18
混晶 540℃	835	1290	16	32.5
	900	1300	18.5	32.5
正常组织 540℃	965	1320	15	19
	976	1330	13	12

表4-6　持久性能对比

试验温度/℃	应力/MPa	试样状态	持久寿命 t/h	缺口持久 t/h	伸长率 δ/%
723	550	混晶组织	70.5	>70.5	18.8
			79.3	>79.3	16.7
		正常组织	76.0	>76.0	8.4
			69.1	>69.1	9.0

混晶和正常组织合金的裂纹扩展速率曲线对比见图4-6。两种组织状态在不同保载时间下的裂纹扩展速率差别不明显。当晶粒度不均匀时，裂纹扩展速率明显增加。混晶组织使合金的断裂周次减小为之前的1/4。在大小晶粒交界处容易出现应力集中，而促使裂纹在较粗大的晶粒边界产生，并沿晶粒界面迅速扩展。

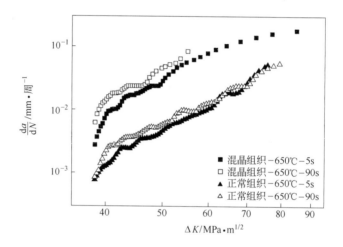

图4-6　混晶和正常组织合金的裂纹扩展速率曲线对比

为了进一步研究晶粒状态对高周疲劳性能的影响。在650℃，$R = -1$，$K_t = 1$条件下进行高周疲劳测试分析，试验结果见表4-7和表4-8[1]。对应的晶粒度组织形貌见图4-7和图4-8。

表4-7　混晶组织的高周疲劳

试样编号	直径 d/mm	最大应力 σ_{max}/MPa	初始频率 f/Hz	循环寿命 N/周
1-1	5.00	415	129	10000000
1-2	5.00	495	133	136764
1-3	5.00	455	136	1742101
1-4	5.00	435	133	761608
1-5	5.00	435	141	2459775
1-6	5.00	435	134	10000000

试样编号	直径 d/mm	最大应力 σ_{max}/MPa	初始频率 f/Hz	循环寿命 N/周
1-7	5.00	535	133	201917
1-8	5.00	495	133	30603
1-9	5.00	415	133	10000000

表 4-8 正常组织的高周疲劳

试样编号	直径 d/mm	最大应力 σ_{max}/MPa	初始频率 f/Hz	循环寿命 N/周
2-1	5.00	415	137	10000000
2-2	5.00	435	136	10000000
2-3	5.00	495	134	751117
2-4	5.00	455	139	1100825
2-5	5.00	535	134	642830
2-6	5.00	435	134	1882727
2-7	5.00	435	133	548136
2-8	5.00	495	133	1007816
2-9	5.00	415	133	10000000

图 4-7 为混晶组织形貌，从图可以看出，1-1 试样中有个别较大的大晶粒。1-2 试样混晶比较严重，疲劳周次仅为 136764 周。1-3 试样中也存在较多的局部大晶粒，但是比 1-2 试样少一些，高周疲劳寿命增加了 16 倍。1-4 试样晶粒度较大的晶粒变成长条状，其余的晶粒较小，低周疲劳寿命是 1-2 试样的 6 倍。1-5 试样的晶粒比较均匀，高周疲劳寿命为 1-2 试样的 20 倍。1-8 试样的高周疲劳寿命最短。

图 4-8 为对应正常组织试样的晶粒度，与混晶组织相比，晶粒比较均匀地表现出高周疲劳寿命较高的现象。图 4-9 为混晶和正常组织合金试样的高周疲劳 S-N 曲线对比。混晶组织会降低合金的高周疲劳寿命。当晶粒尺寸较大，混晶比较严重时（图 4-7 中 1-1 试样），高周疲劳寿命较低，仅为 136764 周。图 4-8 中 2-1 试样晶粒度均匀，少量局部有大晶，但高周疲劳性能很好。从以上结果可以看出，混晶组织使高周疲劳性能有很大的分散性，且混晶组织大小相差越悬殊，高周疲劳寿命越低。当试样晶粒尺寸较小且组织比较均匀时，高周疲劳寿命较高。细晶的高周疲劳寿命较好，粗晶的高周疲劳寿命较差。Mandy[2] 研究了 GH4738 合金晶粒组织对疲劳寿命的影响，晶粒的不均匀性是大直径锻棒和锻件上存在的突出问题，迄今 GH4738 合金晶粒变化对疲劳寿命波动的影响尚缺少系统研究，同时指出，一个应力水平要做 10~30 个试样才能确定它的波动范围，而用平均晶粒尺寸来估算寿命是不充分的。部件的寿命不能依据平均晶粒对应的

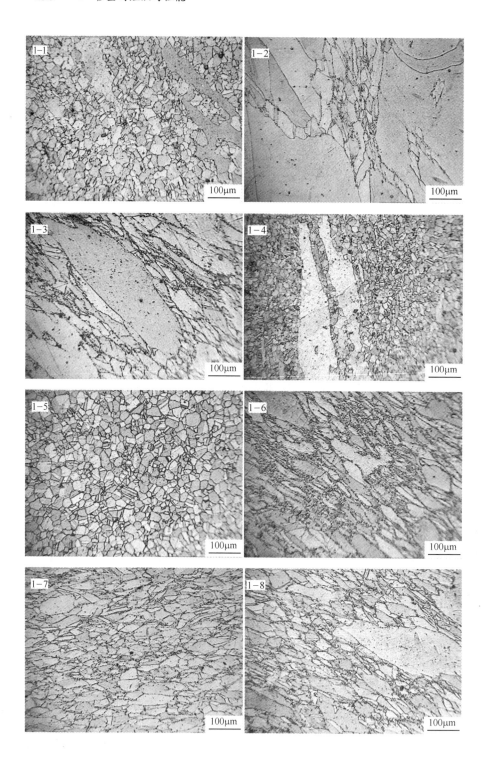

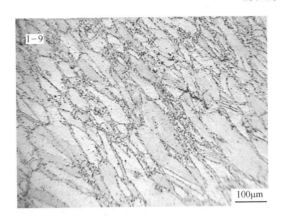

图4-7 对应不同试样的混晶组织形貌

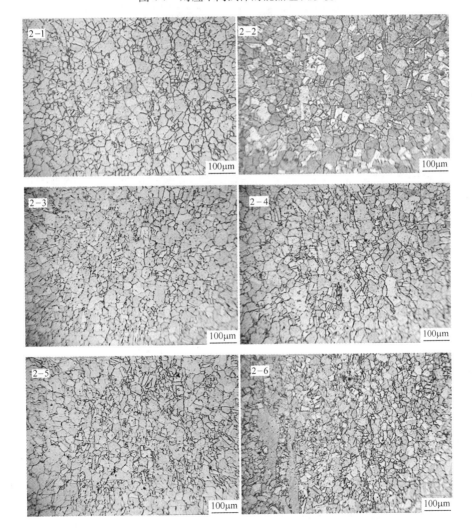

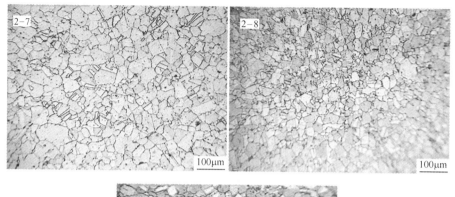

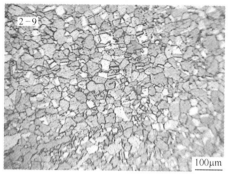

图4-8 对应不同试样的均匀组织形貌

疲劳寿命，而应该依据对应的寿命最低值。

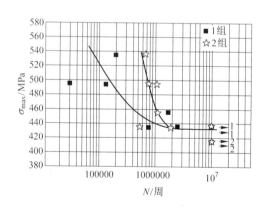

图4-9 混晶和正常组织合金试样的高周疲劳 S-N 曲线对比

从以上的结果可以看出，1 组为非正常组织，2 组为正常组织。同时，可以看出，非正常的混晶组织疲劳性能有很大的分散性，且混晶组织大小相差越悬殊，疲劳寿命越低。但疲劳极限还是近似相等，见表4-9。

表4-9 条件疲劳极限的测试及计算结果

试验组别	有效试验次数 m	应力水平级数 n	条件疲劳极限 σ_{-1}/MPa
1组	6	3	431
2组	6	3	431

4.2.3 裂纹扩展速率与晶粒尺寸的关系

结合以上固溶温度和晶粒尺寸的关系以及混晶尺寸对裂纹扩展速率的影响，总结 GH4738 合金的晶粒尺寸与蠕变疲劳交互作用下裂纹扩展速率的关系（见图 4-10），在双对数坐标中晶粒尺寸与裂纹扩展速率的关联性较好，拟合得到晶粒尺寸 $D(\mu m)$ 与裂纹扩展速率的关系为：

$$\lg\left(\frac{\mathrm{d}a}{\mathrm{d}N}\right) = -4.14989 - 0.854\lg(D^{-1/2}/\mu m^{-1/2}) \tag{4-5}$$

Floreen[3] 用 IN792、P/M Astroloy、IN718、René95、Nimonic115、Waspaloy（GH4738）研究了晶粒尺寸对裂纹扩展抗力的影响，结果表明，晶粒尺寸增大，裂纹扩展抗力提高，原因为晶粒尺寸大，蠕变强度高，从而提高了裂纹扩展抗力。晶粒尺寸增加，晶界总面积减小，与晶内相协调的晶界滑移对总变形的贡献减小，因而反映出裂纹尖端局部区域变形速率随晶粒尺寸增加而减小。但是，当晶粒尺寸

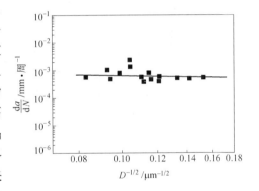

图 4-10 晶粒尺寸与裂纹扩展速率的关系

大到一定程度，晶内变形速率占主导后，受位错攀移控制的晶内变形速率不随晶粒尺寸变化。

文献 [4] 提出裂纹开裂所需的剪切力 τ_N 为：

$$\tau_N = \left(\frac{2G\nu_m}{D}\right)^{\frac{1}{2}} \tag{4-6}$$

式中，τ_N 为裂纹开裂所需的剪切力；G 为剪切模量；ν_m 为有效裂纹表面能；D 为晶粒尺寸。随晶粒尺寸增大，开裂所需的剪切力 τ_N 减小，更容易开裂。晶粒尺寸增大，三叉晶界的数量减少，裂纹扩展的障碍减少，裂纹扩展抗力降低，即裂纹扩展速率升高。随晶粒尺寸减小，晶界滑动对变形的贡献增大，使裂纹尖端钝化，变形速率与延性提高，裂纹扩展速率降低。变形对开裂的重要性随晶粒尺寸增大而减小，与裂纹扩展速率的影响相反。

晶粒度对裂纹扩展的每个阶段都有影响，但对裂纹萌生和近门槛区的影响更为显著，对其他阶段的影响较小。有人认为门槛值 ΔK_{th} 与循环塑性区的尺寸有关，裂纹尖端张开位移与微观组织尺寸（如晶粒直径）相当时的载荷条件即为疲劳扩展门槛值。通过对钛合金、铝合金、钢及镍基高温合金的近门槛值试验研究发现，裂纹扩展由近门槛区向 Pairs 区过渡时伴随着断裂行为由微观组织结构敏感向微观组织结构不敏感的明显转变：当循环塑性区尺寸变得与合金的微观组织结构特征尺寸相当时，疲劳就从慢速率扩展过渡到 Pairs 区模式。图 4-11 反映了塑性区尺寸和晶粒尺寸的相对大小对 $\text{d}a/\text{d}N\text{-}\Delta K$ 双对数关系的影响[5]。

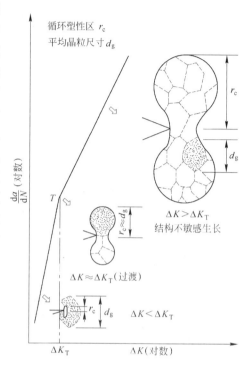

图 4-11 塑性区尺寸和晶粒尺寸的相对影响

若用 ΔK_{T} 来表示这种过渡时的应力强度因子范围，则：

$$\Delta K_{\text{T}} \propto \sigma_{\text{s}}' \sqrt{d_{\text{g}}} \tag{4-7}$$

式中，σ_{s}' 为循环屈服强度；d_{g} 为微观结构特征尺寸。因而，可以看出，疲劳的门槛值随微观结构特征尺寸的增大而增大。ΔK 值越小，晶粒尺寸的影响越显著。

在断裂力学中，可用裂纹尖端塑性区来表示微观结构特征尺寸。

$$r_{\text{y}} = \frac{1}{24\pi}\left(\frac{\Delta K}{\sigma_{\text{s}}}\right)^2 \tag{4-8}$$

当晶粒度小于等于塑性区尺寸时，裂纹进入稳态扩展区，即：

$$d_{\text{g}} \leqslant r_{\text{y}} = \frac{1}{24\pi}\left(\frac{\Delta K}{\sigma_{\text{s}}}\right)^2 \tag{4-9}$$

由此可见，晶粒尺寸和屈服强度是影响裂纹扩展的重要参数。相当大的一部分稳态裂纹扩展寿命消耗在疲劳裂纹扩展的近门槛区，增大材料的晶粒尺寸或减小屈服强度一般会明显降低近门槛区的裂纹扩展速率，并使门槛值升高；然而，材料的裂纹萌生能力通常随晶粒尺寸的减小和材料强度的提高而提高。这是一对矛盾，应根据不同的疲劳工作条件和性能要求来选择适当的晶粒尺寸。

Gayda 研究了 P/M René95 合金在 650℃，0.33Hz 下的裂纹扩展速率[6]，在 Pairs 区内裂纹扩展速率与应力强度因子之间的近似公式为：

$$\frac{\mathrm{d}a}{\mathrm{d}N} = A(\sigma_s^{-1} d^{-\frac{1}{2}}) \Delta K^n \tag{4-10}$$

式中，A、n 为常数。与正常的 Pairs 公式相比，只是将常数 C 值用 $A(\sigma_s^{-1} d^{-1/2})$ 代替，并将屈服强度 σ_s 和晶粒尺寸 d 结合在应力强度因子与裂纹扩展速率的公式中。另外也表明材料的裂纹扩展速率有随着屈服强度的降低和晶粒尺寸的降低而增加的趋势。图 4-12 为屈服强度 σ_s 和晶粒尺寸 d 与 GH4738 合金裂纹扩展速率的关系，发现 GH4738 合金的 $\sigma_s^{-1} d^{-1/2}$ 与裂纹扩展速率之间的相关性较好。无论合金成分和强度如何，当 $\sigma_s^{-1} d^{-1/2}$ 与裂纹扩展速率的相关性较好时对应穿晶断裂模式（见图 4-13）。当两者的相关性较差时对应沿晶断裂模式，且沿晶断裂模式与强度无关。较好地解释了材料的裂纹扩展速率随着屈服强度的降低和晶粒尺寸的降低而增加的趋势。

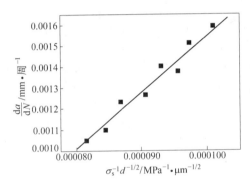

图 4-12　GH4738 合金 $\sigma_s^{-1} d^{-1/2}$ 与
　　　　裂纹扩展速率的关系

图 4-13　合金萌生区断口形貌

J. Gayda[7] 在研究粉末高温合金的 $\sigma_s^{-1} d^{-1/2}$ 与裂纹扩展速率的相关性（见图 4-14）时发现，对同一种合金，当 $\sigma_s^{-1} d^{-1/2} > 0.25 \mathrm{MPa}^{-1} \cdot \mathrm{m}^{-1/2}$ 时，合金的断裂方式从穿晶断裂过渡为沿晶断裂。较细小晶粒易于发生沿晶裂纹扩展，较大晶粒易于发生穿晶裂纹扩展。裂纹扩展速率随屈服强度的降低而增加。但是，在沿晶断裂模式下强度的作用不明显。增加晶粒尺寸仍是裂纹扩展速率降低的主要原因。但保载时间将会增加环境损伤或蠕变损伤，加速合金的裂纹扩展。因此，除考虑材料本身的晶粒尺寸和屈服强度的因素以外，还需考虑外界条件（如蠕变和氧化的作用）对裂纹扩展速率的作用。

控制固溶温度可得到合适的晶粒尺寸。结合以上关于固溶温度和晶粒尺寸对

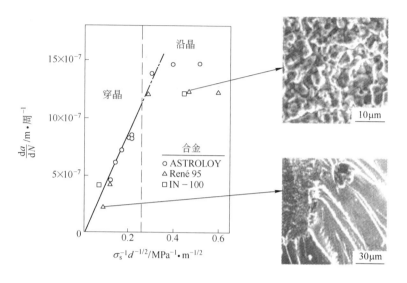

图 4-14 $\sigma_s^{-1} d^{-\frac{1}{2}}$ 与裂纹扩展速率的相关性

裂纹扩展速率影响的分析，总结分析固溶温度和晶粒尺寸变化后裂纹扩展速率的规律性，以及预测混晶情况下裂纹扩展速率的变化趋势。

结合固溶温度与晶粒尺寸的关系和晶粒尺寸与裂纹扩展速率的关系，得到 GH4738 合金裂纹扩展速率与固溶温度 $T(℃)$ 的关系为：

$$\lg\left(\frac{\mathrm{d}a}{\mathrm{d}N}\right) = -4.14989 - 0.854\lg\left(\frac{1}{\sqrt{447.64 - 9.06983T + 0.00462T^2}}\right)$$
$$(960℃ \leqslant T \leqslant 1040℃) \tag{4-11}$$

$$\lg\left(\frac{\mathrm{d}a}{\mathrm{d}N}\right) = -4.14989 - 0.854\lg\left(\frac{1}{\sqrt{-4340.68 + 7.7466T - 0.0034T^2}}\right)$$
$$(1040℃ \leqslant T \leqslant 1140℃) \tag{4-12}$$

$$\lg\left(\frac{\mathrm{d}a}{\mathrm{d}N}\right) = -4.14989 - 0.854\lg\left(\frac{1}{\sqrt{31030.5 - 55.65T + 0.025T^2}}\right)$$
$$(1140℃ \leqslant T \leqslant 1180℃) \tag{4-13}$$

基于式（4-11）~式（4-13）可给出不同固溶温度区间的裂纹扩展速率变化情况，如图 4-15 所示。以固溶温度 1040℃ 为分界线，划分裂纹扩展速率变化的快慢区域。当固溶温度低于 1020℃ 时，晶粒尺寸变化不大，则裂纹扩展速率的变化不明显，接近或稍高于 1020℃ 下合金的裂纹扩展速率。当固溶温度在 1020 ~ 1040℃ 区间变化时，虽然只有 20℃，但裂纹扩展速率差别较大。在这个温度区间内随着固溶温度的降低，裂纹扩展速率降低明显。说明 1020 ~ 1040℃ 为 GH4738

合金裂纹扩展速率较敏感的区域，同时也说明 γ′ 相回溶对合金抗裂纹扩展能力的影响较大。当温度在 1040 ~ 1060℃ 区间内时，合金裂纹扩展速率几乎没有变化。这个温度为裂纹扩展不敏感区。当固溶温度从 1060℃ 增加到 1080℃ 时，合金的裂纹扩展速率降低，但降低幅度不大。当固溶温度在 1080 ~ 1140℃ 区间内时，合金的晶粒度增加不大，直至 MC 回溶后晶粒尺寸才会急剧增加。当固溶温度大于

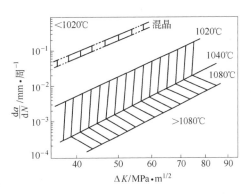

图 4-15　固溶温度与裂纹扩展速率的关系

1080℃ 时，合金的裂纹扩展速率呈降低趋势。综合以上分析可知，在实际生产中，固溶温度在 1040℃ 附近对 GH4738 合金的抗裂纹扩展能力影响较大。精准地控制 1040℃ 附近的固溶处理将得到具有较好的抗裂纹扩展能力的 GH4738 合金。

当存在混晶现象时，裂纹扩展速率增加较明显，如果为 1020℃ 固溶处理，混晶组织的裂纹扩展速率为正常组织的 5 倍。随着混晶程度的降低，裂纹扩展速率下降，介于混晶和 1020℃ 的裂纹扩展速率之间，趋近于正常组织的裂纹扩展速率。材料的裂纹萌生能力通常随晶粒尺寸的减小和材料强度的提高而提高。这是一对矛盾，应根据不同的疲劳工作条件和性能要求来选择适当的晶粒尺寸。

进一步可以结合 GH4738 合金固溶温度与裂纹扩展速率之间的关系来进行分析。从图 4-16 可以看出，曲线分为四个阶段，第 Ⅰ 阶段固溶温度小于 1040℃，为裂纹扩展速率变化较明显的区域，随固溶温度增加，晶粒尺寸增加，裂纹扩展速率降低。第 Ⅱ 阶段固溶温度为 1040 ~ 1060℃，为裂纹扩展速率变化不敏感区，这个阶段裂纹扩展速率变化不大。固溶温度 1040℃ 也是 γ′ 相回溶温度，表明 γ′ 相对裂纹扩展速率的贡献不可忽视。第 Ⅲ 阶段固溶温度为 1060 ~ 1150℃，随固溶温度升高，裂纹扩展速率呈缓慢下降趋势。第 Ⅳ 阶段固溶温度大于 1150℃，MC 发生回溶，MC 溶解后晶界不被钉扎，晶粒尺寸会急剧增大。但根据 Hall-Petch 公式，晶粒尺寸再增大，对屈服强度不利，且没有 MC 强化和第二相强化，基体的强度也会下降，此时，晶粒尺寸对裂纹扩展速率的作用变得不明显，晶粒尺寸粗大导致力学性能下降，容易发生沿晶断裂，而增加裂纹扩展速率。因此，基于裂纹扩展速率数据，晶粒尺寸在理论上应存在一个最佳值。同样，从图 4-17 也能看出固溶温度对应的晶粒尺寸与裂纹扩展速率的关联性。晶粒尺寸的增加趋势与固溶温度一致，1150℃ 对应的晶粒尺寸为 115μm。根据理论分析，固溶温度大

于1150℃后晶粒尺寸增加，导致裂纹扩展速率有增加的趋势。因此根据已有的实验数据拟合发现，当晶粒尺寸在 150～160μm 左右时，裂纹扩展速率存在最低点。对于 GH4738 合金来说，当晶粒尺寸在 150～160μm 时，裂纹扩展速率最低，即合金的抗裂纹扩展能力最佳。

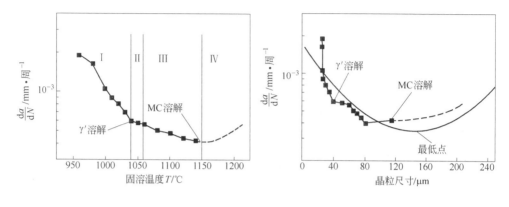

图 4-16　固溶温度与裂纹扩展　　　　图 4-17　晶粒尺寸与裂纹扩展速率
　　　　　速率的变化规律　　　　　　　　　　　　的变化规律

4.3　碳化物的影响

4.3.1　晶界碳化物对性能的影响

碳化物对高温合金力学性能影响的重要性已经得到人们长期的关注，对它们的析出行为及其对高温性能的影响也进行了广泛的研究。GH4738 合金中虽然碳化物的含量较少，但主要分布在晶界处，因此对合金的性能具有明显的影响。疲劳是大多构件发生失效的主要原因，而构件的寿命不仅取决于裂纹的萌生，而且也受裂纹扩展过程的影响。

根据上一章对碳化物析出、回溶规律的分析，本节主要通过选用不同的热处理方法在晶界处得到不同的碳化物含量和形态，建立晶界碳化物与 GH4738 合金裂纹扩展速率之间的联系，为分析晶界碳化物分布形态对合金性能的影响提供实验数据和判断依据。

在 GH4738 合金中存在 MC 和 $M_{23}C_6$ 两种碳化物，它们在晶界上的析出行为对合金的性能有较大的影响。小且不连续的晶界碳化物会阻止晶界滑移而极大增强韧性和蠕变抗力，改善高温持久强度；而粗大成膜状的碳化物会降低合金的韧性。Donachie 等曾经进行过 MC 碳化物在晶界上的析出行为对合金性能影响的系统研究。晶界上 MC 的成膜程度对 GH4738 合金性能的影响如表 4-10 所示[8]。

表 4-10　晶界 MC 成膜程度对合金性能的影响

编号	室温拉伸				持久性能，324MPa/816℃			夏氏冲击性能 /kJ·m^{-2}	晶界状态
	σ_b/MPa	$\sigma_{0.2}$/MPa	δ/%	ψ/%	τ/h	δ/%	ψ/%		
I	1105.2	758.0	21	19	73.8	14.0	38.0	511	MC 包膜程度较少
					41.1	14.0	41.0	509	(图 4-18a)
II	1029.6	774.7	9	10	42.2	17.0	30.0	388	MC 包膜程度
					12.9	6.0	28.0	323	次多
III	926.7	711.9	8	6	51.6	9.0	14.0	202	MC 包膜程度最多
					42.6	8.0	14.0	196	(图 4-18b)

　　图 4-18 为通过不同制度得到的不同晶界碳化物形貌，虽然图中的晶界形貌趋于一致，但是相的萃取结果表明，图 4-18a 中晶界上为连续的 $M_{23}C_6$ 碳化物和点缀分布的 MC；而图 4-18b 中，晶界处 MC 碳化物（较大的）较连续地分布，较小的为 $M_{23}C_6$ 颗粒。

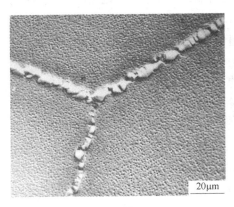
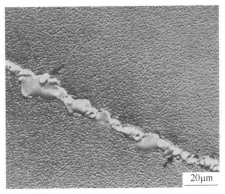

a　　　　　　　　　　　　　　　　b

图 4-18　晶界碳化物的形貌
a—1080℃/2h + 1080℃/4h + 760℃/16h；b—1176℃/2h + 1080℃/4h + 760℃/16h

　　从表 4-10 可以看出，晶界碳化物成膜后合金的冲击性能明显下降，拉伸和持久塑性也下降。晶界上碳化物成膜主要与合金的热处理有关。显然，合金晶界析出的碳化物呈现封闭状对合金性能存在不利影响。

　　为了得到晶界上不同程度的碳化物析出分布状态，需要设计特殊的热处理制度。1150℃两小时的保温使基体和晶界上的 MC 大部分回溶于基体中，同样的固溶温度保证了不同试样的晶粒度一样，排除了晶粒度对裂纹扩展能力的影响。GH4738 合金中 $M_{23}C_6$ 的析出峰值温度为 900~950℃，这里选用在 845℃保温不同时间和 900℃高温时效是想获得不同的晶界析出相及不同的晶界碳化物分布程度，然后统一在680℃下保温4h，使得强化相 γ′ 充分析出，并排除 γ′ 强化相对裂纹扩展能力的影响。试样的序号和对应具体的热处理制度见表4-11。

表4-11 合金的热处理制度

序 号	热 处 理 制 度		
A	1150℃/2h 快速水冷		680℃/4h 空冷
B	1150℃/2h 快速水冷	845℃/5min 快速水冷	680℃/4h 空冷
C	1150℃/2h 快速水冷	845℃/30min 快速水冷	680℃/4h 空冷
D	1150℃/2h 快速水冷	845℃/4h 快速水冷	680℃/4h 空冷
E	1150℃/2h 快速水冷	845℃/48h 快速水冷	680℃/4h 空冷
F	1150℃/2h 快速水冷	900℃/24h 快速水冷	680℃/4h 空冷

影响合金裂纹扩展速率的因素有很多，包括外部因素和内部因素。由于所选用的试验条件包括温度、载荷的波形完全相同，故可以排除外部因素的影响。就合金而言，影响其裂纹扩展速率的组织因素主要有晶粒的大小、强化相 γ′ 的大小和分布以及晶界碳化物的组成、形态和析出量。设计的六组合金都经过了 1150℃/2h 的保温然后快速水冷，而后在 845℃ 或 900℃ 进行不同时间的稳定化处理，合金的晶粒度只有在前一步才会发生长大，所以最后六组得到的晶粒大小是一致的。

图4-19为经过不同热处理制度得到的 γ′ 相的显微形貌，从图中可以看出，经 A 制度处理后，1150℃/2h 的保温会使基体中的 γ′ 相全部回溶，迅速的水冷会抑制它们的形核析出，而后面 680℃/4h 的时效处理由于温度较低，只有少量细小 γ′ 相补充析出，见图4-19a。当增加 845℃ 的稳定化处理时，组织中有 γ′ 相析出，随着在此温度保温时间的延长，γ′ 相逐渐发生长大，分别稳定化 5min、4h 和 48h 后，所对应的 γ′ 相的平均直径分别为 16nm、40nm 和 93nm。当稳定化温度为 900℃ 时，经过 24h 的保温，γ′ 相的平均直径达到了 109nm，如图4-19f 所示。

经过不同的处理制度后，γ′ 相的大小随着稳定化时间的延长和温度的提高发生一定的长大现象。根据 Merrick 和 Floreen 关于 Waspaloy（GH4738）合金不同的 γ′ 相大小和分布对 650℃ 疲劳裂纹扩展影响的试验结果[9]（见图4-20），细小 γ′ 相、粗大 γ′ 相以及具有混合大小 γ′ 相的裂纹扩展速率几乎相同。

排除了晶粒度和 γ′ 相的影响之后，可判断晶界碳化物是控制裂纹扩展的主要因素。图4-21a 为合金经过 1150℃/2h/WC + 680℃/4h/AC 后得到的晶界形貌，在晶界处几乎看不到碳化物的存在，基体中 MC 颗粒也很少，增加了 5min 的 845℃ 处理后，在晶界处略微可见到胞状碳化物的析出，见图4-21b。可能由于晶界碳原子分布不均匀，局部区域碳原子的过饱和度较大，因而有利于胞状 $M_{23}C_6$ 的析出。当时间延长到 30min 时，碳化物在晶界上开始析出，当时间延长到 4h 和 48h 时，由于在 1150℃ 产生过量的碳过饱和度，晶界上和晶内析出大量的碳化

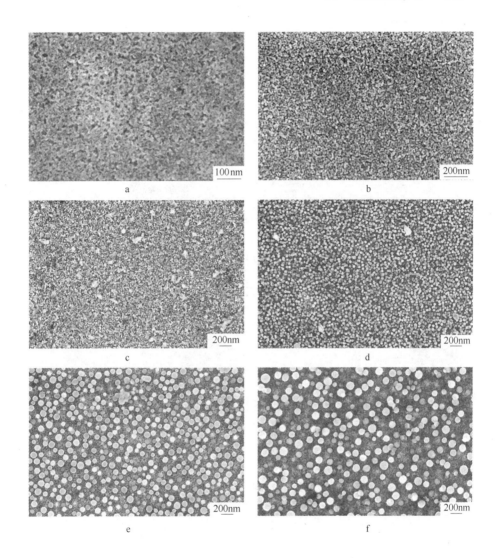

图 4-19 不同热处理制度得到的 γ′相形貌

a—A 制度；b—B 制度；c—C 制度；d—D 制度；e—E 制度；f—F 制度

物。随着时效时间的延长，晶界碳化物的析出数量增多，其形态也逐渐发生了下列的演化：断续状（B 制度）→连续状（C 制度）→项链状（F 制度）→包膜状，如图 4-22 所示。虽然 F 晶界处析出的碳化物较多，但和前面的预处理实验相比，没有 1080℃ 的固溶处理，因此在 1150℃ 回溶的 MC 不会发生在晶界的再析出现象，因此包膜状碳化物没有出现。当在 900℃ 进行 24h 的稳定化时，在孪晶界上析出一定量的碳化物。如果合金的工艺选择不当，会造成晶界碳化物呈包膜状析出。

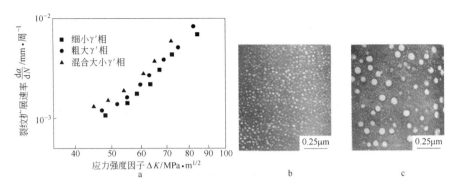

图4-20 γ′相大小对GH4738合金裂纹扩展速率的影响[9]

a—裂纹扩展速率曲线；b—只有一种细小γ′相；c—两种尺寸混合的γ′相

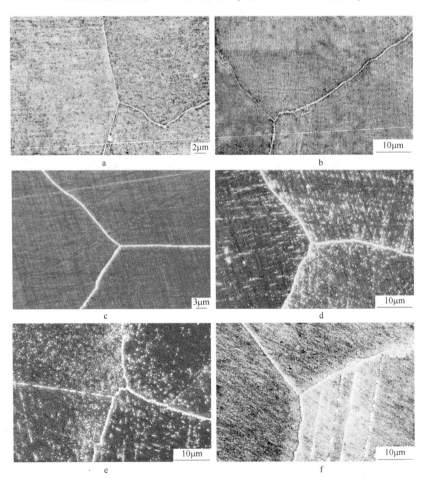

图4-21 不同制度合金的晶界碳化物形貌

a—A制度；b—B制度；c—C制度；d—D制度；e—E制度；f—F制度

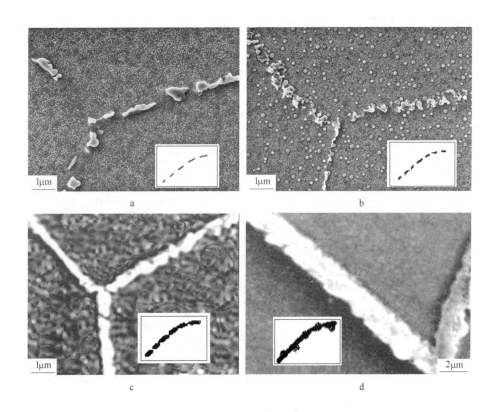

图 4-22 晶界碳化物的形态
a—断续状；b—连续状；c—项链状；d—包膜状

晶界碳化物影响高温合金的力学性能，其析出行为对裂纹扩展速率的影响人们主要有两种观点，认为晶界碳化物的析出可以减缓连续疲劳裂纹的形成和扩展，减少晶界的滑动和晶界空洞的形成，抑制断裂模型的转变，降低裂纹扩展。而又有研究表明晶界碳化物的析出使内界面上产生共格应力，降低共格度，在内界面形成最薄弱区域从而加速裂纹扩展。但是，这一定是肯定的，针对 GH4738 合金，因合金中碳化物的含量较少，主要在晶界析出，主要为 MC 和 $M_{23}C_6$ 两种碳化物。小且不连续的晶界碳化物会阻止晶界滑移而增强韧性和蠕变抗力，改善高温持久强度；而粗大成膜状的碳化物会降低合金的韧性。

图 4-23a 为 GH4738 合金经不同的热处理制度后的疲劳裂纹扩展速率曲线，经 A 制度处理后的裂纹扩展速率最快，经 F 制度处理后的裂纹扩展速率最慢，经 C 和 D 处理的居中。A 与 B 试样的裂纹扩展速率曲线相差不多，说明 845℃/5min 快速水冷过程对裂纹扩展速率的影响不大。随着在 845℃ 保温时间的增加，B、C、D 试样的裂纹扩展速率依次降低。E 试样在 845℃ 保温 48h，晶界碳化物析出较多，容易导致沿晶开裂。F 试样 900℃ 保温 24h，温度较高，大 γ′ 相析出增加，

起到强化作用，降低裂纹扩展速率。从整体而言，随着晶界碳化物的增多，裂纹扩展速率逐渐变慢。

不同晶界碳化物合金的裂纹扩展长度与应力循环周次的关系曲线如图 4-23b 所示。经 A 和 B 制度处理后合金的 a-N 曲线明显重合在了一起，说明晶界上没有碳化物的析出时裂纹长度和断裂周次不受影响。随着晶界碳化物的不断增加，对应的断裂周次不断增加。经 F 制度处理得到的晶界碳化物最多，但合金稳态扩展阶段较长，说明晶界碳化物析出可有效地阻碍裂纹扩展。晶界碳化物的析出程度对断裂长度的影响并不大。

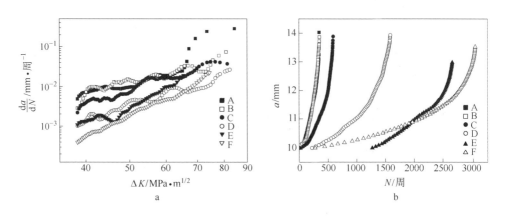

图 4-23　经不同制度处理后的裂纹扩展速率及 a-N 曲线

a—裂纹扩展速率；b—a-N 曲线

图 4-24 为合金经不同热处理后裂纹萌生区和扩展区的断口形貌。经 A 制度处理后的断口形貌，裂纹萌生区的断面比较光滑平坦（见图 4-24a），表明合金的晶界强度较低。扩展区的断口表面出现滑移线和二次裂纹，见图 4-24b。经 B 制度处理的合金与 A 的主要特征基本相同，断口的表面滑移线明显增多。A、B 制度的断口表现为脆性沿晶断裂特征。对应 A、B 制度的晶界形貌，碳化物在晶界上析出较少，对晶界的强化作用不明显，因此，裂纹沿着晶界薄弱处扩展。增加 845℃/4h 处理的 D 合金（见图 4-24c 和图 4-24d），断口表面出现较细小的疲劳条纹，萌生区和扩展区的穿晶断裂特征增加。此时晶界碳化物析出较多，表明碳化物强化了晶界强度，使晶界强度高于晶内，裂纹以穿晶形式扩展。经 900℃/24h 处理后萌生区和扩展区的断裂类型为穿晶断裂方式（见图 4-24e 和图 4-24f），扩展区内疲劳条纹清晰且间距较小，表明合金的韧性较 D 制度有所提高。因此可以认为，合金晶界碳化物的析出起到强化晶界的作用，使断裂方式由沿晶向穿晶转变，使合金的持久性能得到改善。

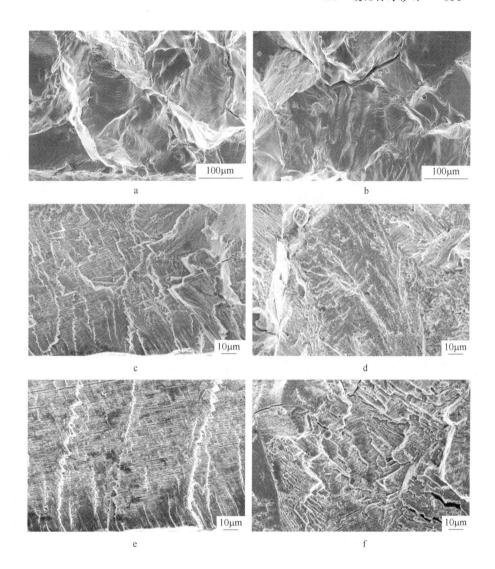

图 4-24 经不同热处理后断口的萌生区和扩展区的形貌
a—A 制度萌生区；b—A 制度扩展区；c—D 制度萌生区
d—D 制度扩展区；e—F 制度萌生区；f—F 制度扩展区

4.3.2 晶界碳化物对裂纹扩展的影响规律

按照合金的复合强度理论，可以将晶粒看成由晶粒内部和一定厚度的晶界区域组成，合金的高温强度由晶内和晶界两部分的贡献构成，若忽略晶内项与晶界项的相互作用，按一级近似展开，则该合金高温强度可用下式表示：

$$\sigma_s = \sigma_0 + \sigma_g \tag{4-14}$$

式中，σ_s 为合金高温屈服强度；σ_0 为晶内强化项，由晶格阻力、固溶强化、第二相强化所构成；σ_g 为晶界强化项，在等强温度以下可用 Hall-Petch 式表示，即 $\sigma_g = kd^{-\frac{1}{2}}$，但在等强温度以上应重新考虑。

晶界碳化物颗粒 $M_{23}C_6$ 和 MC 具有较高的弹性模量，晶格常数与基体和 γ' 相不同，与晶界不存在共格关系，在合金高温变形过程中，对晶界区域的位错运动构成阻力，大量观察表明位错通常不会切过碳化物。因此，位错克服晶界碳化物阻力运动可视为第二相"绕过"的过程，即 Orowan 机制。位错绕过晶界碳化物所需临界切应力可用下式表达：

$$\tau = \frac{2T}{b\bar{L}} = \frac{\mu b^2}{2\pi \bar{L}} \cdot \frac{1}{k} \ln\left(\frac{d}{r_0}\right) \tag{4-15}$$

式中，$\bar{L}$ 为晶界碳化物平均间距；T 为位错线张力；μ 为切变模量；b 为柏氏矢量的模；d 为晶界碳化物尺寸；$\frac{1}{k} = \frac{1}{2}\left(1 + \frac{1}{1-\nu}\right)$，$k$ 对螺型位错取 1，对刃型位错取 $1-\nu$，这里取算术平方值，ν 为泊松系数；r_0 为位错内截止半径，若取位错内截止半径为 b，面心立方基体取向因子取 3.1，则：

$$\sigma_g = \frac{15.5\mu b^2}{8\pi \bar{L}} \ln\left(\frac{d}{r_0}\right) \tag{4-16}$$

为了得到较为准确的定量表达式，必须较准确地计算晶界碳化物平均间距 $\bar{L}$。

假定合金中晶界碳化物的体积分数为 f_v，平均尺寸为 d 的晶界碳化物颗粒按分配系数 k_1 均匀分布在晶界上，合金晶粒的平均直径为 D，晶粒形状按十四面体处理，单位体积内的晶界面积为：

$$S_v = \frac{6.70}{D} \tag{4-17}$$

晶界单位面积上碳化物个数 N_g 应为：

$$N_g = \frac{k_1 N}{S_v} = \frac{k_1 f_v D}{k_2 d^3} \tag{4-18}$$

式中，k_1 为常数；k_2 为晶界碳化物形状系数。

为了简化计算，碳化物沿晶界分布形式可通过碳化物的间距 λ 与碳化物尺寸 d 之间的关系来表示。假设所有碳化物均沿晶界析出，每个碳化物将在晶界上占据一定的体积，且该体积沿垂直于晶界方向的尺寸等于晶界宽度 a，沿平行于晶界方向该体积的另外两个尺寸相等，且等于碳化物的间距 λ，根据晶界体积守恒得到：

$$N_g\lambda^2 a = S_v a \qquad (4\text{-}19)$$

式中，N_g 为单位面积上碳化物个数。由此得到晶界碳化物的间距 λ 为：

$$\lambda = \sqrt{\frac{6.7}{DN_g}} \qquad (4\text{-}20)$$

随晶界上碳化物数量和晶粒尺寸的增加，晶界碳化物的间距减小。因此，为了定量描述晶界碳化物的形貌及建立晶界碳化物与裂纹扩展速率的关联性，利用晶界碳化物的间距与其尺寸的比值定义碳化物沿晶界的分布形式，定义该比值为晶界碳化物连续系数 $f_c = \dfrac{d}{\lambda}$。当晶界碳化物间距等于晶界碳化物尺寸时，表明晶界碳化物紧密排列在晶界上，$f_c = 1$；当晶界碳化物间距远大于晶界碳化物尺寸时，表明晶界碳化物以离散的形式分布在晶界，$f_c \to 0$；晶界碳化物连续系数越大，即碳化物沿晶界分布越连续。可在高分辨的显微照片中直接测量晶界碳化物的尺寸及间距，计算得到晶界碳化物连续系数。

晶界碳化物的平均间距 $\bar{L}$ 则为：

$$\bar{L} = \lambda - d = (1 - f_c)d \qquad (4\text{-}21)$$

因此，晶界碳化物强化项 σ_g 可以表示为：

$$\sigma_g = \frac{15.5\mu b^2}{8\pi(1 - f_c)d}\ln\left(\frac{d}{r_0}\right) \qquad (4\text{-}22)$$

式中，f_c 为晶界碳化物连续系数；d 为晶界碳化物尺寸；r_0 取面心立方晶体单位位错 $\dfrac{1}{2}[110]$ 的柏氏矢量的模量值 $\dfrac{\sqrt{2}}{2}a$，$a = 0.35694\text{nm}$，为基体点阵常数。

式（4-22）即是晶界碳化物对合金高温屈服强度贡献的计算表达式，它反映了以晶界碳化物尺寸 d 和连续系数 f_c 为参数的高温强化作用。当晶界碳化物存在强化机制时，σ_s 与 $[(1 - f_c)d]^{-1}\ln d$ 呈线性关系。晶界碳化物的尺寸 $d(\text{nm})$ 及连续系数 f_c 见表 4-12。代入试验值，以 $[(1 - f_c)d]^{-1}\ln d$ 和 σ_s 的关系作图，如图 4-25 所示。可以看到两者存在良好的线性相关性。

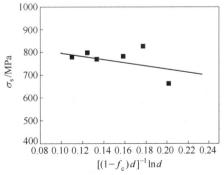

图 4-25　GH4738 合金的屈服强度与显微组织参数的关系

表 4-12   晶界碳化物连续系数 f_c 及测量晶界碳化物的尺寸 d （nm）

参　　数	A	B	C	D	E	F
f_c	0.2588	0.4605	0.794	0.8182	0.8099	0.8229
d/nm	20	80	150	190	220	290

由以上得到屈服强度 σ_s 与晶界碳化物尺寸 $d(\mathrm{nm})$ 和连续系数 f_c 的关系式为：

$$\sigma_s = 898.35 - 861.73[(1 - f_c)d]^{-1}\ln d \tag{4-23}$$

式中，晶界碳化物连续系数 $f_c = \dfrac{d}{\lambda}$，由试验直接测得。

由此可知，随着晶界碳化物间距和碳化物尺寸的增加，合金屈服强度增加。同时，屈服强度 σ_s 与裂纹扩展速率 $\mathrm{d}a/\mathrm{d}N$ 之间的关系见图 4-26。随着屈服强度的增加，裂纹扩展速率有下降的趋势，但是下降的幅度较小。主要是由于研究过程中为了保留晶界碳化物而水淬处理，基体中的 γ' 相没有充分析出，对基体的强化作用小，导致屈服强度较低。如果经过正常的固溶时效 + 两次时效处理后，基体中的 γ' 相充分析出，屈服强度值增加。

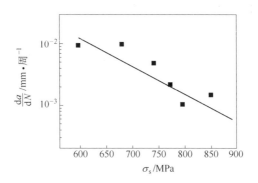

图 4-26   GH4738 合金的屈服强度与裂纹扩展速率的关系

拟合屈服强度 $\sigma_s(\mathrm{MPa})$ 与裂纹扩展速率 $\mathrm{d}a/\mathrm{d}N$ 的关系为：

$$\lg\frac{\mathrm{d}a}{\mathrm{d}N} = 0.60326 - 0.00416\sigma_s \tag{4-24}$$

由此可得到裂纹扩展速率 $\mathrm{d}a/\mathrm{d}N$ 与晶界碳化物尺寸 $d(\mathrm{nm})$ 及碳化物连续系数 f_c 的关系式为：

$$\lg\frac{\mathrm{d}a}{\mathrm{d}N} = -3.134 - 3.58[(1 - f_c)d]^{-1}\ln d \tag{4-25}$$

随着晶界碳化物间距的增加和碳化物尺寸的降低，裂纹扩展速率有下降的趋势。晶界碳化物的强化作用从宏观和微观上可分为两种机制：断裂寿命取决于晶界空洞形核与生长，晶界滑移是空洞形核的必要条件，晶界粒子严重阻碍晶界滑移，并随粒子密度的增加，滑移越困难；晶界上均匀分布的细小碳化物提高合金的裂纹扩展性能主要是由于它阻碍了晶界滑移和扩散，从而降低空洞形核与生长速率。从合金 F 的断口也可以看出，由于晶界碳化物强化晶界，裂纹将会沿着晶内扩展。晶界上析出的细小的 $M_{23}C_6$ 碳化物具有较高的弹性模量，晶格常数与基体 γ 相不同，与晶界不存在共格关系，在高温合金的变形过程中，对晶界区域的位错运动构成阻力，大量观察表明位错通常不会切过碳化物。所以，位错克服晶界碳化物阻力的运动可视为第二相"绕过"的过程，即 Orowan 机制。上述实验认为，大颗粒 MC 被抑制析出，沿着晶界上分布的是细小的 $M_{23}C_6$，它们对提高合金的性能是有利的，因此随着析出量的增加合金的裂纹扩展速率会越来越低。尺寸较大的颗粒状 MC 碳化物周围是易产生裂纹萌生的地方和其扩展的路径，而在晶界处沿晶析出的细小碳化物在高温下通常会强化晶界。

GH4738 合金中晶界碳化物一般呈现为断续状、连续状、项链状和宽化成膜状，见图 4-27。对性能有不利影响的仅仅只有最后一种宽化成膜状的碳化物，前三种随着断续状向项链状的演化对裂纹扩展抗力是有利的。由晶界碳化物的连续系数 $f_c = \dfrac{d}{\lambda}$ 可知，随着晶界碳化物的间距和尺寸比值的增加，裂纹扩展速率增加，合金的抗裂纹扩展速率下降。随着晶界碳化物连续系数的增加，GH4738 合金晶界碳化物经历断续状、连续状和项链状。晶界碳化物的控制是一个敏感的过程，随着碳化物连接程度的增加，对裂纹的扩展抗力是增加的。当晶界碳化物不断析出，碳化物颗粒彼此之间相连时，$f_c = 1$，即碳化物间距和碳化物尺寸相等时，晶界碳化物呈包膜状析出，碳化物的数量对裂纹扩展抗力的影响相反。包膜状碳化物的形成与 MC 碳化物的回溶再析出是紧密联系的，所以控制 MC 碳化物的演化行为就显得非常关键和重要。在长期使用过程中，某一种合

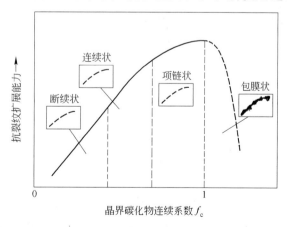

图 4-27　GH4738 合金的晶界碳化物连续系数与抗裂纹扩展能力的关系

金的晶界碳化物不断增加，达到临界最大值后，晶界碳化物析出量为一定值。由于高温合金使用温度较高，碳原子不断向晶界扩散，使晶界碳化物的尺寸沿垂直于晶界方向继续长大，而碳化物的间距保持不变，等于两个相邻碳化物的直径的平均值。此时随着碳化物发生粗化，沿垂直于晶界方向上的尺寸继续增加，晶界碳化物连续系数增加，合金的裂纹扩展速率增加，抗裂纹扩展能力降低。因此，可用晶界碳化物连续系数 f_c 较好地评判晶界碳化物的连续程度，并将晶界碳化物控制在 $f_c = \dfrac{d}{\lambda} < 1$ 的范围内，才可最大程度地发挥晶界碳化物的强化作用。

晶界析出相不论尺寸大小，都有强化和弱化晶界作用。析出相的存在以及两个晶粒界面处发生程度不同的弯折，不利于晶界滑移的产生，因而延迟了裂纹的扩展，强化晶界作用；另一方面，由于它们和母相的界面成为微裂纹的策源地，在相界形成显微空洞，弱化晶界作用。因此晶界析出相要有合适颗粒度和合理分布。适当的碳含量是保证析出合适颗粒度和颗粒间距的碳化物的先决条件，然而过高的碳含量又可能使碳化物发生聚集。适量硼的加入，可以净化晶界，甚至在晶界面上形成颗粒状硼化物，或使其他间隙相颗粒合理分布，可以减缓晶界扩散过程，从而阻止晶界微量相的聚集长大和延缓晶间裂纹由于空位聚集而扩展的过程；然而过高的硼含量可能形成晶界硼化物大块，甚至形成低熔点硼化物共晶，降低合金的热强性。

热处理对晶界析出相有重要影响，选择合适的固溶处理和时效处理规范能够获得晶界间隙相的合理尺度和分布状态，不合适的热处理可能增加合金的不利析出相，减少了有利晶界析出相，或者使晶界析出相形貌脆性化（如薄片、枝晶薄片）存在，使晶界弱化，韧性下降，沿晶脆性特性越明显。析出温度决定 $M_{23}C_6$ 形态，高于 800℃ 时，$M_{23}C_6$ 形成颗粒状碳化物在晶界分布，避免胞状析出，但 $M_{23}C_6$-γ 相界面仍为蠕变脆断源区。只有连续 γ′ 相包围 $M_{23}C_6$ 组织时，借助 γ′ 相与 γ 基体的共格作用，才能有效地强化晶界。

4.4 强化相的影响

GH4738 合金中 γ′ 相含量约占合金总质量的 22.6%，所以 γ′ 相是合金强化的主要来源。合金 γ′ 强化相的析出温度范围为 968 ~ 1059℃，但其具体的析出温度又受到成分和变形条件等众多因素的影响。图 4-28 示意给出了 γ′ 强化相与合金成分、变形条件、γ′ 相析出温度以及再结晶温度间的交互作用关系，从图 4-28 可以看出：

（1）γ′ 相的析出温度受到成分（尤其是 Al、Ti 含量）的显著影响。

（2）γ′ 相的存在形态、大小及数量匹配性又受到变形条件的影响。

（3）γ′ 相析出与否又会影响晶粒度及再结晶程度。

（4）固溶温度又会影响 γ′ 相的状态及晶粒度。

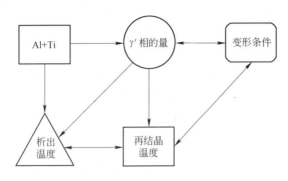

图 4-28　强化相与合金成分等的交互关系

图 4-28 中各个因素之间构成一个互相关联、相互影响的体系，其中一个因素发生变化就会影响组织性能控制的全局。因此，如何系统地研究 Al + Ti 含量、γ′ 强化相、热处理固溶温度与性能之间的关联性，以提高析出相的可控性并稳定合金的力学性能就显得很重要。

4.4.1　γ′ 相对力学性能的影响

针对强化相控制与力学性能关联性的研究，选用三种成分的 GH4738 合金 φ48mm 棒材作为实验材料。合金 1、合金 2 和合金 3 具体的化学成分列于表 4-13，三种合金 Al + Ti 含量由 4.40% 逐渐增加到 4.48%。

表 4-13　三种 GH4738 合金的化学成分（质量分数）　　　（%）

化学元素	C	Cr	Mo	Ti	Al	Co	Zr	B	Al + Ti	Ni
合金 1	0.04	19.36	4.34	3.04	1.36	13.55	0.052	0.0054	4.40	余
合金 2	0.04	19.39	4.32	3.04	1.39	13.52	0.056	0.0048	4.43	余
合金 3	0.05	19.37	4.32	3.10	1.38	13.69	0.046	0.0043	4.48	余

对三种合金经两种固溶处理（（1）1020℃/4hAC（OC）+ 845℃/4h/AC + 760℃/16h/AC；（2）1040℃/4h/AC + 845℃/4h/AC + 760℃/16h/AC）后的试样进行蠕变、拉伸及疲劳性能测试分析（简称 1020℃ 和 1040℃ 固溶处理）。

4.4.1.1　蠕变残余应变量

对三炉合金进行 750℃/400MPa/60h 蠕变残余应变量的测试，每种合金测试两根试样。测试结果如图 4-29 所示：（1）总体上经 1040℃ 固溶热处理后，同炉两根试样的残余应变量离散度较高，而 1020℃ 固溶处理后则离散性较低；（2）通过仔细观察可以发现，经 1020℃ 固溶热处理后，尽管蠕变残余应变量波动小，但合金 3 的两根试样表现出了一定的离散性；（3）同时，研究还发现经 1040℃ 固溶热处理后，合金 1 和合金 2 的两根试样有很大的偏差，而在同样的测试条件下，合金 3 的偏差则小些。由此可以看出，蠕变残余应变量会产生较大波动，这势必对性能的稳定性控制造成不良影响，有必要对该合金蠕变残余应变波动的本质属性进行研究分析。

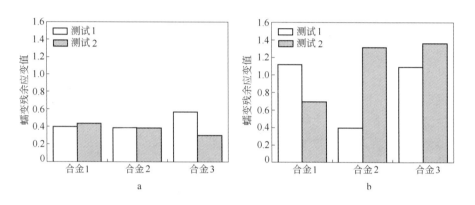

图 4-29　两种固溶热处理后的蠕变残余应变量

a—1020℃；b—1040℃

4.4.1.2　室温拉伸性能

进一步对该三种合金在 1020℃、1040℃ 固溶处理后的室温拉伸性能进行了研究，并对 1020℃ 固溶后合金在空冷和油冷条件下的室温拉伸性能进行了对比研究，如图 4-30 所示。从整体上看，三种实验合金在室温拉伸条件下，经 1040℃

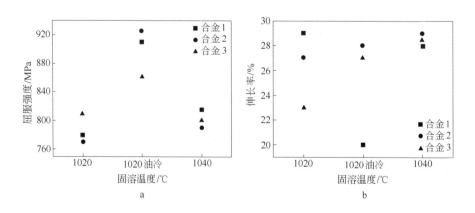

图 4-30　三种合金热处理后室温拉伸强度（a）与塑性（b）对比

固溶处理后的屈服强度稍高于经 1020℃ 固溶处理后的屈服强度。而在 1020℃ 固溶后油冷条件下的抗拉强度最高。同时从图 4-30a 中还可以发现,经 1020℃ 固溶后空冷和油冷两种冷却条件下三种不同 Al + Ti 含量的试样,其室温抗拉强度顺序恰好相反。图 4-30b 为与图 4-30a 对应的合金拉伸塑性伸长率的值,可见经 1040℃ 固溶处理后合金的伸长率性能波动最小,而经 1020℃ 固溶处理后合金的拉伸塑性波动较大。

4.4.1.3 低周疲劳性能

与蠕变实验相似,在 700℃、应变幅为 0.5%、应力比 $R = 0.1$ 的测试条件下,对三炉合金进行疲劳断裂周次测试,每个合金测试两根试样,测试结果如图 4-31 所示。经 1020℃ 固溶热处理后,两次循环周次测试数值之比分别为 0.76、0.74、0.96;而由图 4-31b 可知,经 1040℃ 固溶热处理后,两次测试数值之比分别为 0.50、0.47、0.57。由此可见,合金在 1020℃ 固溶后的疲劳性能波动性较 1040℃ 固溶后性能波动性小。因此总体来看,经 1020℃ 固溶处理后的疲劳性能好于 1040℃ 固溶后的疲劳性能。

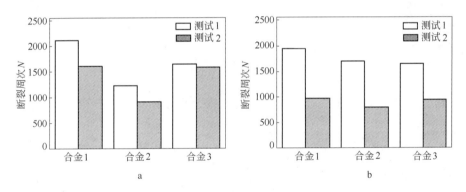

图 4-31 在 700℃、应变幅为 0.5%、$R = 0.1$ 条件下的疲劳性能
a—1020℃;b—1040℃

影响疲劳性能的因素较为复杂,但从对疲劳性能影响规律的分析看,晶粒度的均匀性似乎不是影响疲劳数据分散性的第一因素。因为从对 1020℃ 固溶处理后的样品分析可以看出,存在较为严重的混晶,而疲劳断裂周次较高。仔细对比,可以推测,疲劳性能也可能与一次 γ' 的数量有关,一次 γ' 数量少,疲劳断裂周次少。图 4-32 给出了疲劳裂纹的形成和扩展,从图中可以看出,从表面产生的裂纹主要以穿晶的方式扩展,也能观察到沿晶的扩展途径。

从断口的组织观察可以看出,疲劳是典型的表面起裂进而扩展的断裂方式(图 4-33a),显然疲劳裂纹的起源存在于表面的应力集中处。因此,表面状态、

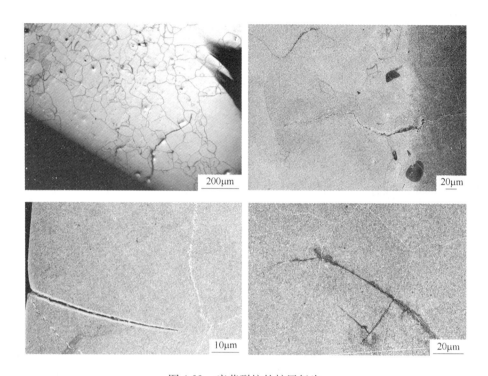

图 4-32   疲劳裂纹的扩展行为

夹杂物分布（图 4-33b）等都对疲劳性能有较大的影响。

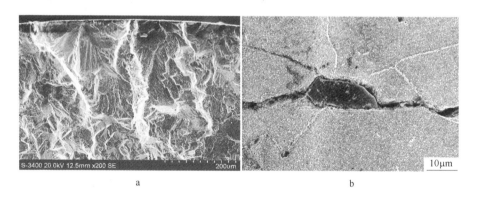

图 4-33   疲劳断口（a）及与夹杂物处产生的疲劳裂纹（b）

　　综上所述，通过对三种合金的蠕变性能、室温拉伸性能和低周疲劳断裂测试的数据进行分析可知：（1）对于蠕变性能，经 1020℃ 固溶后，合金残余应变值较低且波动性较小，而经 1040℃ 固溶后，其蠕变残余应变值高且波动性较大；当合金中 Al + Ti 含量较高时，经 1020℃ 固溶后蠕变残余应变量波动变大，而 1040℃ 固溶后残余应变量波动较小；（2）对于室温拉伸性能，1040℃ 固溶后屈服强度高于1020℃固溶后的强度，而经1020℃固溶并油冷后，合金的屈服强度最高；同时发现冷却速率使不同 Al + Ti 含量合金的拉伸性能也产生较大波动；（3）低周疲劳测试结果表明，合金断裂周次数值受固溶温度的影响并不明显，1040℃固溶热处理后合金的波动性较大；但合金成分对性能影响较大。

4.4.2　γ′相随温度的变化规律

为了系统地研究固溶温度与强化相的关系，对实验合金2进行固溶热处理实验（T/4h/AC + 845℃/4h/AC + 760℃/16h/AC，T = 1000℃，1010℃，1020℃，1040℃，1060℃，1080℃）。图4-34为不同固溶温度下γ′强化相的分布情况，在固溶热处理过程中，最明显的区别是γ′相的匹配特征出现了变化。合金中出现了不同形态尺寸的γ′相，包含一次大γ′（γ'_I）相，二次γ′（γ'_{II}）相和三次γ′（γ'_{III}）相。为了更加清晰地观察γ′相的分布状态，对γ′强化相进行进一步分析，图4-35即为1040℃固溶处理后强化相的局部放大图。从该图中可以清晰地看出γ'_I相的周围紧密地围绕着γ'_{III}相。随着固溶温度的提高，一次大γ′相数量逐渐减少，但是未溶解的γ'_I相尺寸则随着固溶温度提高而长大。合金在1040℃以下固溶处理时，基体中基本存在大小两种γ′强化相；固溶温度1040℃附近为大小γ′强化相转变的转折温度点，在此温度下大小γ′强化相往往混合存在；当固溶温度升至

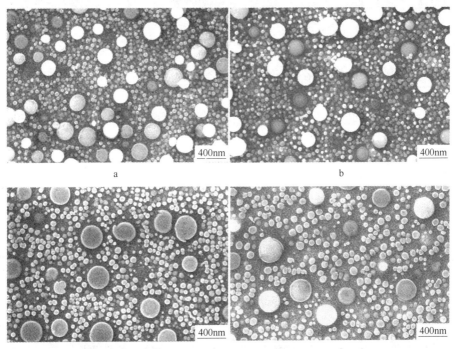

a　　　　　　　　　　　　b

c　　　　　　　　　　　　d

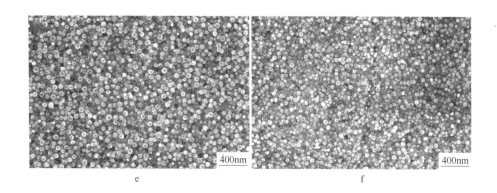

图 4-34   不同的固溶温度对强化相演化规律的影响

a—1000℃；b—1010℃；c—1020℃；d—1040℃；e—1060℃；f—1080℃

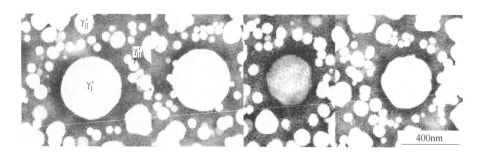

图 4-35   经 1040℃固溶后的 γ′相放大图

1060℃后，基体中 γ'_I 强化相完全溶入基体，合金 γ′强化相表现出均一分布的特点。

图 4-36 为不同固溶处理后晶粒及 γ'_I 相的长大规律，当固溶温度在 1040℃以

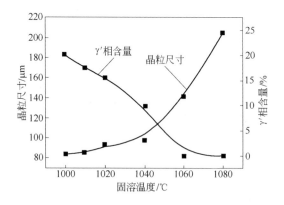

图 4-36   不同固溶温度下晶粒尺寸及 γ'_I 相数量演化规律

下时，晶粒长大受到 γ′ 相的阻碍作用明显，晶粒长大缓慢，晶粒尺寸基本在 90μm 左右；当固溶温度高于 γ′ 相溶解温度 1040℃ 时，γ′ 相的钉扎作用迅速减弱，从而使得晶粒在较小束缚的情况下迅速长大。同时固溶温度的改变也会影响到 γ′ 相的形态分布。从图 4-36 可知，随固溶温度的变化，γ′_I 相的数量明显发生变化，即随着固溶温度的提高，其含量逐渐降低。

在不同固溶温度下对 γ′ 强化相演化进行研究，可以给出 GH4738 合金中 γ′ 相随固溶温度变化的示意图，如图 4-37 所示。锻态时，合金中主要为一次 γ′ 相（γ′_I 尺寸约 120～140nm），其他强化相组织则由于轧制（锻造）温度过高而几乎完全溶在基体中。当固溶温度达到 1000℃ 时，合金中一次 γ′_I 强化相长大（约 200～300nm），同时在固溶冷却过程中析出一定量的 γ′_II 强化相（40～60nm）；当固溶温度进一步升高至 1020℃ 及 1040℃ 时，其组织发生了明显改变。经 1020℃ 固溶处理后合金中的 γ′_I 相长大至约 350nm，而经 1040℃ 热处理后大部分 γ′_I 相溶解于基体中，而余下的 γ′_I 相则长大至 400nm 左右，并且在此期间，有大量细小的 γ′_III 相析出。

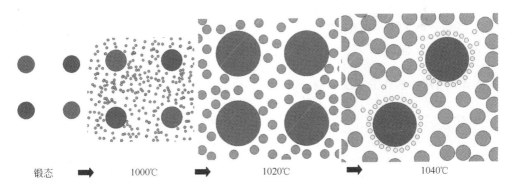

锻态　➡　1000℃　➡　1020℃　➡　1040℃

图 4-37　合金从锻态经 1000℃、1020℃、1040℃ 固溶处理后强化相演变示意图

尤其值得提出的是，从 GH4738 合金 γ′ 相随固溶温度演化的规律来看，似乎 1040℃ 是该合金的 γ′_I 相从存在到回溶的转变温度，也就是说，针对 γ′_I 相，1040℃ 左右的温度是其发生显著变化的敏感温度。当然，该敏感温度与合金的成分（尤其是 Al + Ti 的含量）有直接的关系。从该合金的热力学计算可看出，敏感温度随 Al + Ti 含量的增加而增加。因此可推测，该合金 γ′ 强化相的大小匹配将受到合金成分及固溶温度的影响，尤其是敏感温度附近影响更为显著。

为了进一步研究固溶温度与 γ′ 相总量的关系，对同一合金在不同固溶温度、不同冷却条件下的 γ′ 相含量进行了分析；之后对不同处理条件的试样进行同样的标准双时效处理，并对标准双时效处理后的 γ′ 相含量也进行了统计分析。可以看出，虽然在不同冷却速度条件下得到 γ′ 相的量是有差别的，但经过随后的标准双时效处理后，γ′ 相的总量是相同的（见图 3-24）。也就是说，γ′ 相总量是由合金成分决定的。因此，可以推断出：一旦确定 GH4738 合金的具体成分，经过标准双时效处理后，合金中 γ′ 相的总量是一定的。而合金中大小 γ′ 相所占的比例则是由固溶温度决定的，图4-38 示意性地给出了不同形态 γ′ 相的

图 4-38   γ′ 析出总量与各个阶段析出相的
关系示意图

关系，很明显可以得出，在总量一定的前提下（成分一定），γ′ᵢ 相数量的减少，势必导致 γ′ᵢᵢ 和 γ′ᵢᵢᵢ 相的增多，反之亦然。

从上面的分析可知，对于 GH4738 合金，1040℃ 附近的温度是 γ′ᵢ 回溶的敏感温度，也即 1040℃ 附近，大小 γ′ 相的匹配和数量变化等将更敏感，具有更加可变动性的倾向，并且该敏感温度还会随 Al + Ti 含量的增加而适当增加。

总之不难看出，合金成分决定着 γ′ᵢ 相回溶的敏感温度，而该敏感温度又显著地影响 γ′ 相的大小匹配情况。因此，如何控制好该敏感温度附近的强化相，即控制了合金性能的波动，尤其是蠕变性能的波动。

4.4.3   组织敏感性分析及控制

4.4.3.1   1040℃ 固溶热处理下蠕变性能敏感性分析

取合金 1 两根经 1040℃ 热处理后的试样进行 750℃/400MPa/60h 蠕变残余应变量测试。试样 1 的蠕变残余应变值较低为 0.696，而试样 2 的为 1.120。这表明同炉号经过同样热处理的试样，表现出的蠕变残余应变值有明显的不同。

图 4-39 为合金 1 两根试样经过 1040℃ 固溶热处理后的晶粒尺寸。可以看出，这两个试样的晶粒尺寸基本相同，因此可以排除晶粒度的影响。通过扫描电镜对两根试样的晶界显微组织进行了分析，其分析结果如图 4-40 所示。可以看出，两根试样晶界析出相的差别也不明显，基本呈现断续分布于晶界上的特点，因此也可排除晶界相的影响。

从以上晶粒度和晶界相的对比分析中可知，两者都不是引起蠕变残余应变波动的原因。那么，γ′ 强化相对蠕变性能的影响可能是一个非常值得关注的因素。图 4-41 为合金 1 两根试样中 γ′ 强化相的场发射扫描电镜组织形貌，可以看出，两根试样中强化相总体上没有明显的差别，都存在大的 γ′ᵢ 和二次 γ′ᵢᵢ，甚至是细小的三次 γ′ᵢᵢᵢ，而 γ′ᵢᵢᵢ 相大部分围绕着 γ′ᵢ 相的周围析出。但对图 4-41 进一步观察可以发现，两根试样在大小 γ′ 相的匹配和数量上还存在一定量的差别，即试样 1

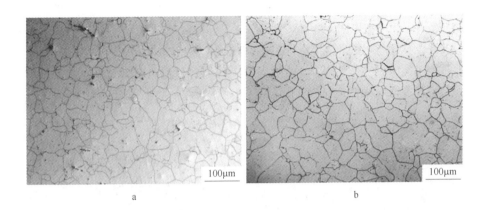

图 4-39　合金 1 经 1040℃热处理后的晶粒分布
a—试样 1；b—试样 2

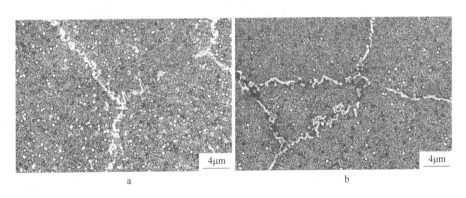

图 4-40　合金 1 经 1040℃热处理测试后的晶界分布
a—试样 1；b—试样 2

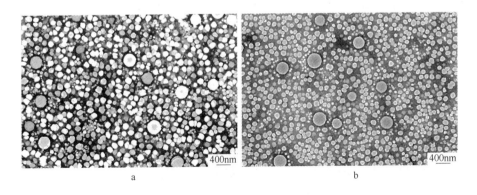

图 4-41　合金 1 经 1040℃固溶处理测试后的 γ′强化相
a—试样 1；b—试样 2

中二次 γ'_{II}（甚至 γ'_{III}）的数量比试样 2 中的要多（见图 4-42 的进一步放大形貌）。从固溶温度对 γ' 相的演变规律中可以看出，在实际热处理过程中，如果合金成分确定，那么合金中 γ' 相的总量就一定，这时若 γ'_I 适当减少，势必导致二次 γ'_{II}（甚至细小的三次 γ'_{III}）相的增加。而越多细小弥散相析出，对合金蠕变性能的贡献就越大。这可能就是造成试样 1 和试样 2 蠕变残余应变值不同的主要原因。

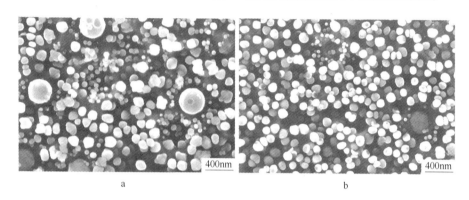

图 4-42　图 4-41 的放大图像

a—试样 1；b—试样 2

同样，合金 2 经 1040℃固溶 + 时效处理后也表现出蠕变残余应变值有明显不同的现象：试样 1 的蠕变残余应变值较低为 0.399，而试样 2 的值则为 1.318。

图 4-43 和图 4-44 为合金 2 蠕变残余应变值差别较大的两根试样的晶粒度及晶界强化相对比图。可以发现两试样的晶粒尺寸相差不大，晶界析出相也差别不大。

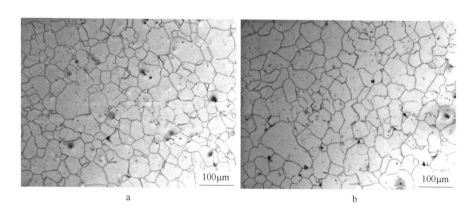

图 4-43　合金 2 经 1040℃热处理后的晶粒分布

a—试样 1；b—试样 2

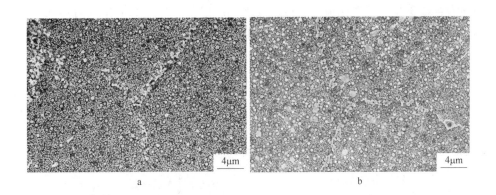

图4-44　合金2经1040℃热处理测试后的晶界分布

a—试样1；b—试样2

因此，需要进一步对合金2中的γ′强化相进行组织观察与分析。图4-45为合金2两根试样中γ′强化相的场发射扫描电镜组织形貌，试样1中存在较多的三次γ′$_Ⅲ$强化相，且主要围绕于一次γ′$_Ⅰ$强化相的周围，而试样2中则相对较少。由于合金2与合金1所观察到的结果相似，因此可以推测造成合金蠕变残余应变性能差别的原因，很有可能与三次γ′$_Ⅲ$甚至二次γ′$_Ⅱ$相的适当增加有关。当然，在γ′强化相总量一定的前提下，合金中二次或三次γ′相的增加，势必会造成一次γ′$_Ⅰ$相数量的适当减少。

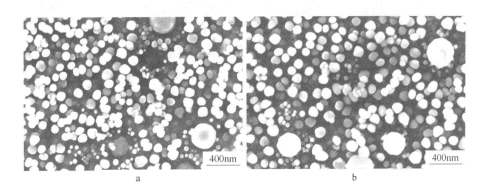

图4-45　合金2经1040℃固溶处理测试后的γ′强化相形貌

a—试样1；b—试样2

但是，合金3的测试结果却表现出与以上两合金不同的情况。两根试样经与合金1和合金2相同的测试后，其蠕变残余应变值分别为1.092和1.362，数值波动不是很大。

同样也对合金3两根试样的晶粒度、晶界相及γ′强化相进行仔细的观察。图

4-46 为合金 3 晶粒度对比情况。可以发现，两根试样经过 1040℃固溶热处理后，晶粒组织整体上差别不大，晶界组织同样表现出差别不大的特点（见图 4-47）。

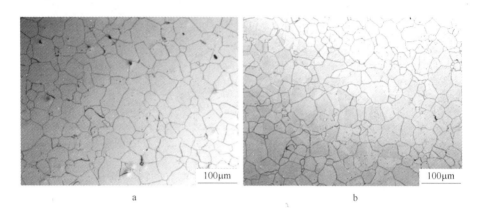

图 4-46   合金 3 经 1040℃热处理后的晶粒分布

a—试样 1；b—试样 2

图 4-47   合金 3 经 1040℃热处理测试后的晶界分布

a—试样 1；b—试样 2

图 4-48 为合金 3 两根试样中 γ′强化相形貌，试样 1 基体中除了存在一次 γ′强化相、二次 γ′强化相外，还出现了三次 γ′强化相。但对比两试样的分析结果发现，两根试样的 γ′强化相区别不大。由此看来，合金 3 的结果似乎与前两种合金的确有不同之处。

分析三合金化学成分的不同性可以看出，三种合金 Al + Ti 的含量从合金 1 的 4.40%（质量分数）增加到合金 3 的 4.48%，所以合金 3 的 Al + Ti 含量较前两者要高。实际上随着 Al + Ti 含量的增加，γ′相的析出温度明显增加，也就是说，对于合金 3 而言，上述提到的影响 γ′析出强化相大小及匹配等的敏感温度要比 1040℃高。由此可以推测，合金 3 在 1040℃进行固溶热处理时，已经不在敏感温

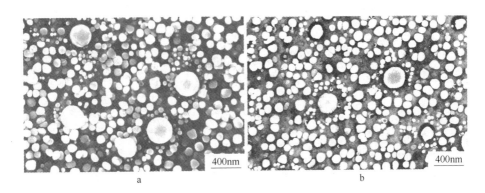

图 4-48　合金 3 经 1040℃热处理测试后的 γ′强化相形貌

a—试样 1；b—试样 2

度范围，因此也就导致产生合金的蠕变残余应变值波动变小的现象。

从以上对 1040℃热处理后的蠕变残余应变影响的本质规律可以看出，判断合金蠕变残余应变量是否会出现波动性的主要依据是固溶热处理温度是否位于 γ′相大小数量匹配的敏感温度。若固溶热处理温度落在该敏感温度范围内，则就会通过影响 γ′相的大小、数量和匹配等因素（尽管总量相同）而最终影响合金的蠕变性能。

4.4.3.2　1020℃固溶热处理下蠕变性能分析

对合金 1 取两根试样经 1020℃固溶热处理后进行 750℃/400MPa/60h 条件下的蠕变残余应变量测试。结果显示试样 1 的蠕变残余应变值较低为 0.401，而试样 2 的值也较低为 0.440。两根同炉号经过同样热处理的试样，所表现出的蠕变残余应变值较为相近，这与 1040℃固溶热处理后同等实验条件下的测试数值有显著不同。

图 4-49 为合金 1 经 1020℃固溶处理后的晶粒组织，可以发现合金晶粒尺寸基本一致。同时对比晶界形貌（见图 4-50）可发现，晶界状态也相差不大。

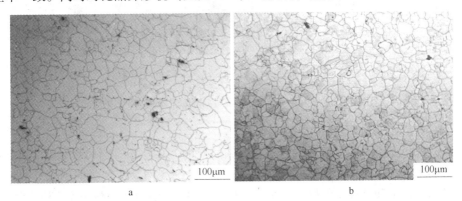

图 4-49　合金 1 经 1020℃热处理测试后的晶粒分布

a—试样 1；b—试样 2

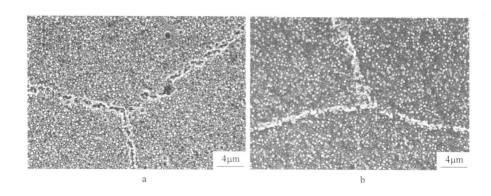

图 4-50   合金 1 经 1020℃热处理测试后的晶界分布
a—试样 1；b—试样 2

　　对 γ′强化相进行了进一步深入分析，如图 4-51 所示。可以发现，经 1020℃
固溶热处理后，合金中 γ′ᵢ 相较 1040℃处理后的明显增多；同时在 γ′ᵢ 相周围弥散
分布着 γ′ᵢᵢ 相，但 γ′ᵢᵢᵢ 相不明显，并且试样 1 和试样 2 中 γ′ᵢ 相的量基本一致。因
合金在 1020℃固溶热处理时，仍然处于亚固溶状态，远离 1040℃的敏感温度范
围，故 γ′ᵢ 相未大量溶入基体中；即使有回溶发生，其溶入的量也较少（相比较
于大量存在的 γ′ᵢ 相），所以两根试样的蠕变性能差别不大。

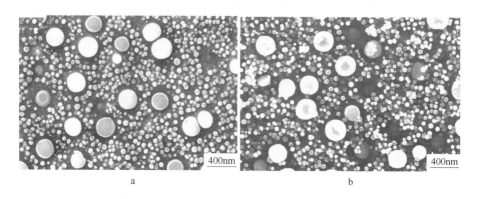

图 4-51   合金 1 经 1020℃固溶处理测试后的 γ′强化相形貌
a—试样 1；b—试样 2

　　同样也对合金 2 的蠕变性能进行仔细的分析。取合金 2 经 1020℃固溶热处理
后的两根试样进行 750℃/400MPa/60h 条件下的蠕变残余应变量的测试。测试结
果显示试样 1 和试样 2 的蠕变残余应变值都较低，分别为 0.389 和 0.386。合金 2
两根同炉号经同样热处理的试样，表现出蠕变残余应变值极其相近的特点。这与
合金 1 经 1020℃固溶热处理后的测试数据相似，而与 1040℃固溶热处理后同等

实验条件下的测试数值有显著不同。

图 4-52 及图 4-53 为合金 2 经 1020℃ 固溶热处理后试样 1 和试样 2 的晶粒及晶界强化相组织。通过对比分析可以发现，试样 1 与试样 2 的晶粒及晶界强化相组织基本相同。从图 4-54 中强化相的对比可以发现，试样 1 与试样 2 内都存在大量的 γ'_I 相，并同时存在 γ'_{II} 相，甚至包含 γ'_{III} 相。但是从整体上看，γ'_I 相的含量较高，在此 1020℃ 固溶温度热处理后，仍未达到 γ'_I 相的敏感回溶析出范围。所以，两根试样蠕变性能的波动性较小。

图 4-52　合金 2 经 1020℃ 热处理后的晶粒分布
a—试样 1；b—试样 2

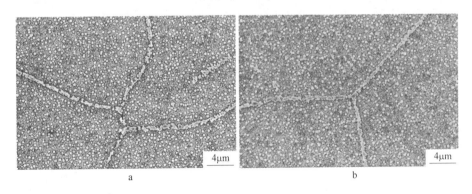

图 4-53　合金 2 经 1020℃ 热处理测试后的晶界分布
a—试样 1；b—试样 2

接着对合金 3 的两个试样进行了同条件下的蠕变性能测试。测试结果显示，试样 1 和试样 2 的残余蠕变应变值分别为 0.572 和 0.30，可以看出，两者数值之间有一定离散。

图 4-55 和图 4-56 为合金 3 蠕变残余应变波动较大的两根试样晶粒度和碳化物对比图，晶粒尺寸基本一致，晶界碳化物差别较小。

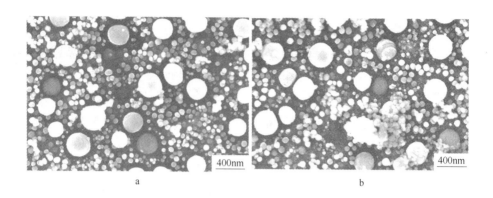

a   b

图 4-54   合金 2 经 1020℃固溶处理测试后的 γ′强化相形貌
a—试样 1；b—试样 2

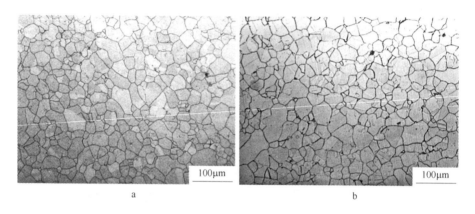

a   b

图 4-55   合金 3 经 1020℃热处理后的晶粒分布
a—试样 1；b—试样 2

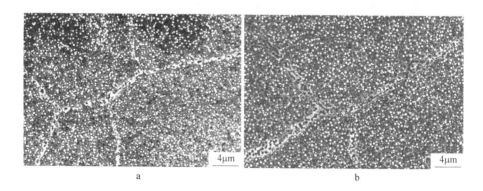

a   b

图 4-56   合金 3 经 1020℃热处理后的晶界分布
a—试样 1；b—试样 2

进而对图 4-57 所示的两根试样的 γ′ 强化相形貌进行分析，发现合金经 1020℃热处理后，试样 1 和试样 2 在 γ′$_\text{II}$ 相数量上有所不同。由于试样 2 中的 γ′$_\text{II}$ 相稍多一些，从而可能导致其蠕变残余应变值较低。

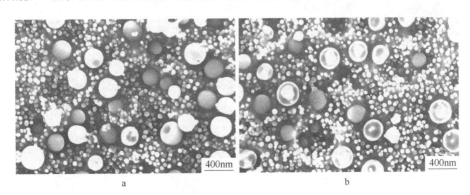

图 4-57 合金 3 经 1020℃固溶处理测试后的 γ′强化相形貌

a—试样 1；b—试样 2

因合金 3 的 Al + Ti 含量较合金 1、合金 2 的偏高，对合金 3 来说，敏感温度要高于 1040℃，其对 γ′$_\text{I}$ 相的影响较小。所以合金 3 经 1020℃固溶处理后蠕变残余应变不同，可能与 γ′$_\text{II}$ 相不同有关。

对经 1020℃ 及 1040℃ 固溶处理后的合金试样组织形貌进行分析可知，同种合金经过不同热处理后的两根试样的晶粒度及晶界强化相均差别不大；但是在不同固溶温度下，基体 γ′强化相则出现差异：经过 1020℃固溶处理后的合金基体上 γ′$_\text{I}$ 强化相明显比经 1040℃固溶热处理后的 γ′$_\text{I}$ 相数量多。

同种热处理下，如在 1040℃同一固溶温度，对同一合金的两根试样进行实验发现，存在不同程度的性能波动；通过对这些试样进行强化相分析，可知合金中 γ′$_\text{I}$ 相、γ′$_\text{II}$ 相及 γ′$_\text{III}$ 相的匹配是决定合金蠕变残余应变值高低的关键。一般来说，γ′$_\text{II}$ 相或 γ′$_\text{III}$ 相数量越多，蠕变性能越好。

4.4.3.3 冷却速率对组织的影响

从图 4-30 已知三种合金在 1020℃固溶及油冷条件下的抗拉强度最高，这说明冷却速度对合金组织及性能有重要影响。三种合金经 1020℃固溶并油冷和空冷热处理后的晶粒尺寸基本相同。对三种合金油冷和空冷条件下的晶界强化相及 γ′强化相组织进行了观察分析，如图 4-58 所示，油冷和空冷后合金的晶界形貌差别不明显。

由图 4-58a、c、e 可知，合金经过空冷处理后，基体中明显弥撒分布着大量的 γ′$_\text{I}$ 强化相；而从图 4-58b、d、f 油冷后强化相分布情况可以看出，合金基体上

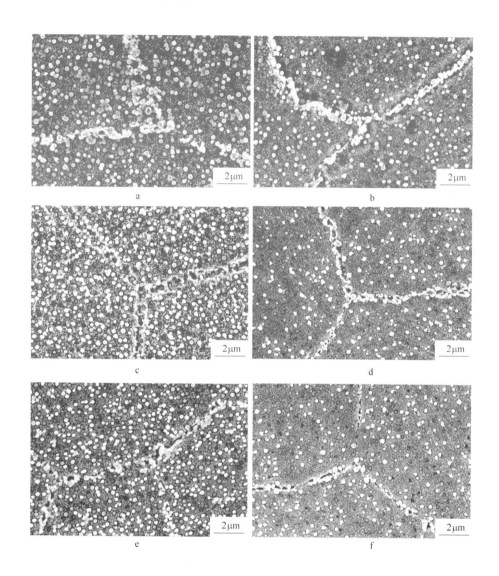

图 4-58 三种合金经 1020℃ 固溶并不同冷却处理后的强化相分布
a—合金 1，空冷；b—合金 1，油冷；c—合金 2，空冷；
d—合金 2，油冷；e—合金 3，空冷；f—合金 3，油冷

零星分布着少量 γ'_I 强化相。经对比分析可知，1020℃ 固溶并油冷条件下拉伸性能较高的根本原因是合金中 γ'_I 强化相量较少而导致弥散分布的 γ'_{II} 强化相甚至 γ'_{III} 强化相的数量增多。总之，造成拉伸性能差异的根本原因是合金中 γ'_I 相数量的差异。

通过对 1020℃、1040℃ 固溶时效后拉伸显微组织的研究发现：经 1020℃、

1040℃固溶热处理后，合金中 γ′₁ 强化相的含量随着固溶温度的提高而下降；合金经 1020℃固溶后油淬条件下 γ′₁ 强化相的量较空冷条件下的明显降低，同时在冷却及后时效过程中析出的 γ′₁ 强化相明显增多且尺寸与 1040℃固溶后的尺寸相比较小，从而导致合金抗拉强度的提高。

总之，从拉伸性能的结果分析以及固溶温度和冷却速度对合金组织性能的影响的对比分析可知：（1）1040℃固溶时，γ′₁ 数量比 1020℃的要少；（2）1040℃固溶后 γ′₁ 的尺寸比 1020℃的要大；（3）油冷使得合金中 γ′₁ 的数量减少，从而将导致 γ′₁ 数量大量增加。因此可以推断，合金屈服强度与合金中 γ′₁ 的数量有关；在随后的冷却过程中，增加冷却速度，将使 γ′₁ 相析出受到抑制，而 γ′ 的总量是相同的，故势必将导致 γ′₁ 和 γ′₁ 析出，从而一定程度上也就增加了屈服强度和硬度。

鉴于影响 γ′ 相的因素较多，下面主要针对：（1）Al + Ti 量；（2）固溶温度；（3）冷却速率等展开对 γ′ 强化相影响的讨论。

（1）γ′₁ 强化相的回溶析出"敏感区"。通过对 GH4738 合金在 1040℃，1020℃固溶处理后、蠕变残余应变性能的研究可以发现，在 1040℃固溶温度附近存在 γ′₁ 强化相回溶析出的敏感区。如图 4-59 所示 MN 区间即为 GH4738 合金 γ′₁ 相回溶析出敏感区 ΔT 温度范围，该区间一般处于 γ′ 相完全回溶温度点附近位置。

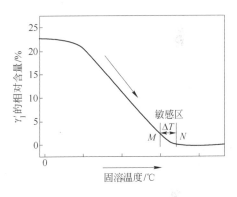

图 4-59　GH4738 合金 γ′₁ 相敏感区范围示意图

如果 GH4738 合金固溶热处理在图 4-59 中 ΔT 温度附近进行，则会导致 γ′₁ 相的析出与回溶对温度较为敏感。在温度稍有变化时，则 γ′₁ 相的数量会发生较大的变化，而当合金成分一定时，γ′ 强化相的析出总量是一定的，因此就导致后续时效过程中析出较多的 γ′₁ 相和 γ′₁ 相。从定性的数量角度看，一个 γ′₁ 相相当于多个 γ′₁ 相（γ′₁相），这样当 γ′₁ 相回溶入基体中时，会导致更多数量的 γ′₁ 相、γ′₁ 相的析出，从而导致对析出强化相的数量和大小敏感的力学性能（如蠕变性能）的显著波动。

（2）Al + Ti 量对 γ′ 强化相回溶规律的影响。以上分析了固溶温度是否落在 γ′₁ 相析出敏感区从而导致蠕变性能波动的原因，但该敏感区温度会受到强化元素（尤其是 Al、Ti）含量的影响而变化。根据热力学计算结果结合相关报道，做出 Al + Ti 含量、固溶温度及 γ′₁ 相的相对含量之间关系的示意图，如图 4-60 所示。由图可知，γ_I' 相回溶析出敏感区域（图 4-60 中右下角用虚线框表示），会随着 Al + Ti 含量的变化而发生变化，当 Al + Ti 含量增加时，则该敏感区所在温度升高，反之，敏感区所在温度降低。由以上分析可知，Al + Ti 含量将对敏感区产生重要影响。故而，固溶处理温度的确定还需要考虑具体炉号对应的合金中的 Al + Ti 含量。这也就是合金 3（高 Al + Ti 含量）同样在 1040℃ 固溶处理而蠕变残余应变值波动不大的原因，因为高 Al + Ti 含量使得该敏感温度区间向高温段上移，这样造成 1040℃ 固溶温度离敏感温度区变远，因此 γ' 强化相大小数量的匹配波动不大，最终的结果是蠕变性能波动较小。

（3）固溶温度及冷却速率对强化相的影响。图 4-61 为 GH4738 合金典型 γ' 强化相组织示意图。在 1040℃ 固溶时，由于 Al + Ti 含量、固溶温度等因素的影响，γ' 相析出和回溶的数量匹配将受到影响，也就导致了蠕变残余应变值的波动。

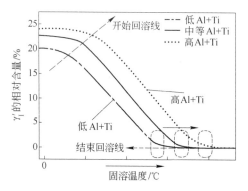

图 4-60　固溶温度与 Al + Ti 含量
对 γ_I' 相含量的影响示意图

图 4-61　GH4738 合金中 γ' 相在 1040℃
固溶热处理后三种强化相示意图

以上实验通过对 1040℃、1020℃ 固溶处理及 1020℃ 水冷及油冷条件下显微组织与蠕变及拉伸性能进行对比分析可以发现，γ_I' 相、γ_{II}' 相及 γ_{III}' 相的数量存在着相互转化的关系。

由于 GH4738 合金在合金成分固定时，经过固溶处理 + 双时效过程后，γ' 相含量的总量保持恒定，所以，在固溶温度 1040℃ 附近，Al + Ti 含量不变时，固溶温度的提高，会使 γ_I' 强化相减少，这势必导致 γ_{II}' 相或 γ_{III}' 相的析出增多。

Al + Ti 含量的提高则导致合金 γ_I' 回溶敏感温度提高；反之 γ_I' 相敏感温度下降。根据冷却速率对 γ' 相的影响结果看，当 Al + Ti 含量及固溶温度一定时，提高冷却速率，则合金中的 γ_I' 相析出较少；反之，γ_I' 相则析出较多。

总之，固溶温度、Al + Ti 含量及冷却速率均能影响 γ' 相含量及形态的波动，最终导致合金性能的波动与不稳定。

参 考 文 献

［1］ 抚顺特钢有限公司. GH864 性能测试分析资料，2008.

［2］ Mandy L B，Andrew H R. Evaluation of the influence of grain structure on the fatigue variability of Waspaloy. Superalloy 2008［C］. Champion：The TMS High Temperature Alloys Committee，2008：535 ~ 540.

［3］ Floreen S. The creep fracture characteristics of nickel-base superalloy sheet samples［J］. Engineering Fracture Mechanics，1979，11(1)：55 ~ 60.

［4］ Sadananda K，Shahinian P. Review of the fracture mechanics approach to creep crack growth in structural alloys［J］. Engineering Fracture Mechanics，1981，15(3 ~ 4)：327 ~ 342.

［5］ Suresh S，Zamiski C F，Ritchie R O. Oxide-induced crack clouse：an explanation for near-threshold corrosion fatigue crack growth behavior［J］. Metallurgical Transactions，1981，12：1435 ~ 1443.

［6］ Gayda J，Miner R V. Fatigue crack initiation and propagation in several nickel-base superalloys at 650℃［J］. International Journal of Fatigue，1983，5(3)：135 ~ 143.

［7］ Gayda J，Miner R V，Gabb T P. On the fatigue crack propagation behavior of superalloys at intermediate temperature. Superalloy 1992［C］. Champion：The TMS High Temperature Alloys Committee，1992：731 ~ 740.

［8］ Donachie M J，Pinkowish A A，Danesi W P，et al. Effect of hot work on the properties of Waspaloy［J］. Metallurgical transactions，1970，1：2623 ~ 2630.

［9］ Merrick H F，Floreen S. The effects of microstructure on elevated temperature crack growth in nickel-base alloys［J］. Metallurgical Transactions，1978，9A：231 ~ 237.

5 热变形过程中的再结晶行为

GH4738 合金因合金化程度高，变形抗力大，可变形温度窄，因此热加工成型难度较大，已属于难变形高温合金的范畴。研究认为，混晶及晶界碳化物包膜使得合金的性能显著下降，而热加工历史对控制材料的晶粒度和晶界碳化物的分布及形貌有着重要的影响，由于工艺参数控制不当而形成的异常组织，往往无法通过后续热处理彻底消除，而微观组织对材料的塑性、冲击韧性和疲劳性能等指标具有显著的影响。晶粒度和晶界碳化物是加工过程中组织控制的重点。因此热加工成型工艺是材料组织控制的重要环节，通过选择合理的热加工参数可以避免产生混晶及晶界碳化物包膜等现象。

本章主要通过等温热压缩的方法系统地研究变形温度、应变速率以及变形量对 GH4738 合金热变形行为和显微组织的影响，建立热变形参数和组织之间的联系，为预测最终组织和优化加工工艺提供实验依据。

5.1 动态再结晶组织演化与控制

为了研究 GH4738 合金的动态再结晶行为，系统分析合金在热变形过程中的组织演化规律以及建立合金的变形抗力模型和动态再结晶模型，对合金圆柱体样品进行了不同初始晶粒度（见图 5-1）、变形温度、应变速率和变形量条件下的 Gleeble 热压缩模拟实验。其中，对晶粒度 ASTM 8.4 级的合金试样，采用变形温度为 1000℃、1020℃、1040℃、1080℃、1120℃ 和 1160℃，应变速率为 0.01s^{-1}、0.1s^{-1}、1s^{-1} 和 10s^{-1} 以及工程应变量为 15%、30%、50% 和 70% 的变形条件；对晶粒度级别为 ASTM 6.5 级、3.5 级和 0.5 级的试样，采用变形温度为 1040℃、1060℃、1080℃ 和 1120℃，应变速率为 0.1s^{-1}、1s^{-1} 和 10s^{-1} 以及工程应变量为 50% 的变形条件。动态再结晶实验具体的加工工艺参数如表 5-1 所示，具体的热变形工艺路线如图 5-2 所示。

表 5-1 动态再结晶实验的热加工参数

晶粒度级别	变形温度/℃	应变速率/s^{-1}	变形量/%
ASTM 8.4 级	1000，1020，1040，1080，1120，1160	0.01，0.1，1，10	15，30，50，70
ASTM 6.5 级、3.5 级、0.5 级	1040，1060，1080，1120	0.1，1，10	50

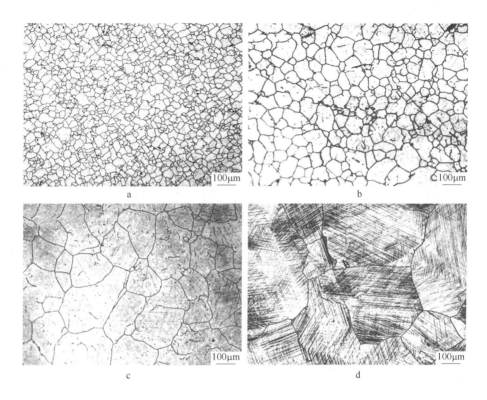

图 5-1 四种初始晶粒组织

a—ASTM 8.4 级；b—ASTM 6.5 级；c—ASTM 3.6 级；d—ASTM 0.5 级

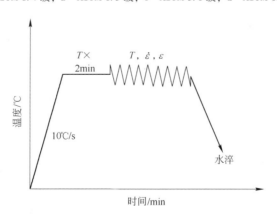

图 5-2 动态再结晶实验变形工艺路线

5.1.1 变形过程中的变形抗力及组织演变

经物理模拟采集应力、应变、位移、温度及时间数据，绘制出 GH4738 合金发生动态再结晶时不同变形条件下的真应力-真应变曲线。图 5-3 为晶粒度为 ASTM 8.4 级的样品在变形温度 1000~1160℃，应变速率 0.01~10s^{-1}及工程应变量 30%、50% 和 70% 条件下的真应力-真应变曲线。由图 5-3 可知，合金的真应力随着变形温度的升高而降低，随着应变速率的增加而增加。不同初始晶粒度的样品经热变形后，其真应力-真应变曲线也有相似的规律。

如图 5-3a、b 所示，当变形量为 30% 时，在变形温度相同条件下，应变速率为 10s^{-1}的曲线，其峰值应力明显高于应变速率为 1s^{-1}的峰值应力；对比图 5-3g、h 可知，合金达到峰值应力的应变值因变形速率的不同而有所差异。当应变速率

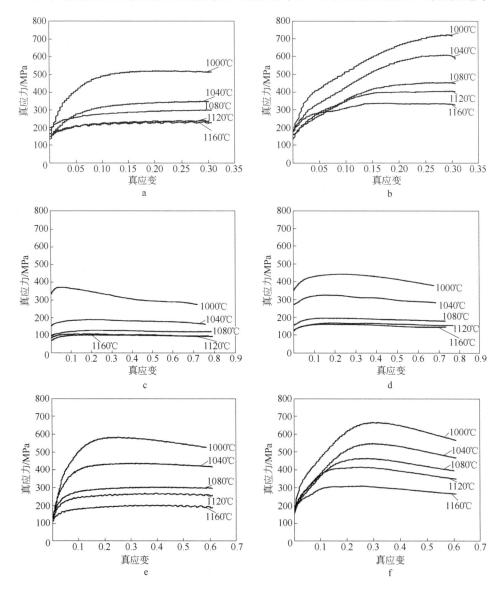

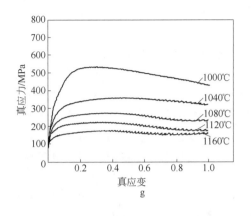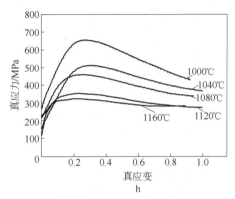

图 5-3 热变形真应力-真应变曲线（ASTM 8.4 级）

a—$1s^{-1}$，30%；b—$10s^{-1}$，30%；c—$0.01s^{-1}$，50%；d—$0.1s^{-1}$，50%；

e—$1s^{-1}$，50%；f—$10s^{-1}$，50%；g—$1s^{-1}$，70%；h—$10s^{-1}$，70%

为 $10s^{-1}$ 时，合金 1040℃ 下达到峰值应力所需的应变约为 0.32，而当应变速率为 $1s^{-1}$ 时，合金 1040℃ 变形下达到峰值应力所需的应变约为 0.22，由此可见，随着应变速率的提高，达到合金峰值应力所需变形量则越大；也即高应变速率下，加工硬化程度高，而低应变速率则需要较小的应变即可达到合金峰值应力；从其他应力-应变曲线可以看出，不同应变速率和相同变形温度下，也均有相似特征。

对比同一变形量、变形速率下的曲线可知（图 5-3g），在 1000℃ 变形后，合金曲线较为平滑；当温度提高至 1040℃ 时，应力-应变曲线变形量大的部分则出现应力值周期性波动；当变形温度进一步提升至 1080℃、1120℃、1160℃ 时，应力-应变曲线上应力的周期性波动则更加明显。

在变形温度越低和应变速率越大的变形条件下，GH4738 合金的应力应变曲线呈"动态再结晶"状，即真应力在达到峰值之后软化明显，合金的流变应力随着应变量的增加而迅速增大，达到某一个峰值后开始迅速下降，随后会达到相对稳态。变形温度和变形速率均对流变应力产生影响，在应变速率一定的情况下，流变应力随温度的下降而增加。

应变速率越低、温度越高越容易出现应力-应变曲线周期性的波动，研究表明在低应变速率、高温度变形条件下，越容易发生多峰值动态再结晶，而在高应变速率、低温变形条件下，则容易发生单峰值动态再结晶。其他低应变速率曲线也均有类似特征。

通过对不同变形条件下的合金变形行为进行研究以及对应力-应变曲线的分析认为，影响合金变形抗力的关键变形参数主要为变形温度和变形速率。随着变形温度的增加或应变速率的降低，热变形抗力降低。其中，变形速率对变形抗力的影响最为明显。变形量则对变形抗力的影响较小，但是如果在非等温变形过程中，变形量的影响则不能忽略（见第 6 章的分析）。

对经不同变形条件的样品进行晶粒度观察，图 5-4 ~ 图 5-7 给出了变形量分别为 15%、30%、50% 和 70% 时，在不同变形温度和应变速率下变形状态的金相组织。从图 5-4 可以看出，对于较小变形量 15%，当变形条件为 1120℃、1s⁻¹ 时，合金才开始发生动态再结晶。这些再结晶粒主要出现在原始晶界、孪晶界和一次碳化物表面等特殊部位。这是由于在晶界等特殊位置同时具备大曲率界面和塞积有高密度缺陷的条件，易于变形过程中再结晶晶粒的形成。对于其他变形量，在较低的温度（1080℃、1040℃ 和 1000℃）和 1120℃，应变速率为 1s⁻¹ 时，锻态组织由垂直于压缩方向的变形条带组成，在金相显微镜中未观察到动态再结晶现象。从图中的每个纵列可以看出，合金的再结晶百分数和再结晶晶粒的尺寸随着变形温度的升高都有明显的增加。这是因为在激活能一定时，晶界的迁移速度主要取决于温度，所以在温度高的情况下，凸起的晶界迁移较快，也容易在较短的时间内长大到临界形核尺寸而成为新的再结晶颗粒；同时由于晶界的迁移速度大，由连续变形引起的迁移晶界后方位错密度的剧烈减少很难得到补充，从而产生新的位错密度差，为新的形核做好准备，当变形温度较低时，由于晶界的移动速度较慢，很容易在新的潜在晶核长大到临界尺寸之前被移动晶界后增加的位错密度赶超，这样在移动晶界的两边缺少驱动力，潜在的晶核停止生长，从而减少再结晶百分数。在变形温度相同的情况下，从每个纵列（图 5-4a、b、c 三列）的比较可以看出，随着应变速率的提高，合金的动态再结晶百分数和再结晶晶粒大小都有所降低。这是由于在变形温度和应变量一定的情况下，从表示临界形核位错密度的公式 $\rho_{0c} \propto \dot{\varepsilon}^{1/3}$ 可以看出，在变形速率大的时候需要的临界形核位错密度也大，在动态再结晶进行的过程中，晶界上有些区域的位错密度达不到临界要求，因此再结晶百分数比同温、同变形量情况下应变速率慢的要小；关于变形速率对稳态再结晶晶粒尺寸的影响，可以通过 $D_{ss} \propto (\dot{\varepsilon})^{-1/2}$ 进行简单的说明，其中 D_{ss} 为稳态再结晶情况下的晶粒尺寸，由此式可知，在变形量和变形温度相同的情况下，再结晶晶粒尺寸随变形速率的增加而减小。

图 5-5 为当变形量为 30% 时组织的变化规律。从图中可以看出，变形温度和变形速率对再结晶百分数和再结晶晶粒大小的影响规律与变形量为 15% 时基本相同。但是随着应变的增加，合金的动态再结晶百分数明显增加；此时在 1040℃、1s⁻¹ 时开始发生了动态再结晶。

随着变形量的继续增大（50% 和 70%），在 1040℃、10s⁻¹（图 5-6(2-c 试样) 和图 5-7(2-c 试样)）时动态再结晶已经开始发生了。而所有的试样在 1000℃ 温度下热变形时均未观察到明显的动态再结晶现象。从图 5-7(5-a 试样) 中可以看出，合金只有在 70%、1160℃、0.1s⁻¹ 的变形条件下才会完成充分的动态再结晶。

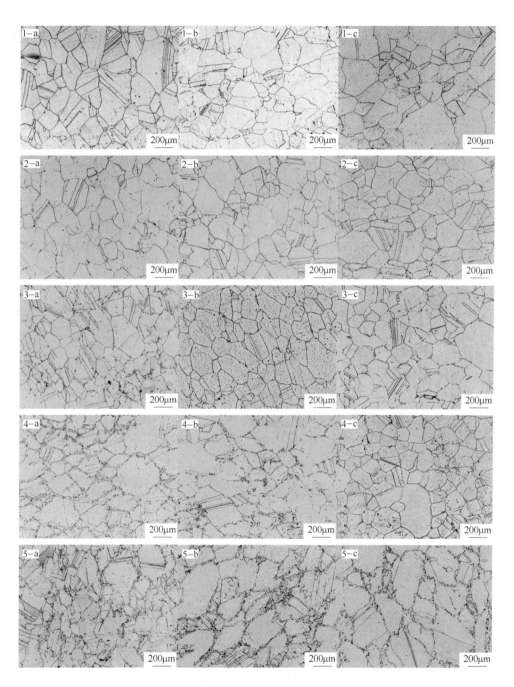

图 5-4　变形量为 15% 时的变形状态金相组织

(1~5 分别代表变形温度为 1000℃、1040℃、1080℃、1120℃、1160℃，

a~c 分别代表应变速率为 0.1s⁻¹、1s⁻¹、10s⁻¹)

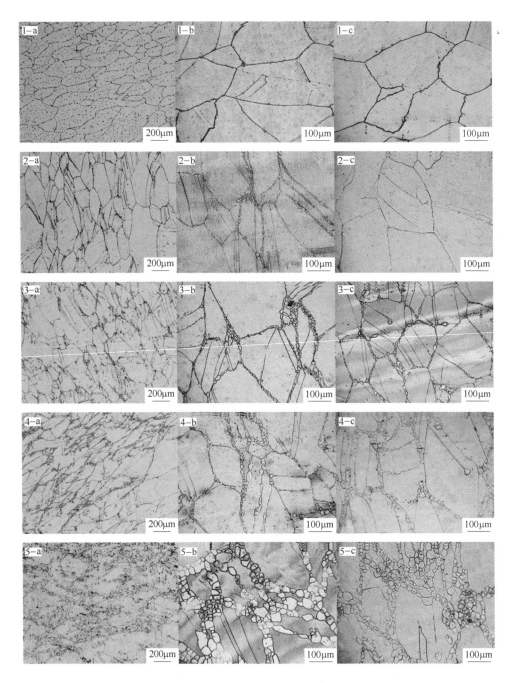

图 5-5　变形量为30%时的变形状态金相组织

（1~5分别代表变形温度为1000℃、1040℃、1080℃、1120℃、1160℃，

a~c分别代表应变速率为0.1s⁻¹、1s⁻¹、10s⁻¹）

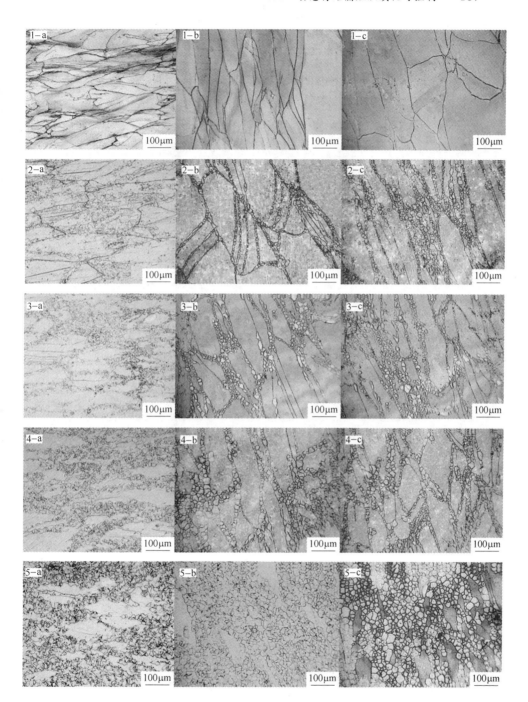

图 5-6 变形量为 50% 时的变形态金相组织

(1~5 分别代表变形温度为 1000℃、1040℃、1080℃、1120℃、1160℃，

a~c 分别代表应变速率为 0.1s^{-1}、1s^{-1}、10s^{-1})

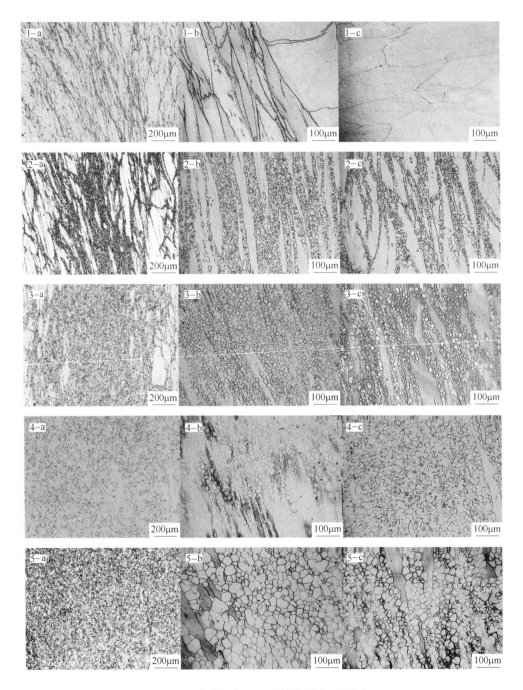

图 5-7　变形量为 70% 时的变形态金相组织

（1~5 分别代表变形温度为 1000℃、1040℃、1080℃、1120℃、1160℃，

a~c 分别代表应变速率为 0. 1s⁻¹、1s⁻¹、10s⁻¹）

图 5-8 ~ 图 5-11 为合金热变形后立刻水冷的晶界碳化物 SEM 形貌。从图 5-8a、b 可以看出，当变形温度为 1000℃ 时，在晶界上断续地分布着一定量的碳化物，呈颗粒状和短棒状，主要为 MC 和 $M_{23}C_6$。当变形温度为 1040℃ 时，碳化物的形态和数量没有发生太大的变化，晶界较为平滑，如图 5-9 所示。

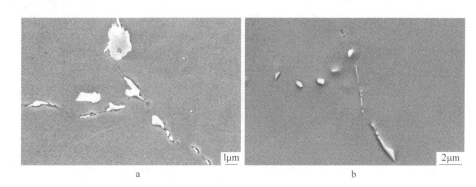

图 5-8 变形温度为 1000℃ 时热加工态的晶界碳化物形貌
a—30%，$10s^{-1}$；b—50%，$1s^{-1}$

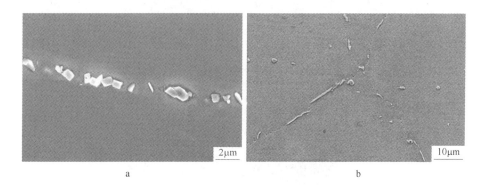

图 5-9 变形温度为 1040℃ 时热加工态的晶界碳化物形貌
a—30%，$1s^{-1}$；b—30%，$10s^{-1}$

图 5-10 为变形温度增加到 1080℃ 时晶界碳化物的形貌特征，与 1040℃ 相比此时晶界上碳化物的数量有所减少，这是因为在 1080℃ 时 $M_{23}C_6$ 发生了回溶的现象，此时在合金中只有回溶温度较高的 MC 存在。

当热变形温度升高到 1160℃ 时，大部分的晶界 MC 碳化物发生了回溶现象，只是在基体中存在很少量的 MC，它们多为在合金凝固的过程中从液相直接析出，经热力学计算它们的开始析出温度为 1314℃，因其较高的析出和回溶温度，所以在锻造的温度范围内始终存在于基体中，如图 5-11 所示。

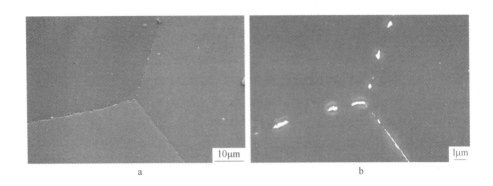

图 5-10 变形温度为 1080℃ 时热加工态的晶界碳化物形貌

a—30%，$1s^{-1}$；b—50%，$1s^{-1}$

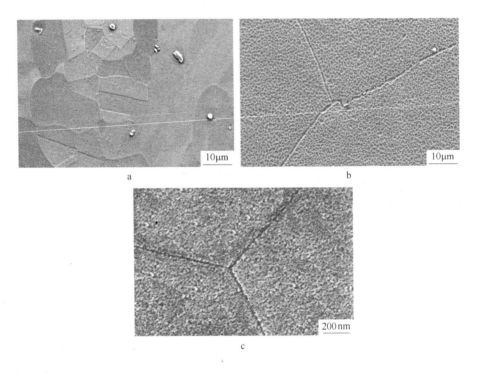

图 5-11 变形温度为 1160℃ 时热加工态的晶界碳化物形貌

a—30%，$1s^{-1}$；b—50%，$1s^{-1}$；c—70%，$10s^{-1}$

5.1.2 热处理对变形组织的影响

5.1.2.1 晶粒度

图 5-12 ~ 图 5-15 分别为变形量是 15%、30%、50% 和 70% 时，不同温度和

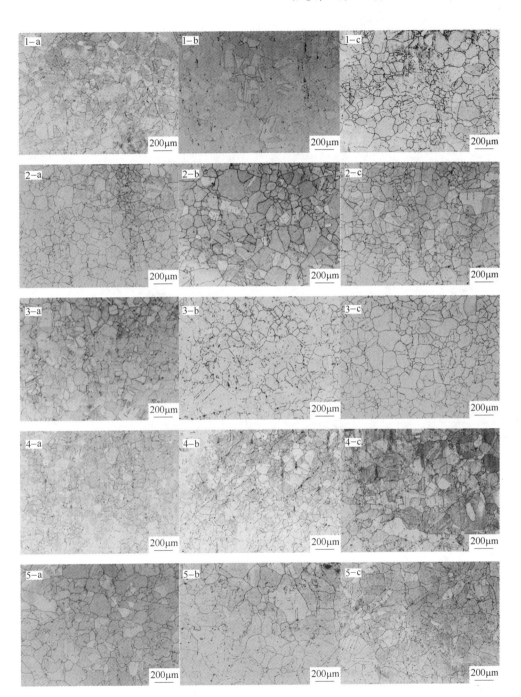

图 5-12 变形量为 15% 时不同温度下热处理态的金相组织

(1～5 分别代表变形温度为 1000℃、1040℃、1080℃、1120℃、1160℃，

a～c 分别代表应变速率为 0.1s^{-1}、1s^{-1}、10s^{-1})

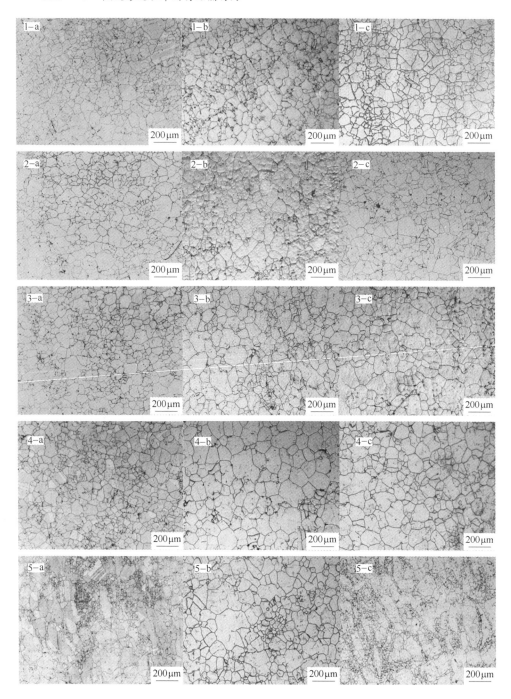

图 5-13　变形量为 30% 时不同温度下热处理态的金相组织
(1~5 分别代表变形温度为 1000℃、1040℃、1080℃、1120℃、1160℃，
a~c 分别代表应变速率为 0.1s^{-1}、1s^{-1}、10s^{-1})

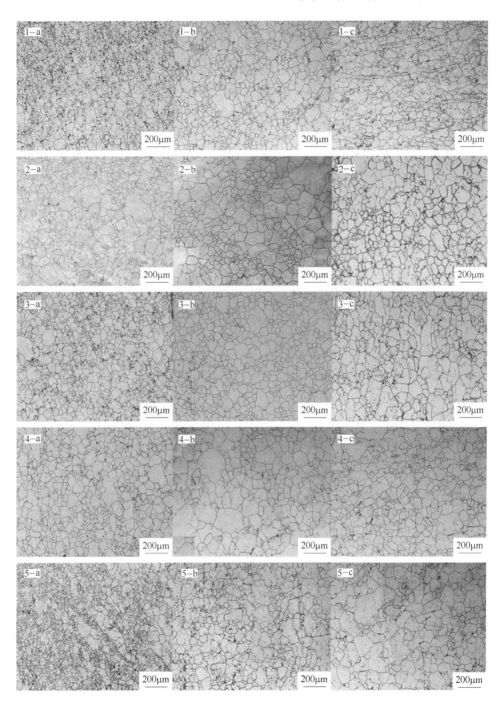

图 5-14 变形量为 50% 时不同温度下热处理态的金相组织

(1 ~ 5 分别代表变形温度为 1000℃、1040℃、1080℃、1120℃、1160℃,

a ~ c 分别代表应变速率为 0. 1s^{-1}、1s^{-1}、10s^{-1})

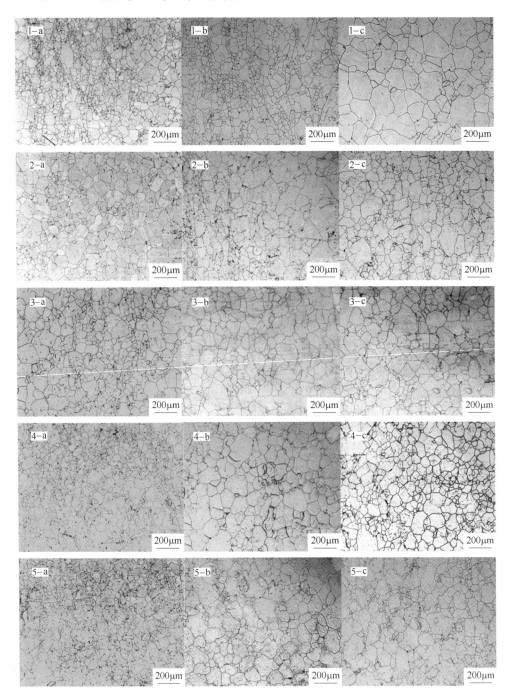

图 5-15   变形量为 70% 时不同温度下热处理态的金相组织

(1~5 分别代表变形温度为 1000℃、1040℃、1080℃、1120℃、1160℃,

a~c 分别代表应变速率为 0. 1s^{-1}、1s^{-1}、10s^{-1})

应变速率下热处理态的金相组织。从图中可以看出，经过固溶温度为1080℃的标准热处理后（热处理制度A），这些组织均已发生了完全的再结晶。

对照图5-4~图5-7中合金变形态的晶粒组织可以发现，尽管在变形量较小或变形温度较低时没有观察到明显的动态再结晶组织，而经过热处理后均获得了均匀较小的等轴晶组织。这说明在变形温度较低或变形量较小时，实际上基体中的不连续动态再结晶过程已经开始，形成了具有大取向差的细小动态再结晶晶粒。这些新晶粒的形成，一方面可以降低基体中的平均位错密度，释放变形能，这是低温变形下材料发生软化的主要机制；另一方面，这些细小的动态再结晶晶粒在随后的热处理过程中会发生进一步的长大，最终畸变的变形态组织由等轴晶所替代。

另外从图5-13（1-b、1-c、2-c试样）、图5-14（1-b、1-c试样）和图5-15（1-b试样）还可以看出，在组织的内部出现一些较平直的晶界，产生这种现象的变形温度主要为1000℃，此时原始晶粒的畸变严重，这种由变形态拉长的组织经过热处理后遗传了下来。

对经各个变形温度得到的热处理态组织形貌进行对比还可以发现，当变形温度为1000~1120℃时，组织的均匀度虽略有差别，但却没有出现严重的混晶现象；值得注意的是当变形温度提高到1160℃时，却得到异常不均匀的显微组织。在GH4738合金的加工过程中应该避免出现这样的晶粒度组织，热加工的工艺参数选择温度是关键，因此有必要对在1160℃下变形的试样进行细致的组织观察和分析。

图5-13（试样5）、图5-14（试样5）和图5-15（试样5）分别为合金在1160℃下经30%、50%和70%变形后经标准热处理得到的金相组织。从图中可以看出，此时合金均出现混晶组织，尤其是图5-13（5-a试样）和（5-c试样）混晶情况较为严重，在大的晶粒周围分布着一些项链状的小晶粒。从图5-15（试样5）和图5-14（试样5）与图5-13（试样5）的比较可以看出，随着变形量的增加，合金组织的均匀度有了较大的改善。对于热加工的过程而言，提高变形量可以促进合金的动态再结晶行为，提高再结晶百分数。变形后再结晶充分的试样，组织主要由大小一致的再结晶晶粒组成，在后面的标准热处理（主要是固溶）过程中这些晶粒完成均匀的晶粒长大，最终得到的热处理态组织的晶粒度也会较均匀。另外从图中还可以看出，在低应变速率（0.1s^{-1}）变形时最终热处理态的晶粒度要细小，这是因为在小应变速率变形时形成再结晶晶核的数目比较多，经过固溶长大后其平均晶粒尺寸比应变速率快的（1s^{-1}和10s^{-1}）要小。

5.1.2.2 晶界碳化物的显微形貌

图5-16a为在1160℃、30%、10s^{-1}进行变形后，热处理态合金晶界碳化物的显微形貌，从图中可以看出，组织中分布着大小晶粒，在小晶粒的周围分布的

晶界碳化物较为粗化和连续；这类形态的碳化物中具有较高的 MC 含量。当增加变形量或降低应变速率时，虽然晶界没有出现像图 5-16a 那样晶界碳化物宽窄程度很不均匀的现象，但还是出现了碳化物较粗大、连续（见图 5-16b、d）和宽大呈羽毛状的组织形貌，如图 5-16c 所示。

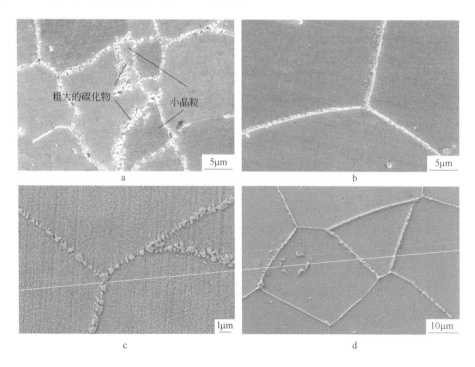

图 5-16 1160℃变形时热处理态晶界碳化物的 SEM 形貌

a—30%，10s^{-1}；b—70%，1s^{-1}；c—50%，1s^{-1}；d—30%，1s^{-1}

图 5-17 为合金在 1120℃热变形时热处理态的晶界碳化物组织形貌。与图 5-16比较可以看出，当热变形温度降为 1120℃时，组织中没有出现如 1160℃那样呈羽毛状的宽化和粗大致密的晶界碳化物，只是颗粒状的碳化物连续地分布在晶界处。

图 5-18 为合金在 1080℃热变形时热处理态的晶界碳化物组织形貌。它们的晶界碳化物形貌特征与 1120℃（图 5-17）的基本相同。

图 5-19 和图 5-20 为合金在 1040℃和 1000℃热变形时热处理态的晶界碳化物组织形貌。与在 1120℃和 1080℃进行变形的相比，晶界碳化物的数量有所减少。

从图 5-13（5-c 试样）和图 5-16a 的对比可以看出，混晶的出现与晶界碳化物的不均匀分布是相对应的。根据第 4 章 MC 碳化物回溶的规律试验可知，MC 的

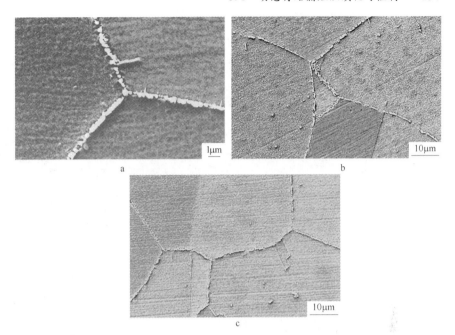

图 5-17　1120℃变形时热处理态晶界碳化物的 SEM 形貌

a—30%，1s⁻¹；b—30%，10s⁻¹；c—50%，1s⁻¹

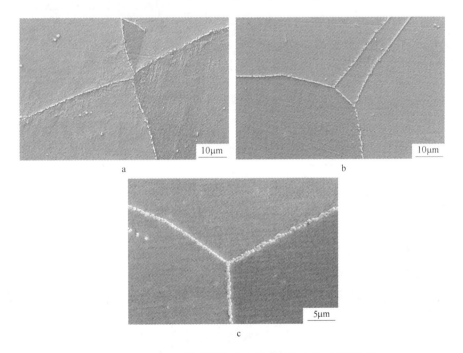

图 5-18　1080℃变形时热处理态晶界碳化物的 SEM 形貌

a—30%，1s⁻¹；b—70%，10s⁻¹；c—30%，10s⁻¹

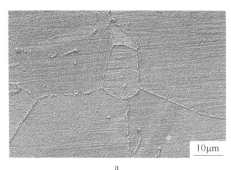 

图 5-19   1040℃变形时热处理态晶界碳化物的 SEM 形貌

a—50%，10s⁻¹；b—70%，1s⁻¹

回溶温度为 1150℃ 左右，在较高的温度（1160℃）下进行变形时，合金中的 MC 碳化物将会发生回溶与再析出的现象，它的参与是造成混晶现象的主要原因。GH4738 合金中 MC 碳化物主要分布于基体和晶界处，颗粒度比较粗大，当它们从合金中再析出时，主要沿着晶界处弥散析出，而且颗粒度较回溶前要小得多。当热加工温度为 1160℃ 时，合金中的 MC 碳化物将会发生回溶现象，在随后的空冷以及

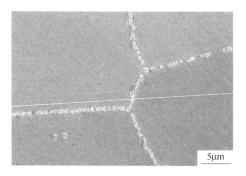

图 5-20   1000℃/30%/10s⁻¹变形时
热处理态晶界碳化物的 SEM 形貌

固溶处理的初始阶段，重新析出的 MC 碳化物对静态再结晶以及再结晶晶粒的生长起到钉扎的作用。从图 5-13（5-c 试样）可以看出，在小晶粒的周围分布的碳化物较为致密，抑制了它的生长，而其他位置较少的碳化物有利于晶界的迁移，晶粒容易发生长大。当变形温度低于 MC 的回溶温度时，由于没有再析出 MC 碳化物对晶界移动的阻碍作用，在固溶过程中通过在光镜下不能观察到的细小再结晶晶粒的长大而最终得到较为均匀的等轴晶组织。

从图 5-16 的试验结果可以看出，由于选择了较高的热变形温度，经过标准热处理后出现混晶，晶界上的碳化物较为粗化，呈羽毛状，有的连续成膜。因此可以认为，经标准热处理 A 制度后，晶界碳化物有成膜趋势可能是与合金锻件在热加工时温度过高有关。

总之，对压缩后的试样进行宏观观察，发现在 1000℃ 下压缩应变量达到 70% 时会出现开裂的现象，这主要是因为此时合金的变形抗力大，试样在压缩的过程中侧面的中间部分受到很大的拉应力，致使表面开裂。因此对于 GH4738 合

金应该避免较低的变形温度，选择单相区变形（大于 1034℃），可以通过减小 γ′相对晶界的钉扎作用，改善合金的动态再结晶行为来增加流动性，因此可以避免产生开裂的现象。GH4738 合金热加工上限温度的选择应该充分考虑 MC 碳化物的回溶和析出，实验结果表明大于 1160℃时，热处理后得到严重的混晶组织的趋势较大。虽然可以通过降低应变速率和增加变形量来改善热加工后的组织均匀度，但在实际操作的过程中还是很难控制的，因此应尽量避免在此温度（1150℃）以上进行热加工。

同时，GH4738 合金在经过不同的参数（温度、变形量、应变速率）热变形后，很难完成百分百的动态再结晶，组织内部由畸变的大晶粒和新再结晶的小晶粒组成，在某些变形参数下，虽然金相显微镜只能观察到未能发生动态再结晶的晶粒，但此时合金的内部（晶界、孪晶界和碳化物的周围）动态再结晶晶粒已经开始孕育，见图 5-21b。经过标准热处理后，在变形过程中产生大量细小的再结晶晶核，在高于再结晶温度的固溶过程中，发生了继续长大的现象，静态再结晶完成后最终畸变的原始晶粒被它们所吞并，得到较为均匀的热处理态组织结构，见图 5-21c。

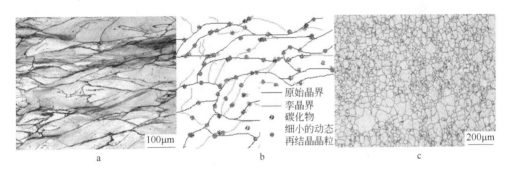

图 5-21　热处理过程中静态再结晶行为对变形态组织的影响

a—1000℃、0.1s^{-1}、50%变形态金相组织；b—变形态组织内部存在的细小再结晶晶粒；
c—1080℃标准热处理后的金相组织

目前，GH4738 合金根据固溶温度的高低采用两种热处理工艺，分别是 1080℃标准热处理 A 和 1020℃标准热处理 B，该合金的 γ′相析出温度和再结晶温度均在这个温度中间，分别是约为 1034℃和 1040℃。如果选择 1080℃作为热处理工艺的固溶温度，此时对变形态的晶粒形貌影响较大，不管再结晶百分数为多大的组织，经过热处理后合金均被等轴晶所取代。而在 1020℃固溶时，由于低于再结晶温度，所以经过完全热处理后，热变形态不均匀的晶粒结构会遗传下来。因此，在 GH4738 合金锻件的锻造过程中，由于各个部位变形量和温度会有所不同，最后的变形态组织也会出现晶粒度不均匀的情况，可以采用高于再结晶温度的固溶温度，在这个过程中通过静态再结晶行为，改善组织晶粒的均匀度。

5.1.3 初始组织为混晶的动态再结晶

上述涉及的实验所用试样的原始组织都为均匀的等轴晶，而实际过程并不能保证组织完全均匀，尤其是在棒料的边缘部位，所以对初始不均匀组织的动态再结晶行为进行研究也有其现实意义。取初始组织为如图 5-22 所示的混晶组织，进行等温热压缩实验，等温压缩的变形速率为 $0.1s^{-1}$，研究组织在不同热加工温度、不同变形量下的组织状态演变过程。

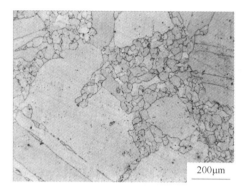

图 5-22 初始为混晶组织的晶粒度形貌

对应的真应力-真应变曲线受变形参数影响的规律和初始组织状态为均匀态的规律一致，随着热加工温度的升高，峰值应力降低，达到峰值应力所需的应变量减小，如图 5-23 所示。

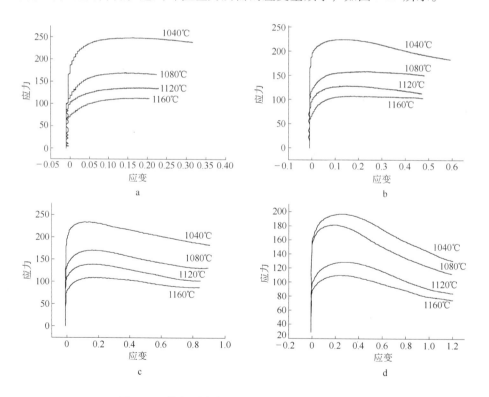

图 5-23 热变形真应力-真应变曲线（混晶组织）
a—变形量为 15%；b—变形量为 30%；c—变形量为 50%；d—变形量为 70%

不同应变量下峰值应力随变形温度的变化规律见图 5-24，与初始组织为均匀状态的相比（晶粒尺寸约为 $20\mu m$），在不同应变速率下峰值应力随变形温度的变化总体趋势（见图 6-59）一致，即在 15%、30%、50% 三种变形量下峰值应力随温度的变化规律也表现为两个阶段，一个是 1040~1080℃ 的温度区间，另一个是 1080~1120℃。前一段的斜率明显大于后者，从 1080℃ 下降到 1040℃ 时应力曲线的斜率明显增大。但对比图 5-24 与图 6-59 可以发现，混晶状态的峰值应力要明显低于均匀细晶时的峰值应力。

虽然原始组织为项链状的混晶组织，但从图 5-25 可以看出，不同热加工温度下组织动态再结晶的演变行为特征仍符合随着变形量的增加，组织的动态再结晶量呈现"S"曲线增长的特点。

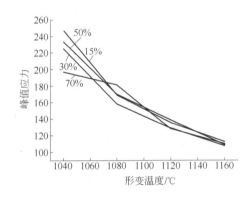

图 5-24　混晶状态不同应变量下金
的峰值应力（$\dot{\varepsilon}=0.1s^{-1}$）

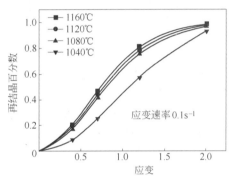

图 5-25　$\dot{\varepsilon}=0.1/s$ 下再结晶百分数与
温度和应变量之间的关系

混晶组织在热压缩后的动态再结晶组织演变见图 5-26，在 15% 低变形量下，随着热加工温度的升高，组织的再结晶量并没有明显变化，且在明显大于第二相粒子 γ' 固溶温度的热加工温度（1120℃、1160℃）下也没有发现再结晶晶粒的长大。

随着变形量的增大，当变形量为 30% 时组织的再结晶量有所增加，在 1040℃ 的热加工温度下，相比于变形量为 15% 的组织，30% 变形量的组织中能看到孪晶处的再结晶形核。当变形量达到 50% 时，四个热加工温度下的动态再结晶量都发生了明显的增加，对应的应力-应变曲线到达到峰值应力后应力都出现了明显的下降。而且随着变形温度的升高，再结晶量明显增多，1080℃ 热加工下变形量为 50% 时组织已再结晶完全，只有少量的残余原始变形晶粒夹杂在细小的再结晶晶粒中。1160℃ 热加工温度下变形量为 50% 时，基体已变为了均匀的等轴晶组织。随着变形量进一步增大达到 70% 时，和变形量为 50% 下的组织相比，再结晶量及再结晶晶粒尺寸都变化不大。

为了便于对比，图 5-27 给出了初始组织为均匀等轴晶的动态再结晶行为。对比图 5-26 和图 5-27 可以发现：1040℃、1080℃ 低热加工温度，15% 小变形量下，组织均未发生动态再结晶，保持原有的组织状态。随着热加工温度的升高，在 1120℃ 和 1160℃ 热加工温度下，初始为均匀等轴晶状态的组织开始发生动态再结晶，得到和图 5-27 一样的项链状的混晶组织，说明初始状态为均匀等轴晶的组织比混晶组织更易开始发生动态再结晶。但当变形量为 50%、70% 时，初始为混晶状态的组织的再结晶量要高于初始为均匀状态的组织的再结晶量，该现象在低热加工温度 1040℃ 和 1080℃ 下最为明显，可能是混晶组织在变形时，晶粒间的协调能力较差，晶粒内的位错密度较高，为再结晶形核提供了良好的条件，有利于组织的动态再结晶。

为了进一步分析热处理对混晶组织的后动态再结晶的影响，热变形后经热处理 1020℃/4h/AC + 845℃/4h/AC + 760℃/16h/AC，晶粒组织变化如图 5-28 所示。

对于 1040℃ 和 1080℃ 低热加工温度、15% 小变形量的组织，热处理后组织没有明显的变化，仍只是在部分原始晶界处有少量的再结晶晶粒。随着热加工温度的升高，1120℃ 和 1160℃ 热加工后的组织经热处理后再结晶量有所增加，且再结晶晶粒尺寸也有所增大，但再结晶晶粒仍主要在部分原始晶界处。当变形量为 30% 时，热加工后的组织经热处理后再结晶量明显增加，说明热处理时组织发生了静态再结晶。当变形量为 50% 时，1040℃ 和 1080℃ 低热加工温度下的试样在热处理前后组织的再结晶情况变化不大，随着热加工温度的升高，1120℃ 和 1160℃ 热加工后的试样经热处理后组织有明显的增加且晶粒明显增大，此时组织已基本再结晶完全，获得均匀的等轴晶。当变形量为 70% 时，1040℃ 和 1080℃ 低热加工温度下，组织经热处理后再结晶量也变化不大，仍有残余的原始晶粒夹杂在再结晶组织中，而在高的热加工温度 1120℃ 和 1160℃ 下，因为变形量很大，热加工后组织就已经动态再结晶完全了，热处理后主要发生再结晶晶粒的长大。

以上分析说明，对于 1040℃、1080℃ 低热加工温度下的组织，热处理除了在变形量为 30% 时使再结晶增加外，对其余变形量的组织影响不大。对 1120℃ 和 1160℃ 热加工后 15% 小变形量下的组织就有较大的影响，组织会发生静态再结晶和晶粒的长大。

从实验结果看出，对原始组织为项链状混晶组织的 GH738 合金采用热加工温度为 1120℃、变形量为 50% 的热加工，然后进行标准热处理（制度 B）就可得到均匀的组织，从而提高材料的使用性能。

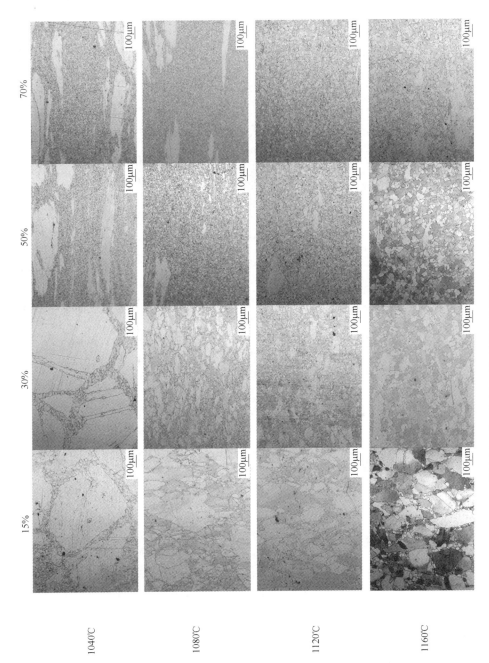

图 5-26 $\dot{\varepsilon} = 0.1/\mathrm{s}$ 时初始组织为混晶的动态再结晶行为

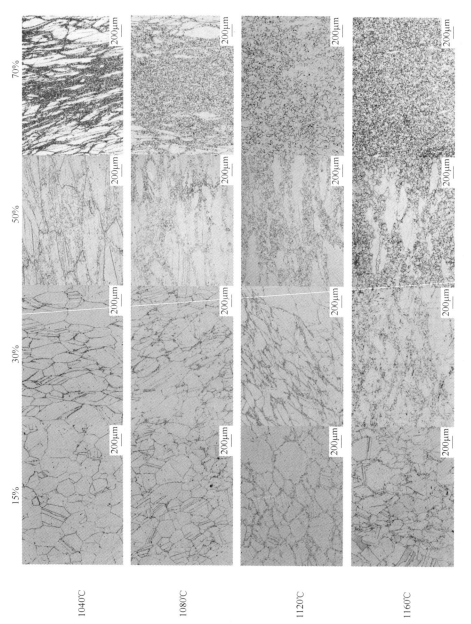

图 5-27 $\dot{\varepsilon}=0.1/\mathrm{s}$ 时初始组织为均匀等轴晶的动态再结晶行为

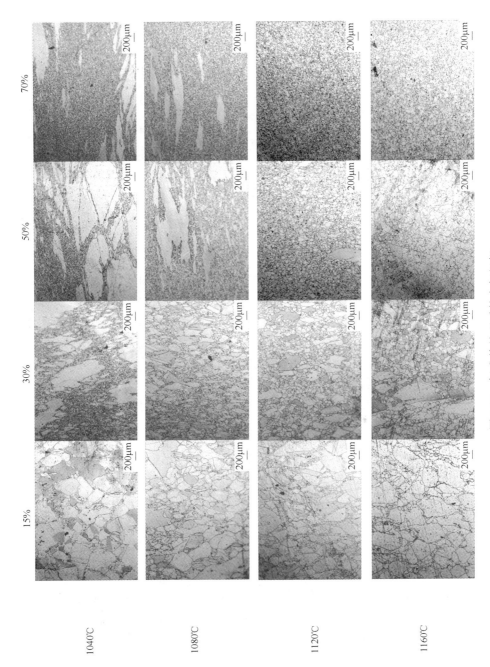

图 5-28 标准热处理后的金相组织

5.1.4 动态再结晶组织控制

热变形再结晶图用来描述热变形参数与奥氏体组织状态之间的关系，一般

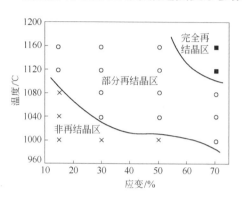

图 5-29 应变速率为 0.1s⁻¹ 的动态再结晶图

认为晶界发生凸起、形成弯曲的长条状组织是加工硬化组织，在晶界上刚析出小晶粒是发生部分再结晶的开始，而发生等轴晶的组织是完全再结晶。通过这样的组织分析结合显微组织演化规律，绘制出了 GH4738 合金在应变速率为 0.1s⁻¹ 时，不同变形温度和变形量对热变形后组织状态的影响，如图 5-29 所示。图中符号 × 表示加工硬化（回复）组织，○ 表示部分动态再结晶组织，■ 表示完全动态再结晶组织，图中曲线用来区分不同的再结晶区域。

由图 5-29 可知，非再结晶区组织即加工硬化组织往往存在于较低变形温度区域，而且在小变形区域容易发生；而完全再结晶组织在高温大变形量区域容易进行；随着变形温度的提高，合金中将发生部分动态再结晶，且部分再结晶区域则逐渐增加；同时发现，合金只有在达到足够变形量的情况下，提高温度才可以达到完全再结晶，而单一地提高温度，如果变形量较小，仍然不能使合金发生充分再结晶。

图 5-30 是合金在应变速率为 1s⁻¹ 条件下的动态再结晶图，非再结晶区域发生在 1040℃ 温度以下，即使变形量达到 70% 的组织也难以促进再结晶组织的形成，而且低变形量明显不利于动态再结晶的发生；部分再结晶发生在 1040℃ 以上，变形量要超过 15%；完全再结晶只有在 1120℃ 以上，并且变形量超过 50% 才会发生。

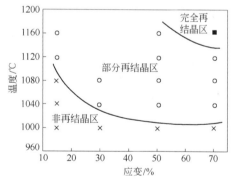

图 5-30 应变速率为 1s⁻¹ 的动态再结晶图

图 5-31 是合金的应变速率为 10s⁻¹ 时的动态再结晶图，随着变形温度的升高和变形量的增加，动态再结晶易于发生。从图中可以看出，变形温度在 1040℃ 以上、变形量的提高都有利于合金发生部分再结晶。

总结 GH4738 合金的不同变形温度和变形量对热变形后组织的影响，将应变速率为 0.1s⁻¹、1s⁻¹、10s⁻¹ 下的动态再结晶图进行叠加，如图 5-32 所示。从中可以看出，随着应变速率的增加，曲线上移，也就是说随着应变速率的增加，动态再结晶变得困难。根据图 5-32 所示的热变形动态再结晶图（变形温度-变形量图-再结晶状况），可以清楚地了解 GH4738 合金在高温变形过程中变形温度、变形量和应变速率对 GH4738 合金热变形组织状态的影响，为实际热加工提供依据。

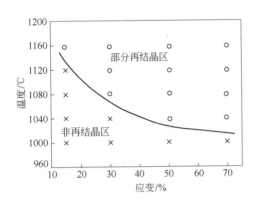

图 5-31 应变速率为 10s⁻¹ 的动态再结晶图

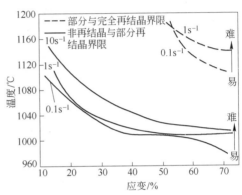

图 5-32 动态再结晶图

在较高的变形温度下，动态再结晶的倾向性很大，经较小的变形量就能发生动态再结晶；而在较低的变形温度下，只有通过很大的变形量才能使合金发生动态再结晶。变形过程中实现完全的动态再结晶，有利于在热处理后获得均匀的等轴晶组织；而不完全动态再结晶可能导致热处理后形成项链组织、混晶组织和条带组织等各种形式的双重组织，这会对合金性能造成不利的影响。

通过对动态再结晶的应力-应变曲线和变形过程中的显微组织进行分析，可以得出结论：GH4738 合金在 1000℃ 下变形时，即使采用较小的变形速率和较大的变形量，也观察不到动态再结晶的情况，因此应该严格控制变形温度范围，防止该合金在 1000℃ 以下变形；在 1040 ～ 1160℃ 的温度范围内，提高变形温度或者减小应变速率，可以使动态再结晶量增加，晶粒较为均匀细小。

为了直观说明变形速率与变形温度对变形组织的影响，做出了如图 5-33 所示的 GH4738 合金热加工控制示意图。对 GH4738 合金而言，存在最佳热加工上限和下限，在此区间内变形均可获得理想的显微组织；在最佳变形区上下限温度以外的若干温度范围内，存在不利加工区（阴影部分），容易产生混晶现象；当温度高时，由于变形温度过高，容易产生异常混晶；当温度低时，容易由于变形温度较低，再结晶不充分造成混晶；而在不可加工区的上限和下限，合金由于在过高温变形，晶界成膜，合金塑性恶化；在低温情况下变形，造成合金变形开裂等问题。故而，对于GH4738合金变形工艺，应随着应变速率的提高，合理选择变形温度，最好在最佳热加工区间进行变形。

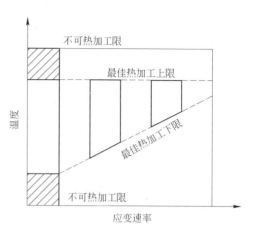

图5-33　GH4738合金热加工控制示意图

　　因此，对GH4738合金来说，最佳变形区间为应变速率 $0.1 \sim 1s^{-1}$，变形温度在 $1040 \sim 1120℃$ 的范围，在该区间内变形可确保获得充分再结晶的微观组织。如果为了细化晶粒，可在可加工区间降低变形温度，但必须保证合金获得足够的变形量。

5.2　亚动态（静态）再结晶组织演变与控制

　　涡轮盘等锻件在实际锻造时存在中间停留过程，而这部分变形工艺涉及合金在两道次变形中间的亚动态再结晶、静态回复及静态再结晶过程。回复过程中仅有微观组织亚结构发生变化，而再结晶过程才能起到细化晶粒的作用。显然，显微组织演化过程依据间歇时间的长短而有显著差别，当合金变形后停留较短时间继续锻造时，在道次间歇时间内主要发生了合金的亚动态再结晶、静态回复及静态再结晶；当停留时间较长时，则发生合金的亚动态再结晶、静态回复、静态再结晶以及晶粒长大。

　　在实际的热加工条件下，当应变量大于某临界值 ε^*，而这个临界值小于发生稳态动态再结晶的应变量，但远大于动态再结晶所需的临界应变量 ε_c 时，亚动态再结晶即可发生。静态再结晶是在变形后的冷却和保温过程中在高位错密度区形成的没有应变的新核心生成和长大过程。两者的主要区别是：亚动态再结晶没有形核过程，只有长大过程，因此亚动态再结晶发生得十分迅速；静态再结晶对温度敏感，强烈依赖于应变量，较小依赖于应变速率，而亚动态再结晶对温度不敏感，与应变速率有较大关系，与原始奥氏体晶粒尺寸及应变量无关。当 $\varepsilon_c < \varepsilon < \varepsilon^*$ 时，其软化过程由亚动态和静态再结晶共同控制，当施加的应变量靠近 ε_c 时，动态再结晶较少，其软化主要由静态再结晶控制，当变形量接近 ε^* 时，亚动态再结晶所占的比例较大。由于在热变形过程中再结晶行为是部分动态再结晶，变形后的软化过程中既有亚动态再结晶又有静态再结晶发生，故称其为亚动

态（静态）再结晶行为。

　　研究过程将通过双道次压缩实验来分析在等温条件下亚动态（静态）再结晶行为。变形工艺如下：变形温度为 1040℃、1060℃、1080℃ 和 1120℃；应变速率为 0.1s⁻¹、1s⁻¹ 和 10s⁻¹；第一道次变形量 15%；保温时间为 0s、0.5s、1s、5s、15s 和 45s；第二道次变形量 50% 后水淬；同时，为了研究变形量对合金亚动态（静态）再结晶的影响，同时对晶粒度为 ASTM 3.5 级的样品进行如下实验：变形温度为 1080℃，变形速率为 0.1s⁻¹，保温时间分别为 0.1s、0.5s、1s 和 3s，前后两次变形量分别为：15% +15%、30% +15% 和 50% +15%。此外，对变温条件下，不同变形温度（第一道次变形温度为 1130℃ 和 1090℃；第二道次变形温度为 1090℃ 和 1060℃）、不同保温时间（0.1s 和 180s）、不同真变形量（0.2 和 0.6）下的亚动态（静态）再结晶过程中的变形抗力规律以及显微组织演化规律也进行了研究。

5.2.1　双道次变形抗力影响规律

　　图 5-34 ~ 图 5-36 给出了初始晶粒度不同时在不同变形温度和不同应变速率，分别保温 0.5s、1s、5s 和 15s 的条件下，利用双道次热压缩实验获得的应力-应变曲线。亚动态再结晶和静态再结晶对软化率的贡献是不同的。静态再结晶主要发生在变形过程中未发生动态再结晶的组织中，其过程包括再结晶形核与长大，需要的时间较长，应变和温度对其速度的影响较大，而应变速率对其影响较小；而亚动态再结晶发生在变形过程中发生了动态再结晶的组织中，主要是动态再结晶期间形成的晶核的静态长大，其速度比静态再结晶速度快，受变形温度、应变速率的影响较大而受应变的影响较小。

　　如图 5-34 所示，在 GH4738 合金亚动态（静态）再结晶过程中，由变形过程中的应力-应变曲线可以看出，经过第一次变形道次间歇后，第二次变形压缩过程中应力-应变曲线先上升到达最高点（峰值应力）后下降，继而达到一个相对稳定的值，即第二道次的流变应力经历加工硬化阶段，最后达到稳定阶段。这说明此时的动态再结晶量较多，产生的软化还使得材料内部的位错密度降到动态再结晶的临界位错密度以下，因而第二道次变形时产生的加工硬化能与动态再结晶的软化抵消，流变应力达到稳定。

　　当道次间隔时间增加时，材料软化程度逐渐增大，亚动态再结晶量也迅速增加，亚动态再结晶产生的软化迅速使得材料的位错密度下降到动态再结晶平衡位错密度以下，因而第二次加载时，有明显的应力应变曲线攀升-加工硬化现象，且随着道次间隔时间的增加，加工硬化现象变明显，表现为流变应力曲线达到峰值应力的应变增加。

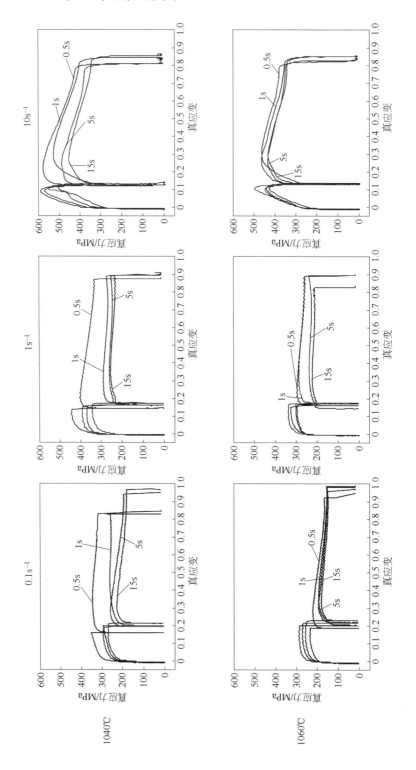

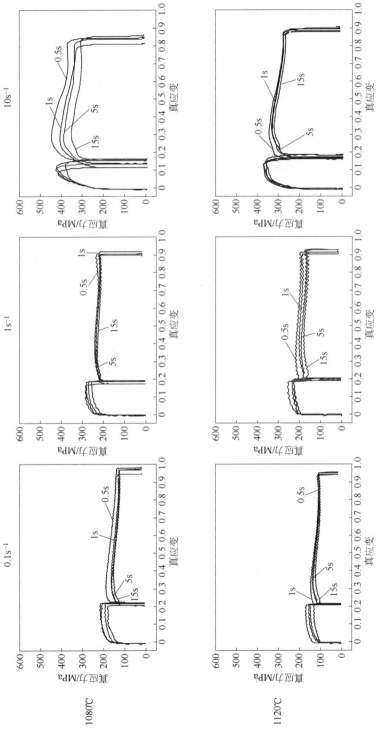

图 5-34　平均晶粒尺寸 $D_0 = 38\mu m$，双道次压缩应力-应变曲线

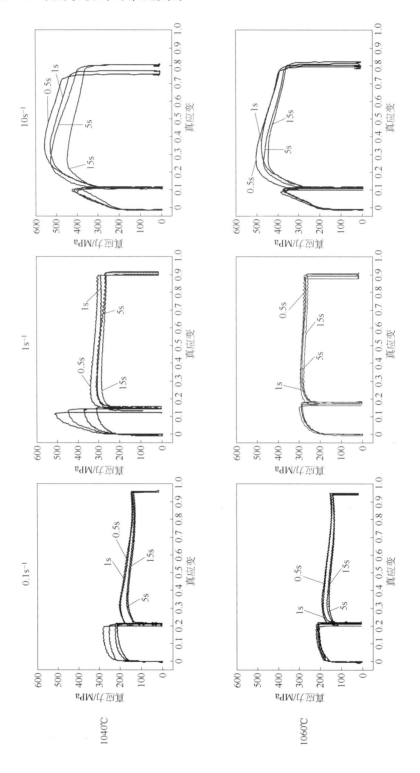

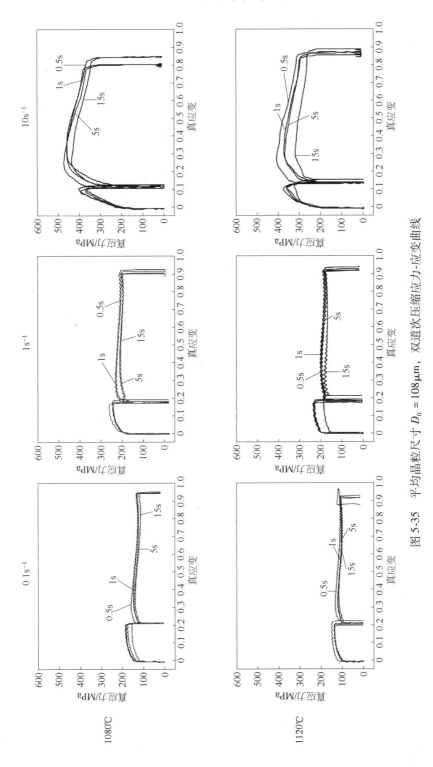

图 5-35　平均晶粒尺寸 $D_0 = 108\,\mu m$，双道次压缩应力-应变曲线

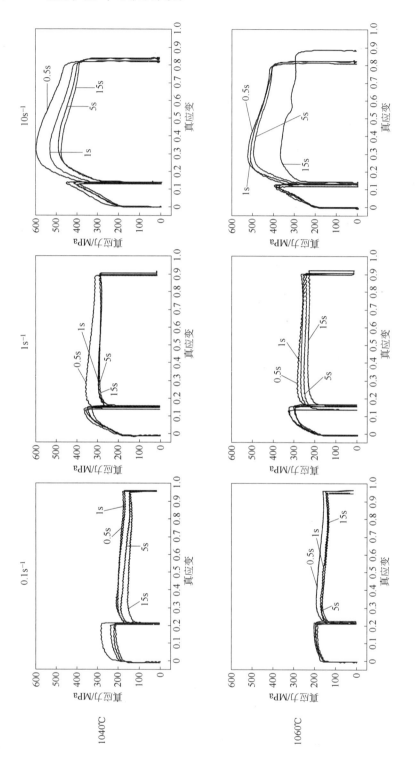

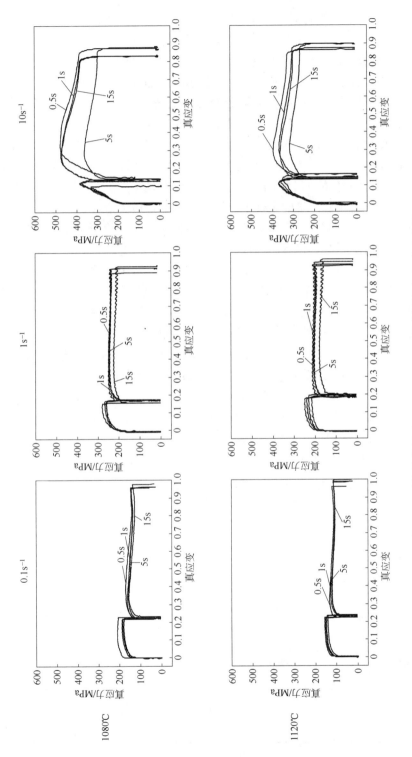

图 5-36 平均晶粒尺寸 $D_0 = 300\mu m$，双道次压缩应力-应变曲线

由图 5-34 可知，随着间歇时间的延长，合金第二道次峰值应力更加降低，即一定程度上保温可以促进亚动态（静态）再结晶，促进组织均匀细小；此外，随着应变速率的增加，合金峰值应力逐渐增加，当应变速率增加至 $10s^{-1}$ 时，由于变形速度快，合金位错来不及在亚动态静态再结晶作用下充分消耗，从而促使第二次锻造变形应力迅速提高，但随着变形量逐渐加大，合金中位错区域稳定，流变曲线趋于平稳；同时，随着变形温度的提高，合金变形抗力逐渐下降。

随着合金初始平均晶粒尺寸的增加 ASTM 3.5 级（$D_0 = 108\mu m$），如图 5-35 所示，与图 5-34 所示应力值相比，在同等条件下，变形应力呈现普遍下降的趋势；同时发现，随着晶粒尺寸的增加，合金亚动态（静态）再结晶程度减弱，第二道次峰值应力明显高于同条件下晶粒细小的变形应力值。

图 5-36 为初始晶粒度 ASTM 0.5 级（$D_0 = 300\mu m$）时合金的应力-应变曲线。同理可知，其与图 5-34、图 5-35 有相似的规律。变形抗力随着应变速率的增加而增加，随着变形温度的提高而减小；晶粒越大越不利于再结晶的发生。

在不同晶粒尺寸、保温时间、应变速率、变形温度条件下进行双道次应力-应变曲线分析，获得第二道次合金软化屈服应力值（见表 5-2 ~ 表 5-4）。表 5-2 给出了应变速率为 $0.1s^{-1}$ 时，合金第二道次屈服应力的变化，由表可知，在 1040℃ 温度下变形，保温时间为 0.5s 时，应力值为 246MPa，当提高保温时间至 15s 时，合金应力降低至 205MPa；而在同等条件下，随着晶粒度尺寸的改变，晶粒由 ASTM 6.5 级增加至 ASTM 0.5 级时，应力则由 246MPa 降低至 167MPa；与此同时，合金变形温度升高至 1120℃ 时，变形应力降低至 138MPa。由此可见，随着变形温度升高、保温时间的增加、晶粒尺寸的增大以及应变速率的降低，第二道次屈服应力值逐渐下降；应力峰值的变化可以在一定程度上为锻压设备载荷的确定提供依据。

表 5-2 双道次压缩实验应变速率为 $0.1s^{-1}$ 时，不同条件下的应力变化 （MPa）

条件	应力							
变形温度/℃	1040				1060			
保温时间/s	0.5	1	5	15	0.5	1	5	15
ASTM 6.5	246	230	211	205	202	170	161	159
ASTM 3.5	178	170	143	140	170	161	149	146
ASTM 0.5	167	171	157	139	142	145	132	111
条件	应力							
变形温度/℃	1080				1120			
ASTM 6.5	174	148	143	130	138	127	121	107
ASTM 3.5	141	132	124	118	111	102	101	93
ASTM 0.5	131	118	125	113	104	98	88	75

表5-3为应变速率为1s⁻¹时，合金第二道次屈服应力的变化。由表可知，屈服应力的变化趋势与应变速率为0.1s⁻¹时较为相似。

表5-3 双道次压缩实验应变速率为1s⁻¹时，不同条件下应力变化 （MPa）

条 件	应 力							
变形温度/℃	1040				1060			
保温时间/s	0.5	1	5	15	0.5	1	5	15
ASTM 6.5	308	280	242	226	258	219	218	205
ASTM 3.5	244	220	213	200	226	214	201	190
ASTM 0.5	277	241	181	163	250	223	193	187
条 件	应 力							
变形温度/℃	1080				1120			
ASTM 6.5	208	204	192	182	185	179	178	161
ASTM 3.5	224	213	203	195	190	180	174	173
ASTM 0.5	224	188	170	156	185	177	149	127

当应变速率提高到10s⁻¹时，合金第二道次屈服应力的变化如表5-4所示。可以明显看出，与应变速率为0.1s⁻¹、1s⁻¹时相比，屈服应力明显下降，在1040℃变形保温0.5s后，第二道次峰值应力变为484MPa，相当于其他同等条件下，应变速率为0.1s⁻¹时的应力的两倍。亦即，合金设备载荷要增加一倍才可以对其进行锻造。此外，其他变形条件下均有相似的规律。

表5-4 双道次压缩实验应变速率为10s⁻¹时，不同条件下应力变化 （MPa）

条 件	应 力							
变形温度/℃	1040				1060			
保温时间/s	0.5	1	5	15	0.5	1	5	15
ASTM 6.5	484	438	375	354	386	376	332	302
ASTM 3.5	337	323	298	280	303	295	269	236
ASTM 0.5	358	303	179	245	306	297	269	232
条 件	应 力							
变形温度/℃	1080				1120			
ASTM 6.5	344	331	303	269	295	284	260	242
ASTM 3.5	322	300	289	250	295	274	248	226
ASTM 0.5	332	298	262	201	295	279	253	223

5.2.1.1 变形参数对变形抗力的影响

为了研究变形量对合金亚动态（静态）再结晶的影响，同时对晶粒度为ASTM 3.5级的样品进行如下实验：变形温度为1080℃，变形速率为0.1s⁻¹，保温时间分别为0.1s、0.5s、1s和3s，前后两次变形量分别为：15%＋15%、30%

+15%和50%+15%。图5-37即是经压缩后获得的变形抗力实验结果。

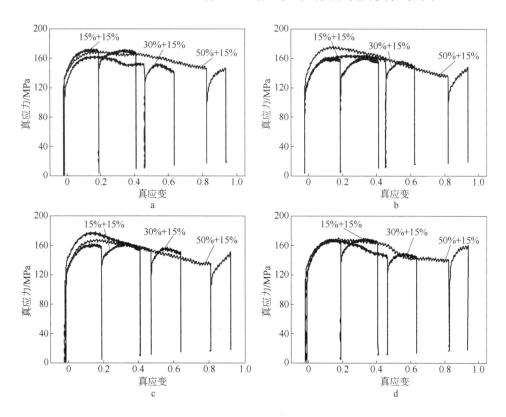

图5-37 1080℃、0.1s^{-1}双道次不同间歇时间的应力-应变曲线

a—0.1s；b—0.5s；c—1s；d—3s

从图5-37a中可以看出，第一道次变形量为15%，逐渐增加至30%及50%，经过相同保温时间处理后，第二道次应力值明显降低。即得出如下基本规律：在等温间断变形过程中，第一道次变形量越大，致使第二道次应力越低，更有利于变形进行。而造成第一次变形量大，第二次变形应力值低的主要原因是变形量大促使第一次变形过程中动态再结晶量增多，因此，在同等变形条件下，经过保温时间长的压缩试样，则第二次应力值小。

此外，对比图5-37a~d中不同保温时间对应力-应变曲线的影响可以发现，合金经历第一次变形后保温0.1s、0.5s、1s、3s后，第二道次应力-应变曲线随着中间保温时间的延长而应力降低。由此可知，合金间断变形过程中的保温时间长短对后续的变形抗力可起到调节作用。该规律在其他变形量的双道次变形中也存在类似规律。

5.2.1.2 变形温降对变形抗力的影响

为了研究模拟实际锻造过程中，第二道次温降对变形抗力的影响，特别设计了如下实验，在不同变形温度（第一道次变形温度1130℃、1090℃变形后立即降温至第二道次变形温度1090℃、1060℃进行保温后直接进行变形）、不同保温时间（0.1s、180s）、不同真变形量（0.2、0.6）下，以应变速率0.01s⁻¹进行实验。

从图5-38可知，通过设计使得第二道次变形温度降低，尽管间歇变形过程中保温180s后起到一定软化作用，但是由于温降作用，第二道次变形应力值逐渐增加，并高于第一次应力值。

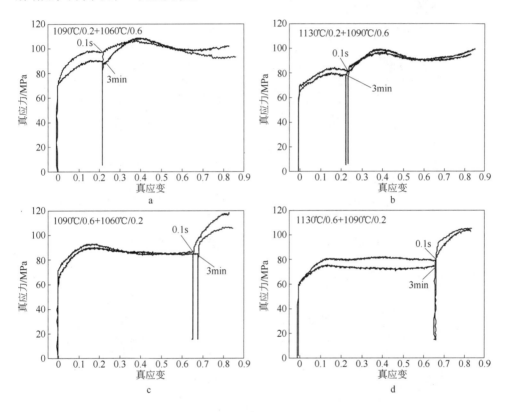

图5-38 在变温情况于0.01s⁻¹不同变形量下的应力-应变曲线

从该间歇变形温降工艺实验来看，温度的降低，直接导致合金第二次变形应力的提高，这与在实际生产中涡轮盘包套脱落后，涡轮盘变形抗力的增加有一定类似性，所以应予以重视。此外，从图5-38a～d的应力应变曲线可以看出，第一次变形量增加，致使第二次峰值应力增加。同时，可以看到保温时间的延长对合金同样起到了一定软化作用，但是效果不显著。

5.2.2 变形参数对晶粒组织影响规律

在不同初始晶粒度、变形量、变形速率、间歇保温时间以及不同变形温度下获得的亚动态（静态）再结晶晶粒组织演变规律，如图5-39～图5-48所示。

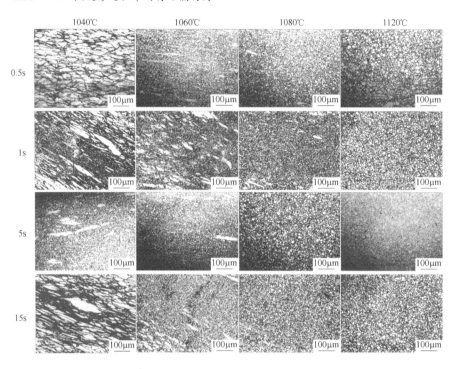

图 5-39 合金以 0.1s⁻¹ 变形 15% + 50% 不同道次停留时间的组织 ($D_0 = 38 \mu m$)

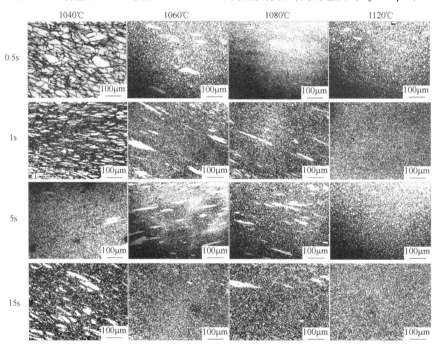

图 5-40 以 1s⁻¹ 变形 15% + 50% 不同道次停留时间的组织 ($D_0 = 38 \mu m$)

图 5-39 为初始平均晶粒尺寸 $D_0 = 38\mu m$ 的合金以应变速率 $0.1s^{-1}$ 在道次间保温不同时间后的显微组织。从图 5-39 可知，合金的变形温度从 1040℃提高到 1120℃时，再结晶百分数由 5% 逐渐增加至 95%，即合金再结晶量逐渐增加。当变形温度一致时，例如，在 1080℃变形时，中间保温不同时间后，如保温时间从 0.5s 增加至 15s，合金中晶粒越来越细小均匀。由此可知，中间保温后再进行热变形工艺，一定程度上可以细化晶粒，促进晶粒组织均匀。同时，可以观察到，变形温度在 1080℃以上时，合金经过不同保温时间，均可获得均匀细小的组织，并随着保温时间的延长，合金再结晶晶粒尺寸逐渐减小。

当应变速率提高至 $1s^{-1}$ 时，合金组织演变情况如图 5-40 所示。可知，变形速率提高，合金再结晶平均晶粒尺寸变得更加细小。同时，提高变形温度，同样促进合金再结晶量增加，同时保温时间的延长也促进了合金再结晶组织的细化。另外，在保温 1s 后，从不同变形温度下的显微组织可以发现（对比图 5-39），随着应变速率的提高，合金再结晶量则出现一定降低。

当双道次应变速率增加至 $10s^{-1}$ 时，合金保温不同时间后的显微组织演化形貌如图 5-41 所示。由图可知，同等条件下变形，提高变形速率，在一定程度上

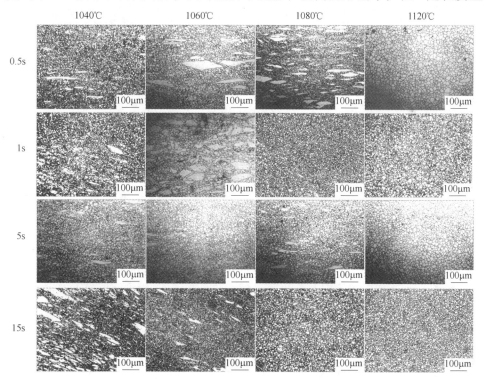

图 5-41 以 $10s^{-1}$ 变形 15% + 50% 不同道次停留时间的组织（$D_0 = 38\mu m$）

不利于再结晶组织的均匀性的提高，以保温 0.5s，不同变形温度下的规律最为明显，可知在变形温度为 1040℃、1060℃、1080℃的条件下，合金中均有不同程度的大小混合晶粒出现。

纵观图 5-39 ~ 图 5-41 的显微组织演变，可以观察到一个规律：中间保温时间为 5s 时，不同变形温度下，基本上可以获得较为均匀细小的组织；同时，在 1120℃进行双道次压缩变形，均可获得满意的均匀细小的晶粒组织。

图 5-42 ~ 图 5-44 为初始平均晶粒尺寸增加至 $D_0 = 108\mu m$ 时，不同变形温度及保温时间和应变速率下显微组织演化情况。

图 5-42 为应变速率为 $0.1s^{-1}$ 时，在不同变形温度、保温时间下，经过双道次压缩后显微组织演化规律。由图 5-42 可知，在低应变速率 $0.1s^{-1}$ 下，在 1080℃以上变形，保温 0.1 ~ 15s 均可获得均匀细小的组织；同时，经过 1040 ~ 1120℃变形保温 5 ~ 15s 的试样，均可获得均匀的再结晶组织。而在 1040℃、1060℃变形，保温时间较短（0.5s、1s）的样品，则出现了不同程度的混晶现象。

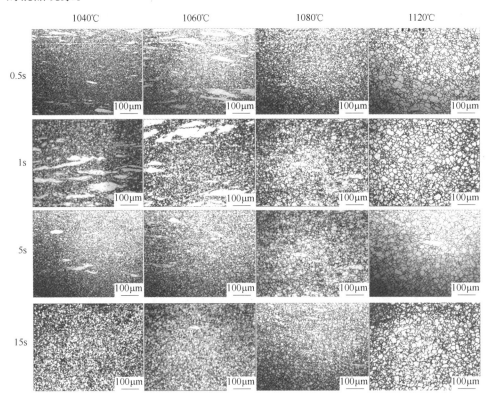

图 5-42 以 $0.1s^{-1}$ 变形 15% + 50% 不同道次停留时间的组织（$D_0 = 108\mu m$）

与图 5-39 ~ 图 5-41 初始晶粒尺寸为 $38\mu m$ 的显微组织演化规律相比，初始晶粒尺寸为 $108\mu m$ 的组织随变形温度的提高，合金再结晶量逐渐增加；同时随着中间保温时间的延长，合金再结晶晶粒变得更加细小均匀。然而，随着晶粒尺寸的增加，经保温热加工后的晶粒组织也变得相对较为粗大。

当应变速率提高至 $1s^{-1}$ 时，显微组织如图 5-43 所示，对比应变速率为 $0.1s^{-1}$ 时的显微组织演化发现，合金在较高应变速率下的变形组织变得更为不均匀；虽然同样均有随着变形温度的升高、保温时间的延长，再结晶量逐渐增加的趋势，但是再结晶不均匀性明显增加。从组织演化规律中可以发现，合金仅仅在变形温度为 $1120℃$ 时，保温不同时间才获得了均匀细小的组织，其他变形状态下，均呈现出了一定程度的混晶组织。

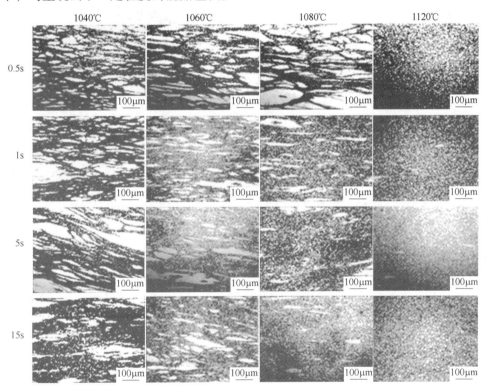

图 5-43　以 $1s^{-1}$ 变形 15% +50% 不同道次停留时间的组织（$D_0 = 108\mu m$）

如图 5-44 所示，当变形速率提升至 $10s^{-1}$ 时，合金变形态组织的不均匀性明显提高。合金仅在变形温度 $1120℃$ 保温 5s、15s，以及在 $1080℃$ 变形温度保温 15s 的条件下可获得理想的显微组织。

综上所述，变形速率的提高，不利于合金再结晶晶粒组织均匀性的提高；变形温度的提高以及保温时间的延长均可促进双道次热变形过程中再结晶的发生。间断变形过程中，变形温度对晶粒再结晶组织的调节作用较之保温时间的调节作

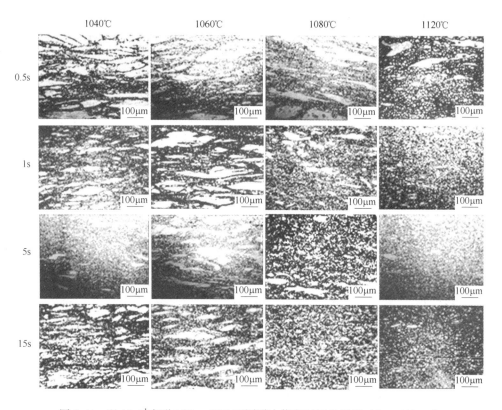

图 5-44　以 $10s^{-1}$ 变形 15% + 50% 不同道次停留时间的组织（$D_0 = 108\mu m$）

用更加明显，在 1120℃变形条件下，保温 0.5 ~ 15s 时间内，均可获得较为满意的晶粒度显微组织。

为了进一步研究晶粒尺寸对亚动态（静态）再结晶行为的影响，进而设计了对初始平均晶粒尺寸为 300μm 的合金进行双道次压缩变形实验，图 5-45 ~ 图 5-47 为不同条件下变形试样显微组织的演化规律。

图 5-45 为应变速率为 $0.1s^{-1}$ 时在不同保温时间及不同变形温度下显微组织的演化规律，由图可知，晶粒尺寸的长大，保温时间的延长以及变形温度的增加，均不能使完全再结晶组织出现。从图中可知，在变形过程中，虽然晶粒在一定程度上发生再结晶，但是由于初始晶粒尺寸过于粗大，变形结束后，仍然保留有较多的粗大被压长的原始晶粒组织，这些组织对后续的热处理晶粒组织将产生不良影响。

图 5-46 为初始平均晶粒尺寸为 300μm 时不同变形条件下的显微组织规律，由图可知，整体上合金变形速率提高至 $1s^{-1}$ 时，较之应变速率低的 $0.1s^{-1}$ 的再结晶驱动力减弱。虽然变形温度由 1040℃增加至 1120℃，在一定程度上促进了再结晶的发生，但是由于初始平均晶粒尺寸过大，合金无法发生完全再结晶，从而

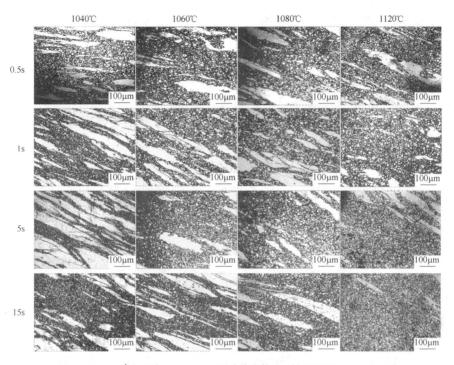

图 5-45　以 0.1s^{-1}变形 15% +50% 不同道次停留时间的组织（$D_0 = 300\mu m$）

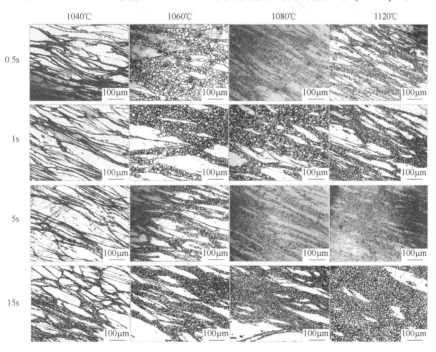

图 5-46　合金以 1s^{-1}变形 15% +50% 不同道次停留时间的组织（$D_0 = 300\mu m$）

导致再结晶的不均匀性进一步增加。随着应变速率的提高，合金再结晶晶粒沿着变形方向，消耗位错促进再结晶的发生，但是，较之低应变速率，仍显不足，开始出现大量的条带型原始粗大晶粒组织。

在初始平均晶粒尺寸 $D_0 = 300\mu m$ 下，进一步提高应变速率至 $10s^{-1}$ 时的显微组织演化规律如图 5-47 所示。由图可知，在变形温度为 1040℃，保温时间为 0.5s 时，合金晶粒组织明显呈现纤维状，中间夹杂着被应力压长的初始条带的大晶粒组织。随着变形温度的提高，条带型的再结晶晶粒区域以及拉长的初始晶粒组织变得越加不明显，再结晶晶粒变得粗大；随着中间保温时间的延长，合金中再结晶晶粒逐渐增多，当在 1120℃变形时，增加保温时间至 15s 后，合金组织再结晶发生得较为完全，整体上晶粒组织较为均匀细小，有利于获得最终良好的热处理态组织。

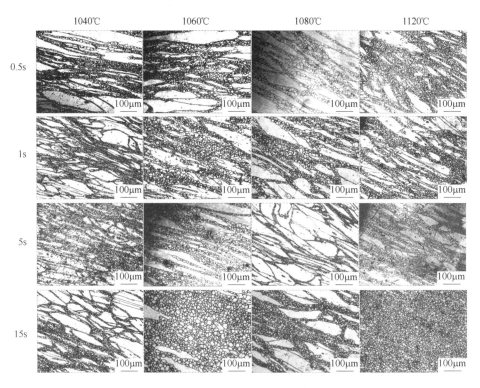

图 5-47　以 $10s^{-1}$ 变形 15% +50% 不同道次停留时间的显微组织（$D_0 = 300\mu m$）

综上所述，通过对 GH4738 合金进行双道次热压缩变形实验研究了该合金的亚动态（静态）再结晶行为。研究结果认为，在合金变形过程中，随着道次停留保温时间的延长，合金的变形态再结晶晶粒变得更加均匀细小，同时合金再结晶程度也越加充分。随着变形温度的升高，道次停留时间的延长，亚动态（静态）再结晶更容易进行，再结晶晶粒逐渐呈等轴晶组织状态。这是由于随着温度的升高和道次停留时间的延长，亚动态（静态）再结晶发生得越加充分，从而促使再结晶的形核，再结晶晶界的迁移率也提高，有利于再结晶晶粒的长大。然而，研究也发现增加应变速率不利于再结晶的充分进行，增加变形速率，容易促使再结晶晶粒减小且合金晶粒组织不均匀性增加。

通过对不同初始晶粒度的亚动态（静态）再结晶规律进行研究可知，初始晶粒度对合金再结晶具有重要影响。初始晶粒尺寸较小的晶粒中，晶界较多，再结晶形核的潜在位置增多，所以形核率提高；初始平均晶粒尺寸较大的晶粒，初始晶界量相对较少，所以再结晶形核位置减少，从而容易造成不完全再结晶现象的发生。在其他变形条件一致的情况下，随着初始平均晶粒尺寸的增加，再结晶晶粒尺寸缓慢增加，再结晶百分数降低，同时再结晶组织的不均匀性增加。

为了系统地研究第一道次变形量对组织演变规律的影响，特设计了不同变形量对亚动态（静态）再结晶影响的实验，15%＋15%、30%＋15%、50%＋15%，保温时间分别为：0.1s、0.5s、1s、3s。

不同道次变形量对亚动态（静态）再结晶的影响如图 5-48 所示。由图可知随着道次停留时间的延长，再结晶晶粒尺寸减小，再结晶百分数增加。足够长的道次停留时间，给第一道次产生的未完全再结晶晶粒在第二道次变形之前长大的机会，进而使在第二道次压缩时变形充分。随着第一道次变形量的增加，再结晶晶粒百分数不断增加。在变形温度为 1080℃，应变速率为 0.1s^{-1}，道次间隙时间为 0.1s 的条件下，当第一道次变形量为 15%、30%时发生部分再结晶；而当变形量为 50%时，再结晶基本上已经完全，再结晶百分数高达约 90%。这说明变形量对再结晶的影响很大。这是由于在应变未达到动态再结晶之前，加工硬化在变形过程中起主导作用，因而，随着变形量的增加，合金的位错密度迅速增加，静态再结晶的驱动力增大。

5.2.3 晶粒组织控制原则

与此同时，为了更加清晰地阐述再结晶规律，特别选取初始平均晶粒尺寸为 108μm 的合金组织进行分析，依据以上亚动态（静态）再结晶显微组织演化规律情况，获得合金以不同应变速率变形 15%＋50%的亚动态（静态）再结晶图（图 5-49），横坐标是道次停留的保温时间，纵坐标是变形温度。规定有大小两种晶粒的是部分再结晶组织，用 ○ 表示；均匀细小等轴晶的组织是完全再结晶组织，用 ■ 表示。

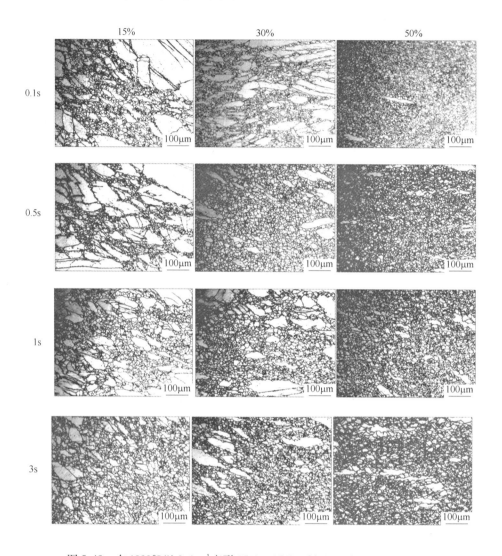

图 5-48　在 1080℃ 以 0. 1s^{-1} 变形 15% +15%，30% +15%，50% +15%
道次停留不同时间得到的显微组织

由图 5-49 可知，应变速率影响再结晶区域的大小，变形速率小，容易产生完全再结晶组织。随着变形温度的升高，道次停留时间的延长，亚动态（静态）再结晶更容易进行。这是由于温度的升高和道次停留时间的延长，促使再结晶的形核率增加，再结晶晶界的迁移率也提高，有利于再结晶晶粒的长大。

图 5-50 中的曲线是部分再结晶与完全再结晶的分界线。由图可知，随应变速率的提高，再结晶线上移，再结晶变困难；随着温度的升高和保温时间的延

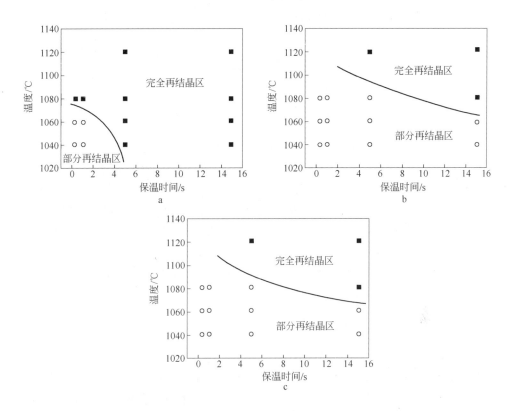

图 5-49 以不同应变速率变形 15% + 50% 的亚动态（静态）再结晶图
a—0.1s⁻¹；b—1s⁻¹；c—10s⁻¹

长，完全再结晶的区域变大。

此外，通过对不同初始晶粒尺寸 $D_0 = 38\mu m$、$108\mu m$、$300\mu m$ 的亚动态（静态）再结晶规律进行研究发现，合金随着初始晶粒尺寸的增加，再结晶量逐渐减少，组织变得更加不均匀；反之，较细小的初始晶粒尺寸则更加利于在双道次变形过程中获得较为均匀细小的组织。

综上所述，通过对 GH4738 合金的亚动态（静态）再结晶组织演变规律进行研究，得出如下结论：随着变形

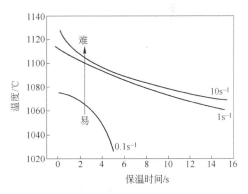

图 5-50 不同应变速率下的
亚动态（静态）再结晶图

温度的降低、应变速率的增加、道次停留时间的减少、初始平均晶粒尺寸的增加、变形量的降低，经过双道次压缩变形后的晶粒尺寸不断降低，但各因素的影

响程度略有不同；反之，随着变形温度的升高、应变速率的降低、道次停留时间的
延长、初始平均晶粒尺寸的减小、变形量的增加，变形后再结晶百分数提高。通过
对显微组织演化规律进行研究可知，双道次压缩变形提高第二次变形量可细化晶
粒，另一方面可以提高再结晶百分数。

5.3 晶粒长大演变及控制

在涡轮盘实际锻造过程中，合金坯料及盘坯升温加热、冷却及中间停顿时间
长时，合金组织将主要发生晶粒的长大现象。为了给出该合金在不同保温时间、
温度下的长大规律，采用三种初始晶粒度（ASTM 6.5、3.5、0.5 级）的样品进
行热变形后保温不同时间的实验，变形温度为 1040℃、1060℃、1080℃ 和
1120℃；应变速率为 $0.1s^{-1}$、$1s^{-1}$ 和 $10s^{-1}$；变形量为 50%；热变形后的保温时
间为 5s、15s、30s 和 45s。此外，对长时间保温热处理的晶粒长大规律进行了研
究，保温温度取 980℃、1020℃、1060℃、1100℃ 和 1140℃ 五个温度点，保温时
间为 0min、10min、30min 和 4h。

5.3.1 变形参数对抗力及晶粒长大的影响

5.3.1.1 应力-应变曲线

图 5-51 为三种初始平均晶粒尺寸为（D_0）ASTM 6.5、3.5、0.5 级时，晶粒
长大过程前期热压缩变形的应力-应变曲线（注：由于三种晶粒度变形过程一致，
仅保温时间不同，所以，变形过程中的应力-应变曲线也一致），其趋势规律与动
态再结晶的应力-应变曲线类似：随着应变速率上升，流变应力逐渐增加，应变
速率越高，应力越高，变形温度越高，合金峰值应力越低。

5.3.1.2 初始平均晶粒尺寸为38μm的晶粒长大情况

当合金经过变形后保温足够时间，即合金在完成动态回复、动态再结晶、亚
动态再结晶、静态回复及静态再结晶以后，在高温的变形条件下，晶粒则发生长
大。高温下，晶界能量是引起晶界迁移的驱动力，而晶界间的能量与组织中的晶
粒尺寸有关。晶粒长大的本质就是晶界在合金组织中的迁移。研究晶粒长大的最
主要目的是控制晶粒度。

图 5-52 ~ 图 5-56 为初始平均晶粒尺寸为 38μm 的合金以 $0.1s^{-1}$、$1s^{-1}$ 和 $10s^{-1}$
的应变速率变形 50% 后，在不同保温时间及保温温度条件下，再结晶晶粒的长大演
化情况。以 $0.1s^{-1}$ 应变速率变形后，在 1040℃、1060℃、1080℃ 和 1120℃ 保温温度
下，保温 5s、15s、30s 和 45s 后晶粒长大情况见图 5-52，可以看出，合金在 1040℃
保温 5s 后，再结晶量已经到达 95% 以上，其平均晶粒尺寸约为 11.5μm，随着保温
时间的增加，当保温 45s 后，合金晶粒尺寸已经增大到 21.7μm；同时，在该变形
条件下，当在 1120℃ 温度保温 5s 后，晶粒尺寸长大为 28.3μm。

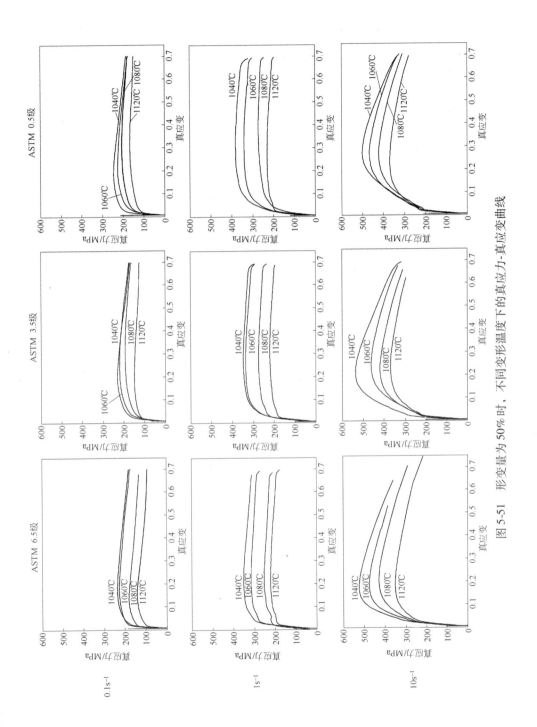

图 5-51 形变量为 50% 时，不同变形温度下的真应力-真应变曲线

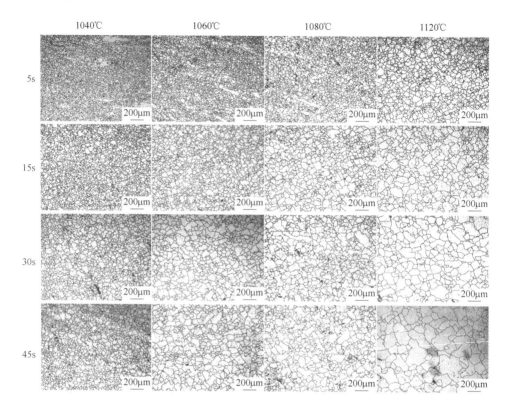

图 5-52　以 0.1s^{-1} 变形 50% 保温不同时间的显微组织（$D_0 = 38\mu m$）

图 5-53 为以 1s^{-1} 应变速率变形 50% 后，在不同保温时间与保温温度条件下晶粒长大演化规律。

从图 5-53 可以看出，同样在 1040℃ 变形保温 5s 后，随着应变速率的增加，晶粒尺寸变为 10.5μm；然而，在 1120℃ 保温处理后，对比同等条件下，应变速率低的显微组织，晶粒尺寸反而增大；可见，应变速率对晶粒长大规律的影响不显著。该现象在其他保温温度及保温时间的组织中，均有一致规律。在变形保温温度 1060℃、应变速率 1s^{-1}、变形量 50% 条件下保温不同时间 5s、15s、30s 和 45s，从典型晶粒长大行为组织形貌可知，随着保温时间的延长，再结晶晶粒由最初的较为不规则，逐渐变得圆滑，并逐渐接近等轴晶状态。

为了进一步研究变形过程中应变速率的提高对晶粒长大的影响规律，将变形速率提高至 10s^{-1}，其晶粒长大行为演化情况如图 5-54 所示。对比低应变速率与高应变速率下的晶粒长大情况可以发现，应变速率的提高与晶粒长大行为没有直接关系。

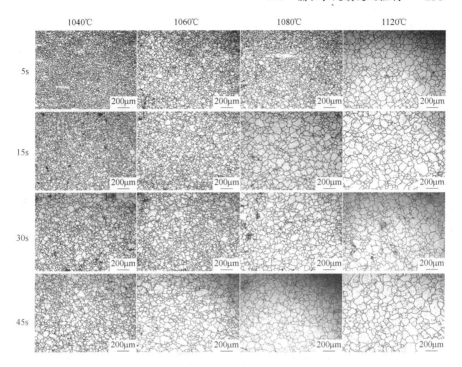

图 5-53 以 $1s^{-1}$ 变形 50% 保温不同时间的显微组织（$D_0 = 38\mu m$）

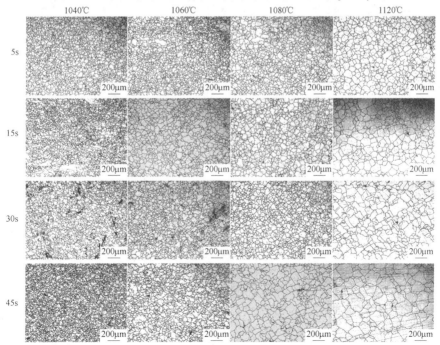

图 5-54 以 $10s^{-1}$ 变形 50% 保温不同时间的显微组织（$D_0 = 38\mu m$）

　　通过对初始平均晶粒尺寸为 38μm 的晶粒组织长大行为进行研究，可以得出如下结论：随着保温时间的延长及保温温度的提高，晶粒长大明显；然而，随着应变速率的提高，合金晶粒长大行为变化不明显，并没有直接相关性。应变速率的提高，主要影响合金动态再结晶晶粒大小。

　　为了进一步研究初始晶粒度对合金晶粒长大行为的影响，特别设计如下两种在初始平均晶粒尺寸为 108μm 和 300μm 的条件下，对比分析经不同变形及保温处理后晶粒长大规律。

5.3.1.3　初始平均晶粒尺寸为 108μm 的晶粒长大情况

　　图 5-55 为初始平均晶粒尺寸为 108μm 的合金经不同保温热处理后，晶粒组织长大形貌。由图 5-55 可知，合金由 1040℃ 保温 5s 后的晶粒尺寸为 14μm，经过保温 45s 及在 1120℃ 保温 5s 后，分别长大为 19μm、39μm。由此可知，晶粒随着保温温度提高及保温时间的延长，晶粒尺寸长大明显。图 5-56 为应变速率为 $1s^{-1}$ 时的晶粒长大情况，其长大规律与初始晶粒度为 38μm 的情况相似，晶粒长大与应变速率提高没有直接关联。

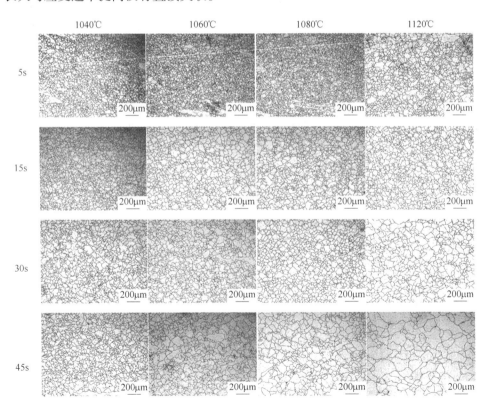

图 5-55　以 $0.1s^{-1}$ 变形 50% 保温不同时间的显微组织（$D_0 = 108μm$）

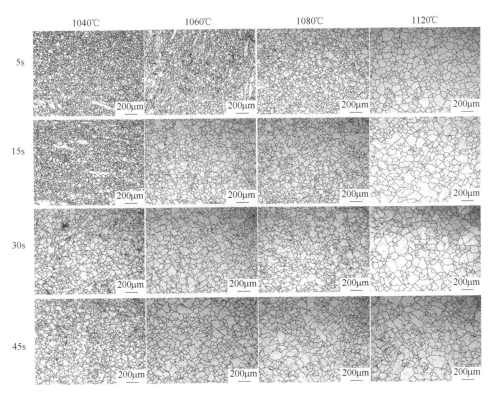

图 5-56　以 $1s^{-1}$ 变形 50% 保温不同时间的显微组织（$D_0 = 108\mu m$）

当初始平均晶粒尺寸为 $108\mu m$ 时，经过 $10s^{-1}$ 变形后保温不同时间及不同温度后的显微组织如图 5-57 所示。可以发现，较之初始平均晶粒尺寸为 $38\mu m$ 的晶粒，同等保温热处理条件下，合金晶粒长大尺寸更加明显。

5.3.1.4　初始平均晶粒尺寸为 $300\mu m$ 的晶粒长大情况

图 5-58 ~ 图 5-60 为初始晶粒度为 $300\mu m$ 的合金在应变速率分别为 $0.1s^{-1}$、$1s^{-1}$ 和 $10s^{-1}$ 的条件下变形后，经 5s、15s、30s 和 45s 的保温时间和 1040℃、1060℃、1080℃ 和 1120℃ 保温温度保温后的组织状态。从图 5-58 中可以发现，随着保温时间的延长及保温温度的提高，合金晶粒尺寸逐渐增大；同时对比图 5-59 和图 5-60 中不同应变速率对应的相同保温温度及保温时间的显微组织发现，晶粒尺寸在晶粒长大过程中受到应变速率的影响较小，即在长大阶段，晶粒尺寸不随热加工变形过程中应变速率的改变而改变。

对比图 5-54、图 5-57、图 5-60 初始晶粒不同引起的晶粒长大演变情况可知，在其他条件相同的情况下，随着初始平均晶粒尺寸的增大，再结晶后的晶粒尺寸也随之增大。同时发现，初始平均晶粒尺寸增加，在同等变形及保温情况下，再结晶百分数相应地减少，这是因为初始晶粒较小的试样，晶界较多，变形过程中，再结晶潜在形核位置较多，形核率提高，从而加快再结晶的进程。

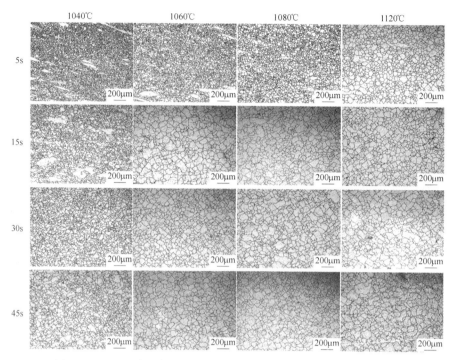

图 5-57 以 $10\mathrm{s}^{-1}$ 变形 50% 保温不同时间的显微组织（$D_0 = 108\mu\mathrm{m}$）

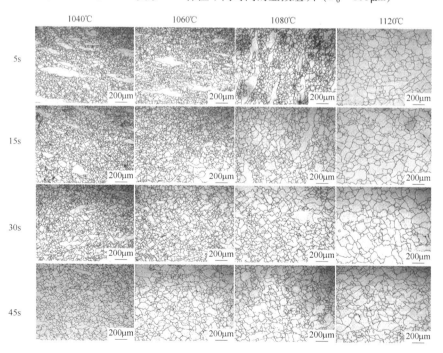

图 5-58 以 $0.1\mathrm{s}^{-1}$ 变形 50% 保温不同时间的显微组织（$D_0 = 300\mu\mathrm{m}$）

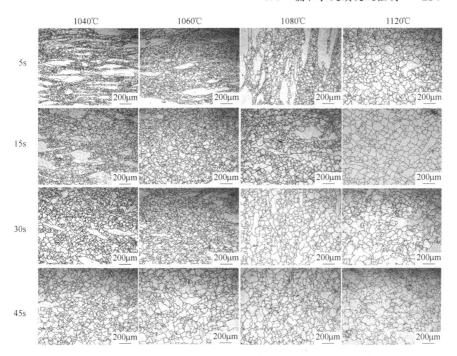

图 5-59　以 $1s^{-1}$ 变形 50% 保温不同时间的显微组织（$D_0 = 300\mu m$）

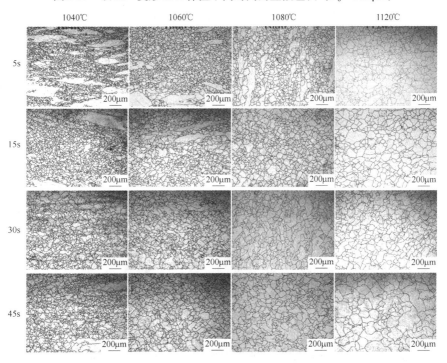

图 5-60　以 $10s^{-1}$ 变形 50% 保温不同时间的显微组织（$D_0 = 300\mu m$）

通过系统分析单道次压缩的实验数据，将再结晶百分数达到 95% 的试样，设定为晶粒长大模型的初始平均晶粒尺寸，同变形条件下更长保温时间的试样视为发生了晶粒长大现象，利用这些数据，拟合得到亚动态（静态）再结晶完成后的晶粒长大方程。

根据晶粒长大热模拟实验得出如下结论：（1）变形温度和保温时间对晶粒长大行为有决定性的作用，随着变形温度的升高和保温时间的延长，晶粒长大明显。（2）应变速率不是控制晶粒长大的主导因素，但应变速率的改变可以影响晶粒长大的快慢。

5.3.2 晶粒长大规律

对初始晶粒度为 $300\mu m$ 的晶粒长大再结晶情况进行分析，归纳晶粒长大行为，作出 GH4738 合金以不同应变速率变形 50% 的晶粒长再结晶图，见图 5-61，横坐标是道次停留的保温时间，纵坐标是变形温度。规定有大小两种晶粒的是部分再结晶组织，用 ○ 表示；均匀细小等轴晶的组织是完全再结晶组织，用 ■ 表示。由图可见，应变速率影响再结晶区域的大小，变形速率小，容易产生完全再

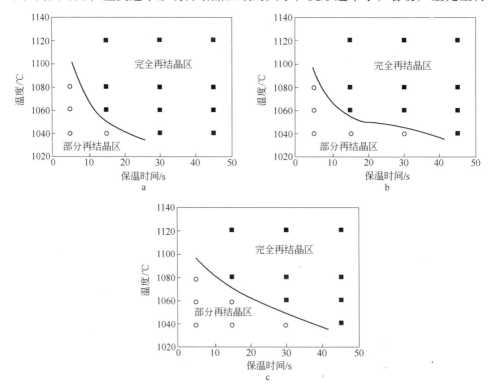

图 5-61 以不同应变速率变形 50% 的晶粒长大再结晶图

a—$0.1s^{-1}$；b—$1s^{-1}$；c—$10s^{-1}$

结晶组织。随着变形温度的升高，保温时间的延长，晶粒长大行为更容易进行。这是由于温度的升高和保温时间的延长，促使再结晶的形核率增加，再结晶晶界的迁移率也提高，有利于再结晶晶粒的长大。

晶粒长大行为的热加工问题可参考图 5-62，是根据 GH4738 合金晶粒长大行为总结的再结晶图，图中的曲线是部分再结晶与完全再结晶的分界

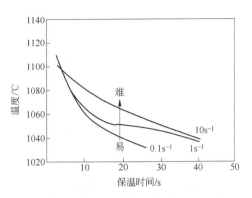

图 5-62　GH4738 合金晶粒长大再结晶图

线上是完全再结晶区域，线下是部分再结晶区域。由图可知，实验范围内，随应变速率的提高，再结晶线上移，再结晶由易到难；随着温度的升高和保温时间的延长，再结晶的区域变大。

以上研究了 GH4738 合金在单道次压缩变形后，分别保温 5s、15s、30s 和 45s 后的晶粒长大规律，而以上仅仅在有限时间 45s 内对晶粒长大规律的研究，还不足以完全说明合金长时间保温处理后的晶粒长大情况。为此，继续研究长时间保温对合金晶粒尺寸的影响。实验方法是：对图 5-1b 所示初始晶粒尺寸的合金试样，进行长时间保温处理，保温温度取 980℃、1020℃、1060℃、1100℃ 和 1140℃ 五个温度点，保温时间为 0min、10min、30min 和 4h。

图 5-63 为合金经 980℃、1020℃、1060℃、1100℃ 和 1140℃ 五个保温温度，

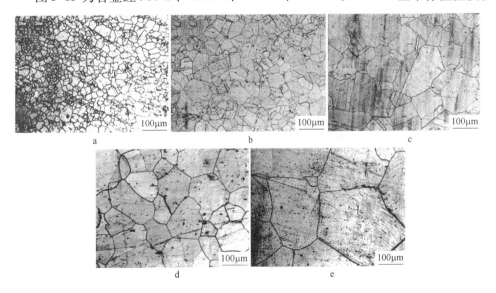

图 5-63　合金在不同温度下保温 10min 后晶粒组织

a—980℃；b—1020℃；c—1060℃；d—1100℃；e—1140℃

保温 10min 后的晶粒组织形貌，可以看出合金经过固溶处理后，晶粒组织较为均匀。

图 5-64 为合金经 980℃、1020℃、1060℃、1100℃ 和 1140℃ 五个保温温度，保温 4h 后的晶粒组织。对比图 5-63 和图 5-64 中保温 10min 和 4h 后的晶粒组织可以看出，合金经过保温 10min 以后，继续保温至 4h，晶粒长大不明显，即长大速率较小。故而，近似看做 10min 即为 GH4738 合金晶粒长大过程中进入缓慢增长期的拐点。

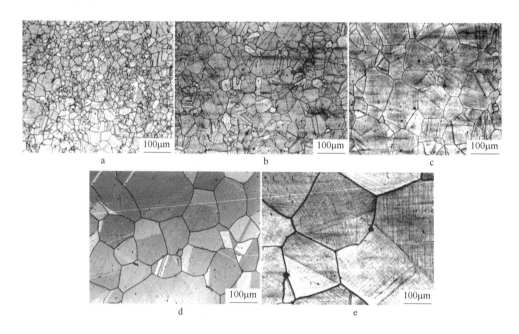

图 5-64   GH4738 合金在不同温度下保温 4h 后晶粒组织
a—980℃；b—1020℃；c—1060℃；d—1100℃；e—1140℃

总之，利用热压缩物理模拟实验系统分析了热变形参数对合金热变形行为的影响，同时也给出了热变形后短时和长时保温对后续晶粒度的影响规律。研究结果不仅为工艺制定提供了大量的实验数据，也为合金热变形过程的理论计算模型提供依据。

6 热变形组织控制

优化 GH4738 合金力学性能最有效的方法之一是对其晶粒尺寸进行精确控制。热加工变形过程中，晶粒尺寸显著受到动态再结晶、亚动态再结晶、静态再结晶及晶粒长大的影响；而再结晶行为又受到变形温度、应变速率、初始平均晶粒尺寸及变形量的影响。因此，想要通过计算机对金属热变形过程进行模拟和预测，必须建立完整、精确的组织演化模型，因为组织演化模型是进行组织演化模拟的基础。本章结合上一章的实验数据，结合唯象理论，建立 GH4738 合金连续变形、间断变形及保温全过程的晶粒组织演化模型，为热变形过程中晶粒度的精确控制与预测奠定理论基础。同时，还对接近实际锻造过程的热变形行为及晶粒异常长大行为进行了系统研究，为 GH4738 合金热变形过程中晶粒度的精确控制与预测奠定实验和理论基础，为热加工工艺的优化选择提供控制原则。

6.1 热加工温度优化准则

从前述对碳化物的析出回溶规律及合金在变形过程中的组织演变规律等的系统研究分析可以看出，若要对该合金在热加工过程中的组织进行精确控制，不仅要对变形量进行控制（变形量对再结晶造成的影响，还可以利用后续高温固溶处理的静态再结晶进行弥补），最重要的是对变形温度进行准确判定和严格控制。否则就会出现由于析出相不均匀或碳化物的回溶再析出而对晶界相带来不利的影响，以致造成混晶或/和晶界相成膜的不理想组织，进而影响合金的综合力学性能。因此，GH4738 合金在热加工过程中，有两个关键的控制温度需要提及，一为合金的 γ' 相的析出温度 $T_{\gamma'}$，二为合金的 MC 碳化物的回溶温度 T_{MC}。热变形过程中当变形温度高于 T_{MC} 时，MC 碳化物的回溶与析出会导致严重的混晶和晶界碳化物堆积成膜；当变形温度低于 $T_{\gamma'}$ 时，存在的 γ' 相对晶界的钉扎作用会导致加工抗力明显提高，试样也可能出现开裂的现象，显然会存在一个最佳的热加工变形温度。

6.1.1 最佳热加工温度

这里提出一个关于 GH4738 合金最佳热加工控制温度的计算公式，通过这个公式可以计算得出合金的最佳热加工温度 T_{OHW}（optimal hot working）。

若 T_{OHW}、$T_{\gamma'}$ 和 T_{MC} 满足下列关系：

$$\frac{T_{OHW} - T_{\gamma'}}{T_{MC} - T_{\gamma'}} = n \tag{6-1}$$

那么 GH4738 合金的最佳热加工温度可表示为：

$$T_{OHW} = T_{\gamma'} + n(T_{MC} - T_{\gamma'}) \tag{6-2}$$

式中，n 为 GH4738 合金的最佳热加工温度系数；$T_{\gamma'}$ 为 γ' 相的初始析出温度；T_{MC} 为一次碳化物 MC 的回溶温度。只需要找到 n 的值，那么即可以通过式（6-2）得出其最佳的热加工温度。

下面主要通过 GH4738 合金的变形抗力、等温热压缩实验得到的晶粒度情况和热顶锻塑性试验探寻合金的最佳控制点温度，并求解最佳热加工温度系数 n 的值。

6.1.1.1 变形抗力

因为 GH4738 合金属于难变形高温合金，从变形抗力与变形温度的关系来看，变形温度越高变形抗力越低。因此，从热加工过程中变形抗力角度来看，这个最佳值最好在整个可热加工区域的中上部，这样可以提高合金的动态再结晶能力，减小变形抗力，满足了在实际生产过程中尽量通过提高变形温度来改善其可锻性的需要。前述的试验分析给出了合金的 $T_{\gamma'}$ 和 T_{MC} 值分别约为 1034℃ 和 1150℃，它们的中间值为 1092℃，最佳变形温度应该适当地高于该温度值。

6.1.1.2 等温热压缩试验

图 5-12 ~ 图 5-15 中试样 3-a ~ 3-c、4-a ~ 4-c 分别是合金在 1080℃ 和 1120℃ 温度下，经不同应变速率、不同变形量热变形后再经 1080℃ 的标准热处理得到的晶粒度情况。从图中可以看出，无论是在小应变速率 0.1s^{-1} 还是较大的应变速率 1s^{-1} 和 10s^{-1} 变形，小变形量 15%，还是大变形量 70%，在 1080℃ 和 1120℃ 变形时经 1080℃ 标准热处理（A）后晶粒度的控制都比较好。由于热变形温度没有超过 MC 碳化物的回溶温度，因此可以判定晶界不会出现宽化、成膜的碳化物。

从这些实验可以看出，合金在 1080℃ 和 1120℃ 进行热变形时，合金的晶粒度较为均匀，没有出现任何的混晶、晶界平直的现象。根据前面得到的实验结果，晶界相也应该是满足要求的，所以可以判定在此温度区间进行热变形可以实现较为理想的组织控制，即当 GH4738 合金在 1080 ~ 1120℃ 的中间值 1100℃ 变形时，最终也可以获得较为理想的热处理态组织。

6.1.1.3 热顶锻塑性试验

图 6-1 为 GH4738 合金热顶锻试验的塑性图，在低温变形时，锻件很容易出现内裂纹或被完全压碎，随着变形温度的升高，出现内裂纹的临界变形量增加，在 1100℃ 时，临界变形量的最大值达到了约 70%（高度方向的相对变形量），相应的真应变为 1.2。变形温度进一步升高，临界变形量又开始下降。在 1210℃ 时，只有 50% 左右，结果使得塑性图呈"抛物线"形。这说明 GH4738 合金的锻

造塑性有一个最佳的变形温度区间和最大的临界变形量。该温度区间的中间点为 1109.8℃，此时的最大变形量为 70%。

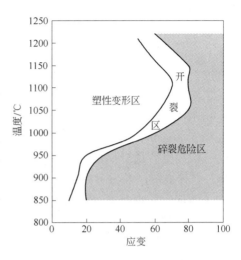

图 6-1 合金的热顶锻塑性图

由等温热压缩试验和顶锻塑性试验得到的最佳热变形温度分别为 1100℃ 和 1109.8℃，它们之间只有很小的误差，而且都略大于为了使合金的变形抗力尽量较小所要求的 1092℃。1100℃ 和 1109.8℃ 的平均值为 1104.9℃。所以合金热加工的"最佳温度点"应为 1104.9℃。将这个值代入式（6-2）中，可以得出最佳热加工温度系数 n 的值为 0.611，和"黄金分割点"0.618 相近。

所以式（6-2）可以表示为：

$$T_{OHW} = T_{\gamma'} + (T_{MC} - T_{\gamma'}) \times 0.611 \tag{6-3}$$

现在只需要找到式中 $T_{\gamma'}$ 和 T_{MC} 的值，那么就可以应用此公式去指导 GH4738 合金的实际热变形工艺。

6.1.2 参数 $T_{\gamma'}$ 和 T_{MC} 的确定

应用 GH4738 合金的最佳热加工温度计算公式进行热加工时，需要知道 MC 的回溶温度和 γ' 相的开始析出温度。对该合金各析出相析出规律的热力学计算结果表明，它们的具体温度随着其主要形成元素含量的变化而变化，要想实现 GH4738 合金组织的精确控制，针对具体批次的合金准确确定这两个温度点也很重要。

从美国进口的合金棒料，不管国内用户是否提出需要，每炉批次对应的 $T_{\gamma'}$ 温度在质保单上都会给出，而国内却没有引起重视。从目前国内生产企业实际操作角度看，针对每炉批次的合金具体测定 $T_{\gamma'}$ 和 T_{MC} 温度还有一定的难度，或者企业还没有真正认识到该问题的重要性。不过，$T_{\gamma'}$ 和 T_{MC} 温度主要受合金成分的影响，因此，可以通过热力学的理论计算方法，给出合金成分波动对控制温度的影响规律，为这两个温度的确定提供理论依据。

从热力学计算的结果图 6-2a 可以看出，C 和 Ti 的含量变化对 MC 的开始析出温度影响不显著，当 C 含量（质量分数）在 0.04% ~ 0.10%、Ti 含量在 2.75% ~ 3.25% 时，热力学计算结果为 1321 ~ 1313℃，其波动值只差 8℃。热力学的计算结果和前面的从 MC 回溶规律实验得到的 1150℃ 相比明显要高，这是因为热力学计算的应该是初生这部分 MC 碳化物, 由于再高的热加工温度也不会使它们发生溶解, 所以它们也不会参与热变形过程中的回溶和析出, 对晶粒的均匀度和晶界的形貌控制也不会产生重要的影响。但初生和次生 MC 碳化物的组成是一样的, 其析出温度随 C、Ti 含量的变化规律也应该是一致的, 所以热力学计算的结果对次生 MC 碳化物也同样具有指导意义。热力学计算的结果为相的平衡态析出, 因此在确定 T_{MC} 时, 选用实际回溶实验测定的 1150℃。

而 γ′相的析出温度 $T_{\gamma'}$ 受 Al 和 Ti 元素含量的影响较大, 当它们的含量产生波动时, 需要进行适当调整代入计算公式中的 γ′相的析出温度, 具体值可参考图 6-2b。这样更能反映材料内部的真实变化, 利于制定的工艺能更好地符合合金的热加工性能, 实现组织的精确控制。

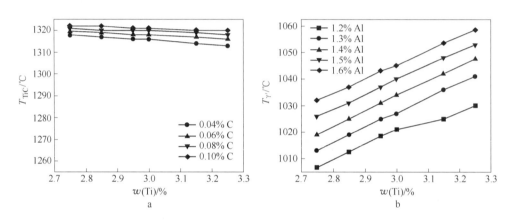

图 6-2　热力学计算结果

a—TiC 的析出温度随 C 和 Ti 含量的变化规律; b—γ′相的析出温度随 Al 和 Ti 含量的变化规律

从图 6-2b 可以看出, 各曲线基本呈线性递增的趋势, 如果可以得到线性关系的公式, 就会使 γ′相析出温度的确定更为方便和准确。图 6-3 是 γ′的析出温度随 Ti 含量的线性变化, 从表 6-1 的线性回归系数 R 可以看出, 最小的值也有 98.799, 说明用线性回归方程进行推导是精确的。可以从表中查到不同 Al 含量时对应直线的斜率和截距。所以 γ′相的析出温度可表示为:

$$T_{\gamma'} = A + Bw(Ti) \qquad (6-4)$$

式中, $w(Ti)$ 为 Ti 的质量分数; A、B 分别为图 6-3 中各直线的截距和斜率。

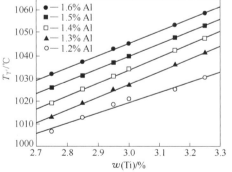

图 6-3　γ′相的析出温度随 Ti 含量的线性变化

表 6-1 γ′相析出温度的线性回归系数

Al 的百分含量(质量分数)/%	A	B	R(线性回归系数)
1.2	884.52	44.93	98.799
1.3	875.60	54.67	99.956
1.4	859.21	56.03	99.943
1.5	862.64	56.98	99.962
1.6	884.35	53.66	99.961

图 6-4 是 γ′相的析出温度随 Al 含量的变化规律,可以看出当 Ti 含量一定时,γ′相的析出温度随 Al 含量也成线性的变化。表 6-1 中 Al 的含量(质量分数)为 1.2% ~ 1.6%,精确到小数点后一位,如果实际的 Al 含量为 1.23%,可以分别计算 1.2% 和 1.3% 时对应的 γ′相的析出温度,然后根据线性的原则求出 γ′相具体的析出温度。

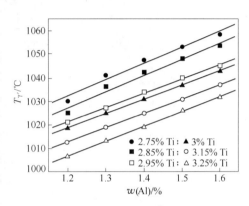

图 6-4 γ′相的析出温度随 Al 含量的线性变化

所以 GH4738 合金热加工的"最佳热加工控制温度"T_{OHW} 可表示为:

$$T_{OHW} = (1 - n)[A_{Al} + B_{Al}w(Ti)] + nT_{MC} \tag{6-5}$$

式中,n 为 GH4738 合金的最佳热加工温度系数,这里可以取 0.611;A_{Al}、B_{Al} 为 γ′相析出温度的线性回归系数,不同的 Al 的质量分数对应不同的值,可由表 6-1 查出;$w(Ti)$ 为 Ti 在合金中的质量分数;T_{MC} 为 MC 碳化物的回溶温度,这里可定为 1150℃。

下面对 GH4738 合金在整个 1000 ~ 1176℃ 温度区间进行热变形时的加工性、晶粒度和晶界碳化物做一个总结,使得读者对在整个热加工区间有更为直观的了解。图 6-5 给出了加工温度选择的原则。从图中可以看出,整个热变形的温度范围分为不可加工区、不利加工区和最佳加工区。其中在最佳加工区大约中间的位置存在一个最佳加工点,这个最佳热加工控制温度可以通过公式 $T_{OHW} = (1 - n)[A_{Al} + B_{Al}w(Ti)] + nT_{MC}$ 计算得到。

最佳加工区位于 T_{MC} 与 $T_{γ'}$ 温度之间的位置,此时得到的组织晶粒度均匀,晶界碳化物较理想地呈颗粒状断续分布。最佳加工区被最佳热加工控制温度分为上、下两个区,它们的晶界碳化物形貌没有明显的区别,上最佳加工区得到的晶粒度稍大一些。如果 GH4738 合金在锻造成型的过程中,初轧和终轧温度能落在

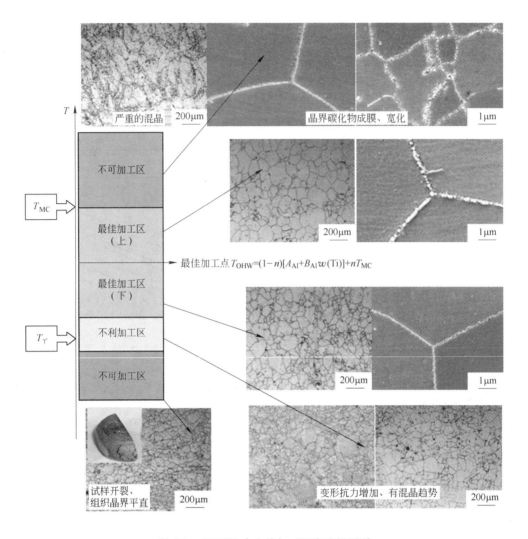

图 6-5 GH4738 合金热加工温度选择原则

热加工温度选择图中的最佳加工区内，那么可以得到较为理想的组织结构。

在 $T_{\gamma'}$ 附近进行热变形时，由于残余 γ' 相的存在会增加变形抗力，降低合金的热加工性能，同时组织中出现混晶的趋势，所以此区域称为不利加工区。在低于 $T_{\gamma'}$ 较多的区域进行热变形时，合金试样会出现开裂的现象，热处理后的组织中出现一些较平直的晶界，并保留一定的热变形态晶粒的方向性。

当在 T_{MC} 以上进行热加工时，热处理态组织中会出现较为严重的混晶组织，晶界的碳化物宽化，有的连续呈包膜状。这样的组织对应的性能较差，所以 GH4738 合金应该避免在 T_{MC} 以上区域进行热变形。

6.2 合金热加工图

6.2.1 热加工图的建立

加工图是评价材料加工性能优劣的图形，是进行金属材料加工工艺设计的一种强有力工具，利用热加工图可以分析和预测材料在不同区域即不同变形条件下的变形特点和变形机制，如动态回复、动态再结晶、楔形开裂、空洞形成、绝热剪切带等，进而获得热加工的"安全区"和"不安全区"，达到优化加工工艺参数、避免缺陷产生的目的。加工图主要有两类：一类是基于原子模型的 Raj 加工图；另一类是基于动态材料模型的加工图。

Frost 和 Ashby[1]首次用 Ashby 图的形式描绘了材料对加工工艺参数的反应，其侧重点主要放在蠕变机制方面。这些蠕变机制只适用于低应变速率条件，但一般的机械加工应变速率要高几个数量级，因而 Ashby 图不能预测其他的变形机制。Raj 等人[2]考虑到变形速率和变形温度是材料加工的直接控制参数，扩展了 Ashby 图的概念，利用原子方法与基本参数相结合，根据几种原子活动机制，建立了材料不出现断裂或组织损伤的安全图，称为 Raj 加工图。主要考虑了 4 种原子活动机制：（1）在软化基体中，硬质点周围的空洞形核，主要发生在低温、高应变速率范围内；（2）三角晶界的楔形开裂，主要发生在高温、低应变速率范围内；（3）在高应变速率下，绝热剪切带的形成；（4）动态再结晶，这是一种安全过程，此范围内比较适宜成型加工。Prasad 等人[3]根据大塑性变形连续介质力学、物理系统模拟和不可逆热力学理论建立了动态材料模型。目前有实际利用价值的加工图大部分都是基于动态材料模型的。材料在热加工过程中单位体积内所吸收的功率由材料发生塑性变形所消耗的能量（G）和变形过程中组织变化所消耗的能量（J）两部分组成，描述材料功率耗散特征的参数（η）被称为功率耗散效率因子（efficiency of power dissipations），由耗散协量（J）和材料处于理想线性耗散状态的 J_{max} 比值来决定。

根据动态材料模型（dynamic materials model），材料热变形过程中的能量消耗行为与材料显微组织的变化有关。热变形过程中，单位体积材料的瞬时吸收功率 P 为流变应力与应变速率的乘积（$\sigma\dot{\varepsilon}$），可用下式表示：

$$P = \sigma\dot{\varepsilon} = G + J = \int_0^{\dot{\varepsilon}} \sigma d\dot{\varepsilon} + \int_0^{\sigma} \dot{\varepsilon} d\sigma \tag{6-6}$$

式中，$G = \int_0^{\dot{\varepsilon}} \sigma d\dot{\varepsilon}$；$J = \int_0^{\sigma} \dot{\varepsilon} d\sigma$。而恒定温度下，热变形过程中流变应力 $\sigma = K\dot{\varepsilon}^m$。因此可得：

$$P = \int_0^{\sigma} (\sigma/A)^{1/m} d\sigma + \int_0^{\dot{\varepsilon}} A\dot{\varepsilon}^m d\dot{\varepsilon}$$

$$= \dot{\varepsilon}\sigma m/(m+1) + \dot{\varepsilon}\sigma/(m+1) \tag{6-7}$$

由以上公式可知，材料的能量消耗包括因塑性变形而消耗的能量 G（耗散量）以及因组织动态变化所消耗的能量 J（耗散协量）两部分，应变速率敏感性指数 m 可认为是两部分能量之间的分配系数，也即这两种能量所占比例由材料在一定应力下的应变速率敏感指数决定。

$$m = \frac{\mathrm{d}J}{\mathrm{d}G} = \left[\frac{\partial(\ln\sigma)}{\partial(\ln\dot{\varepsilon})} \right]_{\varepsilon,T} \tag{6-8}$$

在给定的温度（T）和应变（ε）下，有：

$$J = \int_0^\sigma \dot{\varepsilon}\mathrm{d}\sigma = \dot{\varepsilon}\sigma m/(m+1) \tag{6-9}$$

当 $m=1$，材料处于理想线性耗散状态时，能量 J 达到最大值 $J_{\max}$，由此：

对于理想的线性消耗过程：

$$J = J_{\max} = \dot{\varepsilon}\sigma/2 \tag{6-10}$$

对于非线性消耗过程，由式（6-9）和式（6-10）可以引出系数 η，其物理意义为用于组织变化能量的耗散效率，其表示为：

$$\eta = \frac{J}{J_{\max}} = \frac{2m}{m+1} \tag{6-11}$$

式中，η 为无量纲参数，反映了材料由于显微组织变化而消耗的能量与热变形过程中消耗总量的关系。能量消耗效率 η 取决于热变形温度 T、应变量 ε 及应变速率 $\dot{\varepsilon}$，η-T-$\dot{\varepsilon}$ 的变化规律即为热加工图，在热加工图中可以直接分析不同区域的变形机制，如动态再结晶、动态回复和超塑性变形等加工安全区，以及楔形开裂、孔洞形成等轴球化现象，从而可定量描述合金热加工过程中的组织变化特性。功率耗散图是在一定应变下，在 $\lg\dot{\varepsilon}$-T 平面上绘制的功率耗散效率 η 的等值图。可借助金相观察，用功率耗散效率图来分析不同区域的变形机制。

根据大应变塑性变形的极大值原理，当 $\mathrm{d}D/\mathrm{d}\dot{\varepsilon} < D/\dot{\varepsilon}$ 时，会出现失稳，式中 D 是在给定温度下的耗散函数。按照动态材料模型原理，D 等于耗散协量 J，由上述分析可以得到流变失稳的判据为：

$$\xi(\dot{\varepsilon}) = \frac{\partial\ln\left(\dfrac{m}{m+1}\right)}{\partial\ln\dot{\varepsilon}} + m < 0 \tag{6-12}$$

参数 $\xi(\dot{\varepsilon})$ 为变形温度和应变率的函数，在能耗图上该值为负的区域称为流变失稳区域，该图称为流变失稳图。

采用上述方法做出 GH4738 合金在不同应变量下的热加工图。首先，采集 GH4738 合金在 5 种变形温度和 4 种应变速率下，应变量分别为 0.2、0.4、0.6、

0.8 时的应力值,用三次样条函数差值法对 $\ln\sigma$ 和 $\ln\dot{\varepsilon}$ 进行函数拟合,图 6-6 即为 $\ln\sigma$ 和 $\ln\dot{\varepsilon}$ 之间的关系曲线。

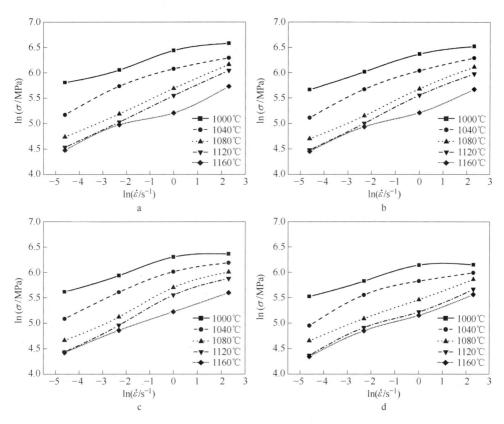

图 6-6　不同应变量下,应力与应变速率的对数曲线图
a—0.2; b—0.4; c—0.6; d—0.8

　　然后对图 6-6 中的拟合曲线进行求导,从而计算得到应变速率敏感指数 m 的值,再将对应的应变速率敏感指数 m 值代入式(6-11)计算功率耗散效率 (η)。同样采用三次样条插值法对 $\ln[m/(m+1)]$ 和 $\ln\dot{\varepsilon}$ 进行函数拟合,根据式(6-12),将 η 和 $\xi(\dot{\varepsilon})<0$ 的值在由应变速率的对数和温度组成的二维坐标平面内绘制功率耗散效率图和流变失稳图,将两个图层叠印得到该合金的热加工图。

　　图 6-7 为 GH4738 合金真应变量为 0.2、0.4、0.6、0.8 下的加工图,图中等值线上的数值代表该状态下的功率耗散效率 η,白色区域为变形安全区,阴影部分为变形潜在危险区。从图 6-7 可知,随着应变量的增加,合金热加工的安全区也发生了明显的变化。

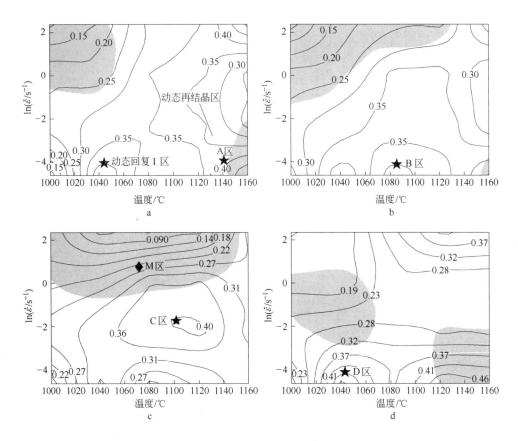

图 6-7 不同真应变量下 GH4738 合金的加工图

a—0.2；b—0.4；c—0.6；d—0.8

6.2.2 热加工图的分析

6.2.2.1 加工图中的峰值区域

图 6-7 中的峰值区域为 η 最大值处（等高线值最大位置），代表着合金在变形过程中再结晶较为充分。对于低层错能材料，发生动态再结晶的功率耗散效率约为 30%~40%，发生动态回复的耗散效率为 20%~30%。因为发生动态再结晶是由形核率控制的，而低层错能材料形核率低，则耗散能也相对较低。从图 6-7a 可知，在低应变量 0.2 的热加工图中有一个动态回复区（I区）和一个动态再结晶区★（A区），I区的功率耗散效率较低，而 A 区相对较高，这主要是因为在低温（低于 1040℃）条件下，变形机制主要以基面滑移为主，柱面滑移和锥面滑移只有少部分在有利的取向开动，变形时因滑移系少而在晶界附近产生大的应力集中，这种大的应力集中可加大回复动力，促进孪晶形核，形成更多的亚

晶，亚晶在后续的变形中协调变形，但是亚晶的长大不一致，可能导致出现"项链"状的再结晶组织。

如图 6-7b 所示，在应变量为 0.4 的加工图中，可以发现在较低应变速率下进行变形，可以使合金再结晶较为充分。从图 6-7c 的热加工图中可知，当应变量增加至 0.6 时，合金在 1100℃、应变速率 0.135s^{-1} 附近变形时，可发生较理想的再结晶现象，即图中 C 区所示。如图 6-7d 所示，当应变量升高至 0.8 时，合金在 1040℃ 和 1100℃ 温度以下，以较低的应变速率变形，可使合金在大应变下发生较完全充分的动态再结晶现象。

总之，当变形温度逐渐升高时，交滑移和非基面滑移系成为了释放应力集中、协调塑性变形的主导机制，而且功率耗散功率也逐渐增大。该现象可从图 6-8 中观察到，即在温度为 1120℃，应变量为 0.6，应变速率为 0.1s^{-1} 条件下，合金在高温低应变速率范围内发生了连续动态再结晶，对应图 6-7c 中 C 区位置。

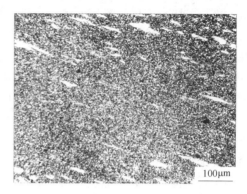

图 6-8　峰值区域再结晶情况

（对应的变形条件为 1120℃，0.1s^{-1}，应变量为 0.6）

6.2.2.2　加工图中的危险区域

功率耗散效率急剧降低的位置，表示了合金热加工性能急剧恶化的区域，即加工图中的危险区域。能量耗散率的变化是和合金不同的高温变形机制相对应的。从图 6-7 的热加工图中可知，变形温度及应变速率不同，合金的动态能量消耗行为明显不同。随着变形温度的升高及变形速率的降低，η 值逐渐增加，即合金的动态能量消耗能力增强；随着应变速率的增加，η 值显著降低，表明合金的热加工性能急剧恶化。应变量对其热加工图的形状影响较大，不同应变量下的热加工图形状有明显的差别。

从图 6-7c 的热加工图中可知，在应变速率大于 1s^{-1}、1080℃ 温度变形附近区域内，功率耗散效率急剧降低，这表明合金的热加工性能急剧恶化，该区域是 GH4738 合金的加工危险区，对应图 6-7c 中能量耗散率为 0.18 的位置。图 6-9 是该加工危险区对应的金相组织，从图可知试样在此条件下变形

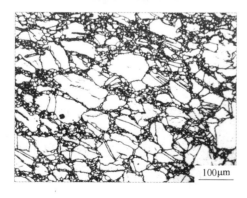

图 6-9　合金与晶粒粗化区对应的金相组织

（应变量为 0.6，温度为 1080℃，应变速率为 1s^{-1}）

获得了非常粗大的晶粒。该危险区的出现极可能是由晶粒粗化造成的，温度越高晶粒粗化越明显，合金加工性能越低，在大应变情况下可导致裂纹产生。

6.2.2.3 加工图中的失稳区域

图 6-7 的阴影部分代表参数 $\xi(\dot{\varepsilon})$ 作为变形温度和应变速率的函数，在能耗图上标出该值为负的区域称为流变失稳区域。一般认为，材料失稳是由于合金产生了绝热剪切带或局部流变失稳。绝热剪切是指材料在高应变速率下，局部产生的大量热量瞬间难以释放，使材料温度升高而导致软化失效，故使 η 值较低，其往往导致基体合金剪切方向发生局部大变形绝热剪切带。

图 6-10 给出了变形温度为 1040℃、应变速率为 $10s^{-1}$、应变量为 0.6 的热变形条件下的组织，对应热加工图 6-7c 中的 ◆ M 区位置的能量耗散率为 0.09。图 6-10b 中较暗部分为微变形区，较亮部分为变形集中带。图 6-10 表明此变形条件下功率耗散效率的降低有可能是由变形集中造成的，且变形速率越高变形带越窄，变形集中现象越明显。在更低温度或更高应变速率下变形，图 6-10b 中的变形集中带可能会发展为绝热剪切变形，从而出现加工失稳。文献 [4] 中报道了多种合金在高应变速率和低变形温度条件下都存在这种绝热剪切变形引起的加工失稳现象，所以该变形区域已进入合金潜在的加工失稳区。

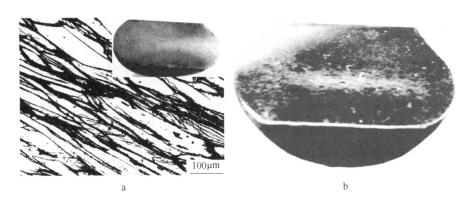

100μm

a   b

图 6-10 合金流变失稳组织

a—剪切带区域典型显微组织；b—潜在加工失稳区对应的低倍组织

由图 6-7a～d 可知，GH4738 合金在高应变速率下变形的失稳温度范围随着变形量的增加逐渐加宽。当应变量增至 0.6 时，基本达到最大失稳范围；但当继续增加变形量至 0.8 时，合金在高应变速率下变形的失稳温度范围反而减少，失稳区域转移至中等应变速率区域。总之，在低温高应变速率下，GH4738 合金在热加工过程中容易产生失稳现象。

6.2.2.4 热加工工艺设计原则

GH4738 合金是典型的低层错能材料，在热加工温度和应变速率范围内动态回复过程受到抑制，动态再结晶成为变形过程中最重要的组织演变形式和主导作用的流变软化机制。变形温度和应变速率对高温合金热变形后的动态再结晶组织有很大的影响。随着变形温度的升高和变形速率的降低，合金的动态再结晶程度逐渐增加；随着金属原子热振动的振幅增大，将启动更多的滑移系，合金能吸收更多的变形能，使得动态再结晶的驱动力增大；同时，由于应变速率的降低，意味着在同一应变量的条件下作用时间的延长，变形晶粒有充足的时间来进行再结晶过程，从而使合金由低温高应变速率条件下的部分动态再结晶发展为高温低应变速率条件下的完全再结晶，进而发生晶粒长大过程。

在高温低应变速率下，动态再结晶、动态回复和超塑性都有利于材料加工，而楔形开裂、空洞形成、绝热剪切带等则不利于材料加工，因此在材料的加工过程中应该避免这些区域。动态再结晶区的耗散效率相对比较高，此区域对应的变形温度和变形速率便是优化材料的加工工艺参数。

通过对不同变形量下危险区及失稳区的分析，将各状态下的热加工图进行叠加，构建了如图 6-11 所示的 GH4738 合金热加工中的"安全区通道"，以此为热加工工艺的设定原则。其中阴影部分为热加工潜在危险区或称不安全区，白色区域即为该合金变形安全地带，即"安全区通道"。当然，该变形原则主要应用于近等温状态下的变形；与此同时，还应考虑临界变形量对晶粒异常长大的影响，因

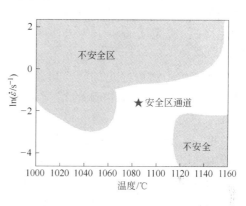

图 6-11　GH4738 合金安全区通道

此除了考虑"安全区通道"外，还应使合金变形量超过临界变形值，这样才能获得理想的显微组织。

结合热加工图图 6-7 和图 6-11 可知，在应变量 0.2 附近的低温高应变速率情况下，在应变量 0.4 附近的低温高应变速率下，在应变量 0.6 附近的几乎所有高应变速率区间内，以及在应变量 0.8 附近的中等应变速率及高温低应变速率下，均容易发生合金变形的失稳现象。

因此，建议在热加工过程中，避免变形于如下热加工"不安全"区域发生：

（1）低应变量在 0.2（工程变形量 18%）附近时，应变速率大于 $0.40s^{-1}$，温度低于 1053.4℃的区域，以及应变速率低于 $0.11s^{-1}$，温度高于 1144.7℃的区域不适宜加工。

（2）应变量在 0.4（工程变形量 33%）附近时，应变速率大于 $0.27s^{-1}$，温

度低于 1129.0℃ 的区域以及在应变速率低于 0.02s⁻¹，温度高于 1153.0℃ 的区域不适宜加工。

（3）应变量为 0.6（工程变形量 45%）附近时，应变速率大于 0.53s⁻¹，温度低于 1152.0℃ 的区域不适宜加工。

（4）应变量为 0.8（工程变形量 55%）附近时，应变速率在 0.06~1.9s⁻¹，温度低于 1067℃ 的区域以及应变速率小于 0.12s⁻¹，温度高于 1113℃ 的区域不适宜加工。

6.3 终锻温度的影响及控制原则

热加工工艺参数对保证锻件质量与组织、性能有密切关系，一般热加工参数是指预热温度、始锻温度与终锻温度、变形量、应变速率。在实际锻造过程中，在不同的终锻温度下所得合金的组织不同，对锻后获得的晶粒尺寸也有不同的影响。为了深入了解热加工过程中变量对 GH4738 合金组织演化规律的影响，通过设计热压缩实验工艺，研究始锻温度、变形量和终锻温度对 GH4738 合金组织的影响。于热模拟实验机上先以 20℃/s 的速度将热压缩试样加热至变形温度并保温 120s，然后停止加热；与此同时，在无加热无保温措施的情况下，对试样进行压缩变形。当变形至设定变形量后，测量合金的终锻温度。通过传感器记录整个变形过程中的载荷-位移关系和应力-应变数据，并通过温度热敏仪记录压缩过程的温度变化，记录压缩结束时刻的终锻温度，该物理模拟实验的热加工工艺如图 6-12 所示。热模拟试样均取自 ϕ48mm 棒材中

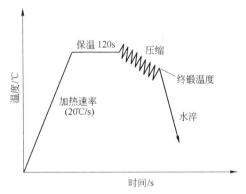

图 6-12　接近实际锻造过程的
物理模拟实验的变形工艺

心，试样规格为 ϕ8mm×12mm 的圆柱体，初始晶粒组织的平均晶粒尺寸级别在 ASTM 8.4 级，下文中 T_s 代表始锻温度；T_f 代表终锻温度。

接近实际锻造过程的物理模拟实验的具体热加工参数如表 6-2 所示。试样热压缩完毕后立即进行水淬处理，以保留变形态组织。

表 6-2　接近实际锻造过程的物理模拟实验的热加工参数

始锻温度/℃	应变速率/s⁻¹	变形量/%
1040、1080、1120、1160	0.1、1	15、30、50

终锻温度或终轧温度，是指热轧板带离开最后一道精轧机时的温度，这个温

度对热轧板带成材后的金相组织、晶粒大小有着极大影响，从而对其力学性能影响较大。控制终锻温度涉及诸多方面，如始锻温度、变形量、应变速率等。

Bailey[5]的实验结果显示：终锻温度对抗拉强度影响很大，而变形量对强度影响不大；变形量强烈影响合金的塑性，终锻温度对塑性略有影响。表6-3是文献[5]给出的对Waspaloy（GH4738）合金板材测得的拉伸数据：始锻温度1163℃，变形量33%，终锻温度为1060℃、1038℃、960℃。可以看出终锻温度对抗拉强度有明显的影响，而对室温拉伸塑性稍有影响。实验还显示，960℃终锻温度比1060℃终锻温度的晶粒度小，但有相当大的抗拉强度和较好的拉伸塑性。这些结果进一步证实，晶粒尺寸不是影响GH4738合金抗拉强度最重要的结构特征。

表6-3 终锻温度对GH4738合金横向拉伸性能的影响

终锻温度/始锻温度/变形量	室温拉伸				538℃拉伸			
	σ_b/MPa	σ_s/MPa	δ/%	ψ/%	σ_b/MPa	σ_s/MPa	δ/%	ψ/%
1060℃/1163℃/33%	1269	841	19	18.7	1131	765	19.1	21.1
1038℃/1163℃/33%	1296	870	17.7	16.5	1151	779	20.4	20.9
960℃/1163℃/33%	1338	986	24.1	23.6	1196	907	18.4	20.7

6.3.1 接近实际锻造过程的热变形行为

6.3.1.1 始锻温度为1040℃时的热变形行为

A 变形量为15%

图6-13为在始锻温度1040℃下变形15%后，终锻温度分别为961℃和1043℃时得到的热变形显微组织。终锻温度较低者几乎没有发生再结晶现象，但受到变形的影响，合金中出现了较多变形孪晶；而终锻温度较高者（接近等温锻

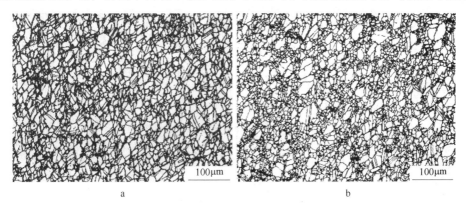

a   b

图6-13 变形量为15%时在不同终锻温度下得到的热加工态组织

a—961℃；b—1043℃

造过程），则发生了约 55% 的再结晶量，同时在部分未发生再结晶的晶粒内产生了较多变形孪晶。

从控制终锻温度为 1043℃ 的应力-应变曲线可知（图 6-14），应力值先迅速上升，到达峰值应力后则缓慢增加。而终锻温度在 961℃ 的应力-应变曲线则显示前期较终锻温度高的曲线应力值低，但是随着变形量的增加，应力值直线上升，最终当变形量达到 15% 之前时，超过了终锻温度高的应力。对比图 6-14 中两条不同终锻温度下的

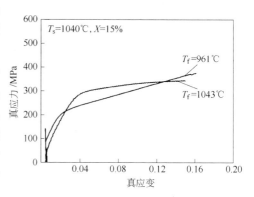

图 6-14 变形量为 15% 无保温压缩应力-应变曲线（始锻温度 1040℃）

应力-应变曲线可知，虽然变形量一致，但是合金在终锻温度低的情况下，应力急剧增加。在近等温状态变形（终锻温度高者），保持了合金的动态再结晶的稳步进行，从而使应力-应变曲线较为平缓。

对比在不同终锻温度下合金应力峰值的差别发现，工程变形量都为 15% 的两个不同终锻温度的试样，终锻温度差 $\Delta T = 82℃$，终锻温度低者承受更高的变形抗力，其两者峰值应力差为 $\Delta F = 36MPa$。

B 变形量为 30%

当变形量进一步增加时，终锻温度不同的两个水淬试样的显微组织如图 6-15 所示，终锻温度为 888℃ 的试样，开始出现少量再结晶，而终锻温度为 1042℃ 的试样，则发生了约 80% 的再结晶。图 6-16 为变形量为 30% 的应力-应变曲线，可知变形试样的终锻温度为 888℃，其应力直线上升；而终锻温度为 1042℃ 的试

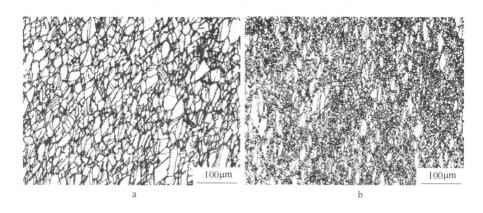

a — 100μm   b — 100μm

图 6-15 变形量为 30% 时在不同终锻温度下得到的热加工态组织

a—888℃；b—1042℃

样，温度比始锻温度上升了2℃，合金
变形应力-应变曲线接近于近等温锻造
过程，变形抗力较低。总体上，终锻
温度差值 $\Delta T = 154℃$ ，其两者变形峰
值应力差为 $\Delta F = 183MPa$ 。

C 变形量为50%

图6-17 为当变形量增加至50%
时，两终锻温度分别为751℃、1041℃
时得到的显微组织，可知即使变形量
提高至50%，终锻温度低者，再结晶
始终不能顺利发生，仅有少量动态再

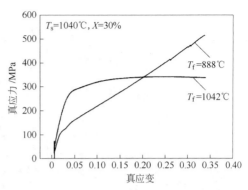

图6-16 变形量为30%无保温压缩
应力-应变曲线（始锻温度1040℃）

结晶发生；而终锻温度高者，其再结晶晶粒组织几乎达到了95%以上。

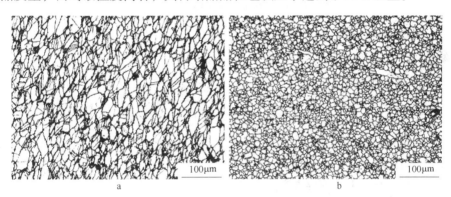

图6-17 变形量为50%时在不同终锻温度下得到的热加工态组织
a—751℃；b—1041℃

图6-18 为变形量为50%的应力-应变曲线，终锻温度低者，应力峰值非常
大，仅在真应变量0.3时，峰值应力
达到了545MPa；而此时，终锻温度高
者最大峰值应力才为361MPa。

6.3.1.2 始锻温度为1080℃时
的热变形行为

将初始锻造温度提高至1080℃，
研究不同变形量、不同终锻温度下显
微组织与变形抗力演化行为。

A 变形量为15%

图6-19 即为始锻温度为1080℃条

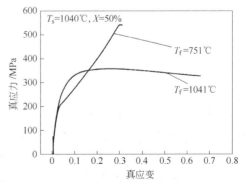

图6-18 变形量为50%无保温压缩
应力-应变曲线（始锻温度1040℃）

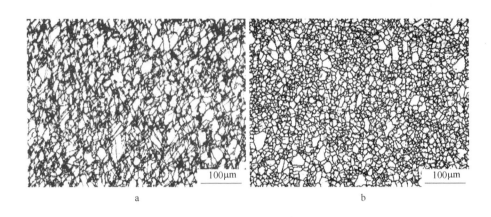

图 6-19 变形量为 15% 时在不同终锻温度下得到的热加工态组织
a—988℃；b—1080℃

件下，不同终锻温度下试样变形组织形貌，可知终锻温度低者，再结晶量约为 15%，而终锻温度高者，再结晶量约为 95%。

图 6-20 为始锻温度为 1080℃ 变形 15% 后对应的应力-应变曲线。当变形始锻温度升高至 1080℃ 时，合金终锻温度分别提高为 988℃ 和 1080℃。终锻温度低的试样应力前期发生很小的攀升，紧接着直线提高。而呈现近等温锻造工艺的应力-应变曲线则与等温锻造效果相近，应力-应变曲线经历了加工硬化、动态回复及再结晶阶段，应力曲线保持较为平缓，所以再结晶较为充分。

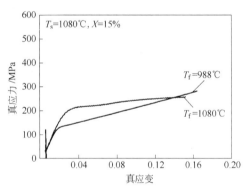

图 6-20 变形量为 15% 无保温压缩应力-应变曲线（始锻温度 1080℃）

B 变形量为 30%

随着变形量进一步增加至 30%，在 1080℃ 变形得到的显微组织如图 6-21 所示，可知终锻温度低者再结晶量较少，而终锻温度高者发生再结晶量达 90% 以上。与此同时可以发现，在变形过程中，两试样的初始平均晶粒尺寸都有一定程度的长大，再结晶量少者经变形产生了大量孪晶；而终锻温度高者，在高温影响下，再结晶晶粒明显呈现等轴晶状。

图 6-22 为在始锻温度 1080℃ 下，终锻温度分别为 1079℃ 和 903℃ 时对应的应力-应变曲线，终锻温度高者应力为 273MPa，而终锻温度低者应力达到了 495MPa，变形抗力相差 222MPa；可以明显看出终锻温度对合金变形抗力的影响。总之，提高终锻温度，即相当于降低了变形抗力。

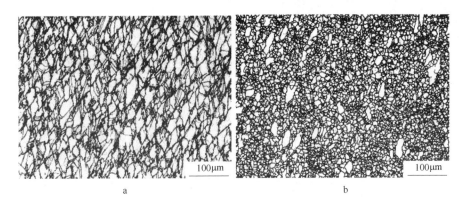

图 6-21　变形量为 30% 时在不同终锻温度下得到的热加工态组织
a—903℃；b—1079℃

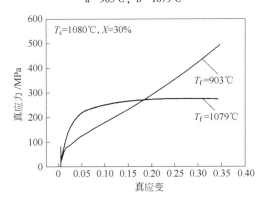

图 6-22　变形量为 30% 无保温压缩应力-应变曲线（始锻温度 1080℃）

C　变形量为 50%

当变形量提高至 50% 时，不同终锻温度得到的显微组织情况如图 6-23 所示，

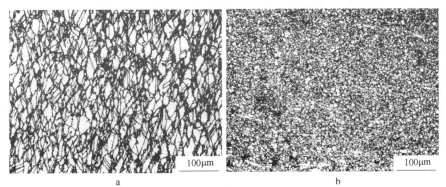

图 6-23　变形量为 50% 时在不同终锻温度下得到的热加工态组织
a—777℃；b—1072℃

可知变形量的提高，导致终锻温度降低，但仍然不能提高合金再结晶量；而终锻温度高者，随着变形量的增加，可以明显提高合金再结晶量。

图 6-24 为当变形量增加至 50% 时，终锻温度分别为 777℃、1072℃ 的应力-应变曲线，终锻温度相差 295℃，相应峰值应力分别为 540MPa 和 267MPa，应力相差约一倍以上。

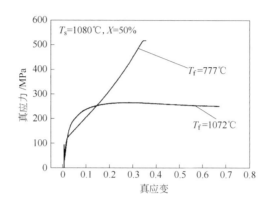

图 6-24 变形量为 50% 无保温压缩应力-应变曲线（始锻温度 1080℃）

6.3.1.3 始锻温度为 1120℃ 时的热变形行为

为了研究始锻温度的差异对显微组织及变形行为的影响，将始锻温度提升至 1120℃，在变形量为 15%、30% 的条件下，终锻温度对合金显微组织及变形抗力的影响，见如下分析。

A 变形量为 15%

如图 6-25 所示，始锻温度提高，终锻温度也相应提高；可知，合金在经历

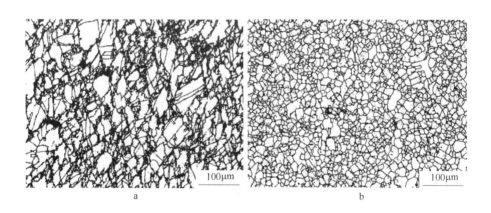

图 6-25 变形量为 15% 时在不同终锻温度下得到的热加工态组织

a—1013℃；b—1117℃

15%的变形后，终锻温度低者初始晶粒明显长大，同时在晶界处出现少量再结晶晶粒，合金不均匀性增加；而在终锻温度较高的情况下，变形组织的再结晶量达到了95%以上。

图6-26为合金在此初始锻造温度下的应力状况，可知合金最终变形抗力峰值相差不大，但是终锻温度相差巨大，分别为1013℃和1117℃，两者相差104℃，正是因为终锻温度的较大差异，再结晶状态出现明显不同。

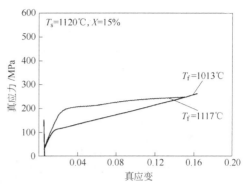

图6-26 变形量为15%无保温压缩应力-应变曲线（始锻温度1120℃）

B 变形量为30%

图6-27为在不同终锻温度下试样的显微组织状态。图6-27a为终锻温度为898℃，发生动态再结晶较少；而如图6-27b所示，终锻温度在1114℃时，合金再结晶量几乎达到了95%。

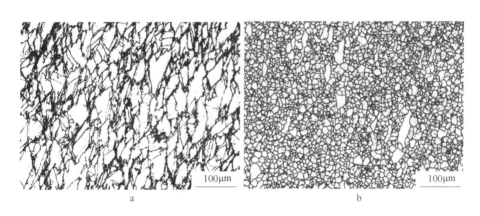

图6-27 变形量为30%时在不同终锻温度下得到的热加工态组织
a—898℃；b—1114℃

图6-28为在1120℃始锻温度下，变形量增加至30%，终锻温度低者，峰值应力为528MPa，而终锻温度高的合金峰值应力仅为231MPa，明显看出，终锻温度对合金变形抗力有很大影响。

6.3.1.4 始锻温度为1160℃时的热变形行为

A 变形量为15%

据以上研究可知，终锻温度对合金组织性能产生了重要影响。当始锻

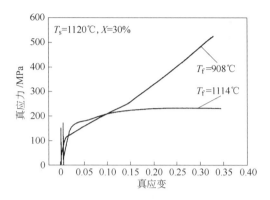

图 6-28　变形量为 30% 无保温压缩应力-应变曲线（始锻温度 1120℃）

温度进一步提高至 1160℃ 时，如图 6-29 所示，由图可以看出，终锻温度低的试样，初始晶粒发生了明显长大，同时合金中产生较少的再结晶晶粒；而终锻温度高的试样，合金已经完成再结晶过程，晶粒组织较为均匀。

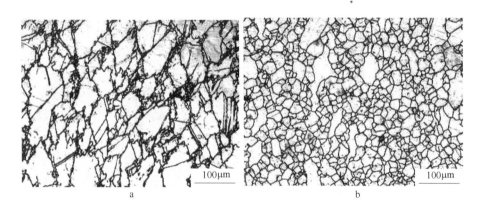

图 6-29　变形量为 15% 时在不同终锻温度下得到的热加工态组织
a—1042℃；b—1154℃

在不同终锻温度变形时的应力-应变曲线如图 6-30 所示。在变形 15% 条件下，终锻温度相差较大，分别为 1154℃ 和 1042℃，但是应力相差不大，分别为 224MPa 和 210MPa。对比图 6-13 和图 6-14 所示始锻温度较低的情况下组织及应力变化发现，合金在非等温锻造过程中，始锻温度越高，终锻温度下降的幅度越大。

B　变形量为 30%

当变形量增加到 30% 时，终锻温度在 930℃ 时的显微组织如图 6-31

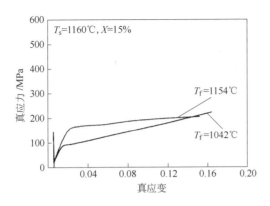

图 6-30　变形量为 15% 无保温压缩应力-应变曲线（始锻温度 1160℃）

所示。由图 6-31a 可知，变形量为 30% 时，合金终锻温度低者，发生再结晶量小于 8%；而图 6-31b 显示终锻温度为 1147℃ 时，合金的再结晶基本完成。

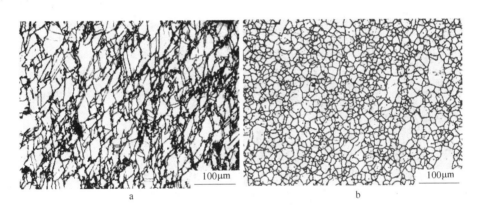

图 6-31　变形量为 30% 时在不同终锻温度下得到的热加工态组织
a—930℃；b—1147℃

图 6-32 所示为始锻温度为 1160℃ 时，不同终锻温度对应的两条应力-应变曲线，可以明显看出，终锻温度低者应力-应变曲线直线上升；而终锻温度高者，受到自身动态再结晶的影响，应力-应变曲线较为平缓。两者终锻温度差 $\Delta T = 217℃$，终锻温度低者承受更高的变形抗力，其两者应力差为 $\Delta F = 327 MPa$。

6.3.2　终锻温度的控制原则

为了进一步分析终锻温度对后续热处理态组织的影响，对始锻温度 1160℃，

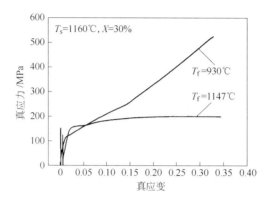

图 6-32 变形量为 30% 无保温压缩应力-应变曲线（始锻温度 1160℃）

终锻温度为 1042℃、1154℃、930℃ 和 1147℃（图 6-29a、图 6-29b 以及图 6-31a 和图 6-31b）的样品进行热处理，热处理制度为：1050℃/4h/AC + 845℃/4h/AC + 760℃/16h/AC。热处理结果如图 6-33 所示，可以发现试样经过热处理后，原

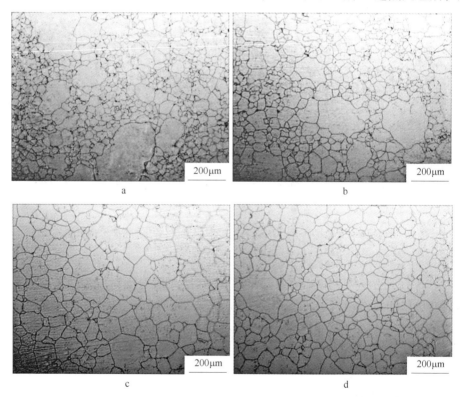

图 6-33 合金始锻温度 1160℃ 不同终锻温度变形量下的热处理态显微组织

a—1042℃/15%；b—930℃/30%；c—1154℃/15%；d—1147℃/30%

始再结晶组织均已发生了晶粒的长大，由等轴晶组成。对比终锻温度较低的1042℃及930℃，可以发现基体中明显存在大量混晶现象，如图 6-33a、b 所示；而终锻温度较高的样品经过热处理后组织较为均匀，如图 6-33c、d 所示，从而说明终锻温度过低不利于后续良好热处理组织的形成。同时，产生混晶的终锻温度低的试样经过 1050℃固溶处理，该固溶温度已经超过 GH4738 合金 γ′强化相析出温度，那么若这些终锻温度低的试样，经过涡轮盘标准热处理即 1020℃固溶热处理后，势必会产生混晶现象。

图 6-34 为 GH4738 合金不同终锻温度与再结晶百分数的关系。由图 6-34 可见，随着终锻温度的提高，合金再结晶分数逐渐提高。同时，当变形量达到 50% 时，合金再结晶受终锻温度的影响不明显。

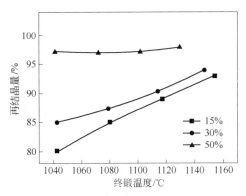

图 6-34　不同终锻温度与再结晶百分数的关系
（接近等温锻造条件下）

综上所述，在同等始锻温度及变形量下，合金的再结晶晶粒尺寸随着终锻温度的升高而逐渐增大。终锻温度低，不利于再结晶的发生；终锻温度高可促进再结晶的完成。在同一始锻温度下，终锻温度较低时，都没有完全动态再结晶，组织内的初始晶粒因受热变形的影响而发生变形，最终的组织孪晶较多。

在接近实际锻造过程的物理模拟实验中，终锻温度低的试样显微组织无论经历多大的变形量，其再结晶总是不充分的。因此，可以推断出在变温锻造过程中，受到变形速率、变形时间及保温工艺的影响，终锻温度过低，将严重影响合金动态再结晶的发生。然而，从等温压缩物流模拟实验结果讨论可以发现，一定程度上相对低的应变速率有利于组织的优化。

此外，从实验测得的应力-应变曲线可知，终锻温度较低，导致合金整体上再结晶程度较低，不利于锻造后获得良好的显微组织。图 6-35 所示为变形量在 30% 时的终锻温度差与变形峰值抗力差之间的关系，可知合金的终锻温度差与峰值应力差值成正比：应力差 $\Delta F = -177 + 2.3\Delta T$（终锻温度差值 ΔT 大于 152℃）。当终锻温度接

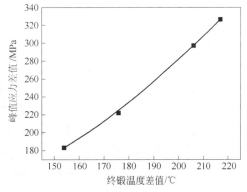

图 6-35　终锻温度差值与峰值应力差值的关系

近始锻温度时，即相当于近等温锻造变形工艺，变形再结晶量较高，再结晶易于完成，再结晶晶粒较均匀。终锻温度低，不仅不利于再结晶的发生而且容易使变形抗力增加，容易使锻件产生裂纹。

由此可见，终锻温度对变形组织具有重要影响，如何控制好终锻温度直接关系到显微组织的优劣。终锻温度的控制除了包套以外，还应尽量缩短由加热炉转运到变形模具台面的时间；同时，应适当提高模具温度，缩短变形时间，减少锻件热量散失，提高终锻温度使其接近于近等温锻造。

总之，通过接近实际锻造过程的物理模拟实验，可以得出如下结论：终锻温度过低，导致合金变形峰值抗力显著提高，并使合金难以发生再结晶；同时，终锻温度高（接近等温锻造过程），则变形抗力会显著下降，并在变形量足够的情况下，获得充分再结晶组织，从而获得理想的合金性能。建议在锻造过程中，做好锻件的保温措施，缩短从加热炉到锻造工作台的转运时间，适当提高变形速率，减少温度损耗，以便获得良好的组织。

结合第 6.1 节和本节的研究结果，在制定 GH4738 合金锻造工艺时，需要综合考虑锻造加热温度、保温时间及终锻温度。因此需要考虑锻件合金成分对强化相 γ′ 析出温度的影响，保温时间对晶粒度长大的影响程度以及终锻温度对变形抗力和再结晶程度等的影响。

6.4 连续变形条件下再结晶

6.4.1 晶粒异常长大的影响因素及本质

6.4.1.1 晶粒异常长大现象

金属及合金经热变形后在退火过程中发生再结晶和晶粒长大。虽然再结晶完成以后形变储存能已完全释放，但材料仍未达到最稳定的状态。由于组织中含有大量晶界，为了减少总的界面能，晶粒有较大的长大趋势。晶粒长大分为晶粒正常长大和晶粒异常长大，后者也称为二次再结晶。

晶粒的正常长大已经有大量的理论和研究成果，而对退火过程中存在的晶粒异常长大现象的研究局限于纯金属 Cu、Fe、Ni。Koo 等研究了金属 Cu 经历小变形后产生的晶粒异常长大的现象[6]。在电工钢中[7]，影响晶粒异常长大的织构普遍为高斯织构 {110}⟨001⟩。此外有人提出，小应变量对晶粒异常长大产生很大的影响，这些应变一般只有百分之几，低于再结晶所需要的应变水平，这些观察说明晶粒异常长大需要一个临界的最小应变量。Blankenship 通过压制楔形试验观察到了一种粉末高温合金 René88DT 的晶粒尺寸随位置的变化规律[8]，临界应变量处于变形量为 5% 的位置，而在临界变形量区域附近没有发现新的再结晶晶粒。

人们对晶粒异常长大现象也进行了很多理论方面的研究，如基于晶界曲率半径的晶界刻面迁移理论，基于晶界处位错分布差异性导致的异常长大理论，基于织构的晶粒异常长大理论，基于第二相钉扎的晶粒异常长大理论等[9,10]。在研究晶粒异常长大的文献中对低碳钢和不锈钢的晶粒异常长大现象进行了描述，而对理论的研究仅仅局限于纯金属。至于针对高温合金在该方面的研究就较少，而在高温合金涡轮盘的实际生产中出现了晶粒异常长大现象，随着涡轮盘直径的增大，在变形过程中及热处理后其表面容易产生异常晶粒。例如，图6-36为GH4738合金涡轮盘表面的异常混晶现象，某发动机用GH4133B涡轮盘也存在低倍晶粒粗大现象（图1-38b），此外在某发动机用难变形高温合金U710涡轮盘也观察到低倍粗大晶粒现象（图1-38a）。实际上，目前在GH4169、GH4738和难变形合金U720Li等高温合金涡轮盘及大型叶片生产过程中，都会出现低倍粗大晶粒现象而造成锻件质量不合格。

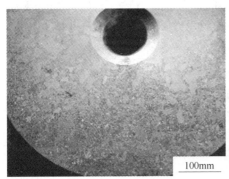 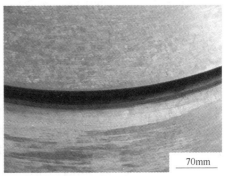

100mm 70mm

图6-36 GH4738涡轮盘晶粒异常长大混晶现象

由此可见，高温合金在热加工生产过程中会产生个别晶粒粗大的现象，尤其是大型涡轮盘，热加工工艺控制不当，会导致出现粗大晶粒，造成晶粒度超标而使整个涡轮盘报废，造成严重的经济损失。同样，在对GH132合金研究过程中还观察到如图6-37所示的现象[11]，在小变形量区域存在着很明显的晶粒度不均匀现象，而且初始晶粒度的不同显著影响到变形后晶粒的不均匀度。

6.4.1.2 影响晶粒异常长大的因素

A 初始晶粒度分布

异常长大的晶粒尺寸比一次再结晶晶粒的平均尺寸大得多，把一次再结晶后产生的晶粒度分布情况称为初始晶粒度分布。初始晶粒度分布中如果存在一些大的晶粒，这些大的晶粒

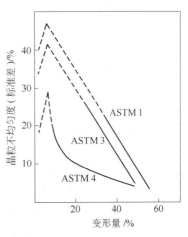

图6-37 原始晶粒度和变形量对
GH132合金晶粒度不均匀程度的影响

更易异常长大。初始晶粒度分布一般为类抛物线型，R 为分布中任意一个晶粒的半径，R_c 为分布中的临界晶粒半径，若 $R > R_c$，晶粒长大；若 $R < R_c$，晶粒收缩。Hillert 提出在初始晶粒度分布中比 $2R_c$ 小的晶粒发生正常长大[12]，假设在单相金属材料中初始晶粒度分布中如果有大于 $2R_c$ 的晶粒，这些晶粒将发生异常长大，但这个条件是短暂的，晶粒度分布最终演变成恒稳态。Rios 认为在单相金属中大晶粒能逃脱正常长大分布[13]，然后异常长大，因为大晶粒长大时正常长大分布还没开始，大晶粒有一个非常快的长大速率，限制在一个比最大晶粒度还大的级别中，但是这个条件也是短暂的，如果正常长大分布开始了，大晶粒最终也会加入这个分布，目前的模型对这个异常长大短暂过程的推断与 Rios 相同。

B　形变量

刚完成一次再结晶的初始晶粒度分布由原来的变形量决定，这种分布特征在以后的晶粒长大时保持下去。原来的变形量越大，再结晶晶粒尺寸均匀度越高，即尺寸分布宽度越窄。变形量越小，晶粒尺寸分布越不均匀，必然有较多晶面面积小的晶粒，这类晶粒更易于收缩，因而加速晶粒长大。这样，晶粒长大动力学直接与原变形程度有关。

C　织构

当组织中存在锋锐的织构时，会阻碍晶粒的正常长大，这种影响称为织构抑制。当偶然有少数晶粒的取向为特定织构的取向时，这些晶粒的界面能比其他晶粒的界面能高，它更易迁移。当加热到更高温度时，这些晶粒就以比其他晶粒大得多的速率长大。

近年来 Monte Carlo（简称 MC）方法被广泛用于晶粒正常及异常长大过程中组织演变的模拟，关于晶粒异常长大的 MC 模拟主要研究由织构引起晶粒异常长大这一情况。

D　第二相粒子

在退火过程中只要第二相粒子不随晶粒长大，晶粒长大到一定程度就会停止，这种影响称为弥散相抑制。对于弥散相质点抑制晶粒正常长大的情况，当加热到更高温度时，由于质点的不均匀分布和不均匀溶解，在较少弥散相质点以及质点尺寸较小的地方会有某几个晶粒的界面可以摆脱钉扎而迁动，发生二次再结晶。如 $w(\mathrm{Mn})$ 为 1% 的 Al-Mn 合金，第二相的溶解温度是 625℃，在 650℃ 退火时没有粒子析出，晶粒均匀长大；600℃ 退火粒子均匀钉扎，晶粒难以生长；625℃ 退火时，正好在第二相溶解温度附近，少数区域粒子溶解，在这些区域晶粒得以充分生长，出现二次再结晶，而大部分区域仍受粒子钉扎。由此可见，第二相粒子的不均匀钉扎促进晶粒异常长大，第二相粒子对晶粒异常长大的影响也就是固溶温度对晶粒异常长大的影响，升高固溶温度，使第二相粒子全部溶解，就能有效消除晶粒异常长大。

第二相粒子的存在钉扎住晶粒，抑制晶粒正常长大，这时的晶粒度分布情况叫做抑制晶粒度分布。对多相金属材料中晶粒异常长大的研究表明，第二相粒子对晶粒异常长大影响很大。Humphreys 通过比较晶粒长大驱动力和第二相粒子的钉扎力来决定一个大于平均晶粒尺寸的晶粒是否能异常长大，认为第二相粒子体积分数为 0.05~0.3 时[14]，晶粒正常长大被抑制，晶粒异常长大发生。Doherty 将其展示在三维 Monte-Carlo 模拟中，人工产生的大晶粒是稳定的，并且能在第二相粒子的钉扎力消失后吞并原来钉扎的小晶粒[15]。因此有必要用数值模拟把单相和多相金属的晶粒长大理论应用到晶粒异常长大中。

通过对高纯 Al-1% Si-0.5% Cu 第二相粒子分布、形貌的观察与分析，可初步确定：出现晶粒异常长大现象的原因是退火温度较高，改变了局部区域第二相的溶解析出行为，造成局部区域第二相减少、粗化，所提供的阻力不足以抵挡晶界移动的驱动力，在一些晶界阻力不均匀的地方，会发生个别晶粒异常长大现象[16]。

综上所述，晶粒异常长大大多数是由变形量和第二相粒子决定的。变形量小导致一次再结晶后的组织不均匀，初始分布中已包含相对大的晶粒，这些应变一般只有百分之几，低于再结晶所需的应变水平；在第二相粒子溶解温度附近固溶时，由于第二相粒子分布不均匀将导致溶解不均匀，出现二次再结晶。但是对小变形引起晶粒异常长大的这种情况研究得较少，是高温合金晶粒度控制中急需解决的问题。

6.4.1.3 临界变形粗晶理论

高温合金在热加工中位于很小或很大形变的位置经固溶处理后易产生晶粒突然增大现象，即该形变区晶粒都很大，其他形变区晶粒都较小，晶粒尺寸比其他形变区的大十几倍，这种现象称为临界变形粗晶。

高温合金锻件中变形等于临界变形的位置固溶处理后易产生粗大晶粒，变形超出临界变形的位置热处理后获得正常的晶粒组织。一般临界变形粗晶发生在锻件的表面层，涡轮盘锻件废品中很大一部分就是由于涡轮盘表层产生了临界变形粗晶。对 GH49 合金中局部粗晶现象的研究认为，临界变形粗晶形成机理为原始晶粒的直接长大，驱动力为晶界两侧的畸变能差，可通过以下两种方法消除临界变形粗晶，一是控制变形条件，尽可能缩小临界变形区范围；二是锻后立即进行短时间退火处理，减小临界变形区的畸变能差，以控制粗晶区晶粒尺寸。

对 SWRCH6A 钢丝临界变形量进行研究发现，此种钢丝在 5%~25% 的变形量下，球化热处理过程中钢丝易产生粗大晶粒[17]。在纯铁中杂质和小变形对一次再结晶后的晶粒正常长大的动力学影响较大。非常小的变形（2%）会阻碍晶粒正常长大，发生二次再结晶，较大的变形（10%）会加速晶粒正常长大的初期阶段，导致最后的晶粒没有非常大的尺寸，2% 的伸长率已被实验证实为二次再结晶临界应变限制。

研究小变形对 Cu 晶粒异常长大的影响时发现，试样变形 2% 经 800℃热处理 5min 后晶粒异常长大，经过 1h，获得粗大晶粒[7]。在变形为 4%～8% 的样品中低于一次再结晶变形量，所有晶粒没有产生明显的异常长大。当变形为 20%～50% 时，一次再结晶发生，随后的异常长大行为依赖于一次再结晶后获得的晶粒度。

异常长大的晶粒晶界迁移较快，研究 MnS 粒子对 Fe-3% Si 合金晶界迁移的影响时发现，晶界上 MnS 析出粒子的粗化过程决定了晶界的可迁移性，但在晶粒尺寸效应之外，晶界两侧晶粒内位错析出 MnS 粒子密度的差异对晶界迁移的方向也发挥了决定性作用。观察发现，迁移晶界两侧晶粒内往往显示出不同的 MnS 粒子密度，而晶界则倾向于向粒子密度较低的一侧迁移[18]。

对粉末高温合金 René88DT 的研究采用楔形试样产生应变梯度[9]，再加热至 γ′熔融温度以上，如 1150℃。保温 2h 再冷却到室温后对微观组织进行观察发现，位置不同处平均晶粒度不同，异常长大晶粒直径比周围晶粒大 100 倍，用有限元分析得到样品在大约 5% 变形处晶粒大小发生突变，如图 6-38 所示。

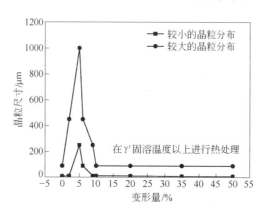

图 6-38　René88DT 晶粒尺寸与变形量的关系

鉴于以上分析，大部分为对纯金属进行理论机理研究，临界变形机制也局限于推理讨论。针对高温合金在临界变形粗晶方面的研究较少，也没形成系统的控制机制模型，更没有建立临界变形量的定量预测模型。

6.4.2　梯形试样热变形后的组织演化

为了对 GH4738 合金涡轮盘锻造及热处理过程中晶粒异常长大现象有深入的了解，通过梯形实验，研究在变形量连续变化条件下的晶粒组织演化规律，同时分析了热变形后经不同固溶 + 时效热处理后梯形样品中出现的晶粒异常长大现象。为此设计了梯形试样进行变形实验（梯形试样工程变形量为 0%～50%），梯形试样及其尺寸（mm）如图 6-39 所示。

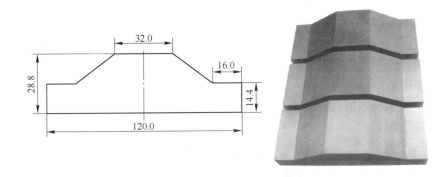

图 6-39　梯形试样尺寸图

采用 20MN 液压机对所设计的梯形试样进行锻压，变形温度分别为 1040℃、1100℃ 和 1160℃，变形速率为 16.7mm/s。具体的实验流程为：梯形试样锻造前采用保温石棉对其进行包裹，以防止锻造过程中热量散失严重。当炉温在 800℃ 时，将三块相同的梯形试样同时放入炉内，并控制在 30min 以内升温到 1040℃ 并保温 90min，然后迅速取出其中一块梯形试样进行锻压淬火。余下的两块试样分别在 1100℃ 保温 45min 后锻压和在 1160℃ 保温 45min 后锻压，该实验设计三块梯形试样热加工的最大变形量为 50%。锻造时将保温石棉放置于试样上下表面，以减少温降及锻造温度不均；热锻后将试样水冷至室温，然后对获得的梯形压缩试样进行组织演变规律分析。

此外，对变形后的梯形试样进行了固溶 + 时效热处理，以研究合金晶粒异常长大发生的临界条件。固溶处理制度为 980℃、1020℃、1060℃、1100℃ 和 1140℃/4h/AC；时效处理制度为 845℃/4h/AC + 760℃/16h/AC。

锻前合金原始组织如图 6-40 所示，其晶粒度级别为 ASTM 6.6 级。变形后的试样如图 6-41 所示，在梯形长度方向金属被轧长，而在宽度方向则出现一定的

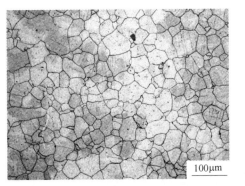

图 6-40　GH4738 合金梯形试样的初始晶粒组织

图 6-41　实际梯形试样锻压后的形貌

锻压鼓肚现象，梯形试样的最高台阶由最初设计的高 28.8mm，压缩至 14.4mm，达到了变形 50% 的要求。

6.4.2.1 梯形试样保温后变形前的晶粒组织形貌

梯形试样加热至始锻温度 1040℃、1100℃和 1160℃保温一定时间后的晶粒组织（未变形组织），如图 6-42 所示。对比图 6-42 中的三种初始晶粒组织，发现 1040℃保温加热后该合金晶粒长大不明显，而在 1100℃及 1160℃保温后，晶粒明显发生长大。

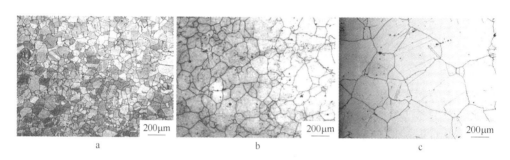

图 6-42 梯形试样保温后变形前的晶粒组织

a—1040℃；b—1100℃；c—1160℃

6.4.2.2 梯形试样变形后的组织演变规律

图 6-43 ~ 图 6-45 为梯形样品经始锻温度 1040℃、1100℃和 1160℃变形后的显微组织。从图 6-43 ~ 图 6-45 可以发现三个始锻温度下梯形样品变形后组织演变的共同规律为：（1）随着变形量呈连续变化的趋势，合金中的动态再结晶现象也明显呈现连续变化的特点；（2）随着试样变形量的增加或减少，合金的再结晶程度也呈增加或减少的趋势；（3）梯形试样中心处发生了大量明显的动态再结晶，而试样的边缘处则发生少量的动态再结晶或者不发生动态再结晶；（4）再结晶新形成的晶粒主要分布在拉长的原始晶粒的晶界上，形成典型的"项链"状组织。这说明 GH4738 合金梯形试样在锻压后沿着变形方向存在着一个动态再结晶能够发生的临界应变量，当超过该变形量后，合金才能发生动态再结晶；梯形试样中心处为大变形区，此处合金的变量为最大，因此在三块变形后的梯形试样中均观察到了明显的再结晶现象；梯形试样的边缘由于在转移的过程中降温较多或是锻造过程中热散失较为严重，使得再结晶难以发生，所以合金在边缘处的再结晶量几乎为零。

对于始锻温度不同的三块梯形试样，组织演变规律的不同之处在于以下几点：

（1）由图 6-43 可知，始锻温度为 1040℃时，在梯形试样的中心变形量最大区域（50%）发生的动态再结晶量最多，再结晶晶粒细小（低倍光学显微镜下

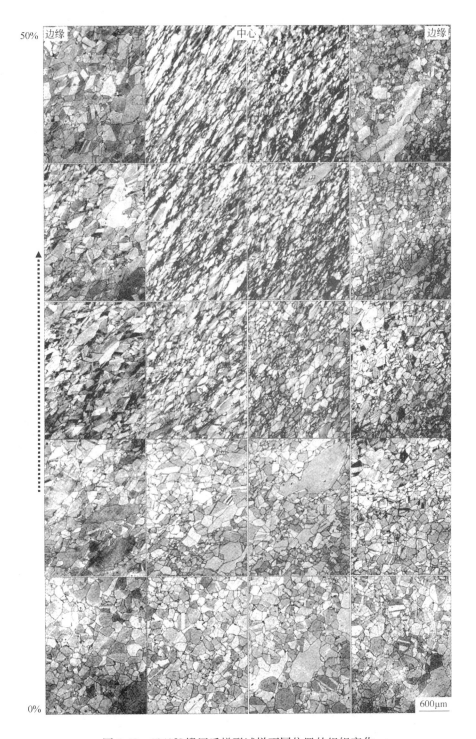

图 6-43 1040℃锻压后梯形试样不同位置的组织变化

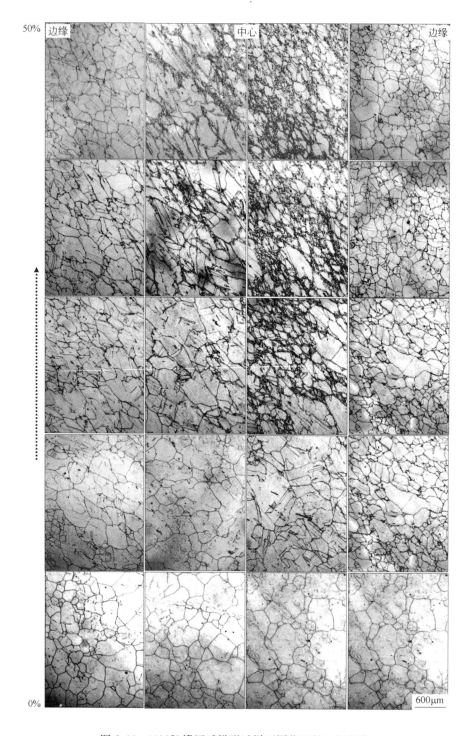

图 6-44 1100℃锻压后梯形试样不同位置的组织变化

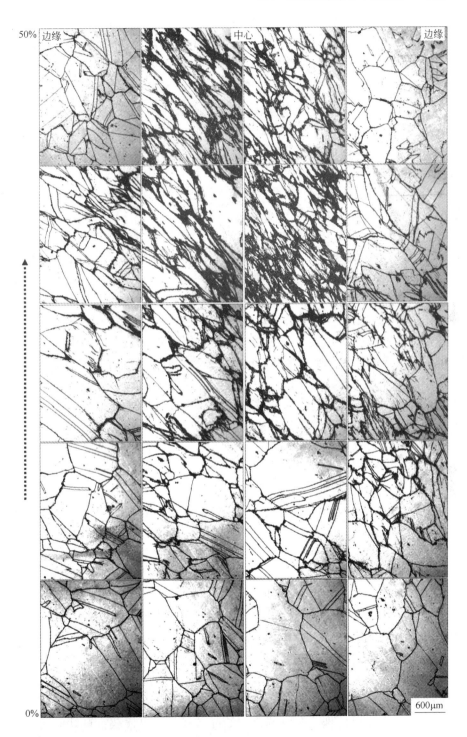

图 6-45　1160℃锻压后梯形试样不同位置的组织变化

观察呈现黑色条带分布）；当始锻温度升高至1100℃时（见图6-44），梯形试样最大变形量处的动态再结晶量与始锻温度1040℃时的相比有所减少；当温度继续升至1160℃时（见图6-45），可发现动态再结晶的体积分数较前两种初始锻造温度下的明显减少。这是由于在较低的始锻温度下锻压时，例如1040℃，虽然合金中的 γ′ 强化相已基本达到完全回溶温度，但是晶界的碳化物仍然钉扎着晶界，阻碍晶界的运动，增加变形过程中的位错密度，因此在始锻温度1040℃条件下，能够为再结晶提供更多的形核位置，再结晶的体积分数就相对较多。当始锻温度升高时，晶界碳化物会逐渐溶解到基体中，因此晶界受到的钉扎作用明显减弱，晶粒发生长大，使得主要提供再结晶形核位置的晶界的数量较少，因此，随着始锻温度的升高，合金中的再结晶体积分数会有所下降。

（2）当始锻温度为1040℃时，经实际测量发现，当变形量达到约10%时，才开始发生动态再结晶；而当变形量进一步减小时，试样中则观察不到再结晶现象，仅发生变形晶粒的扭曲。对三种始锻温度下动态再结晶临界应变量变化规律的分析，可从图6-43~图6-45的变形组织演变规律中看出。随着变形量的增加，最初原始晶粒发生变形，晶粒沿着梯形试样延展方向逐渐被拉长；当变形量增加到一定值时，部分晶粒晶界出现了弓弯现象，能够观察到少量的再结晶晶粒出现，即为动态再结晶的开始；当变形量进一步增加时，动态再结晶晶核在原始晶粒的三叉晶界及孪晶界等处形核长大；超过临界变形量后，随着应变量的增加，动态再结晶量迅速增加。因此，根据上述判断，可以发现合金动态再结晶发生的临界应变量，随始锻温度的升高而逐渐增加。

此外，在变形过程中，由于试样与锻压模具之间的摩擦作用，试样产生"鼓肚"，而且试样在转移过程中降温较多，所以垂直于延展方向两侧未观察到再结晶现象，再结晶量几乎为零。

结合上节接近实际锻造过程的物理模拟实验中的显微组织演化规律，可明显发现梯形试样在热变形过程中受到周围环境的影响较大，加之在锻压过程中没有良好的保温措施，锻压模具并未提前进行预热，从而导致梯形试样的实际锻造温度过低；在梯形试样垂直变形长度方向的两侧，再结晶量几乎没有发生。仅有中心区域由于温降较少，实际锻造温度较高，才发生了动态再结晶。因此，实际锻造温度对显微组织的控制至关重要，终锻温度过低将严重影响合金热加工组织。

总之，形变温度越高，变形量越大，合金再结晶越充分；同时，在本梯形实验研究过程中也发现：在合金锻造过程之前的保温过程，容易导致合金晶粒长大现象的发生，初始晶粒越大，越不利于再结晶的发生；从而，在实际锻造过程中，应进行适当保温处理，有效调节初始晶粒尺寸，以便获得良好的再结晶组织。同时发现，当应变量超过临界应变量 ε_c 时，才发生动态再结晶。

对比分析1040℃、1100℃、1160℃三个热锻温度下锻件的组织分布不难发现，对于初始组织为均匀等轴晶的GH4738合金，热锻后原始晶界、三叉晶界为动态再结晶最先形核的位置。原因是在变形过程中，合金组织内部形成大量位错、空位等缺陷，这些缺陷在变形过程中向晶界处迁移，运动到晶界处受到晶界的阻碍而停止，使得变形合金的晶界处产生了大量的缺陷堆积，形成高能区。这些缺陷对动态再结晶形核过程起到促进作用，所以会在这些位置优先形核。随着变形量的增大，孪晶界及晶内的变形带处也会因为位错等缺陷的塞积形成高能区，发生动态再结晶形核，析出再结晶晶粒。随着变形量的增加，在三个温度热锻件的原始晶粒内出现了小"细纹"，将原始晶粒"分割"成多个小区域，这种现象可能也是位错塞积的原因，而其对组织再结晶行为的影响将在后续的分析中提出。

初始为等轴晶组织的GH4738合金动态再结晶的演变过程是：当组织的变形量小于动态再结晶的临界变形量时，金相组织为变形的原始晶粒，随着变形量的增加，位错等缺陷的运动因在晶界处受阻，在原始晶界、三叉晶界处堆积，形成高能区，导致这些位置的侵蚀加重，从组织金相图中可观察到原始晶界、三叉晶界的加深加粗。随着晶界处位错等缺陷堆积的增加，原始晶界开始出现弓弯、锯齿等，为晶界处的再结晶形核奠定基础。随着变形量的继续增加，原始晶界处开始析出再结晶晶粒，且再结晶晶粒随着变形量的增加逐渐增多，在原始晶界周围形成项链组织。项链组织和原始晶界间形成新的界面，该界面有利于再结晶形核的进一步析出，形成新的再结晶晶粒，以此方式再结晶晶粒一层层向原始晶粒内推移，吞噬高能变形晶粒。在项链组织一层层向内推移的同时，晶内孪晶界处形核析出的再结晶晶粒也会一层层向晶内推移，将一个原始的大晶粒分割成多个部分同时向原始晶粒内推移，加快了组织动态再结晶速率。前面提到的小"细纹"对组织动态再结晶行为的影响类似于孪晶处形核的影响。实验中观察到的组织再结晶行为的特征也证明了晶粒"碎化"现象的存在，见图6-46。

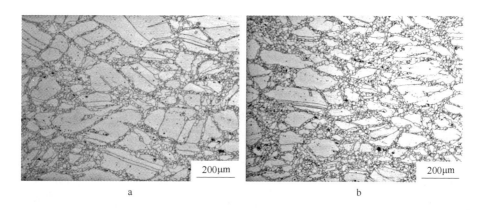

图6-46　变形量在17.7%（a）及22%（b）附近的再结晶

图 6-46b 的变形量比图 6-46a 的略大些，组织的再结晶量有所增加，每个原始晶粒周围包裹的再结晶晶粒层数并没有明显增加，而且再结晶晶粒也没有明显长大，但再结晶晶粒包裹住的原始晶粒要远远小于图 6-46a 中被包裹住的原始晶粒，原因是在原始晶粒孪晶界处形核析出的再结晶晶粒将原始晶粒分开，即前面提到的晶粒"碎化"现象。

再结晶过程通过形成新的细小等轴晶来消除变形和内应力的过程，再结晶的驱动力是回复后剩下的变形能。一般认为，对于层错能较低的镍基高温合金，动

态回复效应较弱，动态再结晶是热态变形过程中的重要软化机制。对于多晶体材料，由于各晶粒间变形要进行组织协调，各晶粒的变形并不完全相同，再结晶程度也不尽相同，有的原始晶粒周围形成了多层再结晶晶粒，而有些原始晶粒再结晶刚刚开始，见图 6-47，原始晶粒 A 周围刚形成一圈项链组织，原始晶粒 C 已基本被再结晶晶粒吞噬完全。

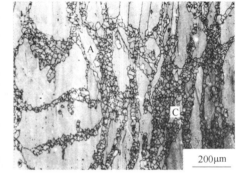

图 6-47　原始晶粒不同的再结晶速度

对比不同条件的梯形试样再结晶，不难发现：相同的变形量跨度下，组织再结晶量的增加量并不相同。在变形量达到某一变形值区域后，组织的再结晶量明显增加，远大于相邻区域的再结晶量，正好符合动态再结晶动力学 S 形曲线的前半段。各热锻件的组织随着变形量的增加再结晶量逐渐增加，但是再结晶晶粒尺寸基本保持不变，这也符合动态再结晶项链状结构的形核机制。

GH4738 合金的动态再结晶的形核机制多为不连续动态再结晶，如位错塞积区形核、晶界弓弯形核等。位错塞积区形核导致在原始晶界、三叉晶界等位错运动受阻易塞积的部位优先形核，见图 6-48，从图中可看到大部分原始晶界、三叉晶界变深加粗，可以解释为位错在晶界处塞积，组织缺陷多，形成高能区，使晶界更易侵蚀，图 6-48b 中在部分原始晶界周围能看到析出的细小的再结晶晶粒，同时从图中还能明显看到晶界弓弯，晶界两侧的位错密度不同，形变储存能不同，晶界由高能区域弯向低能区域。图 6-48 中的原始晶粒晶界处已基本发生了动态再结晶或有了再结晶的迹象，而原始晶粒内的孪晶界处还没有明显的再结晶迹象，说明孪晶界处的再结晶形核需要更大的临界变形量，相比于原始晶界不利于再结晶形核。

随着变形量的增加，孪晶界处也逐渐出现了动态再结晶形核，观察金相组织发现孪晶处的动态再结晶形核机制也主要是应变诱导晶界弓弯形核，见图 6-49。

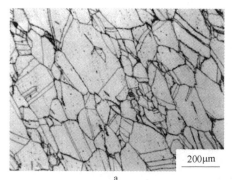
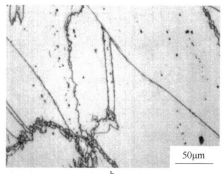

图 6-48 三叉晶界处形核（a）及原始晶界处的弓弯（b）

从图中箭头处可看到明显的孪晶界弓弯。

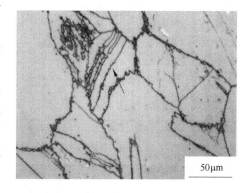

除了三叉晶界、原始晶界和孪晶界的位错塞积形核、晶界弓弯形核外，合金中还有少量的原始晶粒变形带处的形核，见图 6-50。原始晶粒内因位错塞积形成的形变带随着变形量的增大位错密度增加，也成了再结晶晶粒析出相对有利的位置。

对于初始组织为均匀的等轴晶的 GH4738 合金，其动态再结晶形核以应变诱导的晶界弓弯形核为主，以位错塞积形核为辅。

图 6-49 孪晶界的弓弯并形成再结晶晶粒

为了验证 GH4738 合金动态再结晶的形核机制，对经锻压后的热锻件样本进行了 EBSD 测试分析。以 1100℃热锻件的 EBSD 实验结果为例，将 1100℃热锻件

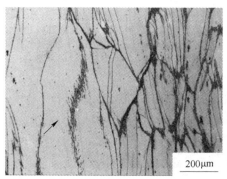
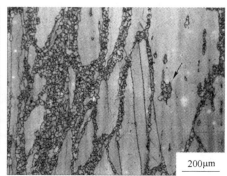

图 6-50 原始晶粒变形带处的形核

按变形量从小到大分为四个部位进行分析。变形量最小的部位得到的结果见图 6-51，其中淡黑断续线条表示晶界角介于 5°~10°之间（a），淡线条表示晶界角介于 10°~15°之间（b），粗长黑线表示大于 15°的大角晶界，长直线表示孪晶界（c）。

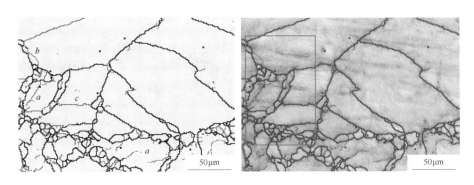

图 6-51　最小变形量处的 EBSD 分析

由图 6-51 可以看到淡黑断续线和淡线多集中在原始晶界附近，印证了位错易在晶界、三叉晶界处塞积，形成小角晶界的理论。从图 6-51 方框内标示出的部位可以看到，在原始晶界周围已经形成了一层项链组织，而在项链组织和原始晶粒交界处又有了新的位错塞积高密度区（淡黑断续线表示），当位错密度达到临界值时就会形成新一层的再结晶晶粒。由图 6-51 还可看出，项链组织一层层向原始晶粒内部推移依靠的已不再是应变诱导晶界弓弯形核，而是位错塞积形核。

随着变形量的增大，在孪晶界处附近也看到了位错的塞积，见图 6-52。图中长直线标示出的孪晶界附近有淡黑断续线和淡线标示的小角晶界的出现。在图 6-52 中还观察到了晶内的位错塞积。随着变形量的进一步增加，再结晶晶粒内因试样的继续变形而出现了大量的孪晶，对于层错能较低的 GH4738 合金，形变孪

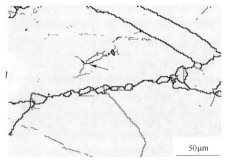
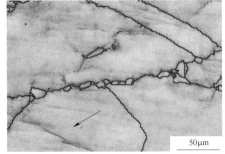

图 6-52　中间变形量处的 EBSD 分析

晶的产生也是降低形变储存能，组织发生动态回复的一种重要方式，见图6-53。

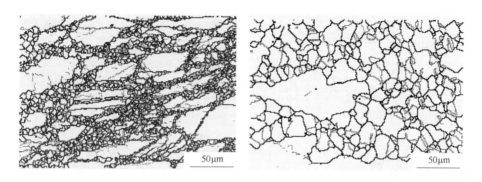

图6-53 大变形量处的 EBSD 分析

Roberts[19]提出形成项链组织后动态再结晶的进一步发生是通过在再结晶晶粒与原始晶粒的接触面上形核、再结晶，以此一层层推进直到原始晶粒基本被吞并，对比该动态再结晶演变过程模型和 GH4738 合金连续变形量下动态再结晶行为的实际实验观察结果，发现文献中提到的模型未强调原始晶粒内形变孪晶对动态再结晶行为的影响，而对于具有低层错能的镍基合金而言，孪晶在变形过程中是大量普遍存在的，它对动态再结晶行为的影响是不容忽视的，而且实际实验发现孪晶界处的再结晶因"碎化"晶粒可使基体完成再结晶的速度加快，所以在Roberts 提出的动态再结晶演变模型的基础上修正了镍基合金 GH4738 合金组织动态再结晶的演变模型，见图6-54。图6-54a 代表未变形前均匀的等轴晶组织，当组织发生小变形时，晶粒内的变形孪晶数增多（图6-54b）。随着变形量的继续增大，当 $\varepsilon > \varepsilon_c$ 时，原始晶界处出现弓弯、锯齿，部分原始晶界和三叉晶界处析出再结晶晶粒（图6-54c）。变形量继续增加，原始晶界处形成了细小均匀的项链组织（图6-54d）。随着组织变形量的继续增加，项链组织一层层向原始晶粒内推移，吞噬高形变能的原始晶粒。在项链组织推移的同时，组织的变形量也达到了孪晶界处形核所需的临界变形量，孪晶界处也开始出现了动态再结晶形核（图6-54e）。孪晶界处发生动态再结晶，起到了"碎化"晶粒的作用，孪晶界处的再结晶晶粒也随着变形量的增加一层层向原始晶粒内推移，加快了再结晶晶粒吞噬原始变形晶粒的速度，见图6-54f，晶粒内右侧因为两个孪晶的存在基本已被吞噬完全。该模型还体现了组织各晶粒再结晶情况不一致的特点，见图6-54g，中心的晶粒已再结晶完全，而右下角的晶粒孪晶处刚刚开始形核。

6.4.3 固溶处理对晶粒演化的影响

首先加工形变后的梯形试样，样品截取自中间变形位置，进行不同固溶温度下晶粒长大实验研究，具体取样位置如图6-55 所示。热处理工艺如下：（1）固

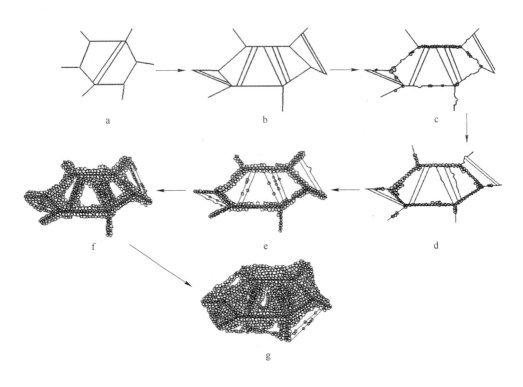

图 6-54　GH4738 合金动态再结晶的演变模型

a—变形；b—ε < εc，增加形变孪晶；c—ε > εc，原始晶界、三叉晶界处出现再结晶晶粒；

d—形成第一层项链组织；e—孪晶处开始形核；f—再结晶量继续增加；g—再结晶完成

溶处理：温度 T = 980℃、1020℃、1060℃、1100℃ 和 1140℃/4h/AC；（2）双时效处理：845℃/4h/AC + 760℃/16h/AC。

图 6-56 ~ 图 6-58 为合金梯形试样经三种始锻温度 1040℃、1100℃ 和 1160℃ 形变后，再经 980℃、1020℃、1060℃ 和 1100℃ 下固溶 + 双时效处理后的显微组织。

固溶处理1位置	固溶处理2位置
固溶处理3位置	固溶处理4位置
固溶处理5位置	非固溶处理位置

图 6-55　晶粒长大研究加工试样位置

图 6-56 为经 1040℃ 锻压变形后的试样，再经 980℃、1020℃、1060℃ 和 1100℃ 固溶热处理后的显微组织。从图 6-56 可以看出，晶粒演化与固溶温度之间有如下的变化规律：（1）当试样在 980℃ 进行固溶处理时，由于热处理温度过低（低于 γ′ 强化相完全回溶温度），且再结晶不完全，经过实际测量和组织观察可以发现，在变形量 8% 的位置容易发生晶粒异常长大现象；（2）当固溶温度升

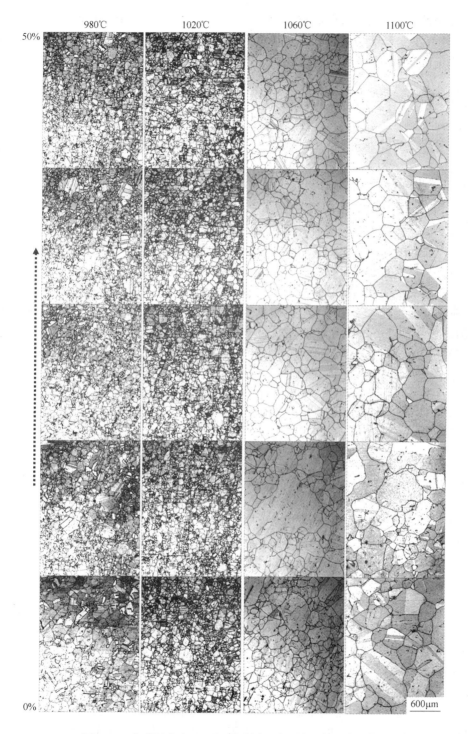

图 6-56 变形温度为 1040℃时不同固溶温度下的显微组织

高至1020℃时，发现合金晶粒较为均匀；（3）当固溶温度在1060℃时，该梯形试样均在小变形量区域约15%的位置处，出现了晶粒异常长大，当实际变形量大于该15%的应变量后，合金的晶粒尺寸比较均匀；（4）随着固溶温度进一步提升，在1100℃固溶热处理时，晶粒尺寸也比较均匀。这说明始锻温度为1040℃的情况下，固溶温度为980℃和1060℃时出现了晶粒异常长大的临界变形量，而且该临界变形量会随着固溶温度的升高而有所增大。

图6-57为始锻温度为1100℃的试样，经不同固溶热处理后的显微组织，其演化规律如下：（1）当固溶温度升高至1020℃时，在小变形量区（变形量10%）明显出现晶粒异常长大，当变形量大于10%后，晶粒尺寸基本不变；（2）当合金在1060℃固溶后，在变形量15%左右，发现合金有晶粒异常长大现象发生；（3）当固溶温度进一步提高至1100℃时，晶粒不随变形量的改变而改变。因此，可以看出，始锻温度为1100℃时的情况基本与1040℃时的相同，即晶粒异常长大的临界变形量随着固溶温度的升高而增大。

图6-58为始锻温度为1160℃变形后的试样，经不同固溶温度后的显微组织，其基本的演化规律为：（1）合金发生晶粒异常长大的变形量区间，基本上与1040℃、1060℃、1100℃始锻温度下经不同固溶热处理后产生的晶粒异常长大变形量区间一致；（2）当固溶温度升高到1100℃以上时，合金的晶粒尺寸不随变形量而变化。

此外，还发现经1040℃、1100℃和1160℃下变形后的梯形试样，在固溶温度升至1140℃时，晶粒较为粗大，这是由于合金中晶界扩散驱动力容易达到平衡，因此，合金的晶粒尺寸比较均匀。

通过以上研究发现，晶粒异常长大现象与始锻温度的关联性不大。而合金在980℃固溶后，容易产生混晶现象；在1020～1060℃范围固溶热处理时，若变形量大于临界变形量，晶粒尺寸比较均匀；在1100～1140℃范围内固溶时，晶粒度不随变形量而变化，即同一固溶温度下，晶粒度基本保持不变。因此，可以总结出这样的结论：晶粒异常长大现象的临界变形区与固溶温度有关，与始锻温度关系不大。

980℃固溶后容易产生晶粒异常长大现象，最根本原因是固溶温度过低，再结晶不充分，混晶较为严重；在1020℃固溶时，晶粒异常长大发生较多，分布较广，主要原因是合金在γ'强化相析出与溶解温度范围内，故而可见，γ'强化相对晶粒异常长大所起的作用更为明显；在1060℃固溶处理时，合金中出现一定晶粒异常长大现象。此外，如果之前晶粒初始分布存在较大差异，则容易产生晶粒异常长大。

总之，晶粒长大随着合金变形量的变化呈现出规律变化。随着固溶温度的提高，合金临界变形量增加，该合金在低温固溶时，极易出现混晶现象，随着固溶

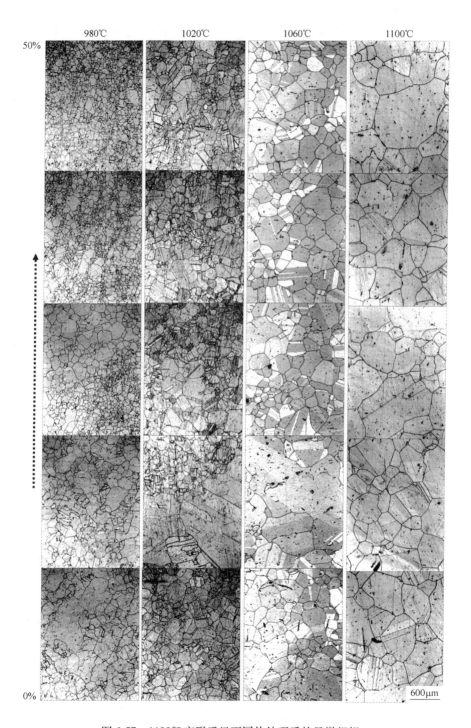

图 6-57 1100℃变形后经不同热处理后的显微组织

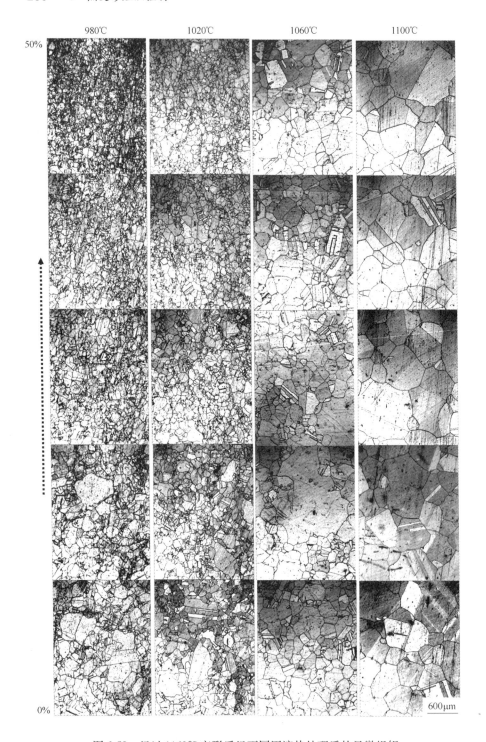

图 6-58 经过 1160℃变形后经不同固溶热处理后的显微组织

温度的提高，合金晶粒组织均一度逐渐提高；随着固溶温度的提高，合金中发生晶粒异常长大的临界变形量提高。合金临界变形量在晶粒异常长大过程中具有重要意义，合金在 5% ~ 15% 左右的较低变形量下，很有可能产生晶粒异常长大。

6.5 组织演化模型的构建与验证

结合唯象理论，构建 GH4738 合金连续变形、间断变形及保温全过程的晶粒组织演化模型，并进一步将模型利用 Fortran 语言编译平台耦合于 MSC. SUPERFORM 软件进行二次开发。

6.5.1 动态再结晶模型的建立

6.5.1.1 热变形过程中的本构关系模型

为了建立 GH4738 合金的本构关系模型，采集图 5-3 中不同热变形条件下的应力-应变曲线中必要的峰值应力应变数据进行处理。作出初始平均晶粒尺寸为 ASTM 8.4 级的峰值应力随变形温度和应变速率的变化规律，如图 6-59 所示。从图 6-59 可知，在 1040℃ 变形温度附近，峰值应力出现转折点。在 1000 ~ 1040℃ 温度范围内，当温度升高时，合金峰值下降的程度最为剧烈；变形温度在 1040℃ 以上时，变形温度升高，峰值应力下降缓慢。根据热力学软件 Thermo-Calc 的计算结果和实验测试结果的对比分析可知，该合金 γ' 相的开始析出温度（完全回溶温度，$T_{\gamma'}$）约为 1040℃。在该温度以上变形时，γ' 相会发生回溶现象。因此，在该完全回溶温度以上或以下，合金的热变形行为将有很大不同，这说明 γ' 相的完全回溶温度 $T_{\gamma'}$ 对合金的热变形行为有重要影响。显然，可以看出对变形抗力模型的建立不能连贯考虑，应在 γ' 相回溶温度 1040℃ 处进行适当的分段处理。

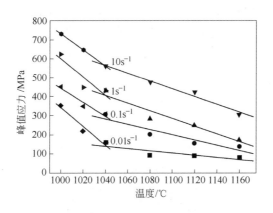

图 6-59 不同变形条件下的峰值应力

GH4738 合金在热变形时，其流变应力与变形量、变形速率、变形温度及其相关过程都存在明显的相互影响关系。建立准确描述这些影响的流变应力模型对合金塑性成型工艺参数、设备选型以及成型过程的组织精确控制等都有重要的实际意义。

实际上，在高温热变形过程中，合金的热变形和高温蠕变过程非常相似，都存在热激活过程。因此，任意状态下的流变应力主要取决于变形温度 T 和应变速率 $\dot{\varepsilon}$，即都存在一个应变硬化和动态软化之间的动态平衡过程。为此，采用变形激活能 Q_{def} 和变形温度 T 的双曲正弦形式修正的 Arrhenius 关系来描述这种热激活变形行为，按照如下含应力 σ 的双曲正弦形式来描述热激活行为[20]：

$$\dot{\varepsilon} = A[\sinh(\alpha\sigma)]^n \exp[-Q_{def}/(RT)] \tag{6-13}$$

上式在所有应力条件下均适用。于是有：

$$Z = A[\sinh(\alpha\sigma)]^n = \dot{\varepsilon}\exp[Q_{def}/(RT)] \tag{6-14}$$

式中，Z 为 Zener-Hollomon 参数，其物理意义是温度补偿的形变速率因子，依赖于 T 而与 σ 无关；Q_{def} 为变形激活能，单位为 J/mol，它反映了高温塑性变形时应变硬化与动态软化之间的平衡关系，即反映材料热变形的难易程度，其大小取决于材料的组织状态；R 为气体常数；A、n 和 α 均为与温度无关的常数，A 为结构因子（s^{-1}）；α 为应力水平参数（MPa^{-1}）；n 为应力指数。从应力-应变曲线上获取不同条件下的峰值应力，根据图 6-60 所示的流程，用最小二乘法进行多元线性回归确定 n 及 β 值，n 值取较高温度下峰值应力较低时的值，β 值取较低变形温度下峰值应力较高时的值。经计算可知，该合金的 α 值为 0.003451。

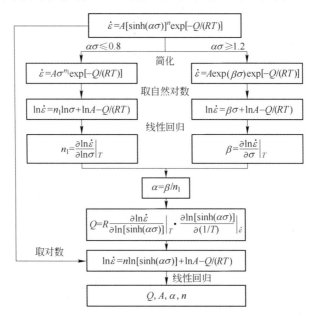

图 6-60 本构关系模型建立示意图

在不同晶粒度条件下，即 ASTM 8.4、6.5、3.6、0.5 级，可分别计算得到 Q_{def} 为 560.01kJ/mol、483.44kJ/mol、467.49kJ/mol、497.43kJ/mol。因而，该合金四种晶粒度下的 Q_{def} 值范围为 467～560kJ/mol。对四种晶粒尺寸的试样激活能取平均值，得到 Q_{def} = 499kJ/mol，经计算其相关系数 R^2 = 95.5%。

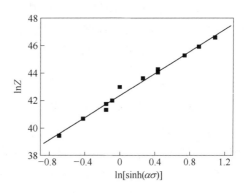

为了确定式（6-14）中的各个系数，将不同变形参数和 Q_{def} 值代入式 $Z = A[\sinh(\alpha\sigma)]^n = \dot{\varepsilon}\exp[Q/(RT)]$ 中，求出 Z 值，再绘出 $\ln Z$-$\ln[\sinh(\alpha\sigma)]$ 的关系曲线。然后，对该曲线进行线性回归，如图 6-61 所示，最终得到直线斜率即 n 值为 4.02，其截距为 $\ln A$ = 42.36，即 A = 2.49×10^{18}。

图 6-61 $\ln Z$ 参数与 $\ln[\sinh(\alpha\sigma)]$ 的线性关系

因此，最终可以得到 GH4738 合金热压缩变形时的流变本构方程为：

$$\dot{\varepsilon} = 2.49 \times 10^{18}[\sinh(0.00345\sigma)]^{4.02}\exp[-499000/(RT)] \tag{6-15}$$

用 Z 参数表述的流变本构方程为：

$$Z = \dot{\varepsilon}\exp[499000/(RT)] \tag{6-16}$$

该方程的主要适用范围是应变速率为 0.01～10s^{-1}，变形温度为 1000～1160℃，工程应变为 15%～70% 及晶粒尺寸为 ASTM 8.4～0.5 级。GH4738 合金本构模型的建立，为控制热加工过程中的应变速率、应力水平和形变量提供了理论依据。

6.5.1.2 合金的峰值应力-应变模型

为了建立该合金的峰值应力及峰值应变模型，从不同晶粒度条件下的应力-应变曲线上读取峰值应力、应变数值，根据峰值应力 $\overline{\sigma}_p$ 与初始尺寸 D_0 及 Z 参数的关系：$\overline{\sigma}_p = AD_0^mZ^n$，利用多元线性拟合的方法得到上述关系中的各个系数。图 6-59 的数据表明，由于 GH4738 合金 γ' 强化相的完全回溶温度 $T_{\gamma'} \approx 1040℃$，在热变形过程中，应变及应力在该温度点上下均有显著差别，因此，为了更接近实际情况，需将模型分三段进行构建：

$$\overline{\sigma}_p = 0.3640D_0^{-0.097}Z^{0.161} \quad 亚固溶态（1000 \leq T < 1040℃） \tag{6-17}$$

$$\overline{\sigma}_p = 0.1613D_0^{-0.052}Z^{0.174} \quad （T = 1040℃） \tag{6-18}$$

$$\overline{\sigma}_p = 0.0829D_0^{-0.038}Z^{0.187} \quad 过固溶态（1040 < T \leq 1160℃） \tag{6-19}$$

将式（6-17）～式（6-19）构建的模型与已知初始峰值应力、初始平均晶粒尺寸、变形参数 Z 等初始参数下的实际结果进行对比，可知其相关系数 $R^2 = 97\%$。

同理，根据该合金峰值应变 $\overline{\varepsilon}_\mathrm{p}$ 模型：$\overline{\varepsilon}_\mathrm{p} = AD_0^m Z^n$，利用多元线性拟合方法对所得的应力-应变曲线结果进行分析拟合，得到如下的峰值应变模型：

$$\overline{\varepsilon}_\mathrm{p} = 1.591 \times 10^{-6} D_0^{0.301} Z^{0.222} \quad \text{亚固溶态}(1000 \leqslant T < 1040℃) \quad (6\text{-}20)$$

$$\overline{\varepsilon}_\mathrm{p} = 2.803 \times 10^{-6} D_0^{0.290} Z^{0.211} \quad\quad\quad\quad (T = 1040℃) \quad\quad\quad (6\text{-}21)$$

$$\overline{\varepsilon}_\mathrm{p} = 1.436 \times 10^{-6} D_0^{0.326} Z^{0.224} \quad \text{过固溶态}(1040 < T \leqslant 1160℃) \quad (6\text{-}22)$$

将式（6-20）～式(6-22) 的计算结果与初始峰值应力、初始平均晶粒尺寸、变形参数 Z 等初始参数的实际计算结果进行对比，可得到相关系数 $R^2 = 96\%$。

6.5.1.3 动态再结晶临界应变的确定

动态再结晶临界应变是材料刚发生动态再结晶时对应的应变值。在材料热变形条件下，准确判定临界应变量是建立临界应变预测模型的关键。材料加工硬化率（$\theta = \partial\sigma / \partial\varepsilon$）是表征流变应力随应变速率变化的一个变量，基于加工硬化率确定临界应变，同样表现出较高的适应性及精度，Poliak 和 Jonas 认为材料发生动态再结晶时，其 θ-σ 曲线呈现拐点特征，即 $-\partial^2\theta / \partial^2\sigma = 0$。利用偏导数的关系可以推导出如下关系：$-\partial(\ln\theta) / \partial\varepsilon = \partial\theta / \partial\sigma$，说明不仅 θ-σ 曲线呈现拐点特征，而且 $\ln\theta$-ε 曲线也必然出现相应的拐点特征[21]。所以，基于以上理论推导，根据 GH4738 合金应力-应变曲线数据绘制 $\ln\theta$-ε 及 $-\partial(\ln\theta)/\partial\varepsilon$-$\varepsilon$ 曲线，再采用 $-\partial^2(\ln\theta) / \partial^2\varepsilon = 0$ 判断即可直接得出相应的临界应变值 ε_c。

由于经 Gleeble 热模拟压缩实验获得的不同变形条件下的应力-应变曲线是不完全光滑的并呈现波浪形，而波浪形的曲线实际上难于直接从其测量或计算出加工硬化率（斜率），所以，需要对应力-应变曲线先进行拟合，获得拟合方程，再对拟合方程求导，得到各个应变条件下的斜率。具体操作为：对图 5-3 中的应力-应变曲线进行拟合，再对拟合方程求导，得到各个应变条件下的斜率，最后绘制 $\ln\theta$-ε 曲线，确定临界条件。通过对应力-应变曲线的拟合，得到拟合方程式。

首先设定如下 13 个未知系数，如 a_0、a_1、a_2、a_3、a_4、a_5、b_0、b_1、b_2、b_3、b_4、b_5、b_6，建立如下六次一元函数关系式：

$$y = \frac{a_0 + a_1 x + a_2 x^2 + a_3 x^3 + a_4 x^4 + a_5 x^5}{b_0 + b_1 x + b_2 x^2 + b_3 x^3 + b_4 x^4 + b_5 x^5 + b_6 x^6} \quad (6\text{-}23)$$

对已知应力-应变曲线进行拟合，设初值，通过最小二乘法得到以上 13 个相应系数，最终得到所需拟合方程曲线。然后根据拟合方程及 $\partial\sigma / \partial\varepsilon \approx \Delta\theta / \Delta\varepsilon$ 的关系，绘制 $\ln\theta$-ε 及 $-\partial(\ln\theta)/\partial\varepsilon$-$\varepsilon$ 曲线，得到如图 6-62 所示的不同曲线。

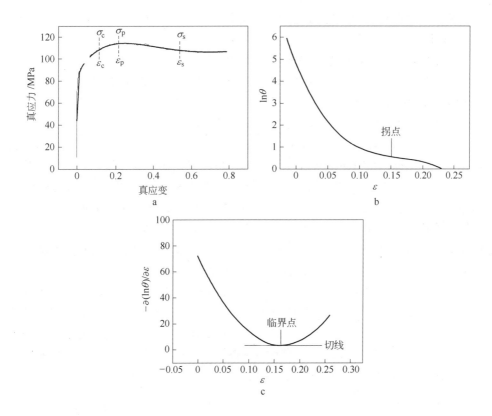

图 6-62　临界应变的求解过程

a—拟合后的应力-应变曲线；b—加工硬化率；c—对加工硬化率求导后的曲线

图 6-62 以 1080℃、$0.01s^{-1}$、工程变形量为 50% 的应力-应变曲线为例说明临界应变的求解过程。如图 6-62b 所示的曲线中，在应变 0.15 附近出现拐点，

为了确定拐点的具体数值，对图 6-62b 中曲线进行三次方拟合，其拟合方程为 $\ln\theta = a_0 + a_1\varepsilon + a_2\varepsilon^2 + a_3\varepsilon^3$，然后对该方程进行求导，得到 $-\partial(\ln\theta)/\partial\varepsilon = b_0 + b_1\varepsilon + b_2\varepsilon^2$。根据求得的 $-\partial(\ln\theta)/\partial\varepsilon$-$\varepsilon$ 的关系绘制曲线，如图 6-62c 所示。当 $-\partial^2(\ln\theta)/\partial\varepsilon = 0$ 时，对应的应变即为临界应变 $\varepsilon_c = 0.16$。

因此，基于加工硬化率的方法对临界应变 ε_c 进行确定，即得到 ε_c 与 ε_p 的关系曲线，如图 6-63 所示。经过拟

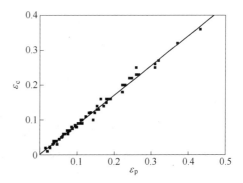

图 6-63　临界应变与峰值应变之间
关系的拟合曲线

合，确定了 GH4738 合金动态再结晶峰值应变与临界应变的关系为：
$\varepsilon_c = 0.851\varepsilon_p$。

6.5.1.4　合金动态再结晶动力学分析

为建立 GH4738 合金不同晶粒度条件下的动态再结晶动力学模型，需要对经热变形物理模拟后的样品进行金相晶粒组织变化规律分析，统计动态再结晶百分数 X_{dyn}、动态再结晶 50% 的 $\overline{\varepsilon}_{0.5}$ 及动态再结晶晶粒尺寸 d_{drx}。

以初始平均晶粒尺寸 ASTM 8.4 级的 Gleeble 试样为例，通过对其变形后的晶粒组织进行分析，获得了变形温度为 1000~1160℃、应变速率为 0.1~10s^{-1} 及不同变形量条件下的动态再结晶百分数分布规律。图 6-64 为再结晶动力学曲线（真应变与再结晶量之间的关系）。由图 6-64 可知，在动态再结晶初期，该合金动态再结晶较为缓慢，甚至不发生再结晶，当应变量突破临界应变时，合金再结晶量迅速增加，当应变增加到一定程度时，再结晶量的增加变得缓慢，即动态再结晶百分含量随着应变量的增加呈"S"形增长。在应变量一定时，同一应变速率下，随着变形温度的增加，再结晶量增加；同时，在同一变形温度下，随着应变速率的增加，合金中再结晶量则逐渐降低。同理，亦可得到其他不同初始平均晶粒尺寸、不同变形条件下的再结晶分数规律。实验研究发现，初始平均晶粒尺寸对动态再结晶的影响较大，随着原始晶粒尺寸的增加，合金动态再结晶能力减弱，动态再结晶百分含量随着应变的增加，呈现"S"形增长。

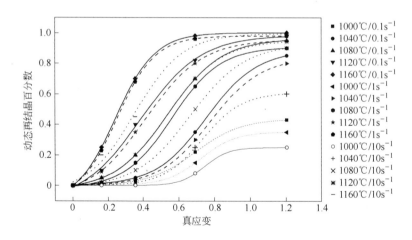

图 6-64　初始平均晶粒尺寸为 ASTM 8.4 级时真应变与再结晶百分数之间的关系

结合以上实验数据，采用 Avrami 方程描述再结晶百分数 X 和应变 ε 之间的关系：

$$X = 1 - \exp\left[-\ln2(\varepsilon/\varepsilon_{0.5})^n\right] \tag{6-24}$$

根据式（6-24）得出动态再结晶百分数 X_{dyn} 随着应变的变化，模型构建

如下:

$$X_{dyn} = 1 - \exp[-\ln2(\varepsilon/\varepsilon_{0.5})^{2.09}] \quad (1000 \leqslant T < 1040℃) \quad (6-25)$$

$$X_{dyn} = 1 - \exp[-\ln2(\varepsilon/\varepsilon_{0.5})^{2.57}] \quad (T = 1040℃) \quad (6-26)$$

$$X_{dyn} = 1 - \exp[-\ln2(\varepsilon/\varepsilon_{0.5})^{2.13}] \quad (1040 < T \leqslant 1160℃) \quad (6-27)$$

图 6-65 为三种初始晶粒度为 ASTM 8.4、3.5、0.5 级的试样经 1080℃、0.1s^{-1} 变形后获得的动态再结晶量曲线。由图可以看出，随着初始晶粒尺寸的减小，合金再结晶量逐渐增加。动态再结晶为 50% 时的应变（$\bar{\varepsilon}_{0.5}$）和变形前的初始晶粒大小（D_0）和热变形参数 Z 之间的关系为:

$$\bar{\varepsilon}_{0.5} = AD_0^m Z^n \quad (6-28)$$

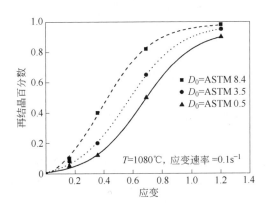

图 6-65　初始晶粒尺寸与应变量对再结晶量的影响

通过对再结晶百分数为 50% 时的应变统计，利用多元线性回归方法，最终拟合获得 GH4738 的再结晶动态再结晶动力学方程为:

$$\bar{\varepsilon}_{0.5} = 0.0238D_0^{0.007} Z^{0.0849} \quad (1000 \leqslant T < 1040℃) \quad (6-29)$$

$$\bar{\varepsilon}_{0.5} = 0.056D_0^{0.0952} Z^{0.0527} \quad (T = 1040℃) \quad (6-30)$$

$$\bar{\varepsilon}_{0.5} = 0.0016D_0^{0.2709} Z^{0.1147} \quad (1040 < T \leqslant 1160℃) \quad (6-31)$$

同时，对所有不同热变形条件下的 Gleeble 样品进行组织分析，获得所有 GH4738 合金的动态再结晶晶粒尺寸，进而确定了动态再结晶晶粒尺寸与热变形参数 Z 的关系，模型如下所示（$d_{drx} = AZ^n$）:

$$d_{drx} = 1.13 \times 10^5 Z^{-0.206} \quad (1000 \leqslant T < 1040℃) \quad (6-32)$$

$$d_{drx} = 55.65 \times 10^5 Z^{-0.0372} \quad (T = 1040℃) \quad (6-33)$$

$$d_{drx} = 3.66 \times 10^5 Z^{-0.2218} \quad (1040 < T \leqslant 1160℃) \quad (6-34)$$

以上研究结果表明，在 GH4738 合金热变形过程中，γ' 相回溶温度对模型的影响较大，在实际生产中应予以重视。此外，该合金临界再结晶条件受到应变量的影响较大，当超过 $\varepsilon_c = 0.851\varepsilon_p$ 变形量时，才能发生再结晶现象，动态再结晶晶粒尺寸 d_{drx} 与 Z 参数关系较大。通过实验建立了 GH4738 合金的动态再结晶及变形抗力模型，并对模型计算结果和实验测得的结果进行了比较，发现两者吻合得较好，相关系数为 94.7% 以上，因此该模型具有较高的相关性。

6.5.2　亚动态（静态）再结晶模型的建立

亚动态（静态）再结晶行为的研究主要采用双道次 Gleeble 压缩实验，研究不同道次变形量、保温时间及变形速率对合金显微组织的影响。

6.5.2.1　$t_{0.5mdrx}$ 计算公式的确定

图 6-66 为典型的双道次热压缩实验得到的应力-应变曲线，其对应的变形条件为：初始晶粒度尺寸 D_0 为 ASTM 0.5 级，变形温度 1080℃，应变速率 $0.1\,\mathrm{s}^{-1}$，变形 15% +50%，中间停留若干时间。从图 6-66 可知，道次间歇时间内的软化从应力-应变曲线上能反映出来，从而可以准确地获得道次间歇时间内发生的再结晶动力学关系。

利用式（6-35）可以求出该条件下的软化分数 X（即亚动态再结晶分数 X_{mdrx}）。

$$X_{mdrx} = (\sigma_m - \sigma_2)/(\sigma_m - \sigma_{0.02}) \tag{6-35}$$

式中，σ_m 为第 1 道次结束时的峰值应力；σ_2 为第 2 道次变形时的屈服应力；$\sigma_{0.02}$ 为第 1 道次变形时的屈服应力（认为应变为 2% 时的应力值）。

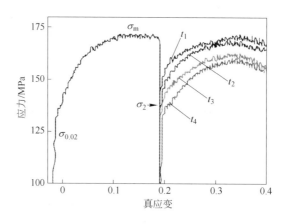

图 6-66　停留时间的再结晶软化规律应力-应变曲线

如果道次间歇停留时间足够长，道次间保温发生的亚动态再结晶就完全可以消除由第一道次变形时所产生的畸变能，在第二道次变形加载时也就不会存在残余应变，那么间歇停留的软化率为 100%。但如果间隙保温时间比较短，亚动态再结晶发生不完全，那么间隙停留时的软化率就会小于 100%。因此，设定不同的保温时间，就可以得到软化率随保温时间的变化关系，如图 6-67 所示。基于以上原理，由动力学曲线求得了不同变形条件下亚动态（静态）再结晶 50% 时的时间（$t_{0.5mdrx}$），即求得不同变形条件下软化率达到 50% 所需要的时间。

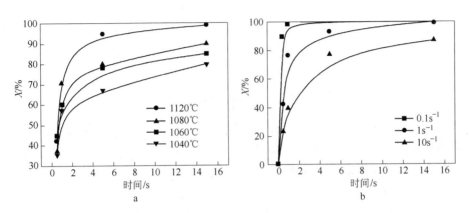

图 6-67　初始平均晶粒尺寸为 ASTM 6.5 级时各变形参数对软化率的影响

a—0.1s⁻¹ 的应变速率下，变形温度的影响；b—1080℃ 温度下，变形速率的影响

$t_{0.5mdrx}$ 的数学模型可以表示为[22]：

$$t_{0.5mdrx} = BD_0^m \dot{\varepsilon}^{-q} \varepsilon^p \exp\left(\frac{Q_{mdrx}}{RT}\right) \qquad (6\text{-}36)$$

式中，B、m、p 和 q 是与材料相关的常数；Q_{mdrx} 为亚动态再结晶激活能。对式（6-36）两边取对数，利用所得到的 $t_{0.5mdrx}$ 的数值，进行多元非线性多项式拟合，可以得到 GH4738 合金的 Q_{mdrx} = 48743J/（mol · K），B = 6.684 × 10⁻⁴，m = -0.113，q = -0.183，p = -1.690。其相关系数 R^2 = 96.8%。因此，可以得到：

$$t_{0.5mdrx} = 6.68 \times 10^{-4} D_0^{-0.113} \dot{\varepsilon}^{0.183} \varepsilon^{-1.69} \exp\left(\frac{48743}{RT}\right) \qquad (6\text{-}37)$$

　　如图 6-68 所示，将模型计算的数值和实验测得的结果进行对比验证，可知计算值与实际值的一致性较好，R^2 = 97.2%。

6.5.2.2　亚动态再结晶分数 X_{mdrx} 模型的构建

　　GH4738 合金在热变形间隙内，显微组织变化主要有亚动态再结晶、静态回复、静态再结晶及晶粒长大等，这里不单独区分回复和再结晶，而是把回复

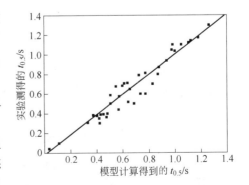

图 6-68　模型计算与实验测得值的对比

的影响归结到静态再结晶模型中加以考虑。奥氏体的亚动态（静态）再结晶动力学曲线呈现 S 形，动力学遵循 Avrami 方程[23,24]：

$$X_{mdrx} = 1 - \exp\left[- \ln2\left(\frac{t}{t_{0.5}}\right)^n \right] \tag{6-38}$$

式中，$t_{0.5}$ 为再结晶 50% 时所需的停留时间；n 为 Avrami 指数。对式（6-38）两边取双对数，利用多元线性拟合可以求得 $n = 0.4$。因此，亚动态再结晶体积分数的计算公式为：

$$X_{mdrx} = 1 - \exp\left[- \ln2\left(\frac{t}{t_{0.5}}\right)^{0.4} \right] \tag{6-39}$$

根据公式（6-39）计算得到的亚动态再结晶百分数，与实验测得的再结晶百分数值比较可知，相关系数 $R^2 = 98.3\%$，即模型计算值与实验结果吻合得较好。

6.5.2.3 亚动态再结晶晶粒尺寸模型的构建

为了建立亚动态（静态）再结晶晶粒尺寸模型，另做一组单道次实验，要求变形条件和再结晶动力学一样，变形后等温停留一定时间后淬火，测定再结晶结束时的晶粒尺寸。通过式（6-40）静态再结晶结束时的晶粒尺寸模型确定相关系数[24]：

$$d_{mdrx} = S_0 D_0^{S_1} \dot{\varepsilon}^{S_2} \varepsilon^{S_3} \exp\left(\frac{Q}{RT}\right) \tag{6-40}$$

对式（6-40）取对数，通过拟合及多元线性回归的方法得到各个系数，其分别为：$S_3 = -0.3539$，$S_2 = -0.0416$，$S_1 = 0.07754$，$S_0 = 460976.0$，同时相关系数为 $R^2 = 94.0\%$，得到亚动态再结晶晶粒尺寸模型为：

$$d_{mdrx} = 4.6 \times 10^5 D_0^{0.078} \dot{\varepsilon}^{-0.042} \varepsilon^{-0.35} \exp[121363/(RT)] \tag{6-41}$$

采用双道次压缩实验，避免了传统观测金相试样确定再结晶过程中人为因素的影响，提高了精度。通过实验建立了 GH4738 合金的亚动态再结晶模型，并将模型计算和实验结果进行了比较，两者吻合得较好，为以后模拟 GH4738 合金热变形时的组织变化提供了精确模型。

6.5.3 晶粒长大模型的建立

目前，预测加热过程中奥氏体晶粒正常长大规律的模型通常采用 Sellars、Whiteman[25] 和 Anelli[26] 提出的模型，分别为：

$$d^n = d_0^n + At\exp[- Q_{gg}/(RT)] \tag{6-42}$$

$$d = Bt^{m'}\exp[- Q_{gg}/(RT)] \tag{6-43}$$

对晶粒长大模型建立所用实验数据（见第 6 章所示）的考虑：单道次压缩实验中试样经保温 t（时间为 s）后再结晶百分数达到 95%（此时认为亚动态再结晶发生完全），那么 $t + \Delta t$（时间为 s）以后的晶粒尺寸可用于晶粒长大方程的计算。式（6-43）与式（6-42）的不同之处在于引入了时间指数 m，而并未考虑初始平均晶粒尺寸的影响。鉴于这两个方程都是基于一定的实验数据而得到的，现将式（6-42）和式（6-43）联合考虑，构建一个用于描述奥氏体晶粒长大规律比较合理的综合模型，即在式（6-42）中引入时间指数 m，即：

$$d^n = d_0^n + At^m \exp[-Q_{gg}/(RT)] \tag{6-44}$$

式中，d 为最终晶粒长大的尺寸，μm；d_0 为初始再结晶晶粒尺寸，μm；Q_{gg} 为晶粒长大激活能，J/mol；A、n 均为实验常数。因为式中 m、A、n 和 Q_{gg} 的值不能用线性回归来确定，所以可采用设定不同 n 初值的方法，对实验数据进行拟合来确定 A 和 m 的值。

为了确定模型常数，将式（6-44）改写为：

$$\ln(d^n - d_0^n) = \ln A + m \ln t - Q_{gg}/(RT) \tag{6-45}$$

对式（6-45）而言，先定 n 值，如 n = 0.5、1.0、1.5、2.0、2.5、3.0、3.5、4.0、4.5、5.0、5.5、6.0，然后对实验数据进行拟合来确定 A 和 m 的值。由于 n 的变化，造成相关系数 R^2 随 n 值变化，两者之间的关系如图 6-69 所示。

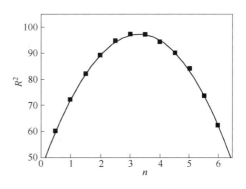

图 6-69　n 值与相关系数的关系

对图 6-69 所示的曲线进行拟合，得到 $y(n) = -4.2811x^2 + 31.483x + 45.481$。最终根据 R^2 相关系数最大值 $R^2 = 97.5\%$，计算得出 $n = 3.67$，进而回归得到：$m = 2.29$，$A = 3.984 \times 10^{20}$，$Q_{gg} = 490.32 kJ/mol$，建立模型如下：

$$d^{3.67} = d_0^{3.67} + 3.984 \times 10^{20} t^{2.29} \exp[-490321/(RT)] \tag{6-46}$$

长时间保温后的晶粒长大规律显示，当保温时间超过 10min 时，则晶粒长大缓慢，几乎在同一个 ASTM 级别，这说明长时间保温后晶粒长大过程中的晶粒尺寸主要受到保温温度的影响。因此，对所得的晶粒尺寸进行处理可得如下模型：

$$d = 2.18 \times 10^{-32} T^{10.84} \tag{6-47}$$

当保温时间大于 10min 时，将公式（6-47）得到的计算值，与实际结果进行对比验证，发现其相关性达到 $R^2 = 98.0\%$。而在保温热处理时间少于 10min 时，式（6-46）模型是适用的。

通过大量实验，研究了 GH4738 合金在热加工变形过程中动态再结晶、亚动态再结晶、静态再结晶以及变形后的晶粒长大规律，最终获得了该合金热变形过程中晶粒度组织的演化模型，见表 6-4。

表 6-4   GH4738 合金晶粒度组织演变模型

热压缩变形时流变应力模型	$\dot{\varepsilon} = 2.49 \times 10^{18} [\sinh(0.00345\sigma)]^{4.02} \exp[-499000/(RT)]$ $Z = \dot{\varepsilon}\exp[499000/(RT)]$	
峰值应力模型	$\overline{\sigma}_p = 0.3640 D_0^{-0.097} Z^{0.161}$	亚固溶态（$1000 \le T < 1040℃$）
	$\overline{\sigma}_p = 0.1613 D_0^{-0.052} Z^{0.174}$	（$T = 1040℃$）
	$\overline{\sigma}_p = 0.0829 D_0^{-0.038} Z^{0.187}$	过固溶态（$1040 < T \le 1160℃$）
峰值应变模型	$\overline{\varepsilon}_p = 1.591 \times 10^{-6} D_0^{0.301} Z^{0.222}$	亚固溶态（$1000 \le T < 1040℃$）
	$\overline{\varepsilon}_p = 2.803 \times 10^{-6} D_0^{0.290} Z^{0.211}$	（$T = 1040℃$）
	$\overline{\varepsilon}_p = 1.436 \times 10^{-6} D_0^{0.326} Z^{0.224}$	过固溶态（$1040 < T \le 1160℃$）
峰值应变与临界应变的关系	$\varepsilon_c = 0.851 \varepsilon_p$	

动态再结晶模型	动态再结晶百分数	$X_{dyn} = 1 - \exp[-\ln2(\varepsilon/\varepsilon_{0.5})^{2.09}]$ （$1000 \le T < 1040℃$） $X_{dyn} = 1 - \exp[-\ln2(\varepsilon/\varepsilon_{0.5})^{2.57}]$ （$T = 1040℃$） $X_{dyn} = 1 - \exp[-\ln2(\varepsilon/\varepsilon_{0.5})^{2.13}]$ （$1040 < T \le 1160℃$）
	再结晶50%的应变	$\overline{\varepsilon}_{0.5} = 0.0238 D_0^{0.007} Z^{0.0849}$ （$1000 \le T < 1040℃$） $\overline{\varepsilon}_{0.5} = 0.056 D_0^{0.0952} Z^{0.0527}$ （$T = 1040℃$） $\overline{\varepsilon}_{0.5} = 0.0016 D_0^{0.2709} Z^{0.1147}$ （$1040 < T \le 1160℃$）
	动态再结晶晶粒尺寸	$d_{drx} = 1.13 \times 10^5 Z^{-0.206}$ （$1000 \le T < 1040℃$） $d_{drx} = 55.65 \times 10^5 Z^{-0.0372}$ （$T = 1040℃$） $d_{drx} = 3.66 \times 10^5 Z^{-0.2218}$ （$1040 < T \le 1160℃$）

亚动态（静态）再结晶模型	$t_{0.5mdrx} = 6.68 \times 10^{-4} D_0^{-0.113} \dot{\varepsilon}^{0.183} \varepsilon^{-1.69} \exp\left(\dfrac{48743}{RT}\right)$ $X_{mdrx} = 1 - \exp\left[-\ln2\left(\dfrac{t}{t_{0.5}}\right)^{0.4}\right]$ $d_{mdrx} = 4.6 \times 10^5 D_0^{0.078} \dot{\varepsilon}^{-0.042} \varepsilon^{-0.35} \exp[121363/(RT)]$	
晶粒长大模型	$d^{3.67} = d_0^{3.67} + 3.984 \times 10^{20} t^{2.29} \exp[-490321/(RT)]$ $t < 10\text{min}$ $d = 2.18 \times 10^{-32} T^{10.84}$ $t > 10\text{min}$	

从表 6-4 可知，GH4738 合金在变形过程中，初始晶粒尺寸 D_0 对动态再结晶、后续亚动态（静态）再结晶及晶粒长大影响较大；而变形温度、变形速率在模型中更是凸显了其重要位置；同时，由于该合金自身具有的特点，即 γ' 相沉淀强化致使在其回溶点 $T_{\gamma'}$ 上下的形核机制有差异，这样必然导致模型的分段处理。而对于亚动态再结晶及晶粒长大过程，回溶温度 $T_{\gamma'}$ 则对模型的建立影响较小。

总之，通过对 GH4738 合金动态再结晶、亚动态（静态）再结晶及晶粒长大热模拟实验的全面设计研究，系统地构建了 GH4738 合金的晶粒组织控制模型，将实验结果与模型计算结果进行对比验证，证实了该系列模型的可行性，为该合金热变形过程的晶粒组织控制和预测提供了理论依据。

6.5.4 组织控制模型的验证

涡轮盘是航空发动机、烟气轮机的关键锻造部件之一，该锻件具有尺寸大、形状较复杂等特点。因此，在 GH4738 合金涡轮盘的实际锻造过程中易存在不同程度的组织不均匀性等缺陷，其中轮毂处易出现粗晶和混晶，轮芯易出现粗晶以及轮缘外侧易出现局部粗晶。因此，利用热加工过程对晶粒度进行预测和控制，是提高涡轮盘性能的重要手段。欲对晶粒度做到精确控制，必然要进行大量的物理模拟工作，并在此基础上，建立细致的晶粒度过程控制模型，为大锻件和复杂构件的组织控制与预测提供工艺指导的理论依据。然而，GH4738 合金热变形全过程模型的建立，仅仅是模拟预测合金晶粒组织的理论基础。虽然所建立的模型均与实验数据有较高的相关度，但是还不足以证实该模型在实际工程化应用中的准确性。因此，需要通过计算机程序将该模型写入与热变形有关的有限元软件中，进行二次开发，并与实际热变形件的晶粒组织进行对比分析，才能最终确定模型的可靠性。

有限元数值模拟技术是随着物理模拟设备的完善以及计算机技术的进步而发展起来的。塑性加工过程数值模拟计算的目的是综合考虑各种影响因素，尽量建立精确的数学模型，在塑性力学的基础上，对材料的变形过程进行数值描述，为制定塑性加工工艺，控制产品质量以及模具优化设计提供理论依据。目前市场上已有许多成熟的并用于金属塑性加工的商业软件，如 MSC. SUPERFORM、MSC. MARC、DE-FORM、DYNAFORM 及 QFORM 等，但这些软件都只能进行宏观变形和温度的分析计算，没有考虑宏观与微观耦合，不具备微观组织演化的模拟和预测功能，或者只是具备简单的晶粒组织预测能力，而其模型并不一定适合于所考察的问题对象。

MSC. SUPERFORM 是一种基于位移法的有限元程序，其对非线性问题采用增量解法，在各增量步内对非线性代数方程组进行迭代以满足收敛判定条件。使用 MSC. SUPERFORM 软件分析问题时，首先确定问题的类型（二维或三维，是否考虑传热），然后建立几何模型，划分网格，定义单元类型、材料特性和接触条件，根据要求加载后进行计算。

数值模拟可以得到合金变形过程中的各场量变化规律，包括温度场、速度场、应力应变分布、应变速率分布和流线分布，以及宏观的设备载荷、传热情况等；同时可以利用该软件的 UGRAIN 用户子程序接口进行二次开发，集成 GH4738 组织演化模型，分析涡轮盘锻造后盘件的晶粒尺寸分布。通过分析上述场量和晶粒度分布，可对热加工成品进行综合评定，对设备载荷情况进行分析，可以对实际生产的可行性作出判断。锻造工艺分为模锻和自由锻、单火次和多火次等，其中的主要参数包括坯料加热温度（始锻温度）、模具温度、变形速率、摩擦系数。在模拟中通过改变上述工艺和各参数的取值，分析其变化对变形过程的影响，进而提出优化大型涡轮盘锻造成型工艺的建议。

通过对 MSC. SUPERFORM 进行二次开发，运用上节所建立的理论模型，将所构建的 GH4738 合金组织模型与成型的热力耦合计算结合，模拟热成型过程中的晶粒组织演化。进而利用 Gleeble 热压缩样品和 ϕ250mm 涡轮盘对建立的理论模型进行模拟与验证。

6.5.4.1 MSC. SUPERFORM 软件的二次开发

对 MSC. SUPERFORM 软件进行二次开发时，使用该软件用户子程序 UGRAIN，调用编写的 FORTRAN 程序命令语言，然后基于材料状态模拟晶粒度演变情况，使 MSC. SUPERFORM 软件具有预测 GH4738 合金锻造过程中组织演变全过程的功能。模拟计算时，该用户子程序在每一个积分点都会被调用，且按照组织演变的数学模型计算各个节点的晶粒尺寸。

涡轮盘锻造过程中晶粒组织演变的有限元计算流程，如图 6-70 所示，程序首先输入初始变形条件参数：应变速率、有效应变量、绝对温度及初始平均晶粒尺寸等；例如，变形温度高于1000℃的过程中，若变形量小于临界变形量 ε_c，则仅发生原始晶粒长大现象；当变形量超过临界应变量 ε_c 时，则发生动态再结晶现象，并可以计算动态再结晶量及动态再结晶晶粒大小。当动态再结晶体积百分数不小于95%时，晶粒在保温和随后的冷却过程则发生晶粒的长大现象；若动态再结晶百分数小于95%，则变形后发生亚动态（静态）再结晶；当亚动态（静态）再结晶体积百分数不小于95%时，该部分亚动态（静态）再结晶晶粒发生晶粒长大现象；若亚动态（静态）再结晶体积分数小于95%，则该部分晶粒

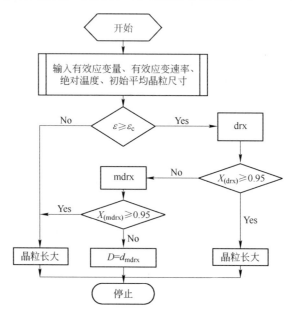

图 6-70 晶粒微观组织演变过程的有限元计算流程

显示为平均亚动态（静态）再结晶的晶粒尺寸。该模型的优点在于充分考虑到变形后保温和冷却过程中静态再结晶和晶粒长大对晶粒组织的影响以及 γ' 相转变对晶粒组织演化的影响，完善了合金热变形全过程的晶粒组织模拟预测，提高了模拟的准确性和可靠性。

6.5.4.2 利用 Gleeble 实验验证模型

实验用 GH4738 合金的主要热物性参数如杨氏模量、热导率、线膨胀系数及比热容等数据如表 6-5 所示，其中合金密度为 $8.2 \times 10^3 \text{kg/m}^3$，泊松比为 0.3。为保证计算结果的精确性，其中随温度变化的量以曲线形式输入程序。

表 6-5 GH4738 合金主要热物性参数

温度/℃	杨氏模量/MPa	热导率 /W·(m·K)$^{-1}$	线膨胀系数/K^{-1}	比热容 /J·(kg·K)$^{-1}$
500	186	17.4	1.39×10^{-5}	559
600	180	19.1	1.43×10^{-5}	591
700	172	20.9	1.48×10^{-5}	622
800	164	22.7	1.54×10^{-5}	654
900	155	24.5	1.64×10^{-5}	685
1000	146	26.2	1.78×10^{-5}	703

根据已构建的 GH4738 合金变形过程中的晶粒组织演化模型，以 MSC. SUPERFORM 软件为平台，采用 Gleeble 热压缩样品对其进行验证。所采用的 Gleeble 试样为 $\phi 8\text{mm} \times 12\text{mm}$ 的圆柱体，其初始晶粒均匀且为 ASTM 3.5 级，变形过程采用二维弹塑性热力耦合分析的轴对称模型，其几何模型及原始坯料晶粒组织如图 6-71 所示。实验初始变形温度设置为 1080℃，变形速度为 0.1m/s，变形量为 50%，摩擦系数为 0.05，模具预热温度为 400℃，变形后保温时间为 30s。坯料与模具的接触热传导系数为 20000W/（m² · K），与环境的接触换热系

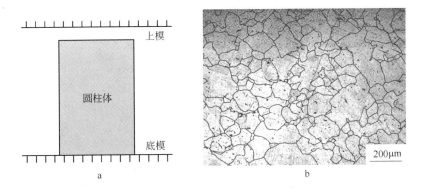

图 6-71 轴对称模型及坯料组织

a—有限元几何模型；b—坯料原始组织

数为 170W/(m² · K)。

图 6-72 为实际 Gleeble 热压缩试样经过上述实验条件变形后不同部位的晶粒组织形貌。图 6-73 为对应相同变形条件下平均晶粒尺寸分布等值线模拟结果。由图 6-73a 可知，由于中心区域 a 点位置的变形量较大，大部分变形功转化为热，使坯料温度升高，诱发位错运动，促进新核心的形成和长大，因此得到细小、均匀分布的晶粒组织，对应于图 6-72a 所示的晶粒度组织；试样下边缘与模具接触的 b 位置，由于该位置变形量小，加上热量散失较快，抑制了再结晶的发生，因此，下边缘几乎为原始晶粒，对应于图 6-72b 所示的晶粒度组织；而接触模具上边缘 $R/2$ 位置 c 点，由于形变程度的不均匀性，晶粒存在混晶，对应于图 6-72c 所示的晶粒度组织。

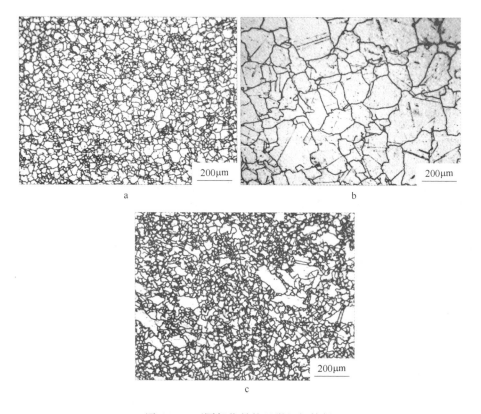

图 6-72   不同部位晶粒显微组织特征

a—中心；b—边缘；c—$R/2$

图 6-73b 为热压缩试样 6 个不同位置处晶粒尺寸的模拟数值与实际晶粒尺寸之间的比较。从图 6-73b 可知，模拟结果与实际结果基本吻合，误差率不超过4.3%。综上所述，Gleeble 热压缩实验初步验证了该二次开发的可靠性，为准确模拟涡轮盘锻造过程中的晶粒组织演变提供了可靠性依据。

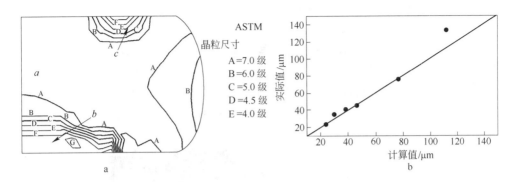

图 6-73 晶粒尺寸分布图
a—模拟结果；b—实际结果与模拟结果的对比

6.5.4.3 $\phi250mm$ 涡轮盘组织预测与验证

为了进一步验证 GH4738 合金组织演变模型及二次开发的正确性，对 $\phi250mm$ 涡轮盘的变形过程进行数值模拟。盘件模锻有限元模型如图 6-74 所示。该涡轮盘模拟锻造采用坯料镦粗 + 模锻成型工艺，坯料为 $\phi110mm \times 195mm$ 的 GH4738 合金棒材，初始平均晶粒尺寸为 $150\mu m$。锻压设备为 50MN 压力机，坯料预热温度为 $1060℃$，变形速度为 10mm/s。模具采用 H13 耐热钢，密度为 $7.8 \times 10^3 kg/m^3$，热导率为 $28.8W/(m^2 \cdot K)$，比热容为 $560J/(kg \cdot K)$，预热温度为 $400℃$，在包套上面涂抹润滑剂，使两者之间的摩擦系数降至 0.2。此外，模拟过程中设置坯料和模具与环境的对流换热系数分别为 $170W/(m^2 \cdot K)$ 和 $15W/(m^2 \cdot K)$。

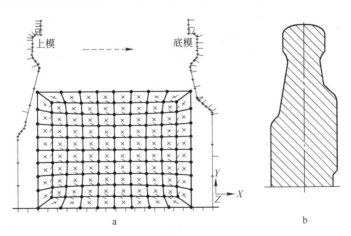

图 6-74 $\phi250mm$ 盘件模型
a—有限元模型；b—模拟盘模锻模型

具体模拟过程为：将坯料加热到 $1060℃$ 保温后镦粗至高度为 140mm，空冷至室温；然后将坯料回炉加热至 $1060℃$，并保证其温度均匀。然后继续将坯料以相同的速度镦粗至高度为 90mm，空冷至室温。随后将坯料再回炉加热至 1060℃，最后完成涡轮盘整个模锻成型工艺并空冷至室温。

图 6-75a 为第一次镦粗工艺得到的数值模拟晶粒组织分布图。经第一次镦粗后，由于锻盘变形量很小，仅为 28%，因此，升温幅度不高，发生了部分再结晶，存在着大量的原始晶粒，因而平均晶粒尺寸较大，约 130.5μm。最大的晶粒分布于模具接触的部位，其尺寸为 146.7μm，几乎没有发生再结晶。

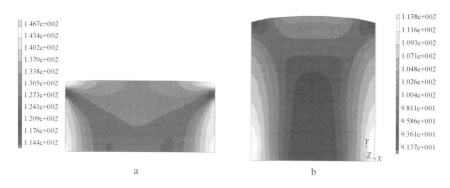

图 6-75 镦粗后的平均晶粒尺寸分布

a—第一次镦粗后；b—第二次镦粗后

将第一次镦粗后的坯料放回加热炉中加热至 1060℃，假设坯料在加热保温过程中畸变能全部释放，且坯料晶粒、温度分布均匀。然后将该第一火镦粗完的坯料继续以 10mm/s 的速度镦粗至 90mm 高度，然后空冷至室温。在模拟过程中，设定坯料的初始平均晶粒尺寸为 130μm，而其他变形工艺与第一次镦粗工艺是一致的。图 6-75b 为第二次镦粗工艺后模拟得到的晶粒分布结果。由图 6-75b 可见，镦粗后锻坯的最大晶粒尺寸为 113.8μm，最小晶粒尺寸为 91.4μm。

将第二次镦粗后的坯料放回加热炉中加热至 1060℃，假设坯料在预热过程中畸变能全部释放，且坯料晶粒、温度分布均匀。然后将经第二火镦粗完的坯料继续以 10mm/s 的速度模锻至要求高度，然后空冷至室温。在模拟过程中，设定坯料的初始平均晶粒尺寸为 80μm。第三次模锻工艺得到的结果如图 6-76 所示。涡轮盘晶粒组织分布较为均匀，最小晶粒尺寸为 20μm 左右，即 ASTM 7.9 级。在小变形区，由于仅发生了部分再结晶，仍有较多原始晶粒的存在，使得平均晶粒尺寸偏大，约为 80μm。

为了进一步验证组织演变模型及二次开发的可靠性，采用与上相同的锻造工艺，对 GH4738 合金坯料进行两次镦粗 + 模锻，即对 φ250mm 涡轮盘进行实际锻造。经两次镦粗后盘坯尺寸为 φ162mm×90mm，晶粒尺寸均匀，且模锻前初始平均晶粒尺寸约为 80μm。然后进行与数值模拟相同工艺的实际模锻，锻造晶粒组织如图 6-77 所示。由图 6-77 可知，在盘件上模接触 1 位置附近，晶粒较为粗

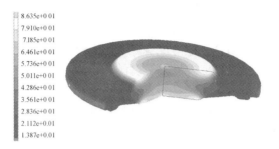

图 6-76 模锻完成后平均晶粒尺寸分布

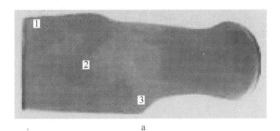

图 6-77 锻造盘件截面图显微组织分布情况

a—盘坯；b—上模接触位置；c—靠近心部位置；d—盘件弯折处

大；靠近心部 2 位置，则晶粒较为细小；在盘件弯折 3 处，则出现条带型再结晶不完全现象。同时，将模拟结果（图 6-76）与实验结果（图 6-77）做比较，发现模拟值与实验值较为吻合，进一步验证了数值模拟的正确性。

综上所述，通过对 Gleeble 热压缩试样及 φ250mm 涡轮盘的晶粒组织模拟及与实际组织的对比分析，验证了 GH4738 合金数值模型的正确性，同时也证实了该二次开发的可行性，从而为超大型涡轮盘的锻造奠定了理论基础。

总之，利用 Fortran 语言对 MSC. SUPERFORM 进行二次开发，使其具有模拟 GH4738 合金热变形后锻件晶粒分布的能力。通过对 Gleeble 热压缩试样及 φ250mm 涡轮盘的模拟，验证了晶粒组织演化模型的正确性，同时，也证明该二次开发的可行性，为 GH4738 合金涡轮盘锻造工艺参数的确定提供了理论依据；进一步利用该模型，对超大型涡轮盘的锻造工艺进行优化设计，为 GH4738 合金的热变形组织控制和预测提供理论依据和计算方法。

参 考 文 献

[1] Frost H J, Ashby M F. Deformation mechanism maps[M]. Oxford, New York：Pergamon Press, 1982：48~49.

[2] Raj R. Development of a prossing map for use in warming and hot-forming processes[J]. Metallurgical Transactions, 1981, 12：1089~1097.

[3] Prasad Y V R K, Gegel H L. Modeling of dynamic material in hot deformation：forging of Ti-6242[J]. Metallurgical Transactions A, 1984, 15：1883~1892.

[4] Prasad Y V R K, Sasidhara S. Hot working guide：a compendium of processing maps[M]. Materials Park：ASM International, 1997.

[5] Bailey R E. Special Metals Corporation New Hartford New York. Some effects of hot working practice on waspaloy's structure and tensile properties[C]. The Second International Conference on Superalloys -Processing, 1972：J1~J21.

[6] Koo J B, Yoon D Y, Henry M F. The effect of small deformation on abnormal grain growth in bulk Cu [J]. Metallurgical and Materials Transactions A, 2002, 33(12):3803~3811.

[7] Hayakawa Y, Szpunar J A. A new model of Goss texture development during secondary recrystallization of electrical steel[J]. Acta Materialia, 1997, 45(11):4713.

[8] Blankenship. Recrystallization and grain growth in strain gradient samples[J]. Scripta Metallurgica et Materialia, 1994, 31：647~652.

[9] Lee S B, Yoon D Y, Henry M F. Abnormal grain growth and grain boundary faceting in a model Ni-base superalloy[J]. Acta Materialia, 2000, 48：3071~3080.

[10] Maazi N, Penelle R. Introduction of preferential Zener drag effect in Monte Carlo simulation of abnormal Goss grain growth in the Fe-3% Si magnetic alloys[J]. Materials Science and Engineering A, 2009, 504：135~140.

[11] 北京钢铁学院高温合金教研室. GH132 合金[M]. 北京：国防工业出版社, 1980：30.

[12] Hillert M. On the theory of normal and abnormal grain growth[J]. Acta Metallurgica, 1965,

13:227~238.

[13] Rios P R. Abnormal grain growth in pure material[J]. Acta Metallurgica, 1992, 40(10):
2765~2768.

[14] Humphreys F J, Hatherly M. Recrystallization and related annealing Phenomena[M]. Oxford:
Elsevier, 1995:317.

[15] Anderson M P, Grest G S, Doherty R D, et al. Inhibition of grain growth by second-phase par-
ticles: three dimensional Monte Carlo computer simulations[J]. Scripta Metallurgica, 1989,
23(5):753~758.

[16] 廖赞, 白鸽岭, 丁一. 退火温度对高纯Al-1%Si-0.5%Cu晶粒、异常长大的影响[J]. 热
加工工艺, 2010, 39(4):113~116.

[17] 姚振华, 王正茂, 潘玉琛. SWRCH6A钢丝临界变形量研究[J]. 金属制品, 2008, 34
(5):6~8.

[18] 毛卫民, 安治国, 李殊霞. MnS粒子对Fe-3%Si合金晶界迁移的影响[J]. 科学通报,
2009, 54(21):3404~3406.

[19] Roberts W, Boden H, Ahlblom B. Dynamic recrystallization kinetics. Metal Science, 1979, 13
(3~4):195~205.

[20] Sommitsch C, Mitter W. On modelling of dynamic recrystallisation of FCC materials with low
stacking fault energy[J]. Acta Materialia, 2006, 54:357~375.

[21] Poliak E I, Jonas J J. Critical strain for dynamic recrystallization in variable strain rate hot de-
formation[J]. ISIJ International, 2003, 43(5):692~700.

[22] Kramb R C, Antony M M, Semiatin S L. Homogenization of a nickel-base superalloy ingot ma-
terial[J]. Scripta Materialia, 2006, 54:1645~1649.

[23] Li G, MacCagno T M, Bai D Q, et al. Effect of initial grain size on the static recrystallization
kinetics of Nb microalloyed steels[J]. ISIJ International, 1996, 36(12):1479~1485.

[24] Solhjoo S, Ebrahimi R. Prediction of no-recrystallization temperature by simulation of multi-pass
flow stress curves from single-pass curves [J]. Journal of Material Science, 2010, 45:
5960~5966.

[25] Sellars C M, Whiteman J A. Recrystallization and grain growth in hot rolling[J]. Metal Science,
1979, 13(5):187~194.

[26] Anelli E. Application of mathematical modelling to hot rolling and controlled cooling of wire rods
and bars[J]. ISIJ International, 1992, 32:440~450.

7 合金冷变形行为

冷轧板带有极广的用途，汽车制造、电气产品、造船、航空及火箭、精密仪器等都需要大量的冷轧板带。GH4738 合金优越的耐蚀性能、持久性、热稳定性、高强性，使得合金冷轧板材有望做结构材料、预成型材料、近净成型航空、航天发动机的零、部件以及超高速飞行器的翼、壳体等。合金冷辊轧成型，其性能取决于冷轧变形前预处理工艺、冷轧工艺和冷轧变形后的热处理工艺，因此需要研究不同冷轧变形条件下热处理的组织变化规律，为获得最佳性能组织的冷变形条件及热处理工艺提供理论依据。

7.1 冷加工过程及硬化理论

当合金在低于回复温度加工时，会发生加工硬化现象，此时的变形称为冷变形。合金在常温下进行冷轧、冷拔等压力加工过程都是冷变形过程。通过冷加工产生的塑性变形，在改变材料形状、尺寸的基础上，还能改变其晶体结构，从而改变合金的力学性能。

7.1.1 冷加工硬化理论

自 20 世纪 30 年代以来，先后提出的加工硬化理论达数十种之多。随着实验结果的日益丰富，理论的主要轮廓渐渐明朗。按照增加流变应力的机制，加工硬化理论分为两个学派。Taylor 在 20 世纪 30 年代首先提出平行位错理论；到 50 ~ 60 年代，以 Seeger 为首的斯图加特学派对其进行了全面发展，建立了比较完整的理论。在这一理论中，主滑移面上的平行位错所产生的长程应力场对加工硬化起到主要作用，故称之为长程应力场理论。20 世纪 40 年代 Shockley 提出交割位错理论，50 年代，Basinski 将其大力发展。在这一理论中，与主滑移面交割的林位错对加工硬化起主导作用，也称为林位错理论。在 20 世纪 60 ~ 70 年代 Hirsch 理论有较大影响，这个理论试图确定形变后位错组态的演变过程，认为平行位错和交割位错均对加工硬化起作用。此外，Kuhlmann-Wilsdorf 提出的网络长度理论认为，流变应力由位错源的网络长度决定。下面就影响较大的四种理论简要地进行概括总结。

7.1.1.1 林位错理论

这一理论认为，在加工硬化的第 Ⅰ 阶段，位错基本上分布在主滑移面上，几乎都是可滑移位错。第Ⅱ阶段开始时，原滑移系中位错塞积产生的长程应力导致次滑移系激活，产生大量林位错。因为林位错对滑移没有贡献，而是逐步向胞壁转化，导致胞壁结构出现，使位错对滑移的平均自由程大为减小。由于位错密度升高，胞状组织尺寸减小，加工硬化率保持不变但数值较大。在第Ⅲ阶段向第Ⅱ阶段的过程中，出现大量位错交滑移，使位错三维运动得以实现。因而，不可动位错数量骤减，第Ⅲ阶段加工硬化率逐渐减小。

7.1.1.2 割阶理论

第Ⅱ阶段硬化开始时，由于林位错滑移，原滑移系中的 Frank-Read 源必然要产生大量割阶。在位错源反向运动时，所有间隙原子割阶都变成空位割阶。割阶理论对形变稳定性进行了充分解释。

7.1.1.3 Hirseh 理论

这个理论基于一些实验结果以及第Ⅱ阶段的有关特点，认为：（1）硬化第Ⅰ阶段末，在塞积于平行面间的滑移位错产生的应力与外加应力共同作用下，次滑移系上分切应力超过该系统的临界切应力，导致次滑移系激活，形成复杂的位错组态。（2）在弹性交互作用下，新滑移线受阻于上述障碍，并对以后的滑移起阻碍作用。（3）位错源的启动是一个触发过程，并在内应力有利的方向激活，直到增殖出的位错反向应力使位错源停止为止。（4）由任一形变量时的位错源密度求解相应的流变应力。尽管 Hirsch 理论定量比较简化，但在考虑上述 4 点的基础上对加工硬化曲线做了定量的解释，同时还对加工硬化后晶体中位错结构的不均匀性给予一定的说明。

7.1.1.4 Seeger 理论

Seeger 认为，形变后位错的分布有一定的取向，晶体的加工硬化基本来自位错间的长程弹性交互作用，其中又以原滑移系中位错的交互作用为主。在面心立方结构金属加工硬化的第Ⅰ阶段，首先是原滑移面上的位错按前述某一种或两种机制产生位错偶以及共轭滑移系中的位错形成 Lomer-Cottrell 位错，但这一阶段硬化主要来自单个位错间的长程应力场。因此，位错偶或 Lomer-Cottrell 位错没有形成滑移的有效障碍。随着形变增加，次滑移系被激活，第Ⅰ阶段向第Ⅱ阶段过渡。此时，位错偶越来越短，Lomer-Cottrell 位错也越来越多，直到第Ⅱ阶段以这些位错偶，Lomer-Cottrell 位错为核心形成位错塞积的有效障碍。随着形变继续增加，位错塞积的应力场足以阻止相邻滑移面上的位错滑移，使滑移线越来越短，位错密度越来越大。在第Ⅲ阶段，由于局部应力增加促使大量交滑移进行，出现滑移带及其碎化，加工硬化率也随之降低。

7.1.2 冷加工硬化机理

金属材料中产生加工硬化的主要机制有位错强化、晶界强化、第二相粒子强化和应变诱发相变强化等。实际上，强化并不是由单一机制所决定的，多数情况下是几种机制综合作用的结果。

7.1.2.1 位错强化

晶体塑性形变时，位错的增殖、运动、受阻以及挣脱障碍的情况决定不同晶体结构金属材料加工硬化的特点。在变形过程中，位错的数目会大量增加。如在充分退火后的金属中，位错密度范围为 $10^6 \sim 10^8 \mathrm{cm}^{-2}$，而经过塑性变形之后，位错密度可达 $10^{11} \sim 10^{12} \mathrm{cm}^{-2}$。晶体中的位错由相变和塑性形变引起，位密度越高，形变的阻力越强，割阶、位错偶极、小位错圈和空位都是位错继续运动的阻力。晶体的滑移实际上是源源不断的位错沿着滑移面的运动，当滑移面上的位错和林位错发生弹性交互作用时，通过位错反应形成新的位错线，弹性能随之降低。在多滑移时，由于各滑移面相交，因而在不同滑移面上运动着的位错也就必然相遇，发生相互交割。此外，在滑移面上运动着的位错还要与晶体中原有的以不同角度穿透滑移面的位错相交割。位错交割的结果是一方面增加了位错线的长度，另一方面还可能形成一种难以运动的固定割阶，成为后续位错运动的障碍，造成位错缠结，这是多滑移加工硬化效果较大的主要原因。

7.1.2.2 晶界强化

晶界是位错运动的最大障碍之一，是位错塞积的场所。晶界两侧的原子排列取向不同，一个晶粒中的滑移带不能穿过晶界延伸到相邻晶粒，产生滑移形变必须启动自身的位错源。在外应力的作用下，可能使晶界上的位错进入晶内，即晶界向晶内发射位错。因此，晶界是多晶体材料塑性形变的重要位错源，尤其在缺少 Frank-Read 源的情况所起的作用更大。晶界的主要作用是阻碍位错运动。晶粒越细，晶界越多，阻碍位错滑移的作用越大，屈服强度越高。晶界强化分为直接强化和间接强化。在外力作用下，某一晶粒开始滑移时，相邻晶粒内的主滑移系难以同时启动，说明晶界的存在使运动位错组态受到破坏，引起强化。晶粒中往往还存在亚晶粒，有些亚晶界由界面能较低的小角度晶界组成。在一些退火合金中，亚晶对材料产生显著的影响。

7.1.2.3 第二相粒子强化

大多数实际应用的高强度合金都含有第二相粒子，强化效果最强的第二相质点尺寸细小，高度弥散分布在基体中。这些第二相粒子往往是金属间化合物，比基体硬得多。多相合金的塑性形变取决于基体的性质，也取决于第二相粒子本身的塑性、加工硬化性质，以及尺寸大小、形状、数量和分布；还包括两相之间的晶体学匹配情况、界面能、界面结合等。运动位错与不可变形粒子相遇时，受到粒子的阻挡，位错线按 Orowan 机制围绕它发生弯曲。随着外应力增加，位错线受阻部分弯曲更剧烈，在粒子两侧相遇，正负号位错彼此抵消，形成包围粒子的位错环留下，位错线的其余部分越过粒子继续运动。继续形变时必须增加应力以克服此反向应力，流变应力迅速提高。位错切过可变形第二相粒子时将和基体一起形变，强化作用主要取决于粒子本身的性质及其与基体间的关系，机制很复杂，且因合金而异。

7.1.3 冷轧后的中间退火热处理

合金在冷轧过程中不光形状、尺寸发生了变化，其内部显微组织更是发生了一系列的变化，包括晶粒内部出现滑移带、孪晶带，晶粒的形状也会发生变化；此外，材料的亚结构也将发生变化，如点阵畸变、位错密度迅速增大。金属经冷塑性变形后会产生加工硬化，使金属处于一种热力学不稳定的亚稳状态，并有自发向稳定状态转变的趋势。如果温度升高，会使金属中的原子获得足够的动能，以克服亚稳状态与稳定状态之间的能垒，这时金属将向稳定状态转变，即发生静态回复和静态再结晶而产生软化。随着加热温度的提高、冷变形程度的增加，回复和再结晶的驱动力增大，合金组织和性能的变化也更明显。

在现实材料生产中，冷变形往往需要多道次的变形，由于每道次变形时产生加工硬化，材料强度提高，塑性降低，并有较大的残余应力，这些都不利于材料的下道次加工，所以在道次间要进行软化退火，即所谓的中间热处理。冷轧之后保留在内部的形变存储能除晶界附近的大密度位错堆积带来的畸变能之外，还有很多是形变孪晶带来的畸变能以及和形变孪晶交互作用的位错带来的能量增加。这些不稳定的结构和能量状态，必须经过再结晶退火来消除，从而恢复合金组织稳定性和加工塑韧性。材料经中间热处理后，强度降低，塑性提高，甚至好于原材料的塑性，同时残余应力得以释放，材料的加工性能得以恢复，可以完成下道次的变形，同时还能改变力学性能，获得好的组织，这些都是中间热处理有利的一面。

7.2 冷加工变形特性

本构关系是描述加工过程中材料变形的流动应力与变形温度、等效应变、等效应变速率之间的关系。真应力-真应变曲线是材料在变形时，反映材料变形的力学和运动学特征关系，也是了解材料本构关系以及建立反应材料本构方程的重要原始数据。采用 Gleeble1500 室温压缩采集的真应力-真应变曲线来研究 GH4738 合金的本构关系，为制定变形工艺参数的选择及设备吨位的确定提供依据。

7.2.1 室温压缩本构关系

GH4738 合金属于典型的低层错能材料，而低层错能材料原子在堆垛排列时，容易产生堆垛层错，变形时常常形成形变孪晶，因而其变形机制不同于高层错能材料的纯位错滑移机制，常常在不同阶段发生着不同的变形机制，如孪生机制、滑移机制，或者两者共同作用。低层错能材料的真应力-真应变曲线形式有一共同的特征，就是在形变加工硬化的同时，伴随着变形行为的软化作用，因而曲线常常表现为有一段下凹或者平直段，它们的应力、应变的双对数坐标中的加工硬化段不是直线，而是呈"上挠"状。

金属材料的加工硬化曲线表征在一定组织状态和形变条件下宏观应力随应变变化的规律，是理解材料成型特点的关键。为了数学上描述加工硬化曲线，建立了相关的数学模型。广泛用于描述常用工程材料的加工硬化曲线的经验关系，即 Hollomon 方程：

$$\sigma = K\varepsilon^n \tag{7-1}$$

式中，σ 为真应力；ε 为真应变；K 为强度因子；n 为加工硬化指数。这意味着方程适合描述双对数坐标中为直线的加工硬化曲线。

实际上，不同材料、不同组织结构状态和不同形变条件下的加工硬化曲线在双对数坐标中并不完全为直线，只有曲线的一部分可以近似看做直线。对于奥氏体钢和面心立方金属与合金，常用的呈"上挠"状的模型有：

周维贤模型：

$$\sigma = \sigma_0 + K\varepsilon^n \tag{7-2}$$

Ludwigson 模型：

$$\sigma = K_1\varepsilon^{n_1} + \exp(K_2 + n_2\varepsilon) \tag{7-3}$$

Tian Xing, Zhang Yanshen 模型：

$$\sigma = K\varepsilon^{n_1 + n_2\ln\varepsilon} \tag{7-4}$$

Ludwigson 模型：高应变部分在双对数坐标中近似为直线，低应变时的对数是真应变的线性函数。周维贤模型：适合于描述双对数坐标中明显"上挠"的加工硬化曲线，其中 σ_0 为弹性极限。Tian Xing, Zhang Yanshen 模型：表达式简单，且与应变有关。

针对 GH4738 合金，采用室温压缩模拟实验来分析合金的加工硬化性质。在热模拟机上进行单道次的室温压缩变形。试样在锻造开坯后的棒料上取样，经 1040℃/4h/AC 固溶处理后机加工成 ϕ6mm×9mm 的圆柱试样，分别在室温以 0.1s^{-1}、1s^{-1}、10s^{-1}、20s^{-1} 的变形速率压缩 10%、20%、35%、50%，以研究变形参数中变形速率、变形量等因素对变形行为的影响，同时建立室温压缩变形的本构方程。

图 7-1 为 GH4738 合金冷压缩 50% 的应力-应变曲线和对应的双对数加工硬化曲线。从图中可知，GH4738 合金的双对数加工硬化曲线呈"上挠"状，说明随着变形量的增加，加工硬化指数是不断变化的，具体从实验结果说明，在 50%

变形量以前，加工硬化指数是不断增大的。结合 GH4738 合金面心立方晶体结构和基体为奥氏体组织，合金是典型的低层错能材料，退火态组织晶粒内部含有大量的退火孪晶等特点，对照分析上述三个模型，方程（7-3）模型的等效加工硬化指数是 $n_1 + n_2 \ln\varepsilon$，它随着变形量的增大而增大，是上述三个模型中最适合用来描述 GH4738 合金加工硬化曲线的模型。实际加工中考虑到变形速率[1]对合金加工硬化的影响，从而模型改进为：

$$\sigma = K\varepsilon^{n_1 + n_2\ln\varepsilon}\dot{\varepsilon}^{m} \tag{7-5}$$

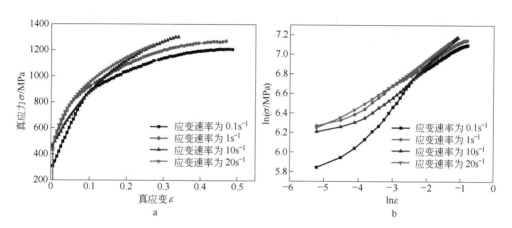

图 7-1　冷压 50% 的应力-应变（a）和冷压 50% 的双对数加工硬化曲线（b）

选择压缩量为 50% 的真应力-真应变曲线来拟合系数，考虑到小变形量时实验测得数据误差较大，所以舍弃变形量 10% 以前的数据，对式（7-5）两边取对数：

$$\ln\sigma = n_1(\ln\varepsilon)^2 + n_2\ln\varepsilon + (\ln K + m\ln\dot{\varepsilon}) \tag{7-6}$$

式中，K 为与材料有关的常数；m 也为与材料有关的常数，工程上称为应变速率敏感因子；$\ln\sigma$ 为关于 $(\ln\varepsilon)^2$、$\ln\varepsilon$、$\ln\dot{\varepsilon}$ 的三元非线性函数。利用方程（7-6）对 GH4738 双对数加工硬化曲线进行拟合，通过非线性拟合得到方程的各个参数，列于表 7-1。从拟合结果知该模型的拟合度非常高。GH4738 合金冷加工本构关系可用方程描述，即：

$$\sigma = 1330.9\varepsilon^{-0.0012 - 0.079\ln\varepsilon}\dot{\varepsilon}^{0.016} \tag{7-7}$$

表 7-1　拟合结果

n_1	n_2	m	K	相关系数	误　差
-0.079	-0.0012	0.016	1330.9	0.9736	0.0001 ~ 0.0093

按合金冷加工本构方程，计算出与真应变对应的真应力，模拟计算值与实验数据作比较见图 7-2，对比结果可证明该模型拟合的本构方程具有普遍实用性。

高应变速率因在高应变区变形抗力超出仪器的负荷，导致了变形速率为 $10s^{-1}$ 的实验室与模拟值存在一定的差值。

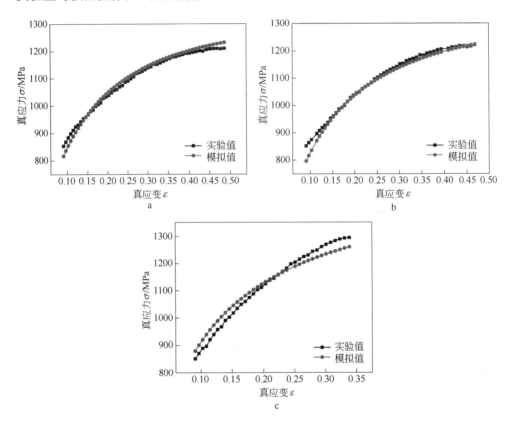

图 7-2　应力-应变曲线的计算值和实验值的比较

$a—0.1s^{-1}$；$b—1s^{-1}$；$c—10s^{-1}$

7.2.2　冷加工对组织的影响

　　对经不同冷变形的样品沿中心面对剖，经机械抛光后化学侵蚀，化学侵蚀剂为 $35mL\ H_2O + 62mL\ HCl + 3mL\ H_2O_2$，时间为 $2min$ 左右；金相试样的晶粒度侵蚀剂为 $2.5g\ KMnO_4 + 10mL\ H_2SO_4 + 90mL\ H_2O$，将试样经机械研磨、机械抛光后在该溶液中煮 $30\sim45min$ 不等的时间，然后放入 $10\%\sim12\%$ 草酸饱和水溶液浸泡，采用超声波去除试样表面的污染物；观察强化相，用 20% 的硫酸甲醇溶液电解抛光（电压 $28\sim30V$）$20s$ 左右，最后用 $150mL\ H_3PO_4 + 10mL\ H_2SO_4 + 15g$ 铬酐溶液电解浸蚀（电压 $5V$）$7s$ 左右。

　　机械打磨抛光侵蚀后，观看变形后合金的组织形貌，以研究变形参数中变形速率、变形量等因素对变形后合金组织的影响规律。

图 7-3 为变形前的晶粒组织，初始
组织呈等轴的再结晶晶粒。图 7-4 ~ 图
7-7 为试验合金在压缩变形量为 10%、
20%、35%、50%，应变速率不同的晶
粒组织形貌。对比不同条件对应的晶粒
组织可以看出，同一变形量下，应变速
率对晶粒的压缩变形影响不明显；同一
应变速率下，变形量对晶粒形貌影响很
明显。变形量较小为 20% 时，合金中
晶粒变形不是很明显，没出现变形带，
如图 7-5 所示。当变形量增加到 35%，

图 7-3 变形前的初始晶粒组织

晶粒已经出现明显的压缩变形，晶粒呈现扁长状，同一晶粒内开始出现多系滑
移，出现了变形带。图 7-7 是变形量为 50% 时，晶粒呈现细条状，晶界转动明
显，变形带增加，出现了晶界与加载压力轴垂直排布的现象。

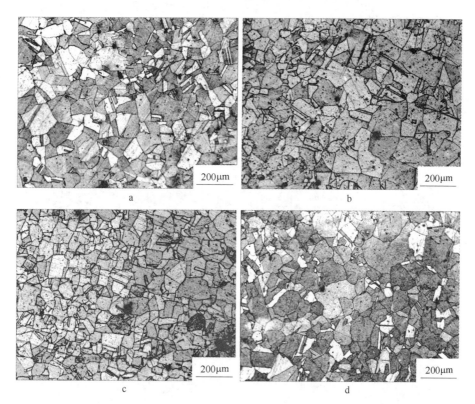

图 7-4 压缩变形量为 10% 时应变速率对晶粒组织的影响

a—0.1s⁻¹；b—1s⁻¹；c—10s⁻¹；d—20s⁻¹

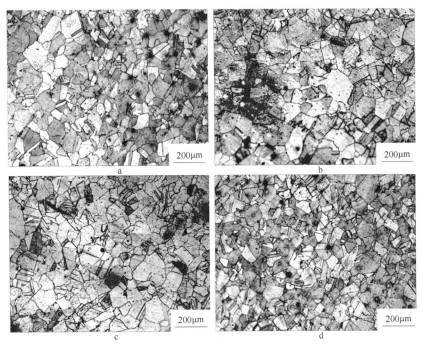

图 7-5 压缩变形量为 20% 时应变速率对晶粒组织的影响

a—$0.1s^{-1}$；b—$1s^{-1}$；c—$10s^{-1}$；d—$20s^{-1}$

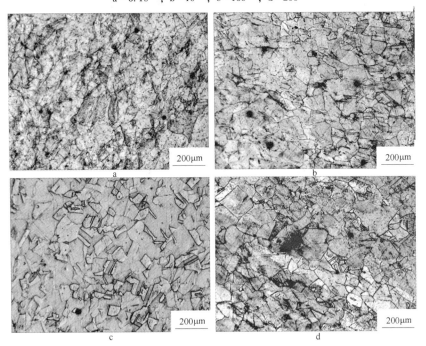

图 7-6 压缩变形量为 35% 时应变速率对晶粒组织的影响

a—$0.1s^{-1}$；b—$1s^{-1}$；c—$10s^{-1}$；d—$20s^{-1}$

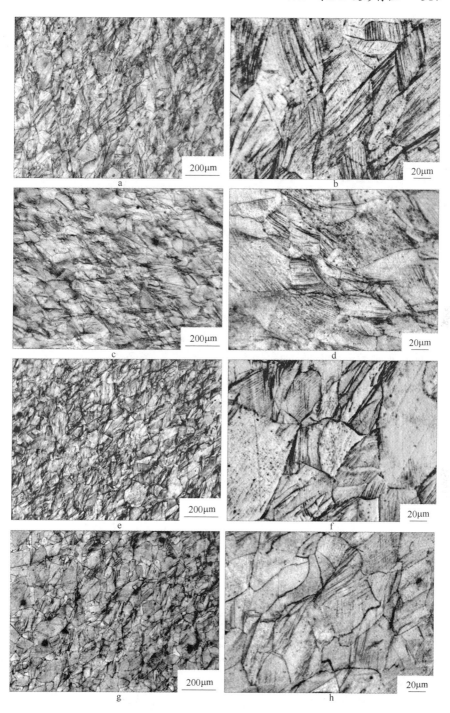

图 7-7 压缩变形量为 50% 时应变速率对晶粒组织的影响

a, b—0.1s^{-1}; c, d—1s^{-1}; e, f—10s^{-1}; g, h—20s^{-1}

从变形量50%的显微组织放大形貌可以看出，孪晶界清晰可见，孪晶内部可见直线形滑移线，平行排列的滑移线终止于孪晶界，孪晶界和晶界一样对位错有强烈的阻碍作用。有些晶粒内的孪晶界已经发生明显的弯曲，孪晶界开始发生弯曲，可以推断孪晶界的完全共格关系开始遭到破坏，意味着孪晶界阻碍变形的进一步进行，从而提高了变形抗力。随着应变速率的增大，晶内的形变孪晶数目增加，对位错运动的阻碍作用增强，表现出合金的强度更高。

经冷加工变形后的材料，晶粒会沿流动方向逐渐伸长，其晶内组织也会发生诸如点阵畸变、产生空位、位错密度大大增加，产生形变孪晶等显微变化。材料的内部显微组织变化，会直接表现在材料的外在力学性能上，如强度、硬度增大，塑性韧性降低。

图7-8为冷压实验后的硬度变化曲线，在相同应变速率下硬度随变形量的增加而增加，而当变形量为10%，应变速率为 $1s^{-1}$、$10s^{-1}$、$20s^{-1}$ 的硬度值均为384HV，与未压缩的原始试样硬度值保持一致。从图7-8b可以看出，当变形量相同时，硬度并不随应变速率的增加而增大，而是保持恒定。图7-9为加工硬化率曲线，从图中可以看出，10%小变形量时，较大的应变速率 $1s^{-1}$、$10s^{-1}$、$20s^{-1}$ 的加工硬化率几乎为零；变形量为20%，应变速率为 $1s^{-1}$、$10s^{-1}$、$20s^{-1}$ 的加工硬化也明显小于应变速率为 $0.1s^{-1}$ 的。

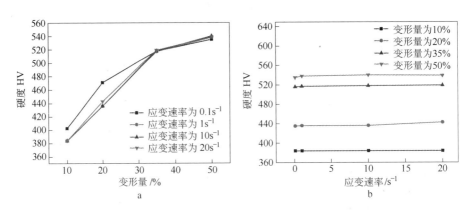

图7-8 冷加工对硬度的影响规律
a—应变速率相同；b—变形量相同

当应变速率相同时，随着变形量的增大合金的硬度显著增加，硬度随着变形量的增大曲线呈现下凹状的"上翘"走势，GH4738合金加工硬化的这种特性是由于变形过程中发生孪生变形。该合金的冷加工硬化是奥氏体晶粒基体形变硬化、显微孪晶硬化和孪生变形的行为软化综合作用的结果。变形量从10%增大到35%，再增大到50%，合金的基体硬化作用大大增加。50%变形量的金相组织中出现了滑移带的相互交割，位错滑动和林位错交割的短程交互作用占主导地

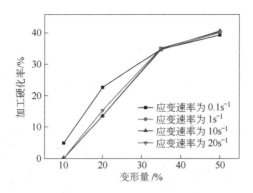

图 7-9 加工硬化率与变形量的关系

位。合金的硬度随着变形量的增大显著增加，特别是变形量10% ~ 35%的阶段更为明显。

当变形量相同时，随着应变速率的增大，硬度值的增加很小。低层错能材料中的位错主要是不全位错，不全位错在变形初期的可动性较高，材料可以借助不全位错的滑移而变形，当变形量达到一定程度时，合金还会发生孪生变形，在晶内产生形变孪晶，随着应变速率的提高，应力更容易集中，单位体积的晶粒内会生成更多的形变孪晶。应变速率增大，合金的硬度只是微小地增加，因此，变形量是影响硬度的主要因素，而应变速率对硬度的影响不明显。

7.3 中间退火对冷变形组织的影响

7.3.1 退火工艺对微观组织的影响

高温合金在冷加工过程中需要进行中间退火处理，其主要目的是消除应力，进行再结晶，以使材料增加塑性，降低强度，改善其冷加工性能。冷轧之后保留在内部的形变存储能除晶界附近的大密度位错堆积带来的畸变能之外，还有很多是形变孪晶带来的畸变能以及和形变孪晶交互作用的位错带来的能量增加。这些不稳定的结构和能量状态，必须经过再结晶退火来消除。再结晶晶粒大小主要受到原始晶粒大小、冷加工的变形量、热处理退火温度、保温时间的影响。

为了研究冷轧及中间热处理对组织行为的影响，运用单道次冷轧加退火的研究方案来模拟 GH4738 合金板第一道的冷轧和连续退火工艺，合金经 1040℃/4h/AC 固溶处理加工成 70mm×20mm×(5 ~ 7)mm 板条状试样，在二辊轧机上进行 30%、50%、70% 压下量的冷轧实验。冷轧之后再横向切取小块试样，进行等温退火，退火温度为 1000℃、1040℃、1080℃，保温时间为 3min、5min、7min、10min、12min、15min、25min。图 7-10 为经 1040℃/4h/AC 热处理后的初始组织形貌，晶粒组织等轴均匀，强化相大 γ' 有所减少（与标准热处理 B 的 1020℃ 固溶相比），还呈现两种尺寸。

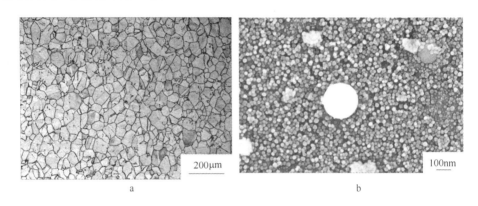

图 7-10 1040℃/4h/AC 轧前初始组织形貌

a—晶粒度；b—强化相

固溶处理后的等轴晶经 30% 和 70% 冷轧后的组织形貌如图 7-11 所示，从不同变形量的组织对比可见，随着冷轧变形量的增大，晶粒变形程度加大。但存在局部变形的不均匀性，随着冷轧变形量的增大，晶粒的变形均匀性增加。

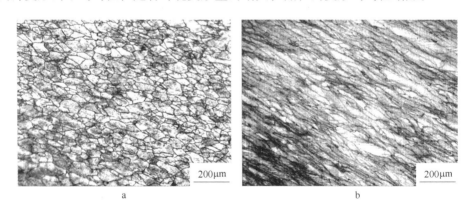

图 7-11 不同变形量冷轧后的显微组织

a—30%；b—70%

7.3.1.1 退火工艺对晶粒度的影响

图 7-12 ~ 图 7-14 为变形量 30% 在不同退火温度、不同保温时间的晶粒组织演变情况。从图 7-12 ~ 图 7-14 可以看出，1000℃ 退火时随着保温时间的延长，奥氏体并未发生再结晶；退火温度增加到 1040℃ 时，30% 变形量下，保温 5min 时未观察到再结晶组织，延长保温时间至 7min，晶粒发生再结晶，随着保温时

间的延长，晶粒稍有长大；1080℃退火时，1.5min 时奥氏体完全再结晶，随着
保温时间的增加，晶粒长大。图 7-13 中，保温时间 12min 的金相照片出现了明
显的小晶粒聚集区，这可能是由变形不均匀引起的。当合金变形量为 30%，保
温 1040℃、1080℃的完全再结晶时间分别大于 7min、1.5min，随着温度的升高，
再结晶时间明显缩短。

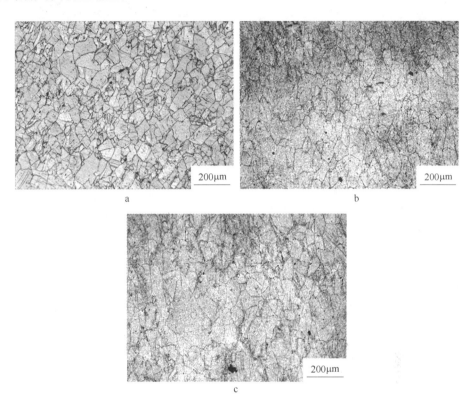

图 7-12　30%变形量，1000℃退火，不同保温时间后的晶粒组织
a—5min；b—10min；c—15min

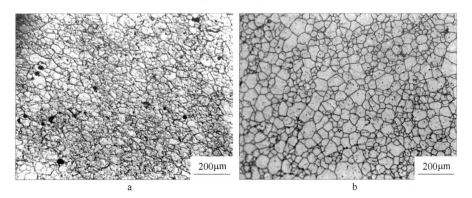

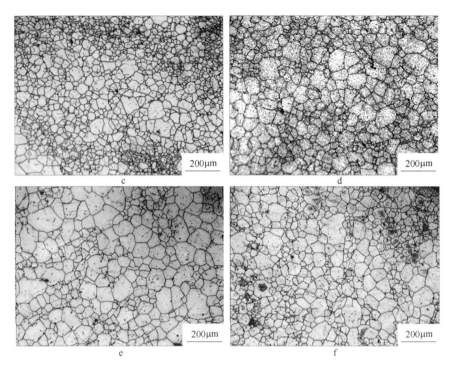

图 7-13 30%变形量，1040℃退火，不同保温时间后的晶粒组织
a—7min；b—10min；c—12min；d—15min；e—20min；f—25min

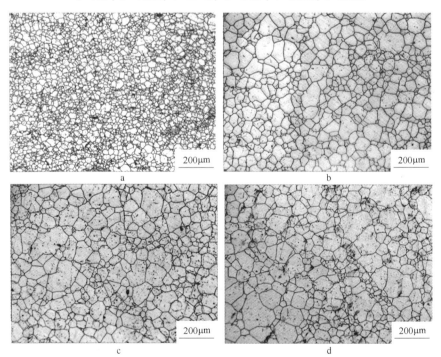

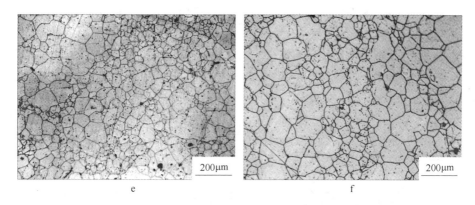

图 7-14　30%变形量，1080℃退火，不同保温时间后的晶粒组织

a—1.5min；b—3min；c—7min；d—10min；e—15min；f—25min

　　图 7-15 和图 7-16 为变形量 50%在不同退火温度、不同保温时间的晶粒度演变情况。1040℃退火时，50%变形量下，保温 3min 时发生部分再结晶，新生等轴再结晶晶粒优先在畸变的原始晶粒的晶界和孪晶界位置形核，形成"洋葱"组织。随着保温时间的延长，再结晶体积分数增大，当保温时间增加到 25min时，再结晶基本完成。1080℃退火时，保温时间 2min 奥氏体便完全再结晶，随着保温时间的增加，晶粒长大。

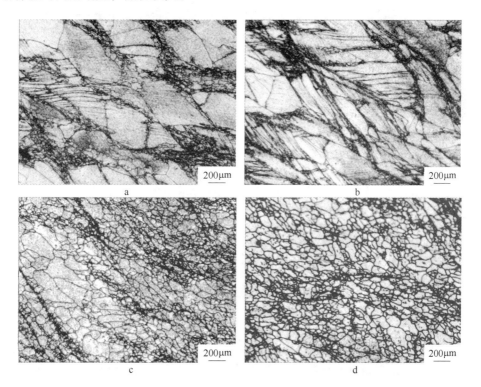

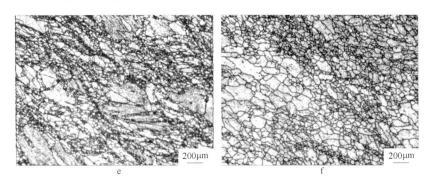

图 7-15　50% 变形量，1040℃退火，不同保温时间后的晶粒组织
a—3min；b—5min；c—7min；d—10min；e—15min；f—25min

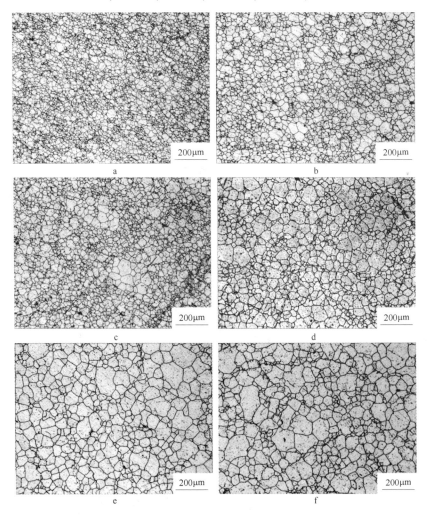

图 7-16　50% 变形量，1080℃退火，不同保温时间后的晶粒组织
a—2min；b—5min；c—7min；d—10min；e—15min；f—25min

图 7-17 和图 7-18 为变形量 70% 在不同退火温度、不同保温时间的组织照片。大变形量 70% 时，晶粒内出现多系滑移，形成很多变形带，变形带内高密度位错塞集。低层错能材料，其晶粒边界、晶界的高密度位错塞集处、孪晶及孪晶界都是再结晶形核位置。值得注意的是，当大变形量冷变形后，在偏低的温度1040℃退火后，再结晶的晶粒非常细小，光学显微镜已经不能分辨晶粒度大小，只能用扫描电镜进行观察。图 7-17 为变形量在 70%、退火温度为 1040℃ 时的晶粒组织形貌，退火保温 7min 时完成再结晶，但是晶粒尺寸仅有 2.3μm，保温时间延长到 25min 时晶粒也只有 3.9μm。为了更好地研究大变形量、较低退火温度的再结晶情况，延长退火时间到 4h，发现晶粒略微长大到 6.4μm。可见冷变形量 70%、1040℃退火时晶粒长大被很大程度抑制了。

但增加温度到 1080℃退火时，保温时间 3min 奥氏体完全再结晶，随着保温时间的延长，晶粒长大（图 7-18）。

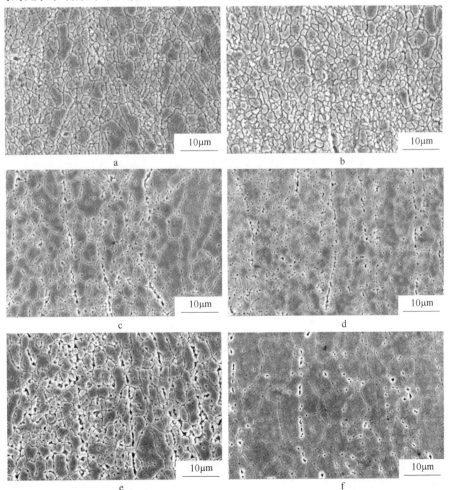

a

b

c

d

e

f

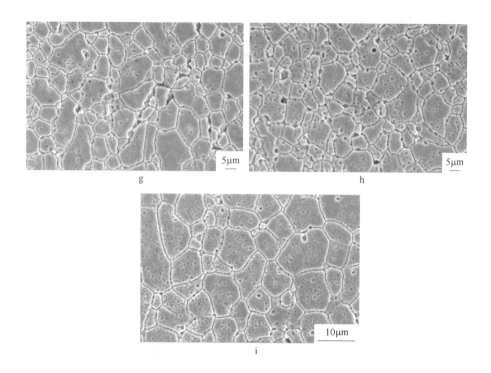

图 7-17   70% 变形量，1040℃ 退火，不同保温时间后的晶粒组织

a—3min；b—5min；c—7min；d—10min；e—15min；f—25min；
g—40min；h—120min；i—240min

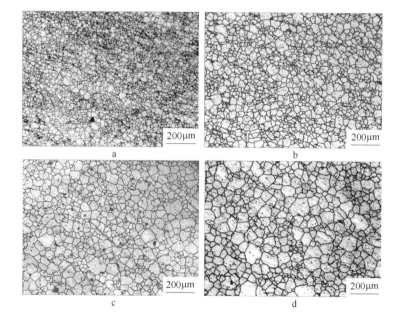

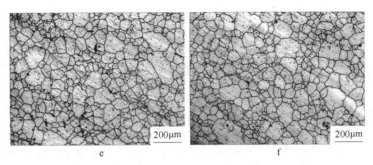

图7-18　70%变形量，1080℃退火，不同保温时间后的晶粒组织

a—3min；b—5min；c—7min；d—10min；e—15min；f—25min

图7-19为冷轧30%、50%、70%退火后的平均晶粒尺寸与保温时间的关系，由于γ′相对晶粒长大具有阻碍作用，合金晶粒尺寸呈抛物线变化，随着保温时间增加，晶粒长大幅度减小。1040℃退火温度下变形量30%完全再结晶后随保温时间的延长而长大，变形量50%奥氏体部分再结晶，变形量70%奥氏体完成再结晶后晶粒长大受到抑制；1080℃退火时，变形量30%、50%、70%的再结晶长大规律一致，再结晶后随着保温时间的延长晶粒呈抛物线长大。值得注意的是，在

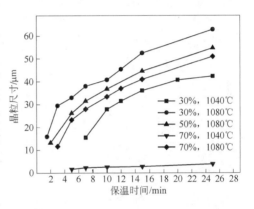

图7-19　晶粒尺寸随保温时间的变化

1040℃退火后（该温度正好处于γ′相的回溶温度附近），大变形量时晶粒度很小，这可能与强化相γ′的存留和钉扎有关。同时，冷变形量越大，再结晶形核位置越多，形核率越高，加上强化相的钉扎，使得晶粒度细小。

7.3.1.2　退火工艺对强化相的影响

关于单相材料的退火再结晶行为已进行了广泛的理论和实验研究。然而，显微组织包含两相以上的多相材料的退火再结晶问题，已有研究还非常有限，尤其是工业上经常使用的以第二相粒子强化的多相材料，其再结晶影响因素相当复杂。GH4738合金γ′的溶解温度一般在1040℃附近，γ′相的溶解与析出规律对再结晶行为有很大的影响作用。

冷轧前γ′强化相以大小两种形态存在（图7-10b），大γ′相尺寸为150nm，小γ′相尺寸为22nm。经不同变形量30%、50%、70%在中间退火温度1040℃、1080℃下强化相γ′形貌如图7-20所示。

从图7-20中可以看出，同一冷变形量，不同退火温度下γ′相形貌分布差别较大。冷变形30%、50%、70%经1080℃退火后，只有一种尺寸的γ′相存在，

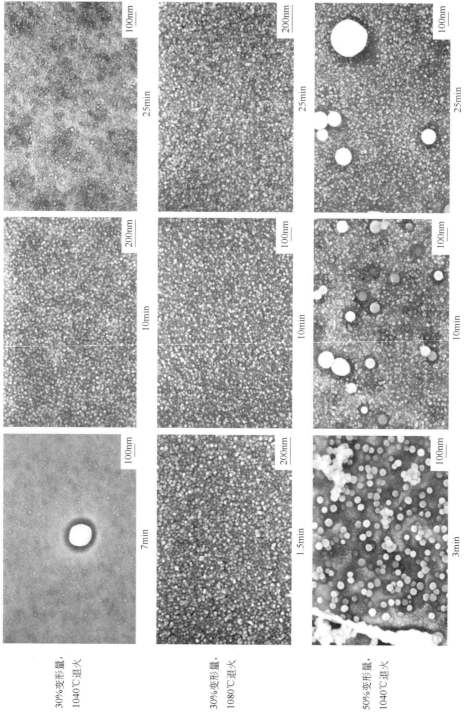

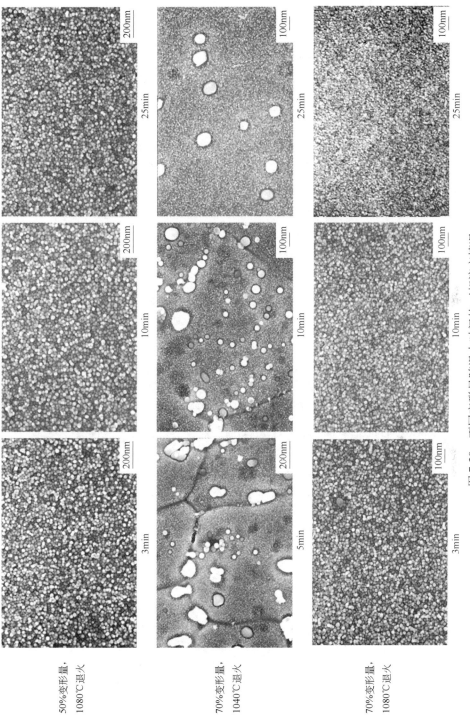

图 7-20　不同变形量随退火时间的 γ′相演变情况

平均直径约为20nm,与轧前原始组织的小γ'相尺寸一致;冷变形30%、50%、70%经1040℃退火后,组织分布着大小两者尺寸的γ',小γ'尺寸在17~24nm,大γ'尺寸在130~245nm,小γ'与轧前组织一致。第二相粒子γ'和形变位错的交互作用可阻碍甚至完全抑制再结晶形核;由于粒子邻近区弹性应变能的释放,以及晶界/粒子界面能与晶界能的能量平衡,形成第二相粒子对移动的再结晶晶界的拖曳阻力。这将延缓再结晶进程。另一方面,直径在1μm以上、基本不变形的硬粒子则可以通过粒子激发形核效应而加速再结晶。

综合分析知,退火温度为1040℃时,短时间退火保温时不同变形量下发生部分再结晶;而1080℃退火下,2min内奥氏体便全部再结晶完毕,这说明带有第二相的中间退火组织其动力学不仅依赖于形变量、退火温度等外在因素,而且受到晶体结构、堆垛层错能、晶界能、位错迁移动能等材料本征参数的影响。

7.3.1.3 退火工艺对晶界取向的影响

面心立方结构晶体很容易出现退火孪晶,大部分退火孪晶在一次再结晶过程中形成,它们随着晶粒的长大而长大。此外,有些具有形变织构的材料在再结晶退火时会再度获得织构。金属中出现织构后,它的力学性能、磁学性能、导热性能等会出现各向异性。

A 变形量对晶体取向的影响

图7-21和图7-22为经不同冷轧变形量30%、50%、70%后1040℃退火

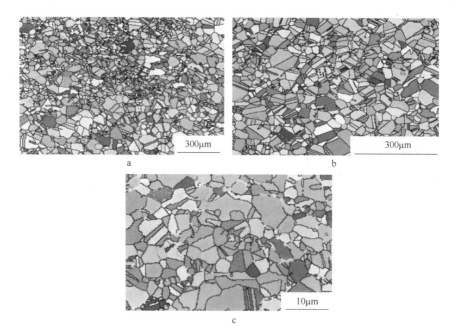

图7-21 不同变形量1040℃退火后晶体取向图

a—30%;b—50%;c—70%

的晶体取向成像图（EBSD）和极图。从图中可以看出，晶粒表现为完全无规取向，极密度分度在整个参考球面上均匀分布，表明合金冷轧退火后并无再结晶织构。

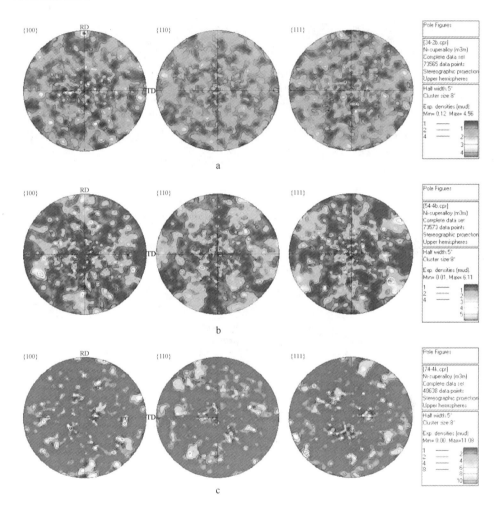

图 7-22　不同变形量1040℃后轧制极图
a—30%；b—50%；c—70%

传统晶粒尺寸的测量方法主要借助于晶界反应，通过侵蚀突出显示晶界，这种方法对于能量比较低的小角度晶界尤其是严重孪晶组织的显示则比较困难。EBSD测试采用逐点逐行扫描，其测量结果从晶体学的取向差出发从而更贴近于晶界的本质，与材料性能之间的联系也更为直接和准确。图 7-23 和图 7-24 为孪晶分布图、晶界取向差分布图。由图 7-23 可知，合金冷轧退火再结晶组织存在大量的孪晶。晶界取向差分布图也显示符合孪晶取向关系的60°所占比例非常高，在此证明退火组织存在大量的孪晶。变形量30％、50％、70％对孪晶密度影响不明显。

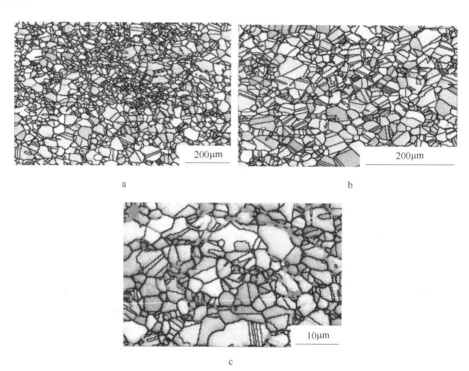

图 7-23   不同变形量1040℃退火孪晶分布图（EBSD）

a—30％；b—50％；c—70％

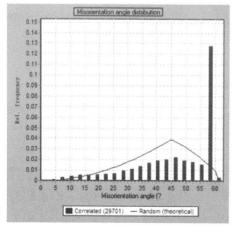

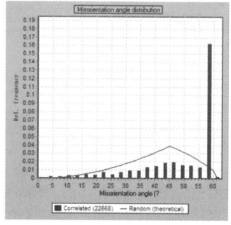

a   b

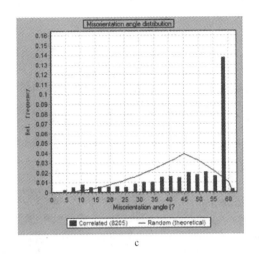

c

图 7-24　不同变形量 1040℃晶界取向差分布图

a—30%；b—50%；c—70%

B　退火温度对晶界取向的影响

图 7-25 和图 7-26 为轧变形量 50%，退火温度分别为 1040℃和 1080℃晶体取向成像图和极图。同样可以看出，晶粒显示完全无规取向，极密度分度在整个参考球球面上均匀分布。

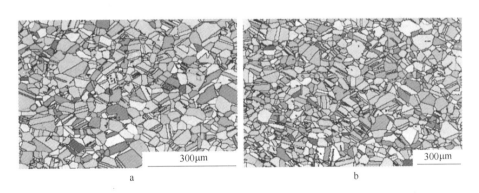

a　　　　　　　　　　　　　　　　　　b

图 7-25　变形量 50%，不同退火温度晶体取向图（EBSD）

a—1040℃；b—1080℃

图 7-27 和图 7-28 为轧变形量 50%，退火温度 1040℃和 1080℃孪晶分布图、晶界取向差分布图。由图可知，轧退火再结晶组织存在大量的孪晶。晶界取向差分布图也显示符合孪晶取向关系的 60°所占比例非常高，在此证明退火组织存在大量的孪晶。退火温度为 1080℃时的孪晶密度比退火温度为 1040℃大。从而得

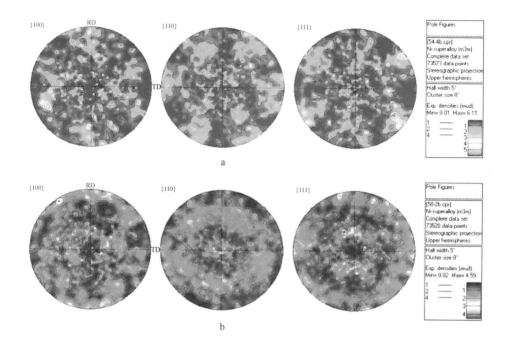

图 7-26   变形量 50%，不同退火温度轧制极图
a—1040℃；b—1080℃

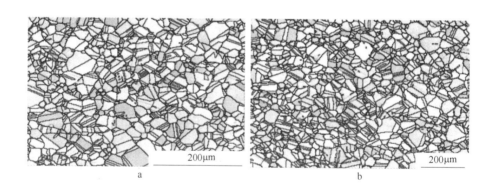

图 7-27   变形量 50%，不同退火温度退火孪晶分布图（EBSD）
a—1040℃；b—1080℃

知，退火温度比冷轧变形量对孪晶的影响要大。

7.3.1.4   退火工艺对硬度的影响

合金经过一定变形量冷轧后，其内部出现形变孪晶和高密度的位错，使得合金产生了严重的加工硬化，塑韧性降低。中间再结晶退火可以改善组织和使板材

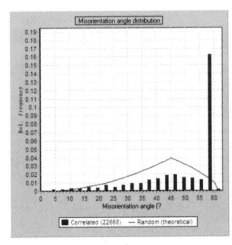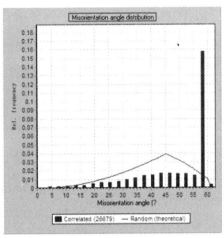

图 7-28　变形量 50%，不同退火温度晶界取向差分布图

a—1040℃；b—1080℃

软化。冷轧 GH4738 合金在退火过程中，一方面奥氏体发生回复与再结晶，另一方面析出 γ' 相。

当完全再结晶时，形变产生的位错得以恢复，硬度值迅速降低，此硬度值取决于再结晶晶粒尺寸，冷轧变形量越大，再结晶晶粒尺寸越小，硬度越高。当奥氏体部分再结晶，再结晶体积分数随冷轧变形量增加而增加，硬度随再结晶体积分数的增加而减小。图 7-29 为变形量 30%、50%、70% 后合金硬度随保温时间和退火温度的变化规律。硬度值从冷轧前的 382HV 分别增加到经 30%、50%、70% 冷轧后的 542HV、578HV、625HV。

在 1000℃ 退火温度下，奥氏体未发生再结晶，硬度随保温时间的增加显著降低。退火温度为 1040℃ 时，变形量 30%、50%、70% 再结晶情况不一致。变形量 30% 时，保温 7min 完成再结晶，硬度极度减小，之后便随保温时间的延长而减小，但是减小幅度不是很大；变形量为 50% 时，基体发生部分再结晶，保温时间延长到 25min 时才全部完成再结晶，由于加工硬化未消除，硬度显著高于 1080℃ 退火组织；变形量为 70% 时，虽然保温 10min 奥氏体完全再结晶，晶粒尺寸为 2.55μm，保温时间延长到 25min 时晶粒尺寸仅为 3.9μm，由于晶粒极其细小，硬度一致维持在 500HV。

退火温度 1080℃ 时，变形量 30%、50%、70% 在 3min 奥氏体完全再结晶。再结晶完成后，随着保温时间的延长，硬度降低，达到极小值后又增加到极大值，随后硬度又降低。奥氏体再结晶时，回复与再结晶的软化起主导作用，故硬度降低；之后，第二相 γ' 的强化起主导作用，故硬度增大到极大值；随着保温时

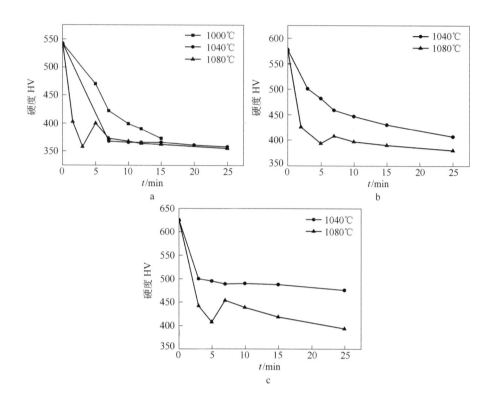

图 7-29 硬度与退火工艺参数的关系

a—30%；b—50%；c—70%

间延长，硬度又降低，是因为第二相 γ′ 相逐渐减少，合金中 γ′ 相的百分含量减少，以及晶粒长大从而导致合金硬度下降。

以第二相粒子强化的多相材料，其再结晶影响因素相当复杂。首先，第二相粒子和形变位错的交互作用可阻碍甚至完全抑制再结晶形核；其次，由于粒子邻近区弹性应变能的释放，以及晶界-粒子界面能与晶界能的能量平衡，形成第二相粒子对移动的再结晶晶界的拖曳阻力。这两方面作用将延缓再结晶进程。另外，直径在1μm 以上、基本不变形的硬粒子则可以通过粒子激发形核效应而加速再结晶。含有两尺寸多相材料中，粒子激发形核效率依赖于大粒子影响区的储存能和局部小粒子的分布状态。基体平均储存能和大粒子高应变区储存能作为驱动力和小粒子钉扎阻力的竞争，决定整体材料发生完全再结晶、部分再结晶或再结晶被完全抑制。

7.3.2 合金退火再结晶行为

冷轧 GH4738 合金在退火过程中发生回复与再结晶，其程度取决于退火温度、冷轧变形量和退火时间。为了进一步了解冷轧变形量、退火温度、保温时间对再结晶的影响规律，绘制相同变形量不同退火温度静态再结晶图和相同退火温度不同变形量静态再结晶图。

从图 7-30b 可以看出，退火温度为 1080℃时，变形量从 30% 开始，在 3min 内便完成了再结晶。退火温度为 1040℃时，再结晶情况较复杂。变形量为 30% 时，5min 时还没发生再结晶，仍在回复阶段，7min 便完全再结晶；变形量为 50% 时，出现了洋葱组织，随着保温时间的增加，再结晶体积分数增加，直到 25min 才完成全部的再结晶；变形量为 70% 时，保温时间 7min 时发生了完全再结晶，如图 7-31 所示。可见，退火温度对再结晶的影响是最为敏感的。再结晶驱动力是畸变能差，阻力是晶界能。再结晶阶段，晶核的形成速率 $\dot{N}$ 和其随后的长大线速度 $\dot{G}$ 决定了再结晶体积分数。

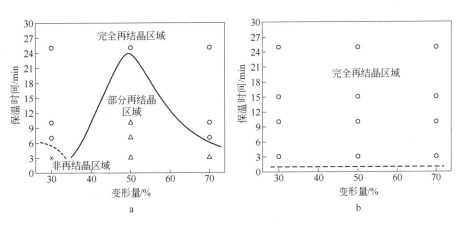

图 7-30 不同退火温度静态再结晶图
a—1040℃；b—1080℃

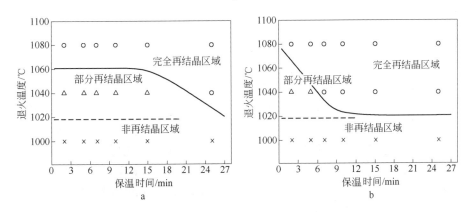

图 7-31 不同变形量静态再结晶图
a—50%；b—70%

据研究报道，Haynes230 高温合金的静态再结晶动力学研究中运用 JMAK 方程对再结晶晶粒体积分数与退火时间的关系进行模拟[2]，即：$\ln\left[\ln\dfrac{1}{1-x(t)}\right]=\ln K+n\ln t$。式中，$x(t)$ 为再结晶体积分数；K 为常数；t 为保温时间，$\ln\left[\ln\dfrac{1}{1-x(t)}\right]$ 与 $\ln t$ 之间具有线性关系。把 GH4738 合金上述的实验测得数据代入公式，经线性拟合，得到 GH4738 合金冷轧后退火静态再结晶体积分数方程：$x(t)=1-\exp(-0.097t^{1.028})$。实验数据与模拟得到的结果对比，误差小于 7%，如图 7-32 所示。

1080℃退火温度下，冷轧后晶粒发生完全再结晶。图 7-33 为 1080℃退火发生完全再结晶后的初始再结晶晶粒尺寸与冷轧变形量的关系曲线。随冷轧变形量的增加，完全再结晶后初始晶粒尺寸减小。再结晶晶粒尺寸 $d(\mu m)$ 与冷轧变形量 $\varepsilon(\%)$ 的关系可用下式表示：

$$d=A\varepsilon^{n} \tag{7-8}$$

式中，A、n 为试验常数，将实验数据代入式中，回归分析得：

$$d_{0}=56.3\varepsilon^{-0.37}$$

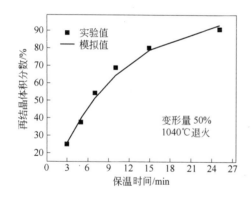

图 7-32 再结晶体积分数的模拟值与实验值的对比

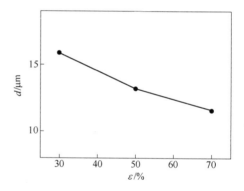

图 7-33 再结晶初始晶粒尺寸与冷轧变形量的关系

晶粒长大的本质就是晶界在晶体组织中的迁移。GH4738 合金在冷加工后退火过程中将发生再结晶形核，并在短时间内迅速完成再结晶，此后将是再结晶晶粒的长大过程。由于 GH4738 合金是高镍低层错能的面心立方晶体结构，所以再结晶形核位置非常多，形核率高，因而不同的形变量刚完成再结晶时的原始晶粒大小 d_{0} 相差不大。此外，从动力学角度考虑，再结晶完成后，晶粒开始长大，这个阶段对最终晶粒尺寸的贡献更大，主要由加热温度，保温时间决定。奥氏体晶粒正常长大模型通常采用[3,4]：

$$d^{n}=d_{0}^{n}+At^{m}\exp\left(-\frac{Q_{g}}{RT}\right) \tag{7-9}$$

两边取对数，得：

$$\ln(d^n - d_0^n) = \ln A + m\ln t - \frac{Q_g}{RT} \qquad (7\text{-}10)$$

式（7-9）和式（7-10）为晶粒长大的动力学模型，它尤其适用于没有晶界析出相的晶粒组织长大的预测，上面两式中含有未知系数，需要用实验数据来拟合求解。统计 GH4738 合金冷轧后经不同温度加热后的平均晶粒尺寸，用这些数据来拟合推导出上述模型描述的晶粒长大方程。经对实测数据的拟合分析，获得适用于 GH4738 合金在不同退火制度下晶粒长大的预测模型为：

$$d^{0.5567} = d_0^{0.5567} + 7032.4 t^{0.382} \exp\left(-\frac{94781}{RT}\right) \qquad (7\text{-}11)$$

为了验证得到的 GH4738 合金晶粒长大模型的普遍适用性，将冷轧 30%、50% 和 70% 退火后的实测晶粒尺寸值和按照上述模型计算得到的结果进行比较，比较结果如图 7-34 所示，图中散点分别是相应热处理工艺下得到的平均晶粒尺寸实测值，曲线是模型预测值，三个图的对比结果显示，该模型预测的晶粒长大尺寸结果与实际情况吻合得很好，误差不超过 7%，说明该模型具有普适意义。

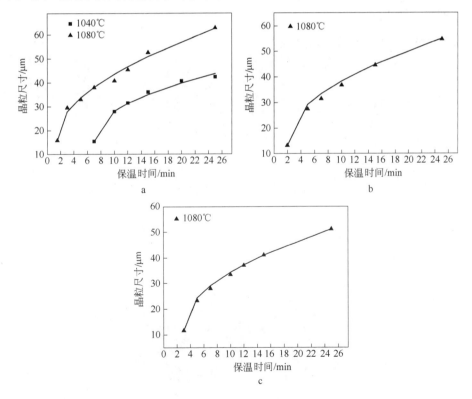

图 7-34　GH4738 合金晶粒尺寸的理论值（曲线）和实测值对比（散点图）

a—冷轧 30% 退火；b—冷轧 50% 退火；c—冷轧 70% 退火

7.4 第二道次冷变形的影响

在经过第一道轧制并进行中间退火后，为了研究前部工序对第二道轧制及随后退火工艺的影响，观察分析了不同单道次冷轧中间热处理组织对第二道冷轧组织的影响。具体的研究方案列于表 7-2。

表 7-2 双道次冷轧及退火实验方案

第一道冷轧	中间退火	第二道冷轧	固溶处理
50%	1040℃/5min	50%	1040℃/5min、10min、15min 1080℃/2min、5min、10min
70%	1080℃/3min	30%	1040℃/5min、10min、15min 1080℃/2min、5min、10min
70%	1080℃/3min	50%	1040℃/5min、10min、15min 1080℃/2min、5min、10min
70%	1080℃/25min	50%	1040℃/5min、10min、15min 1080℃/2min、5min、10min

从表 7-2 可知，经第一道轧制并经过中间退火后，获得三种不同的组织状态，如图 7-35 所示，经前轧制和退火工艺 70%/1080℃/3min 获得晶粒细小的再

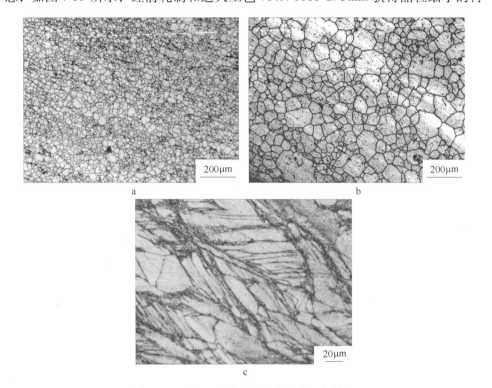

图 7-35 经第一道轧制和退火后的组织特征

a—70%/1080℃/3min；b—70%/1080℃/25min；c—50%/1040℃/5min

结晶组织，前工艺 70%/1080℃/25min 后获得晶粒长大并存在晶粒的异常长大现象的再结晶组织，50%/1040℃/5min 前工艺获得的是未完全再结晶组织。对这三种不同的组织，分别进行第二道次冷轧和热处理。

第二道轧制的变形量为 50%，图 7-35 作为初始组织并进行第二道次轧制后的组织特征见图 7-36。对该组织特征进行 1040℃ 和 1080℃ 不同时间的保温退火后的组织见图 7-37。

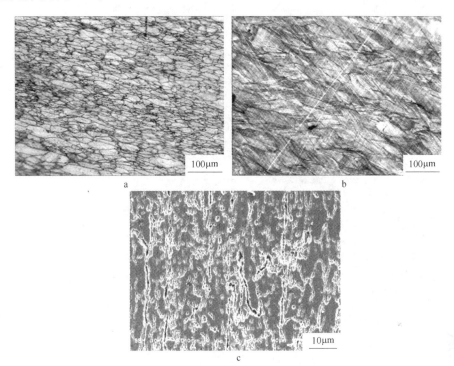

图 7-36　第二道次变形量为 50% 的冷轧态组织
a—70%/1080℃/3min；b—70%/1080℃/25min；c—50%/1040℃/5min

由图 7-37 可知；经前工艺 70%/1080℃/3min 后再结晶刚完成获得细小晶粒的组织再经 50% 室温轧制时出现了穿晶裂纹，经 1040℃ 退火处理，保温 5min 时出现洋葱组织，发生部分再结晶，当保温时间增加到 10min 再结晶基本完成。1080℃ 固溶处理后组织均匀性良好，随保温时间延长晶粒长大。

图 7-38 为经前工艺 70%/1080℃/25min 后再结晶组织（图 7-35b）再经 50% 第二道轧制（图 7-36b）并经不同条件退火后的组织形貌。与 70%/1080℃/3min 工艺不同，该组织经过 50% 室温轧制没有出现裂纹，在 1040℃ 退火温度下发生部分再结晶组织，再结晶体积分数大于 75%，完成结晶的晶粒形状不是十分规整；1080℃ 固溶温度下完全再结晶并具有很好的组织均匀性。

由图 7-39 可知，发生部分再结晶的 50%/1040℃/5min 组织，加工硬化并未

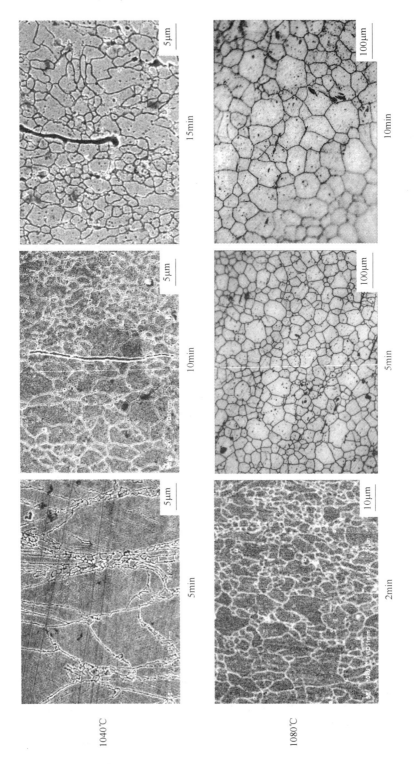

图 7-37 经 70%/1080℃/3min 再冷轧 50% 后经不同条件的退火组织

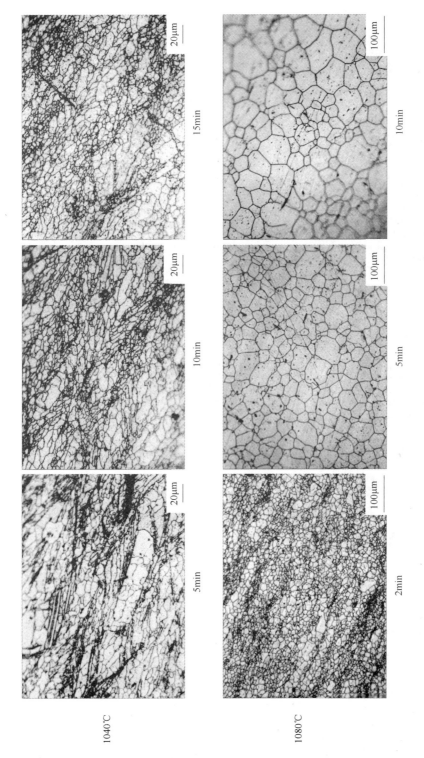

图 7-38 经 70%/1080℃/25min 再冷轧 50% 后经不同条件的退火组织

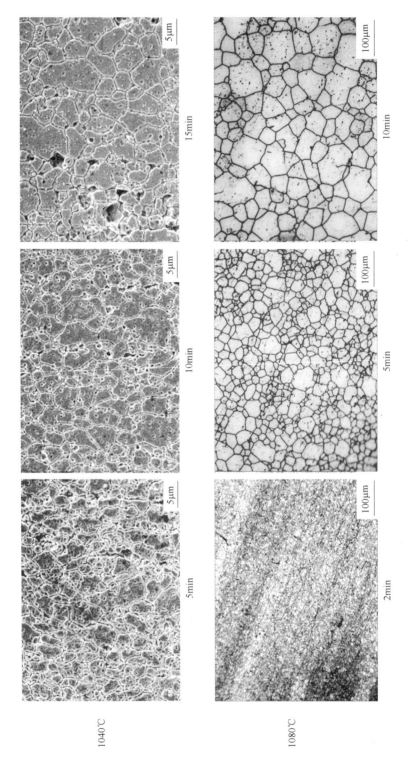

图 7-39 经 50%/1040℃/5min 再冷轧 50%后经不同条件的退火组织

完全消除，硬度仍高达 482HV，再经 50% 室温轧制时，未出现裂纹，在 1040℃ 固溶温度下发生完全再结晶组织，但是晶粒极其细小，在保温时间 5~15min 内 晶粒尺寸由 3μm 长大到 5μm；在 1080℃ 固溶温度下完全再结晶并具有很好的组 织均匀性，刚完成完全再结晶时，晶粒尺寸为 3.8μm，随着保温时间增加到 10min 时晶粒尺寸长大到 47.5μm。

单道次 70%/1080℃/3min 工艺组织完全再结晶，经过第二道 50% 室温轧制，由于晶粒细小，变形抗力大，晶界出现了穿晶裂纹。减小第二道次冷轧变形量到 30%，轧态组织见图 7-40，由图可以看出，当变形量由 50% 减小到 30% 时，没 有观察到裂纹出现，再结晶情况与变形量 50% 时大体一致。30% 变形量第二道轧 制后再经 1040℃ 退火处理，出现洋葱组织，发生部分再结晶，随着保温时间段的 增长，再结晶体积分数增大；1080℃ 固溶处理，完全再结晶初始晶粒尺寸为 16.2μm，组织均匀性良好，如图 7-41 所示。可见上一道次的晶粒大小对下一道 次轧制是有较大的影响。当轧前组织晶粒十分细小时，要考虑其轧制抗力，不能 选择太大的变形量，以防止冷轧过程中出现裂纹。

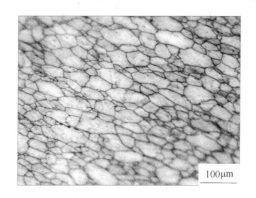

图 7-40　经 70%/1080℃/3min 再冷轧 30% 的冷轧态组织

7.5　冷拔对组织的影响

为研究不同冷拔工艺对合金组织性能的影响规律，设计如表 7-3 所示的材料冷 拔工艺参数。冷拔前试样为 φ12mm 热轧棒料经 1030℃/1h/AC 热处理后的试样。

表 7-3　不同冷拔工艺参数

冷 拔 工 艺	累计颈缩率/%
φ12mm(1030℃/1h/AC)→φ11mm	16.0
φ12mm(1030℃/1h/AC)→φ11mm→φ10mm	30.6
φ12mm(1030℃/1h/AC)→φ11mm→φ10mm→φ8mm	55.6
φ12mm(1030℃/1h/AC)→φ11mm→φ10mm→φ8mm→φ7mm	66.0

用棒状材料在冷拔过程中的累计颈缩率来表征冷拔的形变量，这是由于在变形过

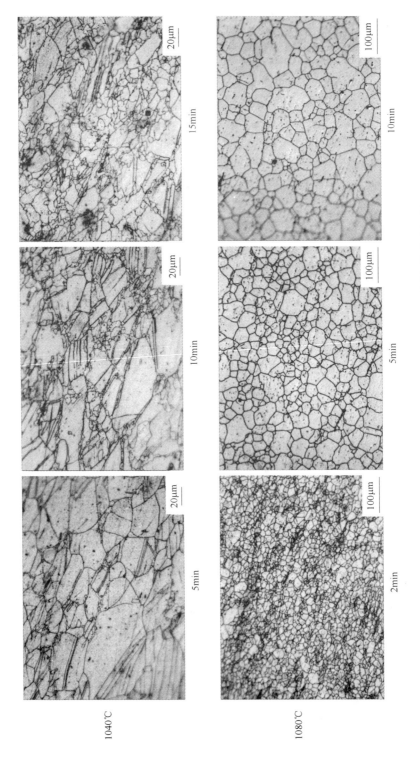

图 7-41 经 70%/1080℃/3min 再冷轧 30% 后经不同条件退火组织

程中材料表面与材料中心的形变量是不一致的，所以在这里用颈缩率表示更合理。

  图 7-42 为合金试样冷拔前后的晶粒组织形貌，冷拔前晶粒组织为等轴晶，晶粒尺寸大小比较均匀。晶粒组织中孪晶较多，这是由于合金在退火过程中很容易出现退火孪晶。

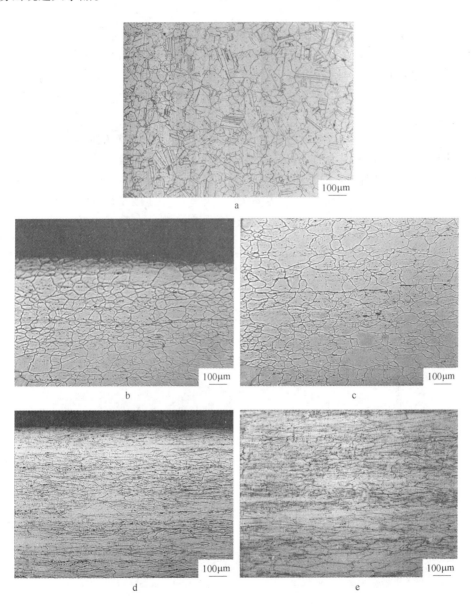

图 7-42 冷拔前后合金试样晶粒组织

a—冷拔前原始组织；b—颈缩率为 30.6% 冷拔样边缘；c—颈缩率为 30.6% 冷拔样中心；
d—颈缩率为 66.0% 冷拔样边缘；e—颈缩率为 66.0% 冷拔样中心

图 7-42b、c 分别是冷拔颈缩率为 30.6% 试样沿拉拔方向切开后边缘和中心的晶粒组织。试样晶粒在拉拔后有"碎化"的现象，而边缘的碎化程度又要比中心的要高些，这是由于在拉拔棒材边缘的形变量要大于中心的形变量。沿着拉拔方向，有明显的碳化物聚集现象，碳化物沿着晶界析出，并相连成线。

图 7-42d、e 分别是冷拔颈缩率为 66.0% 试样沿拉拔方向切开后边缘和中心的晶粒组织。沿着拉拔方向，晶粒被拉成扁平的梭形，同时晶粒碎化的程度也比 30.6% 颈缩率的高。在试样边缘，晶粒沿着拉拔方向被拉长的现象更是明显。在侵蚀试样的过程中发现，试样被侵蚀的程度也不均匀，这可能是由于在大颈缩率下，试样边缘和中心的形变量存在差异。

图 7-43 为合金在冷拔后纵截面（即沿着拉拔方向的截面）的表面形貌 SEM 形貌。图 7-43a、b 是颈缩率为 30.6% 冷拔样纵截面中碳化物聚集，图中 7-43a 为碳化物连接成线的照片，7-43b 为其中大块的碳化物发生断裂的形貌。在较大颈缩率的拉拔过程中，碳化物会沿着拉拔方向析出、聚集，并连接成线，并且碳化物周围都会有微空洞聚集，较大颗粒的碳化物还会发生断裂。在颈缩率较小的情况下，也能观察到合金中沿着拉拔方向的碳化物，并且较大颗粒的碳化物还出现了断

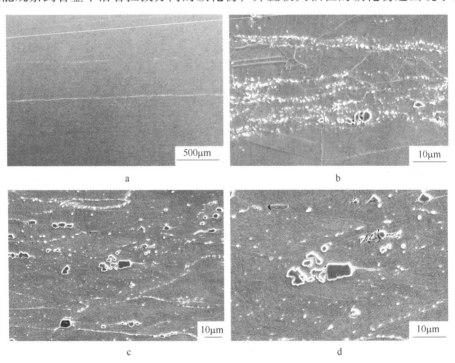

图 7-43　颈缩率 30.6% 冷拔样碳化物连接成线（a）、断裂（b）和颈缩率 66.0%
冷拔样碳化物析出并在晶界附近聚集（c）、断裂（d）

裂的现象。在颈缩率达到很大值（66.0%）时，碳化物沿着拉拔方向、在晶界附近观察到的现象很明显，并且大颗粒的碳化物断裂现象较显著。从图7-43c中也可以看到，较大颗粒的碳化物几乎被拉碎，这在大颈缩率的拉拔中极有可能成为裂纹源，导致材料的断裂。因此，碳化物的聚集，尤其是大块初生（一次）MC碳化物的聚集，会导致一次MC的破裂和孔洞的聚集，增大了组织的开裂倾向。

由于在冷拔形变过程中颈缩率的不同，所得到的冷拔样在中心部位横截面的组织形貌有较大的差别。图7-44所示为冷拔前试样和不同颈缩率冷拔样中心部

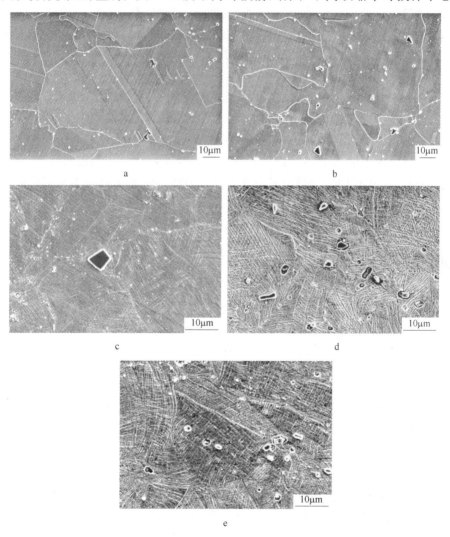

图 7-44 不同颈缩率下试样中心区域横截面组织特征

a—轧前退火态；b—颈缩率为16.0%；c—颈缩率为30.6%；d—颈缩率为55.6%；e—颈缩率为66.0%

位横截面的 SEM 形貌。在颈缩率比较小的情况下，合金的显微组织没有太大的变化，只是在晶界处略微有弯曲的现象。在颈缩率稍微加大时，晶界变化还是比较明显，晶粒内部出现了滑移带，由于晶粒的取向不同，在变形时开动的滑移系不同，导致了滑移带的取向也有不同。随着颈缩率的进一步加大，晶粒的碎化程度升高，晶界变得越来越不明显，同时滑移带的数量加大，程度加深，即滑移带变得越来越明显清晰。

图 7-44d 中的滑移带排列较规则整齐，这是由于在局部变形均匀的情况下，由形变导致开动的滑移系较单一，属于体系中易滑移的部分，在晶粒取向相同的部位开动的滑移系一致，由滑移所导致的滑移带取向也较一致。而图 7-44e 中的滑移带排列没有那么规则，交错多，这是由于随着颈缩率的增加，局部形变量加大，新滑移系开动，显现出新取向的滑移带，与原来产生的滑移带方向不一样，故而产生了交错现象。从图 7-44c ~ e 中还可以清楚地看到有碳化物颗粒存在，碳化物分为初生（一次）MC 碳化物和次生（二次）MC 碳化物。图 7-44c 中的大颗粒碳化物为初生（一次）MC 碳化物，它是在合金凝固过程中形成的，一般不会均匀地分布在合金基体中。次生（二次）MC 碳化物颗粒较小，一般是在合金初熔温度以下的热处理过程中或在长期使用过程中从 γ 基体析出或是由其他相转变而成的。在图 7-44d、e 中可以清楚地看到在次生（二次）MC 碳化物周围有明显的微空洞聚集，这在塑性变形中很容易充当裂纹源，导致在拉拔过程中开裂。

图 7-45 为冷拔前后合金碳化物和强化相场发射 SEM 形貌。图 7-45a 为冷拔前合金组织中的大颗粒碳化物，沿晶界分布的是 $M_{23}C_6$ 碳化物，图 7-45b 为合金强化相 γ′ 相。试样颈缩率为 66.0% 冷拔后，观察到大颗粒碳化物发生断裂（图 7-45c），图 7-45d 是冷拔后的滑移带。可以看到，在颈缩率较大的情况下，分布在滑移带上的 γ′ 相，也有一定程度的变形。

分别对颈缩率为 30.6% 和 66.0% 的冷拔样进行机械抛光和电解抛光，利用 EBSD 观察合金试样的织构变化，所得到的取向分布函数反极图如图 7-46 所示。冷拔得到的丝材以拉拔方向为轴具有高度旋转对称性，所以这里用反极图就可以表示合金试样的取向关系。

对于面心立方低层错能的 GH4738 合金来说，在大变形量后易出现丝织构，即多晶体中各晶粒某个晶向都平行于拉拔方向的织构，图 7-46a 与 c，b 与 d 的对比中也可以看到，在颈缩率加大后，合金试样出现〈111〉丝织构，并且拉拔方向在晶体坐标系中的分布密度越来越大。

颈缩率为 30.6% 冷拔样边缘取向试样中心取向一致，这是由于在冷拔过程中，棒样边缘受到的应力不仅仅是沿着拉拔方向的拉应力，还有垂直拉拔轴向方向的压应力，以及平行棒样表面的摩擦力，这些因素都会影响试样表面晶粒的取向。而不是因为在试样边缘的形变量比中心小。颈缩率为 60.0% 冷拔样边缘和中

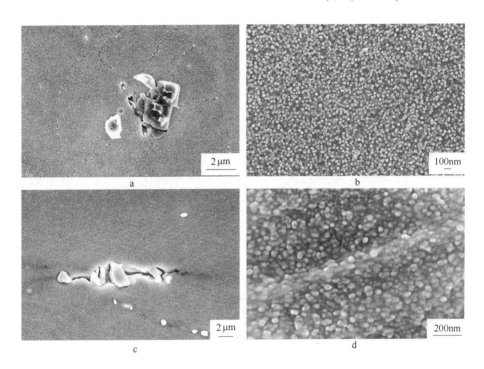

图 7-45　冷拔前后合金碳化物和强化相

a—冷拔前大颗粒碳化物和沿晶界分布的 $M_{23}C_6$ 碳化物；b—冷拔前强化相 γ' 相；

c—颈缩率为 66.0% 冷拔样大颗粒碳化物；d—颈缩率为 66.0% 冷拔样滑移带

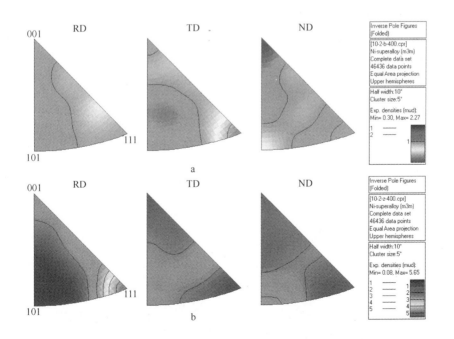

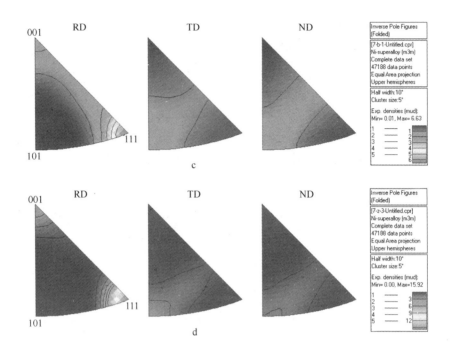

图 7-46　冷拔样取向分布反极图

a—颈缩率为 30.6% 边缘；b—颈缩率为 30.6% 中心；c—颈缩率为 66.0% 边缘；d—颈缩率为 66.0% 中心

心的合金晶粒取向也反映了这个差别。

　　在对试样进行冷拔处理后，冷拔试样布氏硬度随颈缩率的变化曲线如图 7-47 所示。从冷拔试样硬度曲线可以看到随着累计颈缩率的增加，合金的硬度在不断增加，同时试样边缘的硬度值要高于试样中心的硬度值，这是由于在拉拔的过程中材料边缘的形变量要大于材料中心的形变量，材料边缘的加工硬化程度要高于中心。

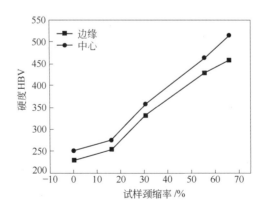

图 7-47　不同颈缩率下冷拔棒材纵截面中心与边缘的硬度变化

图7-48为材料冷拔工艺等效应变量的模拟结果，从模拟中也可以清楚地看到，棒料边缘的形变量要大于中心的形变量，这也就是导致冷拔后材料边缘比中心硬度大的原因。

在对试样进行冷拔处理后，测试其在拉伸试验中的伸长率，然后绘制冷拔试样伸长率曲线，如图7-49所示。随着合金试样累计颈缩率的增加，材料的伸长率不断下降。材料伸长率的减小容易导致材料的塑性断裂，所以可以推测在累计颈缩率达到66.0%时，实验所用的GH4738合金试样已经接近断裂极限，再继续增大颈缩率将很有可能导致材料的断裂。因此，在实际拉拔中，所选取的累计颈缩率应该在30%~50%，以保证材料不会出现断裂裂纹等现象。

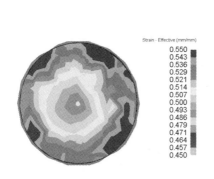

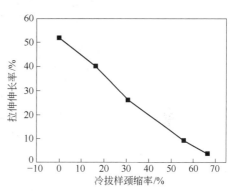

图7-48　冷拔工艺等效应变量　　　　图7-49　不同累计颈缩率冷拔样的
　　　　　模拟结果　　　　　　　　　　　　　伸长率变化曲线

为了进一步研究热处理工艺对GH4738合金冷拔样组织性能的影响，对经冷拔后的试样经过不同温度的热处理，如图7-50所示。从图中可以看出，1030℃/1h/WC热处理后的合金试样，仍然沿着拉拔方向上有碳化物聚集，并可以看到碳化物的存在阻碍了晶粒的长大。1050℃/1h/WC热处理后，合金的晶粒尺寸还不太均匀，孪晶较多，大晶粒和小晶粒尺寸差别比较大，这也许是因为在热处理后仍有少量的碳化物没有回溶，局部聚集，阻碍了晶粒的长大。1080℃/1h/WC热处理后的晶粒尺寸相对较均匀，也有大晶粒存在。

图7-51为冷拔样热处理后的SEM组织形貌。可以看到，在经过热处理后，合金试样在沿着拉拔方向上还是有碳化物聚集的现象，在冷拔中有断裂现象的碳化物不会全部在热处理过程中溶解到基体中。

图7-52是冷拔样热处理后强化相析出特征。可以看到在低于γ'相完全回溶温度的1030℃热处理后，合金中还存在大量的γ'相，也就是γ'相没有全部回溶。在高于γ'相完全回溶温度的1050℃和1080℃热处理后，合金中几乎不存在γ'相。在图7-52a中还可以清楚地看到滑移带的存在。

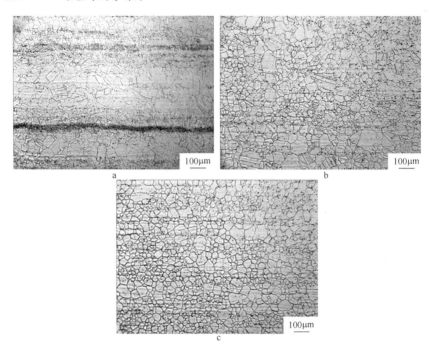

图 7-50　颈缩率为 30.6% 冷拔样不同温度下热处理后的晶粒组织
a—1030℃；b—1050℃；c—1080℃

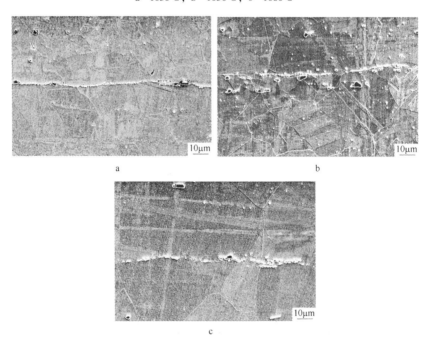

图 7-51　冷拔样热处理后的表面形貌
a—1030℃；b—1050℃；c—1080℃

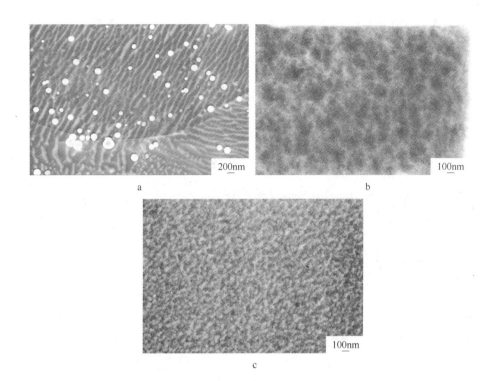

图 7-52 冷拔样热处理后的 γ′ 相

a—1030℃；b—1050℃；c—1080℃

对冷拔后的合金试样进行热处理后，得到合金硬度随热处理温度变化的曲线，如图 7-53 所示。从图中可以看出，热处理温度 1030℃ 时合金试样还具有最高的硬度，这是因为 1030℃ 低于 γ′ 相回溶温度，在热处理后的合金基体中仍然存在很多强化相。而在高于 γ′ 相回溶温度的 1050℃ 和 1080℃ 下，在热处理的过程中大部分 γ′ 相已经回溶，且加工硬化得以消除，所以硬度下降。

为了观察热处理冷却方式对 GH4738 合金冷拔样组织性能的影响，φ10mm 冷拔样分别经 1050℃/1h/AC 和 1050℃/1h/WC 热处理。两种冷却方式对微观组织的不同影响见图 7-54。

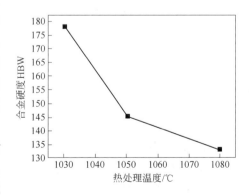

图 7-53 冷拔样热处理后硬度
随热处理温度的变化

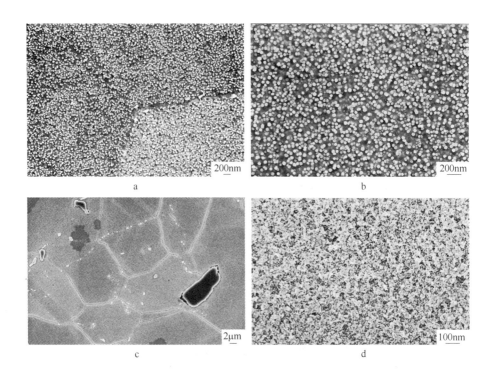

图 7-54　不同热处理冷却方式得到的组织特征
a, b—空冷；c, d—水冷

　　1050℃/1h/AC 基体中存在细小的 γ′ 相，而 1050℃/1h/WC 则不存在 γ′ 强化相。这是因为空冷过程冷速慢，这给过饱和基体析出 γ′ 相提供了时间，水冷过程使棒料瞬间降至室温，过饱和基体来不及析出 γ′ 相。空冷后试样硬度值为 267HBW，而水冷的试样硬度值为 247HBW。从冷却方式对强化相析出的影响来看，硬度值上的差别是由 γ′ 相的强化作用所导致的。空冷合金试样中强化相数量多，所起到的强化作用大，故而比水冷合金试样的硬度值要高些。

参 考 文 献

[1] 高永生，周纪华，伦怡馨，等. 有色金属冷变形流动应力的数学模型[J]. 北京科技大学学报，1994，16：102～106.

[2] 彭聪辉，常辉，胡锐，等. Haynes 230 高温合金的静态再结晶动力学[J]. 航空材料学报，2011，31(2)：8～12.

[3] Sellars C M, Whiteman J A. Recrystallization and grain growth in hot rolling[J]. Metal Science, 1979, 13：187～194.

[4] Anelli E. Application of mathematical modelling to hot rolling and controlled cooling of wire rods and bars[J]. ISIJ International, 1992, 32：440～449.

8 合金组织稳定性

GH4738 合金强化的主要来源是 γ′ 相的析出带来的沉淀强化，性能主要取决于基体中 γ′ 相的百分含量、颗粒大小和颗粒的粗化速率等。γ′ 析出相的体积分数通常在 20% 左右。一般情况下，合金中的 γ′ 相本身的强度较高、塑性较好而且稳定，但在长期的高温及外力作用下，γ′ 相会发生聚集粗化，即 Ostwald 熟化。在熟化的过程中，较小的 γ′ 颗粒不断溶解，而较大的 γ′ 颗粒不断长大。合金中总的 γ′ 相百分含量的变化也对其高温性能产生一定的影响。本章研究了在不同的时效温度和保温时间下 GH4738 合金中 γ′ 相和晶界析出相的演变规律，并对 γ′ 相的粗化机制进行了分析和讨论。

8.1 两标准热处理后长时组织稳定性对比

图 8-1 所示为合金锻态晶界和强化相形貌，可见其碳化物断续分布于晶界上，γ′ 相呈现近似球形分布于基体中。

经过两种标准热处理后的显微组织如图 8-2 所示。过固溶标准热处理后 γ′ 强化相析出呈现基本均一分布状态，γ′ 相平均直径为 92.4nm。而经亚固溶标准热处理后的强化相明显呈现大小两种尺寸的 γ′ 相分布状态，一次 γ′ 相

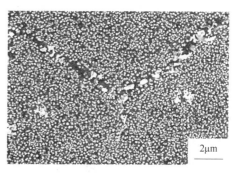

2μm

图 8-1 初始锻态晶界及强化相形貌

（γ′$_\mathrm{I}$）平均直径为 202.3nm，二次 γ′ 相（γ′$_\mathrm{II}$）平均直径为 36.5nm。

高温合金在时效过程中，小 γ′ 相趋向于溶入基体中，同时，溶质原子又促使较大 γ′ 相聚集长大，从而降低了总的界面能。图 8-3 所示为经两种热处理后的合金，在 550℃ 温度下经 4500h 时效后的 γ′ 相形貌。对比图 8-2 可知，γ′ 相几乎与初始状态一致，其尺寸及分布状态没有明显变化，说明该合金在较低温度下长期时效时，γ′ 强化相保持良好的稳定性。

图 8-4 为经两种标准热处理后的试样在 750℃ 下时效 500h、1500h、2500h 和 4500h 后 γ′ 相的演化形貌。随着时效时间的延长，γ′ 相平均尺寸增加，该温度下 γ′ 相已经发生了变化，但还保持一定的弥散性。

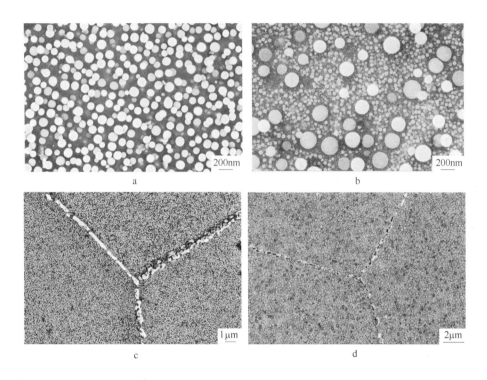

图 8-2　两种标准热处理后 γ′相和晶界相的形貌

a，c—过固溶热处理 A：1080℃ ×4h/AC + 845℃ ×24h/AC + 760℃ ×16h/AC；
b，d—亚固溶热处理 B：1020℃ ×4h/AC + 845℃ ×4h/AC + 760℃ ×16h/AC

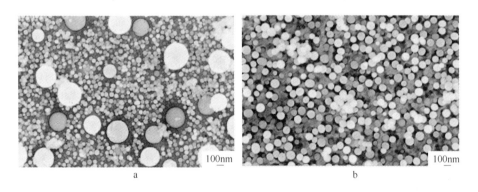

图 8-3　550℃时效 4500h 后的 γ′相形貌

a—亚固溶热处理 B；b—过固溶热处理 A

由图 8-4a ~ d，可观察到，时效至 500h 时，γ'_{I} 相的尺寸相对较小，随着时间的延长，γ'_{I} 相的尺寸明显长大，同时其数量逐渐降低。然而，γ'_{II} 相经过长期时效，其数量大量减少，同时，仅有的少量 γ'_{II} 相有一定长大趋势。由图 8-4a′ ~

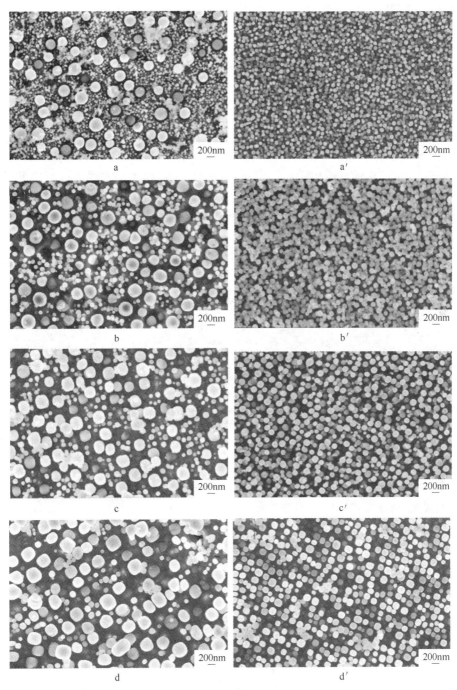

图 8-4　750℃时效不同时间后的 γ′相形貌

热处理 B：a—500h；b—1500h；c—2500h；d—4500h；

热处理 A：a′—500h；b′—1500h；c′—2500h；d′—4500h

d′可知，随着时效时间的延长，合金中 γ′相的尺寸由最初的较小均匀，逐渐增大，同时数量减少。总之，随着时效时间的延长，合金中 γ′相逐渐长大，同时小γ′相大量溶解；特别值得一提的是，在时效时间超过 2500h 以后，经两种标准热处理的样品组织中 γ′相的形貌均由球形转变为矩形。主要原因是在 GH4738 合金长期时效过程中 γ′相长大粗化，球形 γ′相与基体界面的弹性应变能逐渐增大，当其超过表面能的增大时，弹性应变能将成为控制 γ′相形态的主要因素，γ′相形态将会由球形 γ′逐渐向方形 γ′转变。

图 8-5 为经过固溶标准热处理 A 后的试样在 800℃和850℃下时效 50h、100h和 200h 后的 γ′相演变形貌。由图 8-5a ~ c 可知，在 800℃较高的时效温度下，即便是时效 200h，仍然可看到 γ′相有明显长大趋势。尤其是在 850℃时，随着时效时间的延长，γ′相尺寸显著增大，同时数量逐渐减少，合金中 γ′相的体积分数逐渐减小，这说明 γ′相在较高的温度时长大趋势更加明显，更容易发生 Ostwald 熟化，如图 8-5d ~ f 所示。

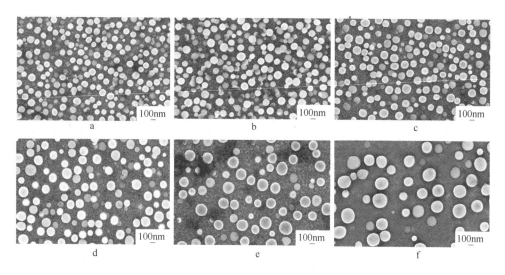

图 8-5　过固溶热处理 A 后经 800℃和 850℃时效不同时间后的 γ′相
800℃：a—50h；b—100h；c—200h；
850℃：d—50h；e—100h；f—200h

图 8-6 为合金经过 550℃、750℃、800℃和850℃时效 0 ~ 4500h 后，随着时间的延长硬度的变化规律。经标准热处理 B 后合金的硬度明显高于经标准热处理A 的硬度。550℃时效由于温度较低，虽然经过 4500h 时效，但其硬度几乎没有变化。由图 8-6a 可知，经热处理 B 的样品，在 550℃时效 500h 时，硬度达到峰值，随着时效时间的进一步增加，合金硬度基本保持不变；同时由图 8-6b 也可以看出相似的规律。对比图 8-6a 和 b 可以发现，两种热处理后的试样经过不同

时间的时效处理后，当合金在750℃下时效时，时效时间为500h时硬度最大，随着时效时间的增加，合金的硬度逐渐降低，两种热处理的合金均有相似规律。当时效温度上升至800℃和850℃时，合金的硬度随着时间的延长而逐渐下降，同时发现在850℃时效与在800℃时效相比，硬度下降明显加快。

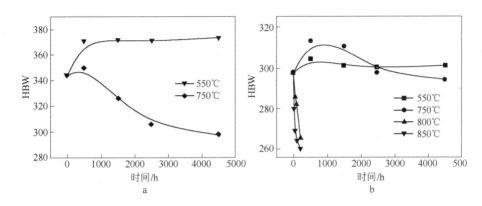

图 8-6　合金的硬度和时效时间的关系

a—热处理 B，经 550℃ 和 750℃ 时效；b—热处理 A，经 550℃、750℃、800℃ 和 850℃ 时效

根据合金在550℃和750℃时效500h后，硬度达到峰值这一现象可以推测，合金在相对较低的温度下时效时，随着时间的延长，强化相粒子首先会长大到一个能够最大程度阻碍位错运动的尺寸，然后强化相粒子逐渐粗化，从而其阻碍位错运动的能力也逐渐减弱。

图8-7为经过两种热处理的试样在700℃时效5000h后γ'相的变化情况，与标准热处理态的组织（与图8-2）对比可以看出，700℃时效后，γ'相的大小和分布没有太大的变化，均弥散分布于晶内，且γ'相数量也没有明显减少，γ'相没有发生明显的聚集长大和粗化现象，说明GH4738合金在700℃长期时效过程中具

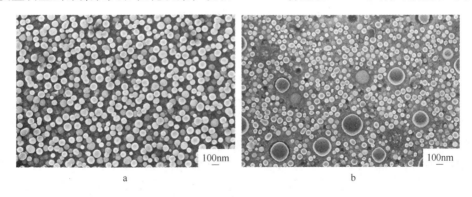

图 8-7　700℃时效5000h后γ'相的形貌

a—热处理 A；b—热处理 B

有非常好的组织稳定性，GH4738 合金有在 700℃长期安全服役的可能性。

图 8-8 给出 GH4738 合金在 750℃时效 5000h 后晶内 γ′相的分布，对比标准热处理状态的组织（图 8-2），γ′相发生聚集长大现象，γ′相的小颗粒趋向于溶解，这些溶质进而在较大粒子上析出使之长大，表现为 γ′相数量的减少和尺寸的增加。此外 γ′相的形貌也在时效过程中发生变化，γ′相的形貌由球形转变为方形。造成这种长大现象的原因是晶内析出的大量颗粒状 γ′相使系统具有很高的界面能，增加了系统的不稳定性，为了降低总的界面能，γ′相颗粒将以大 γ′颗粒长大，小颗粒溶解的方式粗化。GH4738 合金长期时效过程中，小 γ′粒子间相互吞噬长大，γ′粒子数量减少，发生 Ostwald 熟化，γ/γ′界面面积不断减少，使得合金中 γ/γ′界面能不断降低。从动力学的角度来看，体系为趋于稳定需要降低表面自由能，直径很小的 γ′相，其表面曲率很大，具有很大的界面张力，只有通过小 γ′相的聚集长大来减少表面积，从而降低颗粒的表面自由能，使颗粒更加稳定化。γ′粒子由球形向方形转变也是一个界面能降低的过程。对比在 700℃时效相同时间的组织可以发现，时效温度对合金 γ′相的聚集和长大起到了决定性的作用。

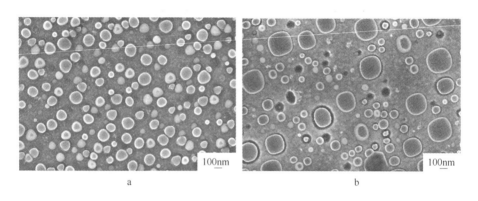

图 8-8　750℃时效 5000h 后 γ′相的形貌

a—热处理 A；b—热处理 B

图 8-9 显示了合金在 700℃时效 5000h 后晶界析出相的形貌，可以看出在700℃时效 5000h 后，晶界碳化物仍呈链球状分布，晶界碳化物略有长大，并由球状逐渐发展成长条的链状。GH4738 合金在 700℃下晶界的组织变化不明显，说明在 700℃下合金组织比较稳定。

图 8-10 给出了合金在 750℃时效后的晶界析出相变化情况，合金在 750℃时效至 5000h 时晶界相的变化较为明显，表现为碳化物数量减少，尺寸长大，碳化物的形貌由颗粒状转变为粗大颗粒或长条状，说明时效温度的提高对晶界析出相的长大影响明显。合金在 750℃时效时，晶界富 Cr 碳化物的长大速率大于 700℃时效的长大速率，说明碳化物的长大主要以扩散控制为主，随着温度的升高，合

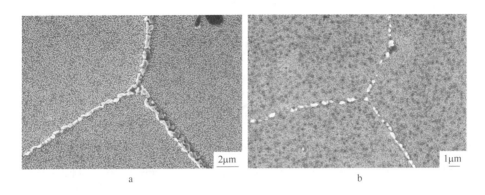

图 8-9　700℃时效 5000h 后的晶界碳化物形貌

a—热处理 A；b—热处理 B

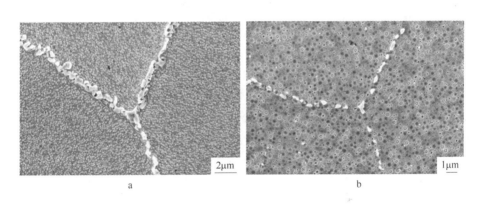

图 8-10　750℃时效 5000h 后的晶界碳化物形貌

a—热处理 A；b—热处理 B

金元素活性加强，扩散系数增加，扩散速度加快，从而使晶界碳化物的长大速率加快。

根据吉布斯-汤姆逊理论，对两种标准热处理后的 γ' 相长大规律做 $\bar{r}^3$-t 曲线，如图 8-11 所示，给出了强化相半径随时效时间的演化规律。

由图 8-11 可知，在 550℃、750℃、800℃和 850℃不同的时效制度下，不同时效温度的合金中 γ' 相的粒子长大与时效时间的关系，较好地符合了 L-S-W 熟化理论。同时也可以看出，两种标准热处理后的试样在时效过程中，时效温度不同，其 γ' 相的粗化速率也不同；且时效温度越高，γ' 相的粗化速率越大。这是因为时效温度较高时合金中的元素扩散较快，界面能降低幅度较大，使得 γ' 相粒子迅速粗化。进一步可以看出，两种标准热处理后的三种不同初始的 γ' 相尺寸，经过热处理 B 后一次 γ' 相在时效过程中的粗化速率最大。这说明 γ' 相原始尺寸对

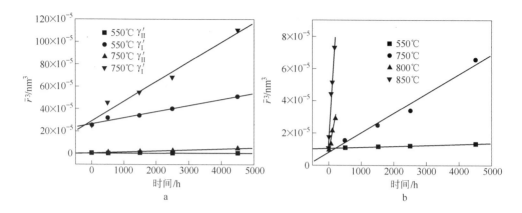

图 8-11 不同温度下的 $\bar{r}^3$-t 曲线

a—热处理 B；b—热处理 A

时效过程有重要的影响，原始 γ' 相粒子越粗大，粗化速率就越大，这主要是因为不同的 γ' 相尺寸所对应的扩散激活能不同，尺寸越粗大，所对应的扩散激活能越低，从而使得 γ' 相颗粒长大就越容易。

根据强化相长大粗化扩散理论，计算强化相长大激活能 Q，通过计算可推知，当经过标准热处理 B 时，一次 γ'_I 相及二次 γ'_{II} 相的长大激活能分别为：$Q_{BI}=43.521\text{kJ/mol}$ 和 $Q_{BII}=157.709\text{kJ/mol}$，而经过标准热处理 A 的 γ' 强化相的长大激活能为 $Q_A=156.241\text{kJ/mol}$。从而得到时效制度的关系式为：

$$\bar{r}^3_{BI}-\bar{r}^3_{0BI}=1.218\times10^9\times\frac{1}{T}\times e^{-\frac{43.521}{RT}}\times t_{BI} \tag{8-1}$$

$$\bar{r}^3_{BII}-\bar{r}^3_{0BII}=6.552\times10^{13}\times\frac{1}{T}\times e^{-\frac{157.709}{RT}}\times t_{BII} \tag{8-2}$$

$$\bar{r}^3_{A}-\bar{r}^3_{0A}=3.467\times10^8\times\frac{1}{T}\times e^{-\frac{156.241}{RT}}\times t_{A} \tag{8-3}$$

式中，$\bar{r}_{BI}$ 为经热处理 B 后，γ'_I 相经过 t_{BI} 时间时效后，强化相长大的半径；$\bar{r}_{BII}$ 为经热处理 B 后，γ'_{II} 相经过 t_{BII} 时间时效后，强化相长大的半径；$\bar{r}_A$ 为经过热处理 A 后，由最初的 r_{0A} 强化相的半径尺寸经过 t_A 后的长大尺寸；$\bar{r}_0$ 均表示最初强化相的半径尺寸。根据关系式（8-1）~式（8-3）可以选择合理的时效制度来得到所希望的 γ' 相尺寸，以达到最佳的合金强化效果，具有实际的生产意义。

根据实验所得式（8-1）~式（8-3），可推算更长时间 γ' 相尺寸与时效温度及时间的关系。如图 8-12 所示，将强化相尺寸与时效时间的关系式外推，得到该合金在不同温度、时间下强化相的长大情况，实验与理论拟合度较高，相关系数均高于 $R^2=0.95$，说明该外推公式可信。

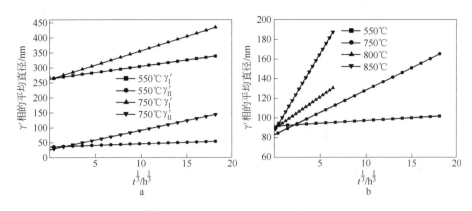

图 8-12 γ′相长大直径与时间关系外推模拟

a—热处理 B；b—热处理 A

在时效过程中，γ′相长大的同时也伴随着 γ′相的回溶和析出，彼此之间交互作用。图 8-13 为 GH4738 合金在 750℃条件下长期时效后的硬度与 γ′相尺寸及体积分数的关系曲线。由图 8-13 可知，以往对时效长大性能的研究仅限于研究强化相尺寸对性能的影响，而忽视了强化相尺寸和数量两者之间的交互作用对硬度的影响，图 8-13 则把尺寸、数量及合金中的强化相体积分数进行综合比较分析，从图中可以看出随着时效时间的延长，GH4738 合金的软硬化与强化相之间的关系趋势。

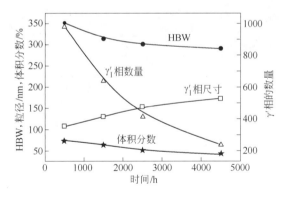

图 8-13 热处理 B 并经 750℃时效后的硬度与 γ′相尺寸及体积分数的关系

从图 8-13 中可以看出，随着时效时间的逐渐延长，一次 γ′相尺寸逐渐增加，而数量则迅速减少，在这一增一减的过程中，合金中 γ′强化相的体积分数发生了剧烈的变化，通过计算，合金 γ′强化相的体积分数在逐渐降低。由此推知，硬度值也在随着体积分数的降低而下降，从而证实了理论计算与实际结果的符合情况。在较高的温度下 γ′相粒子不断溶解，也导致合金中 γ′相的百分含量降低，从而导致合金硬度的显著下降，而不会出现硬度的波动现象。从图 8-13 所示合金中的 γ′相与硬度的关系，可以明显看出，合金的硬度随着时效时间的延长及 γ′相数量的降低而降低，而硬度降低的本质原因是合金中强化相的体积分数降低。

总之，GH4738 合金 γ′强化相长大尺寸、数量和体积分数之间的交互关系，将会影响合金硬度等其他性能的变化。强化相随着时效时间的延长先是迅速溶解，然后溶解速率逐渐放缓；而强化相长大速率也有同样规律，具有先快后慢的特点。而硬度与强化相的体积分数则在强化相长大与溶解的双重作用下，同步降低或增加。

8.2 过固溶标准热处理后长时组织稳定性

8.2.1 使用温度范围内时效后组织的演变规律

过固溶标准热处理 A 后经不同条件的时效并对组织进行观察，图 8-14 为经

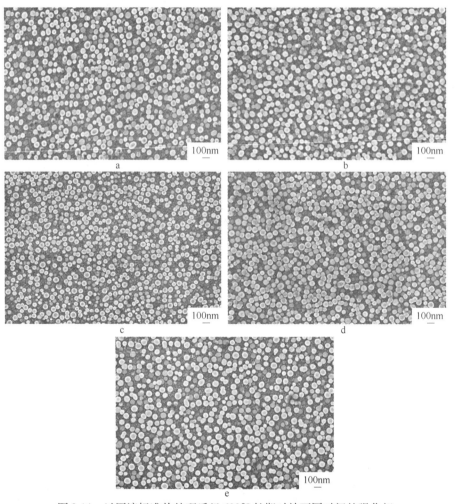

图 8-14 过固溶标准热处理后经 600℃长期时效不同时间的强化相
a—30h；b—100h；c—200h；d—500h；e—1000h

过600℃时效后γ′相的变化情况，可以看出，经600℃时效后，γ′相的大小和分布都没有变化。对应的晶界相演变情况见图8-15，在600℃长期时效过程中，晶界碳化物仍呈链状分布，晶界碳化物没有明显长大，其分布特征没有明显改变。

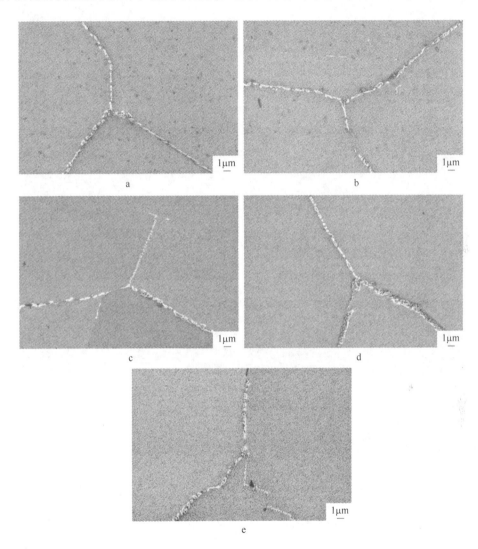

图8-15 过固溶标准热处理后经600℃长期时效不同时间的晶界相

a—30h；b—100h；c—200h；d—500h；e—1000h

图8-16为合金在650℃时经不同时效时间后γ′相的形貌变化。从图中可以看出，随着时效时间的延长，γ′相的大小和分布都没有明显的变化，与未时效态相比，尺寸略有增大，但长大不明显。在该温度下γ′相的形态基本保持球形不变；值得一提的是，在时效过程中，有不同程度的三次γ′相析出，如图8-17所示。

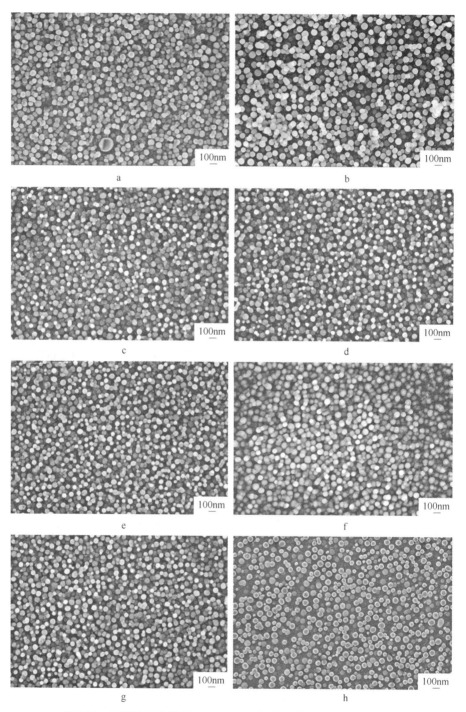

图 8-16　过固溶标准热处理后经 650℃长期时效不同时间的强化相

a—30h；b—100h；c—200h；d—500h；e—1000h；f—2000h；g—3000h；h—4000h

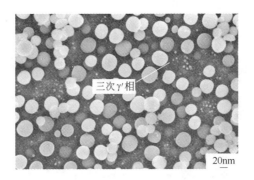

图 8-17 650℃长期时效至 600h 观察到的三次 γ′强化相

图 8-18 为合金在 650℃时经不同时效时间后碳化物的演变规律。从图中可以

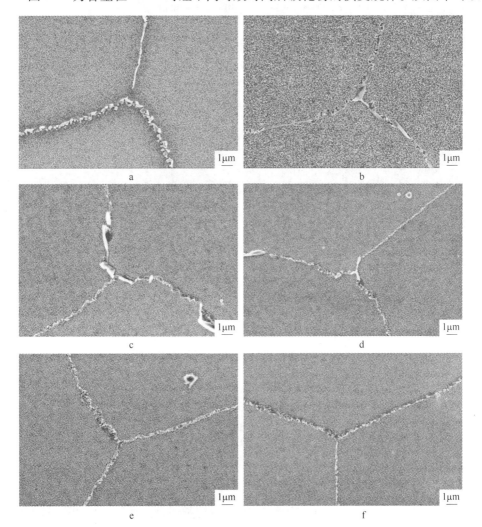

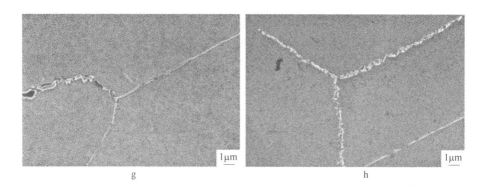

图 8-18 过固溶标准热处理后经 650℃ 长期时效不同时间的晶界相

a—30h；b—100h；c—200h；d—500h；e—1000h；f—2000h；g—3000h；h—4000h

看出，随着时效时间的延长，晶界上碳化物析出的数量及形态变化不大，能长期保持组织的稳定性。这说明 GH4738 合金在 650℃ 以下温度长期时效过程中具有非常好的组织稳定性，具有长期安全服役的可能性。

当温度增加到 700℃ 时，从图 8-19 可以看出合金试样经过 700℃ 时效

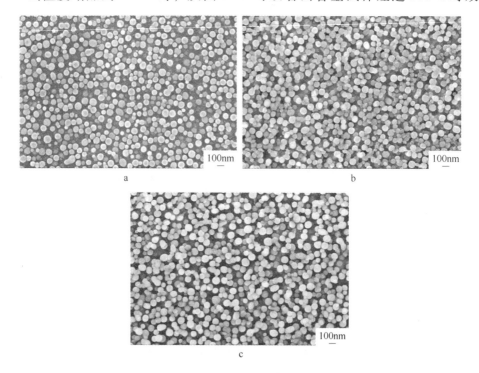

图 8-19 过固溶标准热处理后经 700℃ 长期时效不同时间的强化相

a—1000h；b—3000h；c—10000h

后 γ' 相的变化情况，时效至 10000h 后，γ' 相的大小和分布也没有明显的变化，依然是均弥散分布于晶内，γ' 相数量未见明显减少，也没有发生明显的聚集长大和粗化现象，说明 GH4738 合金在 700℃ 长期时效过程中强化相仍然具有非常好的组织稳定性。图 8-20 为对应晶界碳化物的演变情况，也可以看出，此时晶界碳化物仍呈链状分布，晶界碳化物没有明显长大。

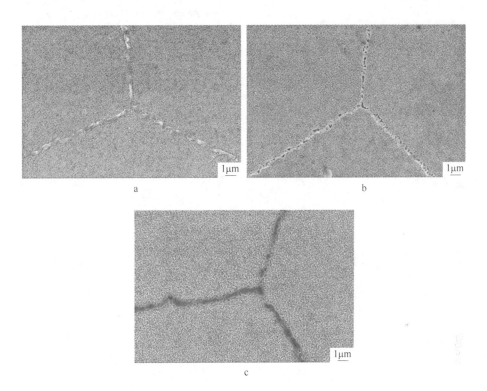

图 8-20 过固溶标准热处理后经 700℃ 长期时效不同时间的晶界相
a—1000h；b—3000h；c—10000h

当温度增加到 720℃ 后，从图 8-21 可以看出，随着时效时间延长，γ' 相发生了聚集长大现象，在保持体积分数不变的情况下，小的 γ' 相颗粒趋向于溶解，溶解的溶质供应大粒子继续长大，表现为 γ' 相数量的减少和尺寸的增加。时效超过 1000h 后，γ' 相的形貌也在时效过程中发生变化，由球形逐渐转变为方形。图 8-22 给出了碳化物的演变情况，可以看到在 720℃ 长期时效过程中，晶界碳化物均呈链状分布，随着时效时间的增加，晶界碳化物颗粒略有长大，但整体上看，碳化物的数量和大小并没有发生太大的变化。

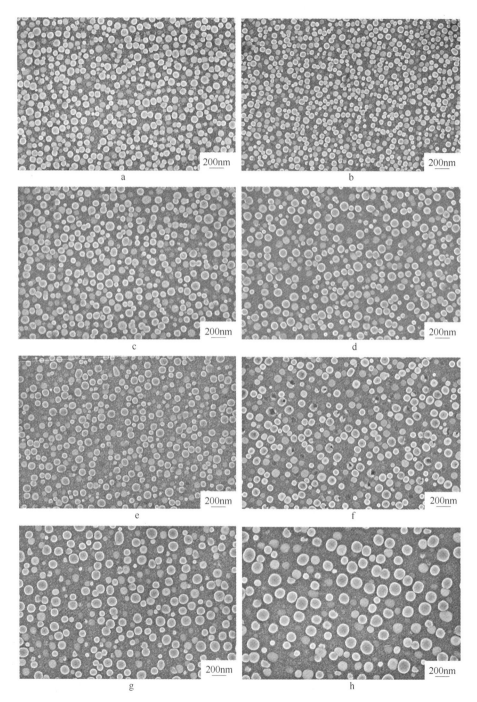

图 8-21 过固溶标准热处理后经 720℃长期时效不同时间的强化相

a—30h; b—200h; c—500h; d—1000h; e—2000h; f—4000h; g—5000h; h—7000h

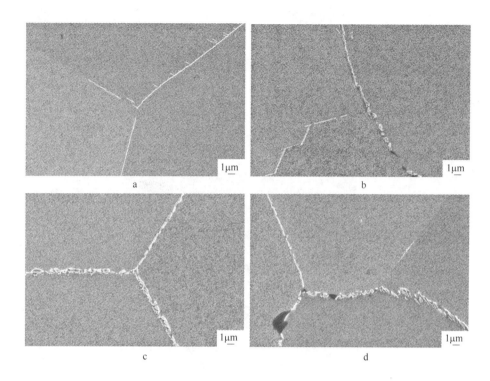

图 8-22　过固溶标准热处理后经 720℃ 长期时效不同时间的晶界相
a—30h；b—200h；c—2000h；d—7000h

图 8-23 ~ 图 8-26 为试样经过标准热处理 A 制度后分别在 730℃、760℃、800℃、850℃ 下保温不同时间，合金中 γ′ 相的形貌，并给出了时效温度、保温时间 t 和 γ′ 颗粒平均有效直径及平均尺寸之间的关系，如图 8-27 所示。从图中可以看出，此时的时效温度和时效时间对 γ′ 相的长大都有影响。时效温度一定时，随着保温时间的延长，γ′ 颗粒的平均尺寸逐渐增加，时效温度为 730℃、760℃ 和 800℃ 时这种粗化现象不太明显。当温度提高到 850℃ 时，随着保温时间达到 200h，γ′ 相发生了明显的粗化，其颗粒的平均尺寸从 98.77nm 增加到 221.78nm。从图 8-26 也可以看出时效温度为 850℃ 时 γ′ 相明显的粗化现象。而且，在同样的时效时间下，时效温度越高，γ′ 颗粒的平均尺寸也越大。这是因为温度越高，合金中元素的扩散越快，γ′ 相的长大速率越快，平均尺寸增加越明显。850℃ 时这种现象更加明显，如当时效时间为 200h，时效温度为 730℃、760℃、800℃ 时，γ′ 相的平均尺寸分别为 127.42nm、130.32nm、132.56nm。但当时效温度提高到 850℃ 时，γ′ 相的平均尺寸增加到 221.78nm，几乎是时效温度为 730℃ 时的 2 倍。但从 γ′ 相的析出到长大粗化，γ′ 相的形貌没有发生变化，都是近似球体。

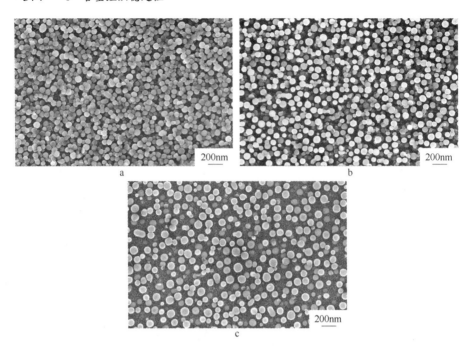

图 8-23 试样在 730℃ 时效不同时间后的 γ′ 相形貌

a—50h；b—100h；c—200h

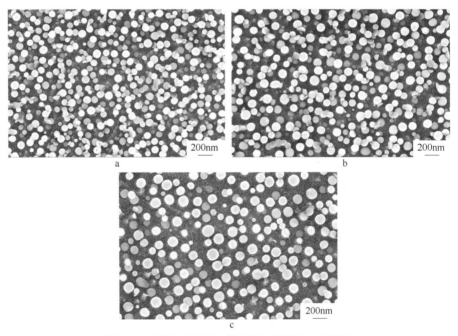

图 8-24 试样在 760℃ 时效不同时间后的 γ′ 相形貌

a—50h；b—100h；c—200h

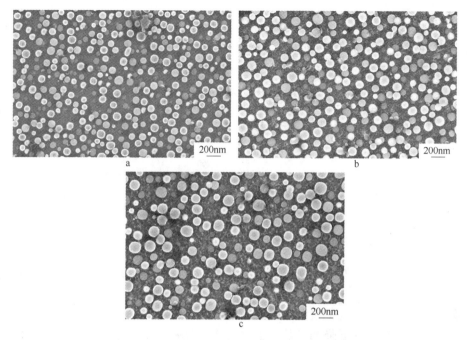

图 8-25 试样在 800℃时效不同时间后的 γ′相形貌

a—50h；b—100h；c—200h

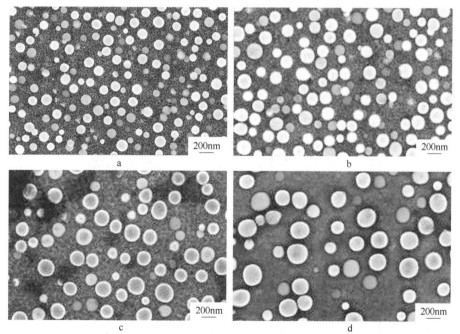

图 8-26 试样在 850℃时效不同时间后的 γ′相形貌

a—20h；b—50h；c—100h；d—200h

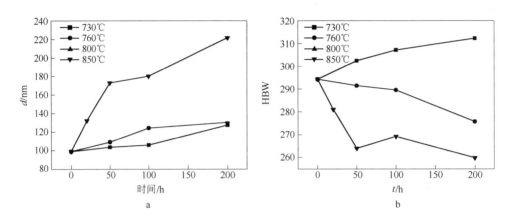

图 8-27　合金在不同温度下长期时效后的 γ′相长大规律（a）和硬度曲线（b）

经过固溶标准热处理 A 制度处理后，原始合金中的 γ′相全部溶解到基体中。图 8-27 为合金在不同温度下长期时效后的 γ′相长大规律和硬度曲线，从图 8-27b 可以看出，合金经过 A 制度的标准热处理后，在 760℃时效，随着时效时间的延长，合金的硬度呈现下降的趋势，而当时效温度从 760℃增加到 850℃，合金的硬度随着时效时间的延长呈显著下降的趋势。这是因为在 760℃时效时，随着时间的延长 γ′相开始粗化，同时也出现了 γ′补充析出的现象，γ′相的增加对提高合金的硬度起到促进的作用。而当时效温度从 760℃增加到 850℃，随着时效时间的延长，γ′相不断粗化的同时细小 γ′相逐渐较少，这也相对减少合金中 γ′相的百分含量。从而导致合金硬度的显著下降。

在正常使用温度范围内，随着时效时间的增加，γ′相颗粒尺寸的长大规律如图 8-28 所示。

由图可知，时效温度为 600℃、650℃、700℃时，γ′相的组织稳定性较好，长期时效中 γ′相没有发生明显的粗化现象。当时效温度上升到 720℃后，γ′相出现明显的长大现象，主要是因为小的 γ′相的尺寸变大和数量的减少。合金的时效

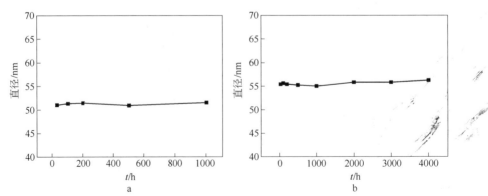

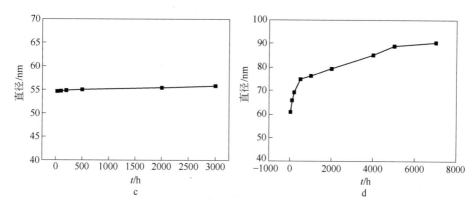

图 8-28 标准热处理 A 后长期时效中 γ′ 相的尺寸随时效时间变化的曲线

a—600℃；b—650℃；c—700℃；d—720℃

初期，γ′相粗化速率较快，这主要是由于在时效初期，合金在基体中的扩散系数比较大，使得 γ′ 相的粗化较快；但随着时效时间延长，γ′相会出现回溶现象，导致基体组元增多，进而导致合金的扩散系数减小，γ′相的粗化速率变慢，表现出先快后慢的特点。

图 8-29 为合金长期时效后硬度的变化，可以看到，在 600℃、650℃时效过

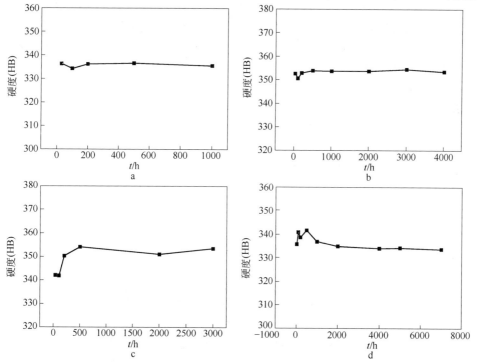

图 8-29 标准热处理 A 后长期时效中硬度随时效时间变化的曲线

a—600℃；b—650℃；c—700℃；d—720℃

程中，由于合金组织稳定性较好，γ′相没有发生明显的粗化现象，因此合金的硬度值基本保持不变。时效温度进一步上升至720℃时，由于合金的组织发生比较明显的演变，硬度也有较大变化。时效初期，部分析出相会从基体中析出，使得合金的硬度提高，随着时效时间延长，γ′相的尺寸增大，γ′相粒子对位错运动的阻碍作用增强，时效至500h时，硬度达到最大值HB341.6。随后随着粒子尺寸增大到临界半径之后，位错从切割方式通过γ′相，变为绕过方式通过γ′相，并且随着粒子半径增大，强化效果逐渐下降，导致硬度值下降。随着时效时间的继续延长，γ′相并没有完全失效，依然起到了强化作用，而且随着γ′相尺寸的进一步增大，粒子间的间距基本保持不变，合金中γ′相的体积分数也基本保持不变，最终合金的硬度维持在一个稳定值附近。

8.2.2 高温下时效后组织的演变规律

GH4738合金在870℃时效3000h后晶粒尺寸几乎保持不变，基本维持在ASTM 2.5级。但是，该合金经过0~3000h时效后，合金中的晶界碳化物及γ′强化相都发生了不同程度的变化。

在时效温度为870℃时，由图8-30可以看出，γ′相随时效时间延长其粗化现象明显，并且γ′相的体积分数随时效时间的延长而急剧降低；同时由于时效温度较高，合金元素的扩散能力明显增强，导致γ基体与强化相γ′相的错配度逐渐加大，γ′相的形态出现了由球形向方形转变的趋势，这也表明该温度下GH4738合金组织的不稳定性增加。同时，发现在870℃长期时效过程中，几乎没有三次γ′相析出。

对比图8-16与图8-30在650℃和870℃两个时效温度下γ′相长大行为变化可以发现，γ′相的变化受时效温度的影响更明显。在时效时间相同的情况下，当时效温度从650℃升高到870℃时，GH4738合金中γ′相长大剧烈，经过870℃长期时效500h后，γ′相的平均尺寸是650℃时效1000h后尺寸的2倍。因此，对于长期运行的烟机动叶片而言，避免在870℃及以上高温运行或控制该合金在高温下短时运行具有非常重要的意义。

图8-31为时效温度为870℃时，晶界碳化物随着时间的演化规律。可以看出，在经历50h后，合金中的碳化物已经出现不连续状况，局部区域发现晶界消失的迹象，表明碳化物溶入基体中。当时效时间达到200h时，晶界碳化物变得越加细小，同时有大γ′相在晶界聚集；当时效时间超过1000h后，可以明显看出碳化物大部分回溶到基体中，晶界上除有少量颗粒状碳化物外，还分布着γ′相，此时晶界发生着复杂的碳化物反应；当时效时间达到3000h时，从图8-31d可以明显看出，晶界上的碳化物进一步溶解消失。由此可见，在870℃长期时效时，GH4738合金的组织产生了退变。

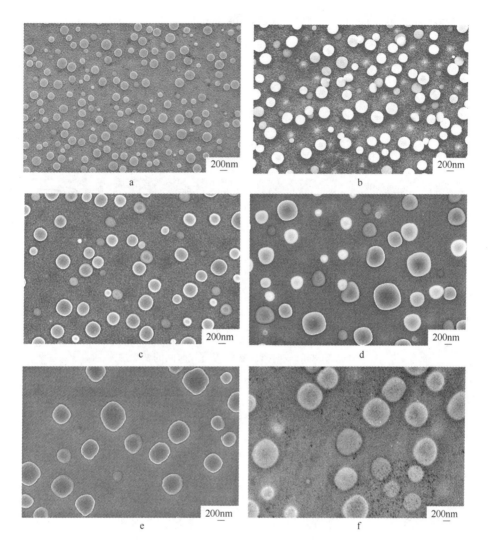

图 8-30　870℃长期时效时 γ′强化相的演变规律

a—50h；b—100h；c—500h；d—1500h；e—2000h；f—3000h

在 870℃长期时效过程中，除了 γ′相的尺寸急剧长大，数量及体积逐渐减少外，更加突出的是出现了复杂的碳化物反应。在此时效温度下时效 200h 后，合金局部区域已经明显出现 γ′相完全溶入基体的现象，由于 γ′相回溶后元素之间重新聚集析出，转化为复杂的组织。同时，晶界上的碳化物大量溶解，晶界宽化反应加剧，在基体上析出针状相，最终导致了在晶界处出现 Cr 的贫化区。经过能谱测试可知，该晶界上析出的相主要以富 Al 元素为主，推测可能为 σ 或 μ 相，如图 8-32a 所示。当时效时间长达 3000h 后，合金局部区域变得异常复杂，如图 8-32b 所示。

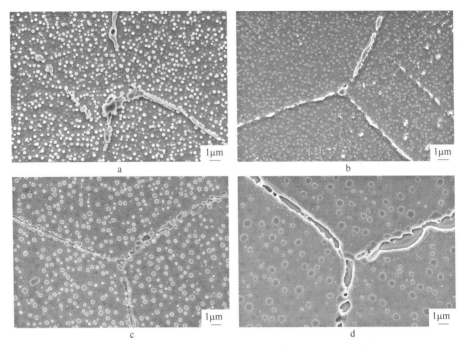

图 8-31 870℃时效时碳化物随着时效时间的变化规律

a—50h；b—200h；c—1000h；d—3000h

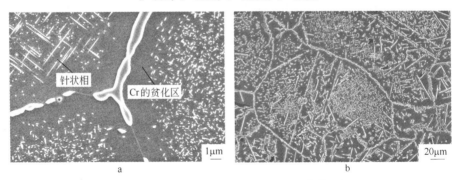

图 8-32 合金在 870℃长期时效后晶界宽化组织

综合对比分析 650℃与 870℃长期时效对组织的影响可以发现，碳化物及 γ′相的变化与时效温度密切相关。870℃时效时，碳化物回溶现象明显，晶界上的碳化物数量明显减少，晶界上碳化物的钉扎力明显减弱，在时效 3000h 以后碳化物在晶界上的钉扎力几乎消失，同时基体中 γ′相大量溶解，将导致合金强度大幅度降低。而与此形成鲜明对比的是在 650℃长期时效时，合金中的晶界碳化物变化不大，能够有效地钉扎晶界，同时，在二次 γ′相保持基本不变的情况下，还有三次 γ′相析出，从而进一步起到阻碍位错运动，强化合金力学性能的作用。

图 8-33 为在 650℃及 870℃时效时 γ′相尺寸 $\bar{d}$ 及相对初始状态的体积分数 φ 与

时效时间之间的关系。可以看出，时效温度为650℃时，γ′相长大速率开始阶段有一定增加，而后基本保持水平不变，即使到1000h时γ′相尺寸长大也不明显。当时效温度升至870℃时，γ′相的粗化现象特别明显，且其长大速率先快后慢，但同时发现随着时效时间的延长，γ′相的长大速率明显高于650℃时的长大速率。在870℃时效时，合金的硬度随时效时间的延长呈现逐渐减小的特点。在该温度时效，当时效时间只有15h时，由于时间很短，合金中的强化相和晶界碳化物相变化不大，保持着较高的硬度；当时效时间延长到50h时，由于时效温度较高，合金中元素的扩散速率较快，导致强化相γ′相长大；同时，合金中的γ′强化相大量溶入基体，不能有效地阻碍位错的运动，最终导致合金的硬度值呈现下降的趋势。总之，合金在高温870℃下长期时效时，硬度的下降主要由γ′相的长大和体积分数的降低造成。

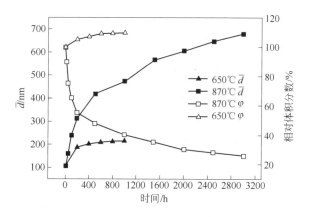

图8-33　γ′相半径、相对体积分数与时效时间的关系

对650℃和870℃温度下γ′相的长大曲线进行了拟合，得到不同温度下γ′相的长大方程为：

$$r_{650} = 216.94 - 110.37\exp\left(-\frac{t}{169.49}\right) \quad (T = 650℃) \qquad (8\text{-}4)$$

$$r_{870} = 138.50 + 0.64t - 3.24 \times 10^{-4}t^2 + 5.87 \times 10^{-8}t^3 \quad (T = 870℃) \qquad (8\text{-}5)$$

式中，r_{650} 和 r_{870} 分别为 GH4738 合金在 650℃ 和 870℃ 时效后 γ′相的尺寸，单位为 nm；t 为时效时间，单位为 h。从式（8-4）和式（8-5）中可以看出，时效温度越高，其 γ′相的长大速率也就越快。

合金在长期时效过程中，根据 L-S-W 理论，γ′相的长大动力学有 $\bar{r}^3 - \bar{r}_0^3 = kt$ 的规律，其中 $\bar{r}$ 为 t 时刻析出颗粒的平均尺寸，$\bar{r}_0$ 为粗化开始时的粒子半径，k 为某一温度下颗粒的粗化速率常数，t 为时效时间。

对各时效温度下 γ′相的尺寸做 $\bar{r}^3$-t 曲线，如图 8-34 所示。GH4738 合金在长期时效过程中，γ′相的粗化符合传统的 L-S-W 理论，在不同温度时效时，γ′相的粗化速率不同；且时效温度越高，γ′相的粗化速率越大。这是因为时效温度较高时合金中的元素扩散较快，界面能降低幅度较大，从而使 γ′ 颗粒迅速粗化。

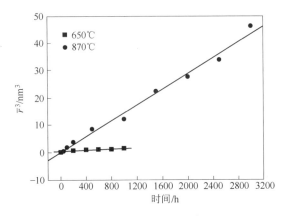

图 8-34　各时效温度下的 $\bar{r}^3$-t 曲线

8.3　亚固溶标准热处理后长时组织稳定性

经过 B 制度的标准热处理后，合金中会有二次 γ′ 相析出，即合金中一次 γ′ 相和二次 γ′ 相共同存在，γ′ 相的形貌如图 8-2b 所示。图 8-35 为亚固溶标准热处理制度 B 后合金试样经过 600℃ 时效后 γ′ 相的变化情况，可以看出，合金试样在 600℃ 时效 30h、100h、200h、500h、1000h 后，γ′ 相的大小和分布都没有明显的变化。

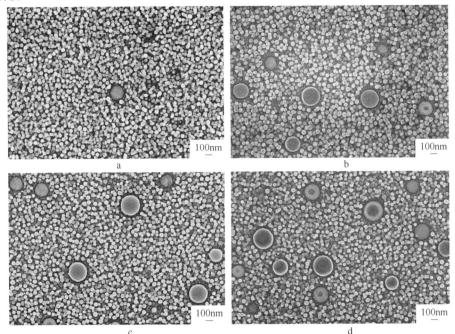

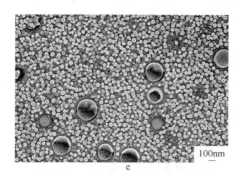

图 8-35　亚固溶标准热处理后合金在 600℃ 长期时效不同时间的强化相变化

a—30h；b—100h；c—200h；d—500h；e—1000h

图 8-36 为对应的晶界相在 600℃ 时效后的变化规律，可以看到在 600℃ 长期

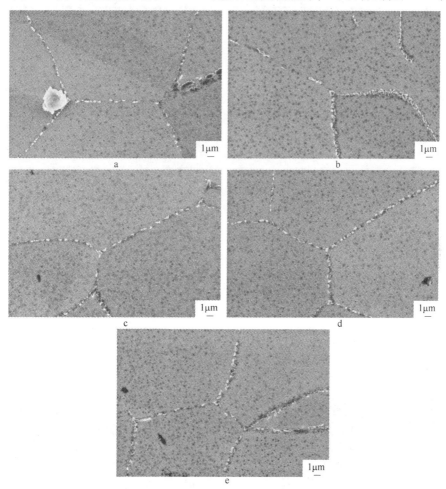

图 8-36　亚固溶标准热处理后合金在 600℃ 长期时效不同时间的晶界相变化

a—30h；b—100h；c—200h；d—500h；e—1000h

时效过程中，晶界碳化物仍呈链状分布，晶界碳化物没有明显长大，其分布特征没有明显改变。

图 8-37 为合金试样经过 650℃ 时效后 γ′ 相的变化情况，从图中可以看出，合

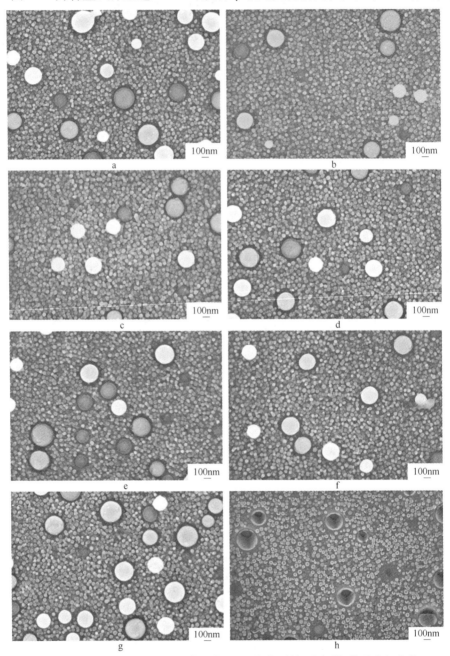

图 8-37　亚固溶标准热处理后合金在 650℃ 长期时效不同时间的强化相变化
a—30h；b—100h；c—200h；d—500h；e—1000h；f—2000h；g—3000h；h—4000h

金试样在650℃时效至4000h后，γ′相的大小和分布都没有明显的变化。

图8-38则为对应的晶界相在650℃时效过程中的变化情况，可以看到在

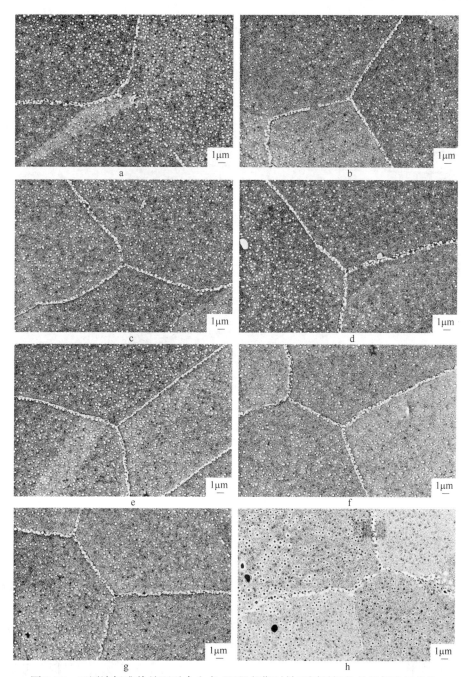

图8-38 亚固溶标准热处理后合金在650℃长期时效不同时间的晶界析出相变化

a—30h；b—100h；c—200h；d—500h；e—1000h；f—2000h；g—3000h；h—4000h

650℃长期时效过程中，晶界碳化物仍呈链状分布，晶界碳化物没有明显长大。与在600℃时效的晶界碳化物相比，在650℃时效晶界组织有较多的γ′相析出。

当时效温度增加到700℃时，从图8-39可以看出合金经过700℃时效后γ′相的变化情况，在700℃时效1000h、3000h和10000h后，γ′相的大小和分布都没有明显的变化，依然是均弥散分布于晶内，γ′相数量未见明显减少，也没有发生明显的聚集长大和粗化现象，说明合金经该种热处理制度并在700℃长期时效过程中具有非常好的组织稳定性。

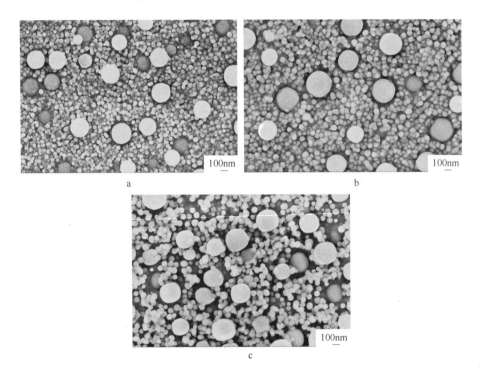

图8-39　亚固溶标准热处理后合金在700℃长期时效不同时间的强化相变化
a—1000h；b—3000h；c—10000h

图8-40为对应的晶界相在700℃时效1000h、3000h、10000h后的变化情况，可以看到在700℃长期时效过程中，晶界组织中析出相的数量较多，但是依然可以观察到少量断续分布的碳化物，时效至10000h，晶界组织的碳化物和析出相没有发生明显的聚集长大。

图8-41和图8-42为合金试样经过704℃时效后γ′相和晶界相的变化情况，可以看出，试样在704℃时效至3000h后，γ′相的大小和分布都没有明显的变化，依然均弥散分布于晶内，且γ′相数量没有明显减少。晶界组织主要是析出相和断续分布的碳化物，晶界组织的碳化物和析出相没有发生明显的聚集长大。

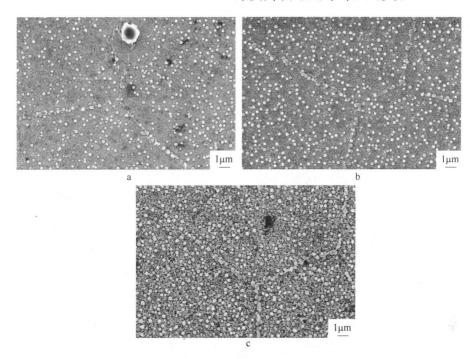

图 8-40　亚固溶标准热处理后合金在 700℃ 长期时效不同时间的晶界显微组织
a—1000h；b—3000h；c—10000h

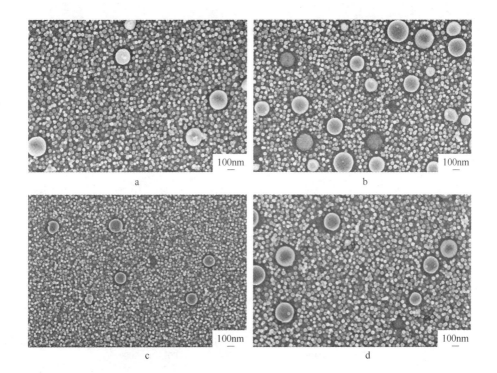

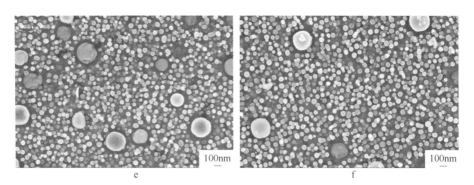

图 8-41　亚固溶标准热处理后合金在 704℃ 长期时效不同时间的强化相
a—30h；b—100h；c—200h；d—500h；e—2000h；f—3000h

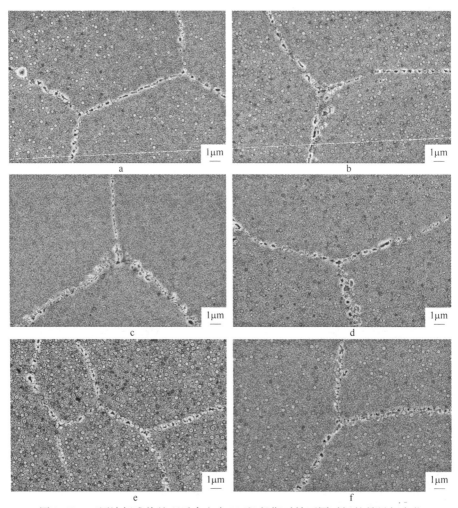

图 8-42　亚固溶标准热处理后合金在 704℃ 长期时效不同时间的晶界相变化
a—30h；b—100h；c—200h；d—500h；e—2000h；f—3000h

时效温度再增加到720℃时效后的强化相变化规律见图8-43，这时可以发现，随着时效时间延长，γ′相发生聚集长大现象，小的γ′相颗粒趋向于溶解，时

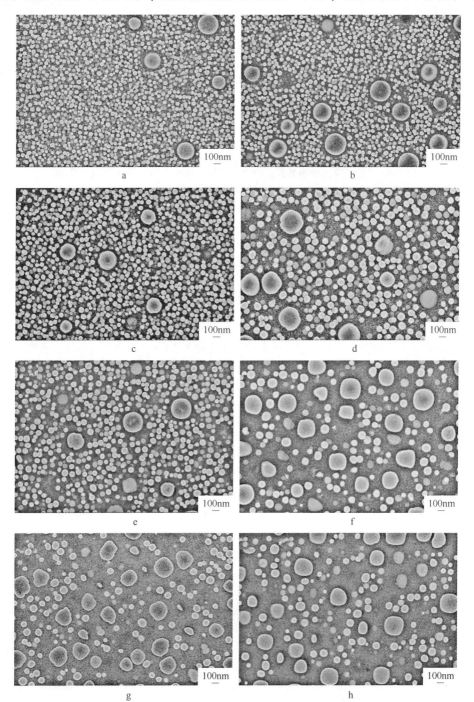

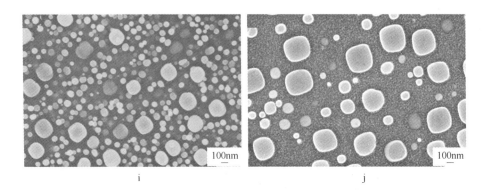

图 8-43 亚固溶标准热处理后合金在720℃长期时效不同时间的强化相
a—30h；b—100h；c—200h；d—500h；e—1000h；f—2000h；
g—3000h；h—4000h；i—5000h；j—7000h

效时间达到2000h后，γ′相的形貌也在时效过程中发生变化，由球形转变为方形。与700℃和704℃时效相同时间的组织进行对比可以发现，时效温度对合金γ′相的聚集和长大的影响更加明显。

图8-44为对应晶界析出相在720℃时效过程中的演变规律，可以看到在720℃长期时效过程中，随着时效时间的延长，晶界碳化物颗粒略有长大，但整体上看，碳化物的数量和大小并没有发生太大的变化。

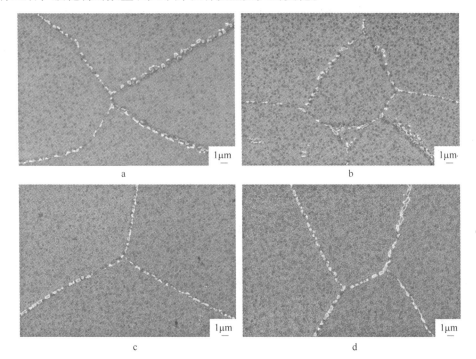

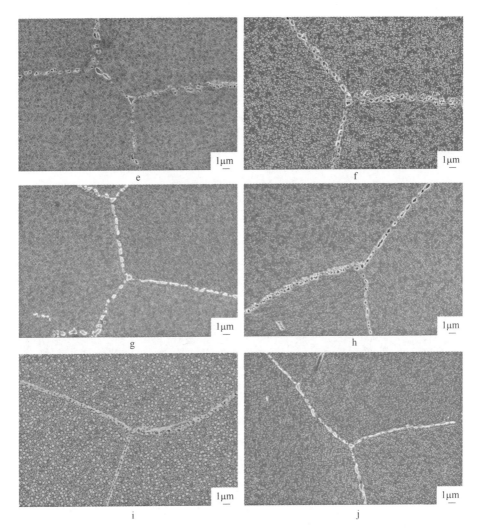

图8-44 亚固溶标准热处理后合金在720℃长期时效不同时间的晶界相变化

a—30h；b—100h；c—200h；d—500h；e—1000h；f—2000h；

g—3000h；h—4000h；i—5000h；j—7000h

图8-45为合金在750℃时效不同时间后的强化相变化规律，可以发现，随着时效时间的延长，γ'相发生聚集长大现象，γ'相的小颗粒趋向于溶解，溶解的溶质会在大粒子上析出，使其长大，表现为γ'相数量的减少和尺寸的增加。对比在700℃、704℃和720℃时效相同时间的组织可以发现，时效温度对合金γ'相的聚集和长大起到了决定性的作用。图8-46为晶界相的变化情况，合金在750℃时效1000h、3000h时，晶界碳化物略有长大，但是长大不明显，可以预测，随着时效时间的进一步延长，晶界碳化物会进一步长大。

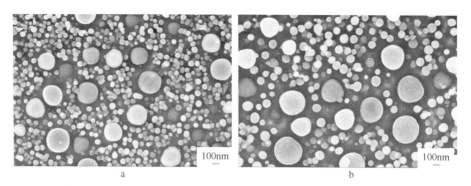

图 8-45   亚固溶标准热处理后合金在 750℃ 长期时效不同时间的晶内显微组织
a—1000h；b—3000h

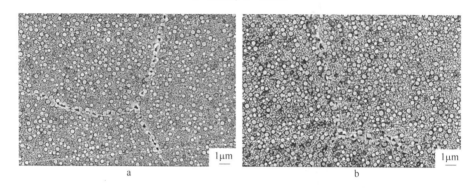

图 8-46   亚固溶标准热处理后合金在 750℃ 长期时效不同时间的晶界相变化
a—1000h；b—3000h

图 8-47 给出了亚固溶标准热处理后经不同温度时效后，合金中小 γ' 相尺寸随时效时间的变化。由图可知，时效温度为 600℃、650℃、704℃ 时，γ' 相的组织稳定性较好，长期时效中 γ' 相没有发生明显的粗化现象，合金在 600℃ 时效时的平均半径为 45nm 左右，650℃ 时效时的平均半径为 49nm 左右，略有增长。时效温度上升到 704℃ 之后，γ' 相的增长速率略有加快，平均尺寸从开始的约

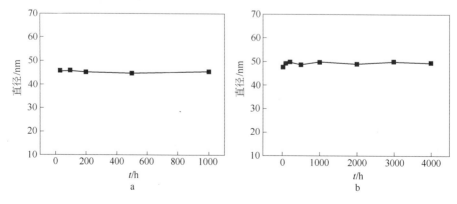

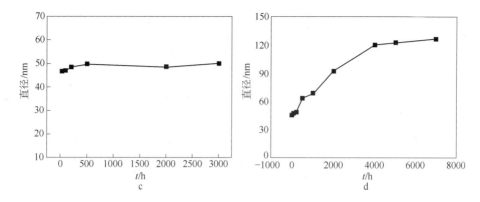

图 8-47 亚固溶标准热处理后合金长期时效中小 γ′ 相的尺寸随时效时间变化的曲线

a—600℃；b—650℃；c—704℃；d—720℃

46.6nm 增长到约 50.5nm，但是变化并不明显，没有明显的聚集长大。当时效温度上升到 720℃后，γ′ 相出现明显的长大现象，主要是小的 γ′ 相尺寸变大和数量减少。从初期的 46nm 增长到时效 7000h 时的 143nm，粗化明显；大的 γ′ 相尺寸也从 193nm 增长到 309nm。

图 8-48 为合金长期时效后硬度的变化，可以看到，在 600℃、650℃时效过

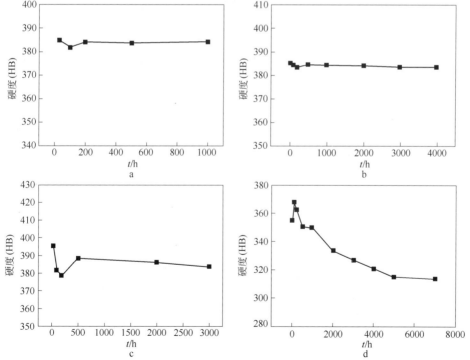

图 8-48 亚固溶标准热处理后合金长期时效后硬度的变化

a—600℃；b—650℃；c—704℃；d—720℃

程中，由于合金组织稳定性较好，γ′相没有发生明显的粗化现象，因此合金的硬度值基本保持不变。当时效温度上升至 720℃后，由于合金的组织发生比较明显的演变，硬度也有较大变化。时效初期，部分析出相会从基体中析出，使得合金的硬度提高，随着时效时间的延长，γ′相的尺寸增大，硬度下降。

　　而经 704℃长期时效后，合金的冲击性能的变化规律如图 8-49 所示，合金在热处理态的冲击韧性较高，在等温时效 500h 之后，其冲击韧性达到最大，随着时效时间的延长，在时效 1000h 之后，其冲击韧性降低到 40.7J，到 2000h 的时候，冲击韧性降低到 39.4J，比时效 500h 的稍低，随着时效时间的继续延长，其冲击韧性保持在 39J 左右，没有明显的变化。

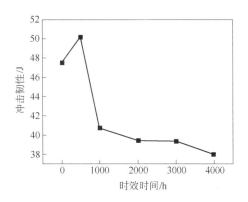

图 8-49　GH4738 合金的室温冲击韧性与时效时间的关系

9 涡轮盘的制备工艺及控制原则

涡轮盘的生产方式一般采用自由锻造或模锻。由于高温合金的热加工温度范围较窄，在加工过程中的温度降低会使变形抗力急剧增大，在高温合金的实际锻造过程中一般采用多火次工艺。即合金坯料或钢锭在加热炉中加热后经过锻造设备锻造，如果难以达到预定尺寸，需要先锻造到中间尺寸后回炉重新加热，然后再次锻造直至成品尺寸，多火锻造在高温合金钢锭或坯料的拔长工艺过程中应用非常广泛，在涡轮盘自由镦饼工艺中也有应用，可以大大降低镦粗过程中的锻造压力。同时，高温合金由于合金化程度较高，变形抗力较大，对于大型锻件其变形抗力常在数万吨以上，其内部温度和应变的分布也更加复杂，需要借助大型水压机，并对工艺控制提出更高的要求。

9.1 直径300mm涡轮盘的制备

大型涡轮盘的整体生产流程可由图9-1表示。合金坯料在冶炼完成后，经过

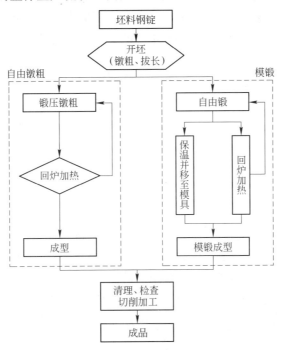

图9-1 涡轮盘生产流程

开坯过程，一般为镦粗和拔长的重复过程，空冷后下料为符合尺寸要求的圆柱体。其后，根据锻造工艺可分为自由镦粗和模锻，两者都需要先对坯料进行镦饼降低高度的过程，对于自由镦粗可选择回炉加热的多火次锻造后一次成型；对于模锻需要在最后一步转移至模具上成型，其镦饼过程同样可以分为多火次以保持锻造温度。最后对成型后的盘体进行加工等操作得到成品。对于涡轮盘，必须保证锻后晶粒尺寸较小才能使合金具有较高的抗拉强度和低周疲劳强度。因此，锻后盘件的平均晶粒尺寸分布情况是工艺控制的一个主要目标因素。

对于超大型镍基高温合金涡轮盘的锻造一般采用自由锻＋模锻方式，整个锻造过程由多个阶段连续组成，如图 9-2 所示。由于大型涡轮盘锻造生产成本极高，不可能采用试制的方法来研究加工工艺，因此采用计算机数值模拟的方法进行工艺设计就显得尤为重要。已有研究对涡轮盘锻造过程的模拟技术进行分析，但以往模拟研究仅针对图 9-2 中的单个过程（如自由锻阶段 3 或模锻阶段 7）进行计算分析。而对于一个连续完整的涡轮盘锻造流程，最终锻件组织、性能的好坏是由各个阶段的累加效果决定的，若以单一模锻过程模拟计算，则会导致两方面问题：（1）忽略和无法定量预热、锻件转移及空冷过程对整个锻造过程的影响；（2）用局部研究结论指导整体工艺制定，未能综合考虑各工艺流程间的传递和组织遗传性。因此，要想真正实现对整个锻造过程各工艺的统筹，精确定量把握各环节因素对最终锻件考察指标的影响，就必须把图 9-2 中 8 个环节集成考虑，建立一套贴近整个实际生产流程的有限元模拟线，从而可对实际过程中的可变因素进行系统的定量研究，为实际生产的工艺优化提供很好的理论依据。

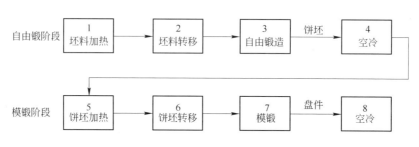

图 9-2 GH4738 涡轮盘锻造流程

一系列多流程热变形过程中，合金的应力、温度、晶粒尺寸等物理量变化的规律需要构建本构方程及晶粒度组织演变模型。以往的单一模拟一般仅仅利用了动态再结晶模型去研究热变形。在多道次的热变形工序中，坯料的预热、热锻保压暂停、空冷等过程的研究还需要亚动态、静态再结晶、晶粒长大等模型的应用。因此，完整构建 GH4738 合金的本构方程及晶粒度组织演变模型，对涡轮盘整个锻造过程，即从开坯后棒料预热开始直至模锻空冷后各阶段（图 9-2 中阶段 1~8）衔接统一起来进行集成式三维有限元模拟，实现对整个流程的热力参数

（应变、温度等）分布和微观晶粒尺寸分布更加准确的模拟预测，为多流程高温合金涡轮盘的锻造工艺优化提供可行的研究方法和理论依据。

涡轮盘锻造用 GH4738 棒料尺寸为 $\phi100\text{mm} \times 270\text{mm}$，经 VIM + VAR 双联工艺冶炼并开坯后制得。棒料典型金相组织如图 9-3 所示，晶粒度为 ASTM 3 级。

$\phi300\text{mm}$ 涡轮盘锻造工艺参数为：自由锻和模锻的预热目标温度均为 1080℃（加热制度为：坯料热至 800℃后保温

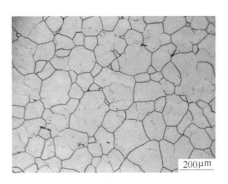

图 9-3　开坯后 $\phi100\text{mm} \times 270\text{mm}$ 棒料的典型金相组织

60min，再经 60min 升温至 1080℃并保温 100min）；转移时间均为 2min；模具温度为 300℃，下压速度为 10mm/s。利用经二次开发的 Deform 3D™ 软件对该涡轮盘整个锻造过程进行集成式模拟。同时，按上述工艺实际锻造 $\phi300\text{mm}$ 涡轮盘并解剖分析以验证模拟结果。为作对比，也进行了传统的单一自由锻模拟和单一模锻的模拟分析。

9.1.1　有限元模型的建立及模拟计算

模拟所需的 GH4738 合金的物理性能如密度、泊松比、热导率、线膨胀系数等数据经查阅文献可获得[1]。模拟所用材料的晶粒组织演变模型见表 6-4。该模型由大量不同热变形条件的 Gleeble 热物理模拟实验数据统计建立而来，包括单、双道次热压缩试验和热压缩保温试验等。模型基于温度-应力-应变-应变速率-晶粒尺寸-时间各要素的相互关系共同构成，全面、定量地描述了 GH4738 合金热加工过程中发生的动态再结晶、亚动态再结晶及静态再结晶行为，不仅能够指导热变形过程的晶粒尺寸演变规律，还能有效地用于计算锻造流程中坯料加热、保压暂停、空冷等非热变形过程的晶粒尺寸演变规律。在实际生产中，为了保温，对工件进行包套。在模拟中需要对工件与模具、环境间设定合适的热交换系数来表征包套的保温效果，取坯料与模具的接触热传导系数为 $2.0 \times 10^4 \text{W}/(\text{m}^2 \cdot ℃)$，与环境的接触换热系数为 $170\text{W}/(\text{m}^2 \cdot ℃)$，由于润滑剂等的效果，工件与模具间的等效摩擦系数设为 0.2。

模拟采用 Deform 3D 软件，基于对 MSC. SUPERFORM 二次开发的算法，利用 FORTRAN 语句对其进行类似的二次开发（见图 6-70），使软件能够更加准确地利用表 6-4 模型进行计算。另外，利用 Deform 3D 的连续计算功能顺序对每个阶段依次计算，并保证每个阶段的计算结果设定为下一阶段的初始值，从而实现对整个过程的多阶段连续模拟。

根据图 9-2 所示流程对 φ300mm 涡轮盘锻造过程进行集成式模拟。

9.1.1.1　自由锻前预热过程

在棒料中心纵截面上取边缘 P_1、$R/2$ 处 P_2 和中心 P_3 三个位置（如图 9-4a 所示），对三处温度、晶粒尺寸的模拟结果如图 9-4b 所示。因采用分段预热，可以看出在加热过程中坯料中心 P_3 处与边缘 P_1 处的温差一直保持小于 15℃，坯料升温较均匀。尽管在炉温升至 1060℃ 时坯料未达此温，但 30min 后坯料达到目标温度。值得注意的是，在 P_1、P_2、P_3 处温度接近 1040℃ 并继续升温时，这三处均发生了不可忽略的晶粒长大，但由于温差很小，所以长大尺寸差别不大。不过对于大尺寸坯料，不同位置的差异将会变得明显。从模拟结果来看，按此升温制度升至 1060℃，晶粒平均尺寸从原 130μm 长大到 150～160μm。实际试验结果也表明，在 1060℃、1080℃ 这样的高温下加热，半小时内晶粒长大明显，之后长大幅度趋于平缓，如图 9-5 所示。由此可以看出，集成式模拟的突出优点是考虑了坯料加热过程中的晶粒长大，既能反应坯料在加热中的温度变化，也可以考察坯料不同位置在不同温升情况下的晶粒长大情况。而以往的模拟计算忽略了加热保温过程中的晶粒长大，模拟计算时还是以原始棒料初始平均晶粒度作为输入值，降低了模拟结果的准确性。

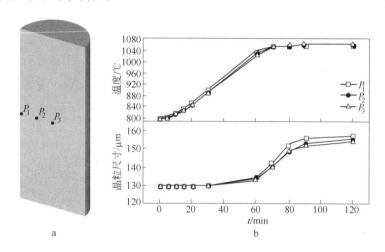

图 9-4　棒料在自由锻前预热过程中温度和晶粒尺寸变化情况

a—考察点位置图；b—P_1、P_2 和 P_3 在自由锻前预热过程中温度和晶粒尺寸变化

9.1.1.2　自由锻前坯料转移过程

把阶段 1 结束时坯料的温度和平均晶粒尺寸等数据导入阶段 2，作为本阶段的模拟初始值，使得预热阶段坯料发生的变化遗传至现阶段。对包套棒料转移 240s 的过程进行模拟，图 9-6 为 P_1、P_2、P_3 处在不同转移时间时对应温降的模拟结果。棒料表面温降相比中心速度快很多，包套可以一定程度上减少温降，但

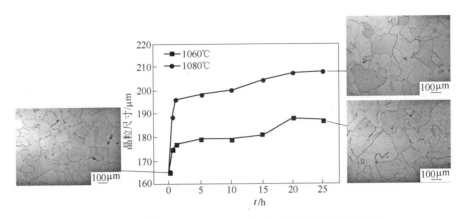

图9-5 经两种温度加热不同时间的平均晶粒尺寸变化图

转移时间仍然影响较大。利用红外测温仪测棒料表面 P_1 处温度，起始点为炉温，最后240s所测温度为坯料表面真实温度（因开锻瞬间，包套破裂，马上测裸露的 P_1 处温度）。模拟结果与实测值吻合较好。由此可以看出，尽管进行了包套处理，但在涡轮盘的锻造过程中，转移时间将是一个很关键的控制因素。一旦锻造温度过低，势必导致锻件表面开裂。从本计算结果看，为保证锻时表面温度不低于940℃，必须保

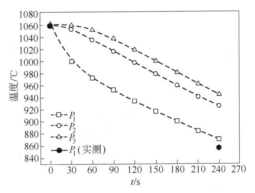

图9-6 不同转移时间下各位置模拟温降情况及实测值

证转移时间不超过90s。而目前许多模拟研究没有考虑这一阶段，都直接把坯料锻前温度设为均一的工艺目标值，这与实际情况有所差别。

9.1.1.3 自由锻过程

把阶段2结束后棒料的平均晶粒尺寸分布和温度分布作为自由锻变形时坯料的起始态，见图9-7b和图9-8b。270mm高的棒料经镦粗至165mm高后保压暂停30s，再被镦粗至100mm高。为作对比，按同样工艺采用以往的单一自由锻模拟方法。单一自由锻模拟的棒料锻前晶粒尺寸是直接根据该棒料的晶粒度来设定的（约130μm），没有考虑加热带来的晶粒长大，而集成式模拟则考虑了前两阶段的影响。从图9-7的对比结果可以看出，集成式模拟考虑了棒料加热过程中的晶粒长大，而单一自由锻模拟中的棒料锻前晶粒尺寸偏小，并导致自由锻后坯料平均晶粒尺寸也整体偏小，尤其是在小变形区和变形死区，与集成式模拟结果差异更明显。另外，集成式模拟考虑了转移阶段2的温降，棒料温度不再是均匀分布

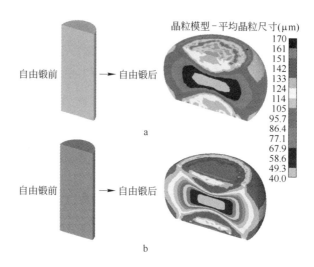

图9-7 单一自由锻模拟与集成式模拟中坯料自由锻前后的平均晶粒尺寸分布
a—单一自由锻模拟；b—集成式模拟

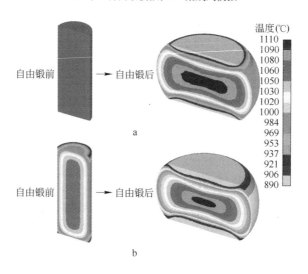

图9-8 单一自由锻模拟与集成式模拟中坯料自由锻前后的温度分布
a—单一自由锻模拟；b—集成式模拟

的原目标值，见图9-8b，而单一自由锻模拟的棒料温度设定的是均匀目标值，见图9-7a，这导致单一自由锻模拟的终锻温度结果整体相比较高。由此可知，集成式模拟中棒料自由锻前的状态累积了预热阶段和转移阶段对坯料在温度、平均晶粒尺寸等的影响，相比单一自由锻模拟要更加贴近实际。

9.1.1.4 自由锻后空冷过程

由于坯料自由锻后温度较高（见图9-8b），需要相对较长时间才能冷至低温，从而使中心区域晶粒有条件发生一定程度的长大。集成式模拟考虑了这方面的影响，以阶段3中坯料终态温度分布为初始温度分布，经空冷至室温，最终坯料平均晶粒尺寸分布如图9-9所示。图9-9与图9-7b对比可知，坯料在空冷过程中发生了晶粒长大，而单一模式模拟不考虑该部分的晶粒度变化。

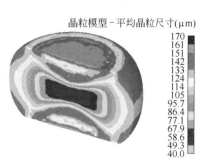

图9-9　集成式模拟中坯料在自由锻空冷后的平均晶粒尺寸分布

9.1.1.5　模锻前加热过程

把自由锻空冷后的坯料状态数据作为该过程的初始值，同理于阶段1进行坯料加热模拟，并取 P_1、P_2、P_3 三个位置（见图9-10a）进行模拟计算。与阶段1中坯料不同的是，三位置的平均晶粒尺寸因自由锻而相差较大。由图9-10b可以看出，尽管镦粗后坯料的边缘 P_1 与中心 P_3 间距略宽于自由锻前棒料，但受热仍较均匀，最大温差不超过20℃；坯料不同晶粒尺寸的区域发生了不同程度的晶粒长大，其中中心细晶区 P_1 处涨幅最大。

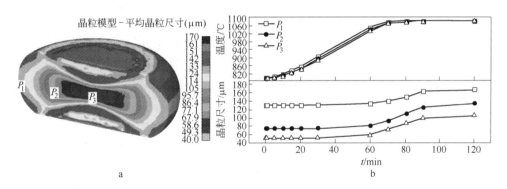

图9-10　集成式模拟中镦粗后坯料在模锻前预热过程中温度和晶粒尺寸变化

a—考察点位置图（预热前）；b—P_1、P_2 和 P_3 在自由锻前

预热过程中温度和晶粒尺寸变化

9.1.1.6　模锻前坯料转移过程

同理于阶段2，对准备模锻的坯料加热后转移210s的过程进行模拟分析，模拟考察点如图9-10a所示，模拟结果见图9-11。对于该尺寸镦粗坯，要想保证锻时表面温度不低于940℃，必须保证转移时间不超过约120s。在实际锻造涡轮盘过程中，当转移时间达到210s时，导致后续模锻件边缘表面出现严重开裂（如图9-12所示），而此时表面温度实际已经降至890℃左右。因此，采用该模拟计算方法来估算一个较为安全的转移时间限制值对实际工艺操作有重要的指导意义。

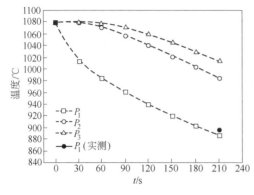

图9-11 模锻预热完的包套坯料不同转移
时间下各位置模拟温降情况及实测值

图9-12 转移时间达210s的包套坯料
模锻后的表面裂纹

9.1.1.7 模锻过程

该阶段模拟把经阶段6的坯料温度分布和平均晶粒尺寸分布情况作为模锻的初始情况，这与以往许多涡轮盘锻造的模拟研究不同。以往涡轮盘锻造模拟通常只考虑单一的模锻过程，坯料的初始温度分布被设为均一的工艺目标值（见图9-14a），没有考虑转移过程带来的温降，并且坯料初始平均晶粒尺寸是根据预热前坯料平均晶粒度来设定的。然而，集成式模拟结果已经表明（见图9-13b），模锻前坯料中心与表层的晶粒尺寸分布显然是不同的。为与集成式模拟作对比，也同时采用以往单一模锻模拟的方法进行模拟，设初始平均晶粒尺寸为145μm，如图9-13a所示。图9-13a与b对比可知，集成式模拟的模锻后坯料平均晶粒尺寸整体大于单一模锻模拟结果，尤其在变形死区晶粒尺寸差值较大。这是由于模

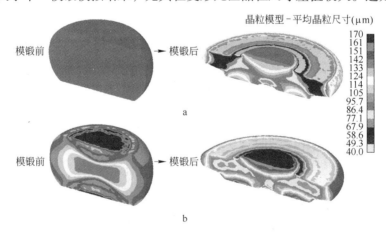

图9-13 单一自由锻模拟与集成式模拟中坯料模锻前后的平均晶粒尺寸分布
a—单一自由锻模拟；b—集成式模拟

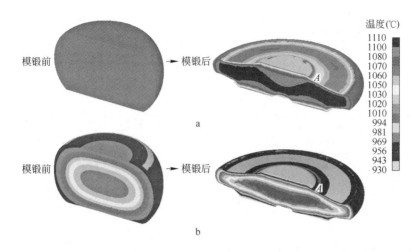

图9-14 单一自由锻模拟与集成式模拟中坯料模锻前后的温度分布
a—单一自由锻模拟；b—集成式模拟

锻过程中变形死区再结晶程度非常小，因此集成式模拟中经自由锻和模锻预热后的死区粗晶尺寸与单一模锻模拟中设定的锻前尺寸的差别得以在模锻后保留。可见，模锻阶段之前的自由锻和模锻预热等阶段对后续模锻的影响不可忽略，而这些影响只有采用集成式模拟才能统筹考虑。

9.1.1.8 模锻后空冷过程

同理于阶段4，把阶段7模锻后的锻件状态设为初始态进行空冷模拟，得到空冷后锻件平均晶粒尺寸分布情况，如图9-15所示。与图9-13b对比可知，该阶段空冷晶粒长大不明显，不同于阶段4结果。造成空冷效果差异的原因在于终锻温度不高，并且盘件形状扁、薄、小，散热快。

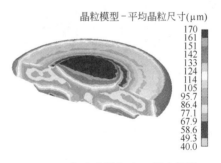

图9-15 集成式模拟中坯料在模锻空冷后的平均晶粒尺寸分布

以上的计算分析表明，与单一模式的计算相比，集成式模拟综合考虑了各个环节的影响，以传递式计算模拟全过程，更加准确地反映了实际参数的变化规律。而更大的益处在于一旦建立了该种集成模拟方式，可分别考察计算每个阶段的各个工艺因素对最终结果的影响，进而可通过设计正交实验方法对整个工艺方案进行综合性的考察控制，为整体工艺优化提供指导。

9.1.2 直径300mm涡轮盘的制备工艺及验证

为了验证建立的控制模型正确性，也为了积累超大型涡轮盘的制备工艺和经验，对直径300mm的涡轮盘按照以上计算的工艺方案进行锻造。

9.1.2.1 镦粗工艺

下料→倒圆角→加热→包套→镦粗→表面清理、打磨排伤

检查要点：核实棒料或坯料炉号，印记内容，关键确认其是否放置在炉膛有效加热区、是否按加热规范执行，加热记录。

镦粗控制要点：（1）按工艺要求对棒料进行镦粗，高度从270mm镦粗至165mm后，暂停30s，继续镦粗至高度100mm；（2）关键控制：包套及转运时间、变形尺寸满足规定要求；（3）检查要点：变形尺寸，锻造记录，加热记录。

9.1.2.2 模锻工艺

来料（饼坯）→涂润滑剂、硬包套→加热→模锻→软包套→模锻→表面清理、打磨排伤

将锻模预热到350～400℃，预热时间为12h，装调好模具后，用加热好的假料再次预热锻模模腔；达到指定温度后将2件涂润滑剂饼坯转运至油压机，并摆放在模具型腔的中间位置，进行压力模锻，锻后分散摆放空冷。印记内容：在锻件图指定位置打印：锻件代号，熔炼炉号代号，锻件编号。模锻完后用烤模架烘烤模具。关键控制：坯料摆放位置及压机下压量。检查要点：压机下压量。

图9-16为锻造后未热处理的涡轮盘实物照片。为验证集成式模拟的准确性，对实际锻造的φ300mm涡轮盘盘件在中心纵截面处取样（见图9-17b），取1～5五个位置考察点（见图9-17a），观察实际金相组织，结果见图9-17的1～5。可以看出，位置点1处变形死区，基本不发生再结晶，此区域的锻前晶粒组织得以保留，平均晶粒尺寸约为168μm，与图9-17a所示的集成式模拟结果里对应

图9-16 涡轮盘实物照片
（锻态、未热处理）

的157μm非常接近；位置点5处变形量略有增加，因此在原始大晶晶界处出现细小再结晶晶粒，实际统计平均晶粒尺寸为139μm，与模拟的137μm非常接近；位置点2～4都属于大变形区域，再结晶比较充分，因累积变形量略有差异会使再结晶程度有所不同。其中4点累积变形量最大，得以完全再结晶，3点变形量略小，遗留有个别大晶，2点所在中心区域，有一小部分大晶没有完全再结晶。统计2～4点平均晶粒尺寸，对比发现都与集成式模拟结果较吻合。

另外，在实际模锻刚结束时，用红外测温仪测盘件在图9-14b中的A位置

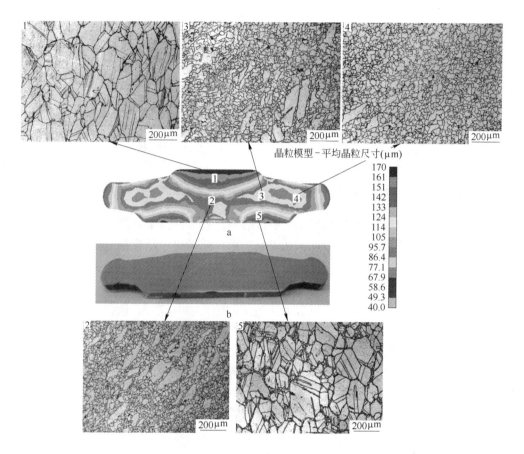

图 9-17 φ300mm 涡轮盘锻造集成式模拟与实际中心纵截面最终平均晶粒尺寸分布情况的对比
a—集成式模拟得到的锻后中心纵截面平均晶粒尺寸分布情况；b—实际盘件切取样
1~5—实际试样位置点 1~5 处的金相组织

处温度。由于锻后包套基本全部破碎散开，红外测温仪可直接测工件表面，不存在包套干扰。测量结果为 967℃ ，与集成式模拟中的 A 处温度 974℃ 非常接近。

单一模锻模拟方法的结果如图 9-18 所示，与集成式模拟结果相比，存在两点明显差异。一是在位置 1、5 这样的变形死区处，单一模锻方法模拟的预测结果明显小于集成式模拟结果。这是由于集成式模拟考虑了坯料预热带来的晶粒长大，而这种晶粒长大会在变形死区处得以保留，但单一模锻模拟方法没有考虑预热过程。二是两种模拟预测的包括 2~4 点在内的整个非变形死区区域平均晶粒尺寸的分布趋势明显不同。这是由于集成式模拟中模锻初始晶粒尺寸的设定是基于之前自由锻后的结果，而单一模锻模拟方法没有考虑自由锻结果的影响，初始晶粒尺寸被设定为单一平均值。在温度预测上，图 9-14a 所预测 A 处温度为

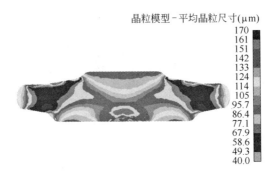

图 9-18 φ300mm 涡轮盘锻造单一模拟方法得到的中心纵截面最终平均晶粒尺寸分布情况

1033℃，明显高于前面所述的集成式模拟结果，这是因为单一模锻模拟没有考虑工件热变形前的转移过程。可见，如果基于单一模锻模拟结果制定热锻工艺，还会使得实际锻造时工件表面温度低于工艺预设温度，从而导致锻造开裂发生的可能性大大增加。

综上可知，提出的集成式模拟方法与实际结果吻合较好，能很好地指导涡轮盘的锻造工艺制定。不论是平均晶粒尺寸分布情况的预测，还是锻件的温度分布预测，集成式模拟相比单一模锻模拟更加贴近实际结果。

由上述的全流程各阶段分析可知，集成式模拟相比单一模锻模拟更加贴近实际生产过程，在热锻件的温度、平均晶粒尺寸等的分布预测上更加接近实测值。对于锻件温度的模拟预测，集成式模拟考察了锻前工件的加热过程、转移温降过程和锻后空冷过程，这对于整个过程中所涉及的诸如工件加热热透问题、转移温降和锻造温度过低开裂等一系列温度问题的解决有着重要帮助，也为锻件的平均晶粒尺寸分布准确预测打下了基础，且模拟更加准确。

集成式模拟除了更为准确外，更加突出的优点是可以对工艺全过程的各参数相互影响规律进行系统的定量分析。可实现精确定点跨阶段的数据跟踪，使工艺制定者制定各阶段工艺参数时不再仅仅考察该参数对所处阶段结果的影响，并能够定量地考察该工艺参数对后续阶段乃至最终结果的影响。而且这样的考察既可以是对全局的整体把握，也可以是针对某具体位置的定点观察。这些都是单一模锻模拟方法所不具备的。例如，图 9-19 所示为锻后盘件中心纵截面上 1～5 五个位置点（见图 9-17a）处平均晶粒尺寸在经每个阶段后的变化情况（这五个位置点在不同变形阶段随金属流动而改变位置，为非恒位置点）。

9.1.3 涡轮盘最佳固溶温度确定

由于模拟涡轮盘锻造后并未进行热处理，为确定该涡轮盘最佳的热处理制度，设计了一组不同固溶温度对 GH4738 合金涡轮盘晶粒度和析出相的影响的实

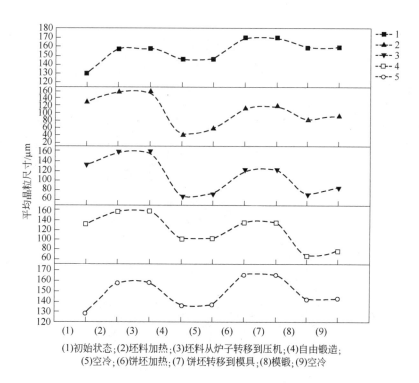

(1)初始状态;(2)坯料加热;(3)坯料从炉子转移到压机;(4)自由锻造;
(5)空冷;(6)饼坯加热;(7) 饼坯转移到模具;(8)模锻;(9)空冷

图 9-19　集成式模拟中中心纵截面 1~5 各位置点平均
晶粒尺寸在经历各阶段后的变化情况

验，以确定该涡轮盘热处理时的最佳固溶温度，实验方案如表 9-1 所示。

表 9-1　最佳固溶温度测定实验方案

编　号	热 处 理 方 案
1	980℃/4h/AC + 845℃/4h/AC + 760℃/16h/AC
2	1000℃/4h/AC + 845℃/4h/AC + 760℃/16h/AC
3	1020℃/4h/AC + 845℃/4h/AC + 760℃/16h/AC
4	1030℃/4h/AC + 845℃/4h/AC + 760℃/16h/AC
5	1040℃/4h/AC + 845℃/4h/AC + 760℃/16h/AC
6	1060℃/4h/AC + 845℃/4h/AC + 760℃/16h/AC

经过不同固溶温度处理后的晶粒度、晶界析出相和强化相的对比如图 9-20
所示。从图中可以看出，温度较低的 980℃ 和 1000℃ 固溶，晶粒还有未再结晶
的，一次大 γ' 相的数量也较多。而温度超过 1040℃ 后，不仅晶粒度粗化长大，
晶界析出相也增多。

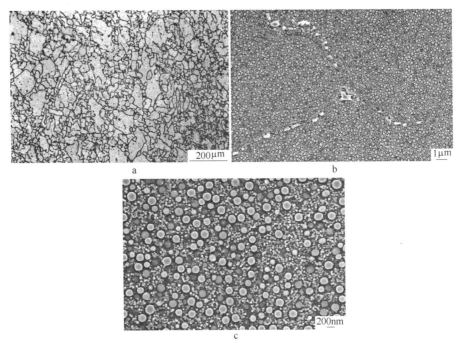

1号980℃固溶方案: a—晶粒度; b—晶界相; c—强化相

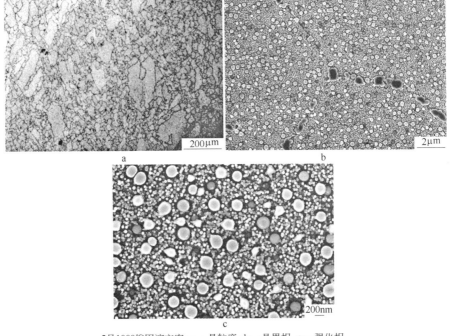

2号1000℃固溶方案: a—晶粒度; b—晶界相; c—强化相

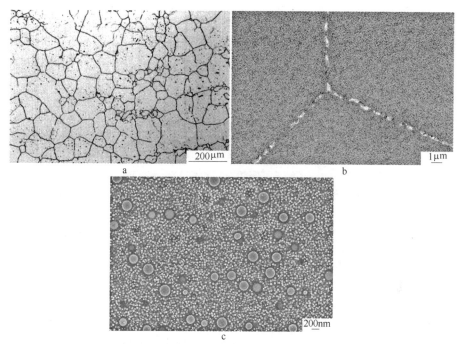

3号1020℃固溶方案: a—晶粒度; b—晶界相; c—强化相

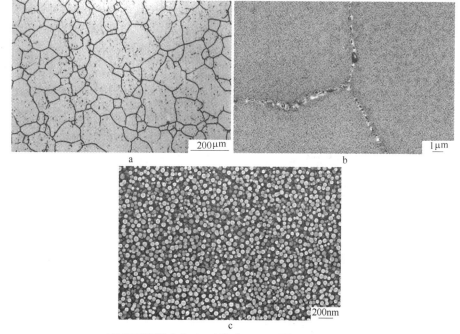

4号1030℃固溶方案: a—晶粒度; b—晶界相; c—强化相

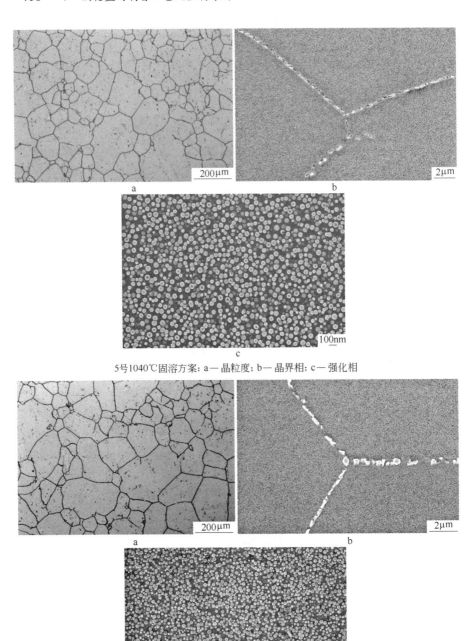

5号1040℃固溶方案：a—晶粒度；b—晶界相；c—强化相

6号1060℃固溶方案：a—晶粒度；b—晶界相；c—强化相

图 9-20 不同固溶温度的热处理后晶粒度、晶界相和强化相的对比

通过对比经过1~6号热处理方案后的晶粒度和析出相，最终确定了3号热处理方案，对该次涡轮盘采用1020℃/4h/AC + 845℃/4h/AC + 760℃/16h/AC 的热处理制度，其热处理工艺制度如图9-21所示。

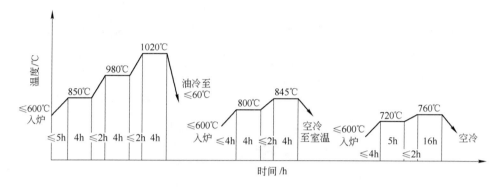

图9-21 涡轮盘热处理工艺制度

未热处理的涡轮盘中心区域的组织特征见图9-22，经上述获得的热处理制度进行热处理后的组织如图9-23所示。

图9-22 锻态中心区域晶粒度（a）、晶界相（b）和强化相（c）

热处理后在涡轮盘弦向取样加工成拉伸试样，进行室温和540℃高温拉伸性

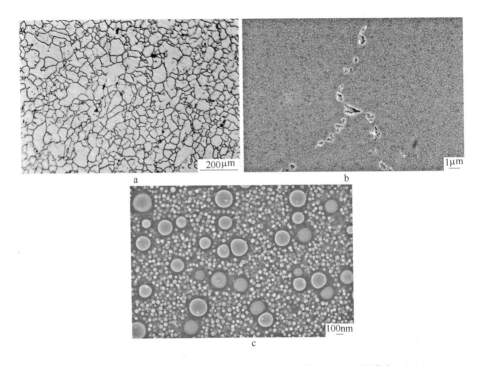

图 9-23　热处理态中心区域晶粒度（a）、晶界相（b）和强化相（c）

能，以及 732℃/550MPa 持久性能的测试，结果见表 9-2 和表 9-3（表中的标准为烟气轮机涡轮盘的检验标准）。

表 9-2　拉伸性能

编　号	$T/℃$	σ_b/MPa	σ_s/MPa	$\delta/\%$	$\psi/\%$
1	23	1370	915	22.0	35.5
2	23	1400	995	21.5	29.0
标　准	20	≥1200	≥825	≥10	≥12
1	540	1280	880	16.5	23.0
2	540	1270	860	16.0	16.5
标　准	540	≥1060	≥715	≥10	≥12

表 9-3　持久性能

编　号	试样温度 $t/℃$	试样应力/MPa	$\delta/\%$	$\psi/\%$	持久寿命
1	732	550	38	60	63h 50min
2	732	550	30	61	58h 47min
标　准	732	550	≥5		≥23h

从测试分析结果看，该涡轮盘组织和力学性能均满足现行烟气轮机涡轮盘的检测标准。

9.2 直径 1250mm 涡轮盘的制备工艺

在 300mm 直径小涡轮盘锻造经验积累上，进行直径 1250mm 涡轮盘的锻造，为了充分发挥我国水压机的能力，该涡轮盘采用 3 万吨水压机，以自由锻的方式制备。

9.2.1 直径 1250mm 涡轮盘的模拟计算

9.2.1.1 直径 1250mm 涡轮盘的有限元模型

根据某 ϕ1250mm 涡轮盘锻造要求建立了 GH4738 合金盘件自由锻造加工有限元模型。坯料采用 ϕ580mm × 1250mm 圆柱体，变形过程采用二维弹塑性有限元法、热-力耦合轴对称分析，即以涡轮盘中轴为旋转对称轴，通过取过对称轴的截面进行分析的方法将三维锻造简化为二维平面问题。上、下模具所用的材料为 5CrNiMo。将模具设置为速度控制的刚性体，模具预热温度为 400℃。

ϕ1250mm 涡轮盘的锻造方式有两种，一种是一次直接镦粗成型，一种是采用两次锻造成型。两次锻造成型工艺可以充分利用中间停留时间，降低加工硬化，提高材料组织的均匀性，从而使最后锻件既有均匀的微观组织，又能保护模具，还可以降低对水压机吨位的要求。因此，模拟采用两次锻造成型工艺，其具体工艺为：第一次镦粗时，将圆柱形坯料由原始高度镦粗至 745mm（上模 1 运动），加载停留一段时间，以便于发生亚动态再结晶和静态再结晶，均化组织，消除组织内应力，然后以相同的变形速率再继续镦粗至 235mm（上模 2 运动）。其数学模型如图 9-24 所示。

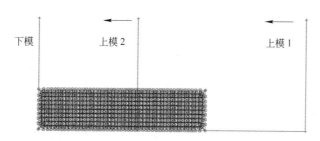

图 9-24　ϕ1250mm 涡轮盘两次锻造工艺模型

ϕ1250mm 涡轮盘的数值模拟条件为：坯料的初始晶粒尺寸为 150μm，初始锻造温度为 1080℃，变形速率为 10mm/s，模具的预热温度为 400℃。在实际生产中工件外部需要放置石棉板等包套材料，并且包套材料表面均匀地涂抹润滑剂，这些材料起到了保持坯料温度和减小与模具摩擦的作用，根据参考资料与生产经验，将坯料与模具之间的摩擦因数设为 0.2，与环境对流换热系数为 15W/($m^2 \cdot K$)，与模具的接触换热系数为 100W/($m^2 \cdot K$)，相当于模拟了包套锻造工艺。

9.2.1.2 直径 1250mm 涡轮盘锻造模拟结果

A φ1250mm 涡轮盘的第一次锻造

第一次锻造包括将圆柱形坯料由初始的 1250mm 以 10mm/s 的速率压缩至 745mm，其变形量为总变形量的 50%，和随后保温 15s 两个过程。在锻造过程中，变形量大于临界应变量的区域会发生动态再结晶，各个积分点都会按照动态再结晶的数学公式计算各个节点的再结晶晶粒尺寸和再结晶百分数。当动态再结晶的百分数大于 95% 时，表现为动态再结晶的百分数，如动态再结晶的体积分数没有大于 95% 时，在随后的保温过程中发生亚动态再结晶过程，带入亚动态再结晶的数学方程进行计算。其第一次镦粗后各场量的计算结果如图 9-25 所示。

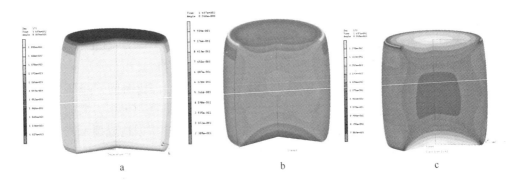

图 9-25 第一次镦粗后各场量的分布情况
a—温度分布；b—应变分布；c—平均晶粒尺寸分布

第一次镦粗的变形量为 50%，变形量最大的区域为中心区域，由此释放出来的变形功也最多。同时，由于中心区域几乎没有与模具发生热传导作用，从而使得中心区域的温度最高，最高温度达到了 1090℃，温度升高了 10℃。由此可见，第一次镦粗由于变形量较小，所释放出来的变形功也很低，使得坯料中心区域的温度升高得不明显。由于包套具有良好的保温效果，再加上变形产生的热量，使得大部分区域的温度都保持在 1070℃ 以上，只有在与模具接触的部分由于坯料与模具之间的热传导，以及部分向空气中释放的热量，使得坯料的温度降低很快，最低温度为 1027℃。小的变形量再加上较低的温度，必然使得发生再结晶区域减小。由图 9-25c 所示，变形量最大的中心区域的平均晶粒尺寸为 90μm，为 3.6 级。大部分区域的晶粒尺寸为 95～107.5μm，为 3.1～3.5 级。由此可见，晶粒尺寸分布比较均匀，在第一步锻造过程中，由于变形量较小，各区域均没有发生完全动态再结晶。

B φ1250mm 涡轮盘的第二次锻造

将第一次镦粗得到坯料的温度场、应变场、晶粒分布场作为初始参数值，进行第二次镦粗模拟计算，变形速率仍为 10mm/s，将第一次锻后的坯料继续压缩至总变形量的 50% 后空冷至室温。整个组织演变过程主要是锻造过程中的动态再结晶和锻后冷却过程中的亚动态再结晶和晶粒长大过程。但由于在整个计算过程中所使用的温度和变形速率均为瞬时量，所以在如果计算晶粒长大时也采用瞬时温度，必然会使得计算结果偏小，并且与实际情况有一定的差距。因此，该处没有加入晶粒长大数学模型的计算，而给出了动态再结晶后的晶粒度分布情况，如图 9-26 所示。

第二次镦粗后因变形量进一步增大，温度、应变、晶粒尺寸分布更不均匀，

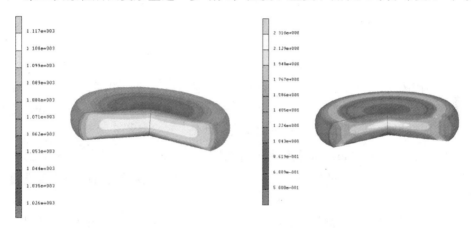

a   b

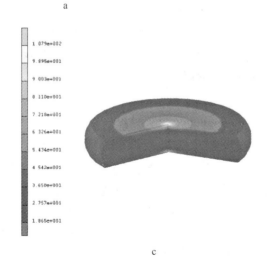

c

图 9-26 第二次镦粗后各场量的分布情况

a—温度分布；b—应变分布；c—晶粒尺寸分布

温度也不断上升，其最高温度升高到 1117℃，比初始温度升高了 37℃，此温度低于 GH4738 最高的热变形温度（1150℃），属于可加工范围。当温度高于 1150℃时，由于 MC 碳化物的回溶和析出，锻件经过热处理后会出现严重的混晶组织。由于变形量大，温度高，诱发位错的运动，在晶界附近形成核心，随着变形量的进一步增大，储存的畸变能进一步增加，从而再结晶晶粒也不断增大，最后该处发生了完全再结晶，获得了均匀、细小的等轴晶组织，晶粒尺寸为 6.5～8.0 级。而与模具接触的部分，温度比较低，最低温度为 1026℃，这是因为该处受到模具的限制，金属流动性差，变形量小，因此由变形功和摩擦转化给坯料的热量较少，同时由于与温度较低的模具接触，又有热量损失，因此温度最低，形成难变形区，几乎没有再结晶发生，该处的平均晶粒尺寸最大，最大晶粒为 107.9μm，为 3.1 级。

9.2.2 涡轮盘实际生产工艺分析

对国内生产的 $\phi1250mm$ 涡轮盘的具体工艺流程进行了跟踪分析，结合理论工艺的制定和虚拟生产结果，对合金的冶炼、合金锭的开坯和盘件的锻造工艺的过程进行分析，并对最终成品的性能作出了评估。

9.2.2.1 $\phi1250mm$ 涡轮盘生产情况

为了获得性能更佳的涡轮盘材料，采用真空感应＋保护气氛电渣＋真空自耗的三联冶炼工艺路线。

生产工艺流程：原材料→真空感应炉熔炼浇铸 $\phi520mm$ 电极棒→电极切头、表面研磨→电渣重熔 $\phi660mm$ 电渣锭→快锻机锻制 $\phi520mm$ 电极棒→电极切头、表面研磨→真空自耗炉熔炼 $\phi610mm$ 自耗锭→自耗锭均匀化、剥皮处理→快锻机镦拔至 $\phi520mm$ →车床剥皮至 $\phi500mm$ 圆柱体→超声波探伤→切头、平头→包套→镦饼→圆饼热处理、粗加工→性能测试。

A 冶炼和均匀化

按照合金设计要求，将 C 控制在低限，Al 尽量控制在成分限的高限范围，Ti 合金控制在中上限，S 含量尽可能低。冶炼工艺步骤见图 9-27。首先将金属元素和合金材料按要求装炉，真空度及漏气率必须符合要求以保证杂质含量的控制，熔炼后浇铸为浇铸电极 $\phi520mm \times 3330mm$ 的电极供电渣重熔使用；电极经清除氧化皮等加工后采用电渣重熔工艺以降低有害杂质的含量，在结晶器中成型 $\phi660mm$ 电渣锭；然后使用快锻机将电渣锭锻成 $\phi520mm$ 电极，加工后继续作为电极进行自耗熔炼；最终使用真空自耗工艺在结晶器中冷却成组织完善的合金钢锭。

分别从真空自耗重熔后钢锭的头部（距端面 150mm）、中部和尾部（距端面

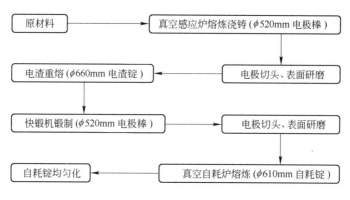

图 9-27 三联冶炼工艺流程

150mm），表面5mm以下部位取样进行化学成分全分析，列于表9-4中。可见三联冶炼工艺对于杂质元素的控制达到了很好的效果，不同部位主要成分相差很小，没有出现铸锭不均匀的现象，而且S含量已经控制到0.0005%以内，其他各项成分也满足设计要求。

表 9-4　真空自耗钢锭化学成分（质量分数）　（%）

项　目	C	Cr	Co	Mo	Al	Ti	Fe	B	Zr
头　部	0.03	19.1	13.0	4.25	1.44	3.01	0.31	0.004	0.04
中　部	0.03	19.2	12.8	4.28	1.43	3.02	0.31	0.003	0.04
尾　部	0.03	19.3	12.8	4.29	1.40	3.07	0.97	0.005	0.03

项　目	Mn	Si	Cu	Mg	S	P	Bi	Pb	Ni
头　部	0.02	0.05	0.01	0.002	0.0005	0.005	0.001	0.0005	余
中　部	0.02	0.06	0.01	0.002	0.0005	0.005	0.001	0.0005	余
尾　部	0.02	0.08	0.01	0.002	0.0005	0.005	0.001	0.0005	余

冶炼过程完成后，需要对钢锭进行均匀化处理，加热工艺如图9-28所示。这种均匀化处理可以有效消除冶炼浇铸过程中产生的偏析现象。在1200℃左右的

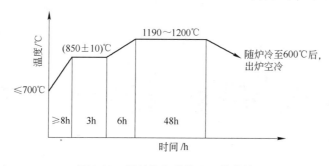

图 9-28　钢锭均匀化处理工艺曲线

温度可以使钢液凝固和随后的冷却过程中析出 MC、M_6C、$M_{23}C_6$ 等碳化物和粗大 γ' 强化相溶解到基体当中，以得到完善的单相组织，消除相的偏聚现象。均匀化温度之前的 850℃ 保温和随后的炉冷过程都是为了使大型钢锭内部温度均匀分布，防止热应力造成的开裂。

B 钢锭开坯

为获得符合锻造加工要求的尺寸规格和性能坯料，需要对钢锭进行开坯锻造，将自耗锭加工后获得的 ϕ580mm 钢锭开坯至 ϕ600mm 圆柱体，包括将 ϕ580mm × 1900mm 圆柱体镦粗至高度 950mm，和将 ϕ820mm × 950mm 圆柱体开坯至 ϕ600mm。该钢锭采用两镦两拔工艺，具体步骤见表9-5。

表9-5 钢锭开坯工艺

火 次	ϕ580mm ⟶ ϕ600mm
1	头部取 120mm 长压钳把，钢锭中部包一圈保温棉
2	镦粗，慢速压下到原高度的 1/2
3	拔长到 600mm 方后倒棱成 600mm 八角形，钢锭中部包一圈保温棉
4	镦粗，慢速压下到原高度的 1/2
5	拔长到 600mm 方
6	倒棱滚圆到 ϕ600mm，空冷

钢锭锻造时加热保温温度取 1170℃，拔长变形速率为 40mm/s，镦粗变形速率为 20mm/s，每火次的回炉加热时间为 120min，锻造设备为快锻水压机。镦拔开坯后的钢锭如图 9-29 所示。

钢锭开坯完成切去头尾以消除变形不均匀部位，并沿半径方向切取 20mm 厚度的一片样品进行组织分析。图 9-30 为低倍浸蚀照片，没有观察到标准所不允许有的缺陷。

图9-29 镦拔后钢锭实物

图9-30 坯料镦拔开坯后低倍组织

图 9-31 是样品不同半径部位的晶粒度组织照片，分别为距坯料中心 30mm、

100mm、180mm 和 270mm 的位置。可见开坯过程已经基本消除了各个部位的铸态组织，坯料的锻透性良好。坯料靠近中心部位的晶粒较为均匀，平均晶粒尺寸为 157μm（2.3 级），但据边缘 30mm 的部位开始晶粒变得细小，平均晶粒尺寸减小至 78μm（4.6 级）。整体上坯料呈中部存在均匀的大晶粒，边缘晶粒细小的分布。由于每火次都要回炉加热到 1170℃，可以充分消除再结晶组织，所以这种组织状态主要是在最后一火次的拔长过程产生的，坯料的边缘由于与压下的砧子接触而积累了很大的应变，从而使坯料的最大应变部位出现在坯料边缘；而坯料由于变形存在温升，且内部热量不易向外散失，所以导致坯料内部温度较高。较大的应变量使动态再结晶晶粒尺寸变小，而中间部位的较高温度使该部位的晶粒更容易长大，这些因素造成了上述的坯料晶粒度组织分布趋势。

图 9-31 开坯后坯料晶粒度组织
a—距中心 30mm；b—距中心 100mm；c—距中心 180mm；d—距中心 270mm

图 9-32 为坯料样品进行扫描电子显微镜分析的组织特征。由于坯料的开坯过程加工温度较高，合金中的强化相完全溶解在基体中，而热加工后坯料会进行空冷，较快的冷速形成了大量形核，所以形成了图中看到的密集而均匀的 γ' 相。在冷却过程中晶界上析出的碳化物呈不连续分布。对坯料组织进行的分析可知，

此开坯处理工艺得到的合金的加工性能和组织状态分布可以为后续的涡轮盘锻造过程提供良好的保证。

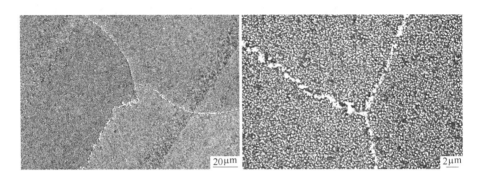

图 9-32 坯料微观组织特征

C φ1250mm 涡轮盘自由锻造

将开坯后的 φ600mm 圆锭加工成 φ580mm × 1000mm 的原始锻造坯料，进行 φ1250mm 涡轮盘的自由锻造（镦饼）加工，具体步骤见表 9-6。

表 9-6 涡轮盘自由锻造工艺

项 目	φ580mm × 1000mm ⟶ φ1260mm × 205mm
1	90s 左右将钢锭转移至预热砧板上，下砧面和饼坯上各放置一层硅酸铝纤维
2	第一次锻，30s 压至高度 500mm
3	停留 20s
4	第二次锻，30s 压至高度 205mm，空冷

锻造设备为 3 万吨水压机，如图 9-33 所示。坯料的加热温度为 1100℃，变形速率控制在 10mm/s 左右。锻造过程只对坯料加热一次，但在压下约 50% 高度后会停留约 20s 再继续锻压成型。这是由于考虑到水压机的实际承受能力可能低于标称值，一次成型可能会导致载荷不足，停留一段时间可以使机械装置得到缓冲，而且在锻件内部发生的亚动态再结晶现象也可以起到软化合金、降低锻造载荷的作用。图 9-34 是成型后的饼坯。通过对锻造过程整体观察可见，GH4738 合金的热加工塑性比较好，锻造过程顺利，锻件

图 9-33 3 万吨水压机

图9-34 涡轮盘成型后的饼坯

表面无裂纹。

9.2.2.2 ϕ1250mm 涡轮盘模拟结果的验证

按照模拟条件，实际锻造了 ϕ1250mm 涡轮盘。在实际盘子的外部 ϕ1265~1205mm 处切取一个试样环。从该试样环切取部分试样，观察其晶粒度的分布情况，如图9-35所示，该处的晶粒尺寸细小，且分布均匀，据统计得到平均晶粒尺寸为7.5级。通过模拟计算得到该处的平均晶粒尺寸为 28.6μm，为7.5级，计算结果与实际数值基本一致。从而再次证明了本次二次开发的可行性。

9.2.2.3 涡轮盘组织性能分析

锻造完成后得到的饼坯不含鼓肚外径为1250mm，高度为206mm，鼓肚厚度为35~40mm，可以满足 ϕ1250mm 盘体的加工要求，在加工时需要预留试样环供力学性能能检测用。图9-36是成品的三维图。盘体采用热处理工艺：1020℃/4h/油淬+845℃/4h/空冷+760℃/16h/空冷。

在进行了整体热处理后的涡轮盘上切取 25mm×20mm 的试样环，取样部位约在 ϕ625mm 部位，即涡轮盘半径的1/2处。图9-37是试样环四个部位（图9-35取样部位示意图）的晶粒组织形貌，其平均晶粒度为7.1级，晶粒比较细小。多数晶粒是均匀的等轴晶，且分布较为均匀，没有出现由于再结晶不完善导致的混晶现象。

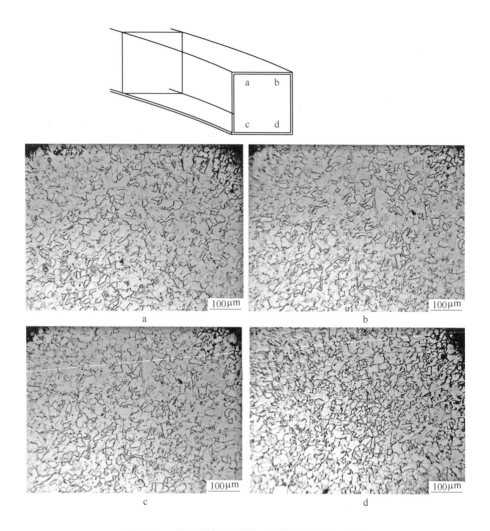

图 9-35 锻态涡轮盘试样环各处的晶粒度形貌

图 9-36 YL24000A 烟机轮盘三维实体

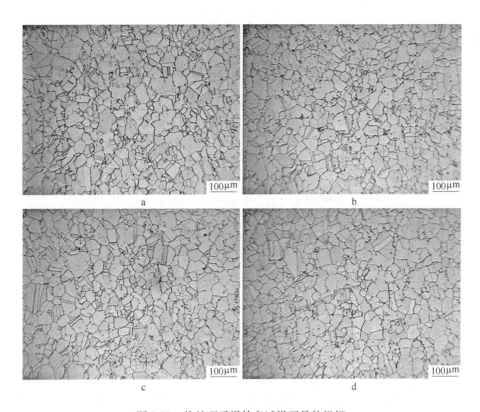

图 9-37 热处理后涡轮盘试样环晶粒组织

图 9-38 是对试样环样品进行的扫描电子显微镜分析照片。可以看到大 γ′相在晶粒内均匀分布，且周围弥散着小 γ′相，强化相匹配良好，晶界上析出的碳化物呈链状。

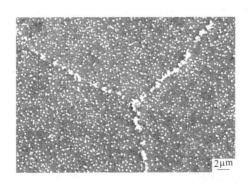

图 9-38 热处理后涡轮盘试样环晶界和强化相形貌

表 9-7 和表 9-8 为室温拉伸和 540℃ 高温拉伸及持久性能的测试结果，均满足烟气轮机涡轮盘的技术标准要求。

表9-7 室温拉伸性能

样品编号	σ_b/Pa	σ_s/Pa	δ/%	ψ/%
室 温	1400	935	22.0	28.0
	1390	985	23.5	33.0
室温标准	≥1200	≥825	≥10	≥12
540℃	1260	845	16.5	19.5
	1280	915	18.5	28.5
540℃标准	≥1060	≥715	≥10	≥12

表9-8 732℃/550MPa 持久性能

样品编号	持久寿命 τ/h	断后伸长率 δ/%	断面收缩率 ψ/%
1	54.0	28	70
2	98.7	28	54
标 准	≥23	≥5	—

9.3 直径1380mm 进口涡轮盘的解剖分析

9.3.1 涡轮盘组织性能分析

涡轮转子使用条件恶劣,受力状态复杂,为进一步了解涡轮盘的组织特征,对一个进口烟气轮机涡轮盘进行解剖分析。图9-39为国内某石化公司进口烟气轮机 ϕ1380mm 涡轮盘断裂后的部分外观照片,因实际生产中的事故导致了涡轮盘整体破裂,事故发生时,烟机转速远远超过了额定转速,盘体发生撕裂,取断裂后的约1/8 盘体部分进行分析。

该涡轮盘由美国 Wyman Gordon 公司锻造成型,厂商在质保单中提供了成分(列于表9-9)、热处理制度及各项力学指标的数据。

表9-9 涡轮盘合金主要化学成分 (质量分数,%)

C	Cr	Mo	Co	Al	Ti	Fe	Ni
0.037	19.07	4.26	13.86	1.35	3.00	0.57	Bal

该涡轮盘所采用的热处理制度为:1016℃/4.5h/水淬 + 843℃/4.5h/空冷 + 760℃/16.5h/空冷。

9.3.1.1 涡轮盘组织分析

A 宏观检查

图9-39是涡轮盘进气面和排气面的表面情况,其上的主要腐蚀痕迹来自烟气轮机事故后涡轮盘落入海水后所受的侵蚀。除此之外,在进气面有较明显的冲

刷痕迹,氧化层呈淡褐色,且较为致密,没有疏松现象;排气面盘体中部可以看到金属光泽。总体看来,服役后的盘件表面抗氧化性能良好,无明显裂纹。

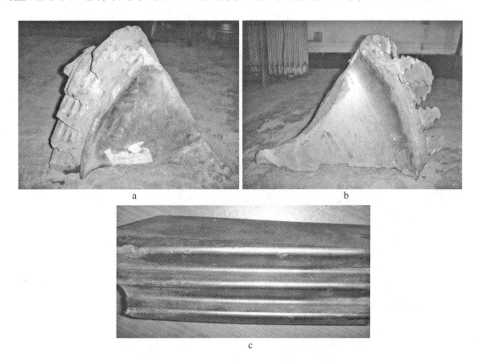

图9-39 涡轮盘进气面(a)、排气面(b)表面外观和榫齿外观特征(c)

图9-39c是切除下的涡轮盘榫齿外观,在榫齿沟槽部位可以观察到明显的接触痕迹,痕迹为均匀的白线,说明榫齿与叶片之间的配合完整,没有出现点接触或部分接触造成的严重磨损区域,这就可以有效避免应力集中和萌生的裂纹源。因为榫齿表面在长期使用过程中,由于环境介质的腐蚀作用会产生腐蚀,榫齿表面腐蚀的存在,一方面会引起应力集中,另一方面又会吸附与聚集腐蚀介质,因而容易诱发疲劳裂纹。完整的接触配合来自于对榫齿加工和装配的精确性,也是进口涡轮盘的优势之一。

可以认为,该涡轮盘在经过长期服役后,除断裂部位外,盘体各部位没有明显的宏观及微观缺陷。

B 榫齿组织微观分析

在涡轮盘上切取一个榫齿,对榫齿的各部分进行显微组织观察。图9-40为榫齿部位夹杂物分布,夹杂物

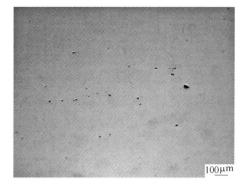

图9-40 榫齿夹杂物低倍照片

大多呈颗粒状存在，含量处于正常范围。

在榫齿的第一、第二、第三齿和槽底，榫齿底部中心位置取样，分别进行显微组织观察。取样部位及对应的晶粒度分布情况如图9-41所示。

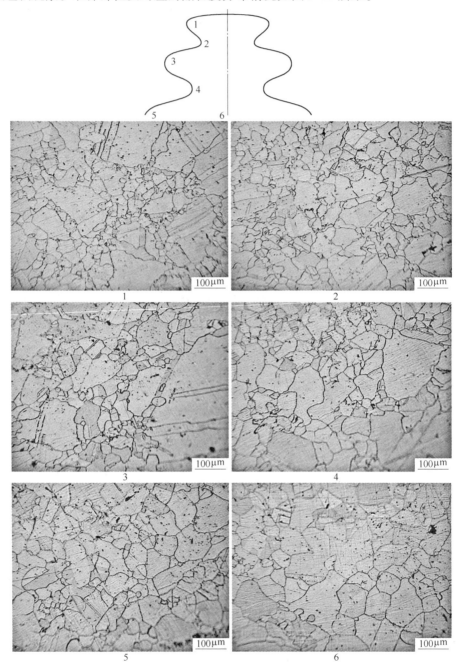

图9-41 榫齿不同部位的晶粒度

可以看到在各齿根及齿尖部位晶粒并不是太均匀，存在一定程度的大小混晶现象。涡轮盘在实际运行过程中从榫齿到中心部位温度分布不同，所以对不同部位进行析出相的观察分析。图 9-42 为对榫齿不同部位进行的扫描电子显微镜观

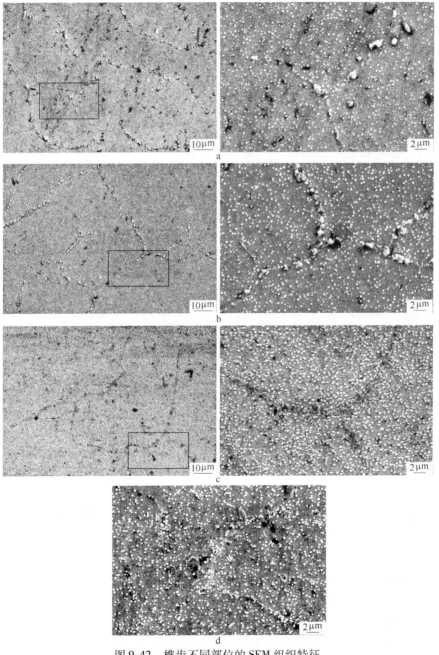

图 9-42 榫齿不同部位的 SEM 组织特征

a—第一齿；b—第二齿；c—根部；d—槽底

察，其中每一组的右图都是左图的局部放大，包括了第一齿、第二齿、榫齿槽底和榫齿根部等部位。

从图 9-42 可以看出，榫齿不同部位的主要特征相差不大。在服役运行后，γ' 相的数量及大小匹配没有显著的变化，分布较为均匀，且没有明显长大现象。虽然不同部位所承受的温度不同，但观察不到 γ' 相状态的明显区别。无论是榫齿的底部或顶部，在晶界上都观察到呈链状的晶界析出相，没有连接成晶界的碳化物膜。

总之，对榫齿的 SEM 分析表明，服役后的涡轮盘榫齿强化相和晶界析出相的基本特征没有变化，材料没有明显退化现象。

9.3.1.2　力学性能分析

为了和服役前的性能对比，在涡轮盘上取样进行力学性能测试。表 9-10 和表 9-11 为服役前后力学性能的测试对比结果。服役后的涡轮盘抗拉强度有稍许下降，但总体上看，强度和塑性都没有太明显的下降。

表 9-10　服役前后的拉伸性能数据

加载条件		$\sigma_{0.2}/MPa$	σ_b/MPa	$\delta/\%$	$\psi/\%$
未服役	室　温	906	1321	24	25
	538℃	820	1200	21	24
服役后	室　温	865	1290	21.5	23.5
	538℃	785	1160	19.0	22.5

表 9-11　持久性能数据

加载条件	服役后			服役前（缺口试样）	
	τ/h	$\delta/\%$	$\psi/\%$	τ/h	$\delta/\%$
732℃，552MPa	23.6	24.0	27.0	46.0	46.5
	58.7	18.0	17.0	54.4	43.7
加载条件	服役后			服役前（光滑试样）	
	τ/h	$\delta/\%$	$\psi/\%$	τ/h	$\delta/\%$
816℃，293MPa	158.7	21.0	30.0	68.2	48.0
	157.0	34.0	37.0	83.1	46.0

生产厂商的质保单上给出了出厂时对涡轮盘材料的持久试验数据，包括816℃/293MPa 和 732℃/552MPa 两种载荷，其中后者是缺口试验的数据。为与原始数据对比，持久试验仍采用这两种载荷进行测试。结果可以看出，加载条件为732℃/552MPa 的样品的平均持久寿命低于质保单所提供的 V 形缺口试样持久试验数据，说明在较高应力条件下的材料寿命可能有一定下降；而 816℃/293MPa的较低应力载荷下的持久寿命反而有所增加，排除持久试样的离散性，可以认为

此条件下的寿命没有因长期运行而缩短。从两组实验的试样伸长率比较可以看到，材料的塑性有一定程度的下降，但仍在许可范围内。

9.3.2 涡轮盘转速对应力分布的影响

通过以上对涡轮盘组织和力学特性的分析，可知涡轮盘的状态并没有因长期运转而明显变化，各项指标仍在许可范围内，所以盘体的失效并不是因为性能的退化。可以推测该涡轮盘可能是超速运转导致的破坏，由于高速旋转引起的内应力不可忽视，因此有必要分析该型号涡轮盘在高速运转时的内应力分布。

图9-43是通过有限元模拟计算出的运转中涡轮盘的内应力分布状况，深色表示高应力区域，可以看到，盘体中间台阶部位是应力集中区域，应力从盘体内部到边缘急剧增大，最大应力数值已是内部的数倍。因此在高速转动下，该区域必然是危险区域，一旦最大应力超出范围，就会使材料发生屈服现象。这种屈服状态的产生会导致局部变形或出现裂纹，从而使应力集中更为严重，失效的区域会变大，最终使整个盘体被破坏。

图9-43 运转中涡轮盘的内应力分布

根据GH4738合金主要力学性能随温度变化曲线，推断得涡轮盘正常工作温度范围内（400~550℃）合金的屈服强度 $\sigma_{0.2}$ 约为730MPa。结合上述解剖分析涡轮盘的有限元计算，获得不同转速下由离心力所产生的最大内应力（图9-44），内应力随转速提高稳定上升，在转速为8000r/min时，最大应力就已经超出了屈服强度，而考虑到其他因素实际允许转速应远小于该值，由图中可以看到，在转速为5000r/min以下

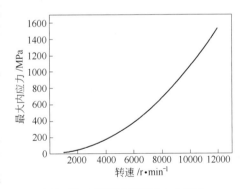

图9-44 不同转速下最大内应力

时，最大内应力随转速上升的速率明显较缓，所以5000r/min以下是较为合理安全的转速。

该涡轮盘在失效事故发生时，由于烟气流量瞬间增大，转速曾到达10000r/min，由以上分析可知，此时涡轮盘最大内应力已经大大超过了材料的屈服极限，所以可以推定该涡轮盘的主要失效原因是超速。

事实表明，超速运转会对涡轮盘造成极大的破坏，也就是说要将转速控制在安全区域内。图 9-45 是尺寸分别为 ϕ1380mm、ϕ1250mm、ϕ1100mm 和 ϕ1000mm 的某型号涡轮盘在不同运转速度下的最大内应力，可看出其曲线基本变化趋势都是相同的，即曲线都是下凹的，应力随转速提高而提高的速率逐渐变大。

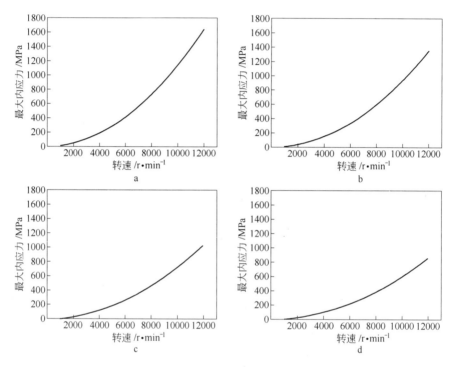

图 9-45　不同尺寸涡轮盘的最大内应力

a—ϕ1380mm；b—ϕ1250mm；c—ϕ1100mm；d—ϕ1000mm

尺寸为 ϕ1380mm、ϕ1250mm、ϕ1100mm 和 ϕ1000mm 的涡轮盘内应力到达屈服极限的转速分别为 8100r/min、8800r/min、10000r/min 和 11100r/min，考虑到其他因素，安全系数取 0.6 是一个较为合理的数值。

综合以上计算结果及讨论，可以得到图 9-46，即不同尺寸涡轮盘的安全转速范围，实线表示屈服极限范围，在实线以上涡轮盘必将失效；虚线以下是

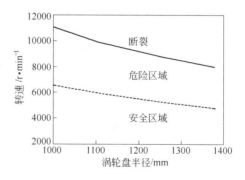

图 9-46　涡轮盘安全转速

根据安全系数计算出的安全转速范围，在虚线和实线之间是危险区域，有发生断裂的危险。在涡轮盘运转中应尽量将转速控制在安全区域内。

9.4 直径1450mm 涡轮盘的制备

9.4.1 集成式模拟在超大涡轮盘锻造中的应用

ϕ300mm 涡轮盘的锻造结果验证了集成式有限元模拟的可靠性，表明集成式有限元模拟相比单一模锻模拟考察环节更加全面，具有更高的准确性，能有效地模拟预测涡轮盘从自由锻到模锻整个锻造过程的热力参数（应变、温度等）分布和微观晶粒尺寸分布，可以用于国内最大的 ϕ1450mm 涡轮盘的锻造模拟，为成型工艺的制定提供理论指导。

下面介绍 ϕ1450mm 涡轮盘锻造中各工艺参数的影响规律。

在集成式模拟中，根据实际生产中各工序的特点，着重考察了六个工艺因素的影响规律：自由锻预热温度 T_1，自由锻预热后坯料从炉内转移至下模上所需时间 t_1，自由锻模具温度 T_2，模锻预热温度 T_3，模锻预热后坯料从炉内转移至下模上所需时间 t_2，模锻预热温度 T_3。各工艺影响因素的考察值见表9-12。

表9-12 集成式模拟中各工艺影响因素的考察取值

加热目标温度 T_1/℃	转移时间 t_1/s	自由锻模具温度 T_2/℃	加热目标温度 T_3/℃	转移时间 t_2/s	模锻模具温度 T_4/℃
1040	60	350	1080	60	350
1060	60	350	1080	60	350
1080	60	350	1080	60	350
1060	90	350	1080	60	350
1060	120	350	1080	60	350
1060	60	250	1080	60	350
1060	60	300	1080	60	350
1060	60	350	1060	60	350
1060	60	350	1100	60	350
1060	60	350	1080	90	350
1060	60	350	1080	120	350
1060	60	350	1080	60	250
1060	60	350	1080	60	300

9.4.1.1 不同自由锻前预热目标温度 T_1 的影响规律

实际开坯获得的 ϕ600×1240mm 圆柱坯初始晶粒组织除了边缘有25mm 厚度范围的250μm 大晶粒，内部晶粒度约为160μm（见图2-26），自由锻前预热温度 T_1 选取三个温度来模拟考察不同自由锻前预热目标温度 T_1 的影响规律：1040℃、

1060℃和1080℃，其余影响因素相同：转移时间t_1为60s，自由锻模具初始温度T_2为350℃，模锻前预热温度T_3为1080℃，转移时间t_2为60s，模锻模具初始温度T_4为350℃。模拟结果见图9-47。

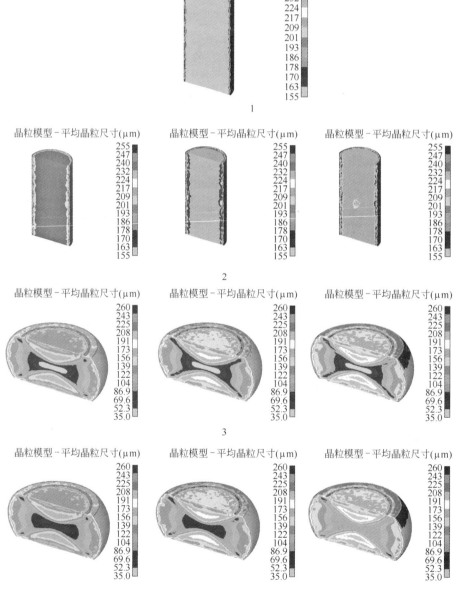

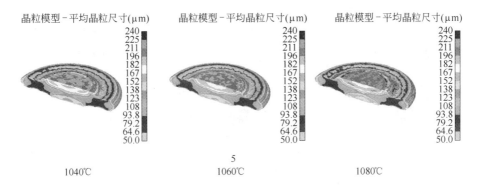

图 9-47 不同自由锻前预热温度条件下的整个锻造过程中各阶段的模拟结果
1—初始晶粒尺寸分布；2—自由锻预热后晶粒尺寸分布；3—自由锻后晶粒尺寸分布；
4—自由锻空冷后晶粒尺寸分布；5—最终模锻后晶粒尺寸分布

由图 9-47 可以看出，在自由锻前预热后，三者的平均晶粒尺寸已经有较大差距，这是由于不同预热温度导致晶粒长大情况不同。自由锻后，中间晶粒尺寸差别不大，但变形死区及表面晶粒尺寸有明显差别。自由锻前预热温度提高 20℃，变形死区及表面晶粒尺寸随之增长 $10 \sim 20 \mu m$。空冷后，三者中心区域的晶粒尺寸发生了不同程度的长大。最终模锻后三者的差别主要体现在盘件上、下死区及表面的平均晶粒尺寸上。可见，自由锻锻前预热温度对盘件变形死区的晶粒尺寸大小影响显著，影响持续至最终模锻完成。另外，自由锻前预热温度会较大影响自由锻的最大变形抗力，1040℃时最大抗力为 14140t，1060℃时为 13010t，1080℃时为 11072t，即提高自由锻预热温度会较大程度地减小变形抗力。

9.4.1.2 自由锻后坯料不同转移时间 t_1 的影响规律

自由锻后坯料不同转移时间 t_1 选取三个时间来模拟考察不同转移时间 t_1 的影响规律：60s、90s 和 120s；其余影响因素相同：自由锻前预热温度为 T_1 为 1060℃，自由锻模具初始温度 T_2 为 350℃，模锻前预热温度 T_3 为 1080℃，转移时间 t_2 为 60s，模锻模具初始温度 T_4 为 350℃。模拟结果见图 9-48。可以看出，转移时间 t_1 主要影响自由锻圆柱坯的表面温度，不过转移时间 t_1 对自由锻锻后温度影响很小（见图 9-48（2）），并且对锻后平均晶粒尺寸分布并无影响（见图 9-48（2））。转移时间 t_1 还会影响自由锻的最大变形抗力：转移 60s 时为 13010t；转移 90s 时为 13061t；转移 120s 时为 13265t。由上述可以看出，不论是温度还是变形抗力，当转移时间 t_1 在 90s 以内时，其影响都不大，但一旦达到 120s 或更长，则影响程度开始变大，所以要控制转移时间越短越好。

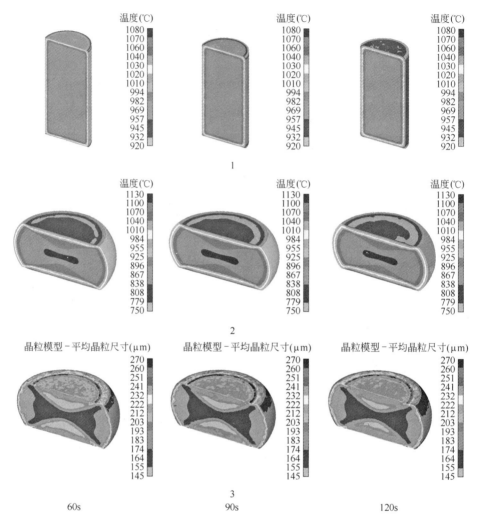

图 9-48 自由锻后不同坯料转移时间条件下的整个锻造过程中各阶段的模拟结果
1—坯料转移后温度分布；2—自由锻后温度分布；3—自由锻后晶粒尺寸分布

9.4.1.3 自由锻不同模具初始温度 T_2 的影响规律

自由锻前模具温度 T_2 选取三个温度来模拟考察不同模具温度 T_2 的影响规律：250℃、300℃和350℃；其余影响因素相同：自由锻转移时间 t_1 为 60s，模具初始温度 T_2 为 350℃，模锻前预热温度 T_3 为 1080℃，转移时间 t_2 为 60s，模锻模具初始温度 T_4 为 350℃。模拟结果见图 9-49。

由图 9-49 模拟结果可以看出，初始自由锻模具温度升高 50℃会提高坯料表面温度 10～20℃，但同时增大了自由锻锻坯上、下死区的平均晶粒尺寸约 20μm，并且，这种增大影响会一直持续到最终模锻结束。另外，锻压机记录表

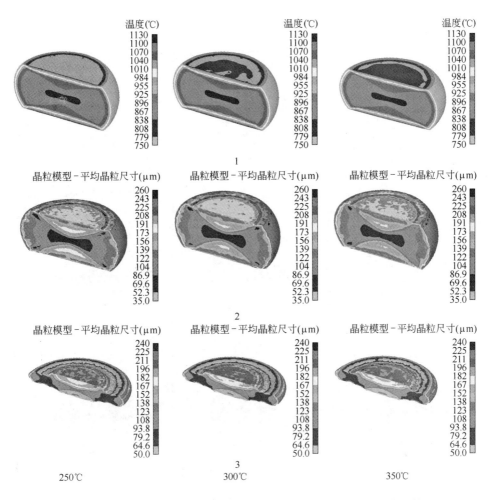

图 9-49 不同自由锻模具温度条件下的整个锻造过程中各阶段的模拟结果
1—自由锻后温度分布；2—自由锻空冷后温度分布；3—模锻空冷后晶粒尺寸分布

明，初始自由锻模具温度升高 50℃ 会降低自由锻变形抗力约 100~190t。

9.4.1.4 模锻前不同预热温度 T_3 的影响规律

模锻前预热温度 T_3 选取三个温度来模拟考察不同模锻前预热目标温度 T_3 的影响规律：1060℃、1080℃ 和 1100℃；其余影响因素相同：自由锻前预热温度 T_3 为 1080℃，转移时间 t_1 为 60s，自由锻模具初始温度 T_2 为 350℃，转移时间 t_2 为 60s，模锻模具初始温度 T_4 为 350℃。模拟结果见图 9-50。

图 9-50 表明，模锻预热温度对最终模锻晶粒尺寸分布和变形抗力都有极大的影响。模锻坯料预热温度低，最终模锻晶粒尺寸整体偏小，但变形抗力也有较大增幅（1060℃ 时为 79872t，1080℃ 时为 72582t，1100℃ 时为 67230t），并且坯

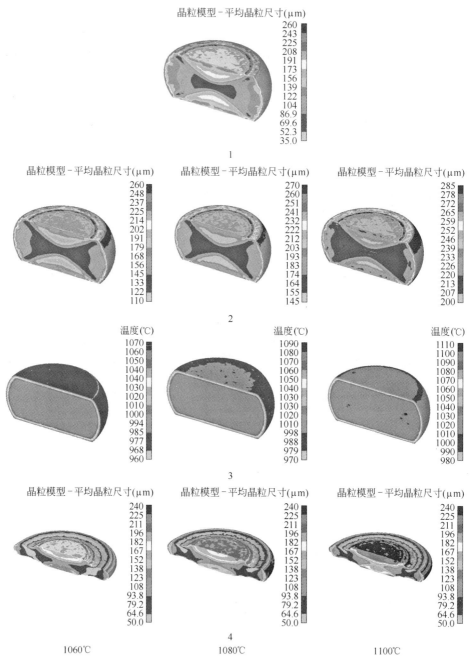

图 9-50 不同模锻前预热温度条件下的整个锻造过程中各阶段的模拟结果

1—模锻前预热后晶粒尺寸分布；2—坯料转移后温度分布；

3—模锻后温度分布；4—模锻空冷后晶粒尺寸分布

料转移后，开锻时表面的温度会偏低，存在开裂风险。因此，模锻温度的选择极其重要。

9.4.1.5 模锻前加热后不同转移时间 t_2 的影响规律

模锻预热后坯料不同转移时间 t_2 选取三个时间来模拟考察不同转移时间 t_2 的影响规律：60s、90s 和 120s；其余影响因素相同：自由锻前预热温度 T_1 为 1060℃，转移时间 t_1 为 60s，自由锻模具初始温度 T_2 为 350℃，模锻前预热温度 T_3 为 1080℃，模锻模具初始温度 T_4 为 350℃。模拟结果见图 9-51。

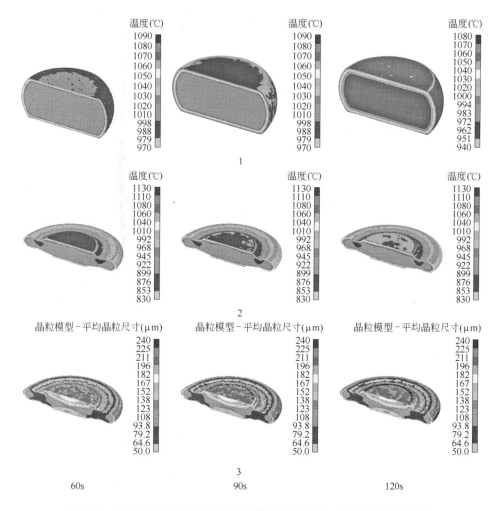

图 9-51 不同模锻转移时间条件下的整个锻造过程中各阶段的模拟结果

1—坯料转移后温度分布；2—模锻后温度尺寸分布；3—模锻空冷后晶粒尺寸分布

图 9-51 表明，模锻前转移时间 t_2 会对坯料表面的温度产生很大影响，但对锻后平均晶粒尺寸无明显影响。相比自由锻前转移时间，模锻前转移时间对坯料

表面温度影响更大，意味着模锻前转移时间必须严格控制，否则会极大增加开裂倾向。另外，锻压机的压力计算表明，转移 60s 时模锻最大抗力为 72582t，转移 90s 时模锻最大抗力为 74386t，转移 120s 时模锻最大抗力为 78000t。这说明，相比自由锻前转移时间，模锻前转移时间对锻造变形抗力的影响更大。

9.4.1.6　模锻模具初始温度 T_4 的影响规律

对模锻模具初始温度 T_4 选取三个温度来模拟考察不同模具温度 T_4 的影响规律：250℃、300℃和 350℃，其余影响因素相同：自由锻前预热温度为 T_1 为 1060℃，转移时间 t_1 为 60s，自由锻模具初始温度 T_2 为 350℃，模锻前预热温度 T_3 为 1080℃，转移时间 t_2 为 60s。模拟结果见图 9-52。

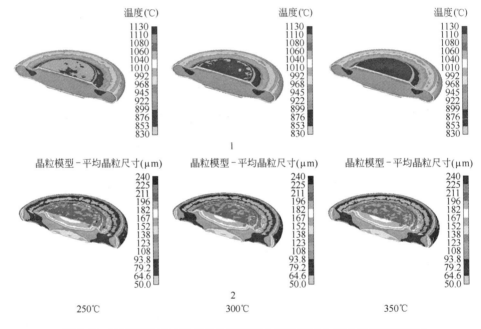

图 9-52　不同模锻模具温度条件下的整个锻造过程中各阶段的模拟结果
1—模锻后温度尺寸分布；2—模锻空冷后晶粒尺寸分布

图 9-52 表明，模锻模具温度在 250～350℃内变化对锻后晶粒尺寸影响不大，尤其对远离上下表面的中心区晶粒尺寸几乎无影响。但模具温度提升 50℃对坯料上下表面温度有 10～20℃的提升，并能减少 200 多吨的最大变形抗力（变形抗力计算表明，250℃时为 73071t，300℃时为 72807t，350℃时为 72582t）。

同理可以对自由锻和模锻两阶段的变形量分配进行计算分析，在总变形量一定的前提下，通过调整两阶段变形量的分配比，以最终模锻后的晶粒度分布、模锻时的最大变形抗力、塑性损伤值等为判据。再结合不同热工艺条件的计算结果，综合考虑可以给出最终的优化工艺。通过该种系统的计算分析，不仅可以获得优化工艺，更大的益处在于使实际涡轮盘制备指挥者对全流程控制中诸多影响因素的关联性和控制关键做到有的放矢。

9.4.2 直径1450mm超大涡轮盘制备

合金的冶炼工艺见第2.1.4节，经三联工艺冶炼后，合金锭的化学成分列于表2-1。该钢锭的开坯工艺及过程见第2.3节。

9.4.2.1 超大涡轮盘自由锻过程

锻造是在8万吨水压机上进行的，如图9-53所示。所用的模具如图9-54所示。自由锻采用硬包套方式，包套现场如图9-55所示。但因为锭型很大，在包套后加热过程需要考虑加热时间因包套材料传热造成的影响。锻造开始前，首先进行模具预热工作。

图9-53 8万吨水压机

图9-54 超大涡轮盘所用模具

图9-55 包套现场

将棒料放在电炉有效区域内，下面用耐火砖将其垫起；加热前需要9点测温，保证均温区温度误差范围在±10℃；镦饼前对平砧进行预热，上下平砧预热温度不低于350℃，锻造时上下平砧温度不得低于300℃。

棒料出炉后迅速转运至压机平砧上（从出炉至压机上砧接触坯料的转

运时间不得超过90s，要求在转运过程中记录包套表面的温度变化），下平砧铺一层保温棉，棒料尽量放在平砧中间位置；压机按预先设置的压制模式进行压制；饼坯压完后马上清除外表面包套，然后迅速测试锻件表面温度并放置在沙坑中空冷，圆饼冷却后形貌如图9-56所示。随后对饼坯进行车端面，并进行探伤，如图9-57所示。同时对端面进行宏观晶粒度的侵蚀观察，下端面宏观晶粒情况如图9-58所示。

图9-56 圆饼冷却后形貌

图9-57 超声波探伤

图9-58 下端面宏观晶粒情况

9.4.2.2 超大涡轮盘模锻过程

将预热好的模具在压机上调整好后，利用假料烤模，生产前使用水剂润滑剂润滑模腔，保证模锻开始时模具上下模腔温度不低于300℃；饼坯经一种特殊的包套方法进行加热转移。

饼坯出炉后迅速转运至压机模具上，将饼坯放在模具中间位置，要求出炉后的转运时间不超过90s，坯料出炉至开始模锻过程中，记录饼坯表面包套的温度变化；压机按预先设置的压制模式进行压制，最终控制一定的欠压量，如图9-59所示。

压完后马上清除外表面包套，并立刻测量锻件表面温度变化后放置在沙坑中空冷，压制后的涡轮盘如图9-60所示。

9.4.2.3 试样环组织与性能测试

在图9-61位置取试样环，并按照烟机标准 HG/T 3650—2012（相当于 AMS

图 9-59 圆饼坯转运至压机及压制过程

图 9-60 压制结束转运至沙坑

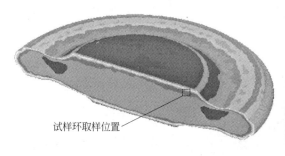

试样环取样位置

图 9-61 试样环取样位置

5704G）进行检测分析。

图 9-62 为夹杂物形貌，为了对晶粒度有全面的观察，在试样环的横截面四个不同位置观察晶粒度，如图 9-63 所示。

图 9-62 夹杂物形貌

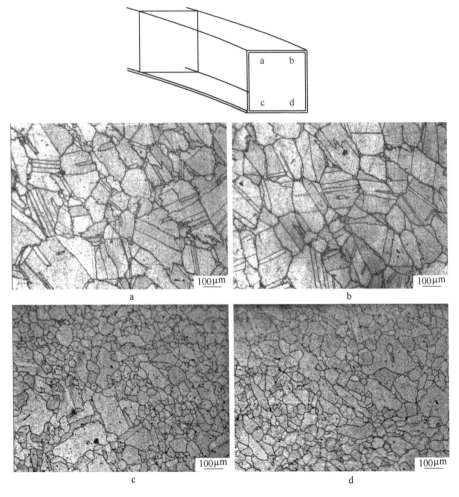

图 9-63 试样环横截面不同位置的晶粒度

从图9-63中可以看出，靠近涡轮盘表面由于变形量小（甚至是变形死区），晶粒度较大，因超大涡轮盘制备采用的是欠压工艺，在最后加工成形的过程中，表面层通过加工去除，总体上该涡轮盘的平均晶粒度达到4.5级。

晶界析出相和强化相分布如图9-64所示。

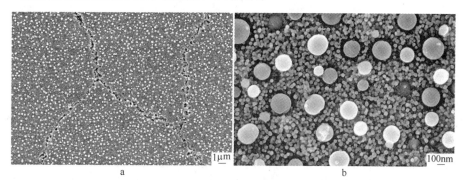

图9-64　晶界析出相（a）和强化相（b）分布形态

试样经1020℃/4h/OC+845℃/4h/AC+760℃/16h/AC热处理后，测试室温瞬时拉伸性能、540℃瞬时拉伸性能，测试结果见表9-13。持久性能测试结果见表9-14。测得的硬度值范围为357~376HBW，平均值为360HBW，硬度值的标准范围为341~401HBW。

表9-13　拉伸性能

实验温度/℃	屈服强度/MPa	抗拉强度/MPa	δ/%	ψ/%
23	995	1345	25	29
23	884	1343	26	26
标　准	≥825	≥1200	≥10	≥12
540	780	1180	21.5	21.0
540	770	1190	23.5	22.0
标　准	≥715	≥1060	≥10	≥12

表9-14　持久性能

实验温度/℃	应力/MPa	δ/%	ψ/%	断裂时间/h
732	550	16	33	227.1
732	550	15	29	135.3
标准732	550	≥5	—	≥23

基于大量实验和理论分析研究，再加上我国8万吨水压机的硬件支持，最终成功锻制直径1450mm烟气轮机涡轮盘盘件，并经检测分析，该盘件组织性能满足AMS 5704G标准要求。实现了国产化超大型镍基高温合金GH4738合金涡轮盘的国产化研制。

参 考 文 献

[1] 中国航空材料手册编辑委员会. 中国航空材料手册：第二卷[M]. 2版. 北京：中国标准出版社，2001：475.

10 服役后涡轮盘的寿命评估

炼油厂催化裂化装置所排出的烟气具有较大的能量，用于回收烟气中能量的装置为烟气轮机，其工作时是一个多元热平衡系统，当转子处于热平衡状态时，其金属温度呈现一定的分布，沿轮芯至轮缘温度逐渐升高，在同一径向位置，叶片温度高于涡轮盘温度。涡轮盘是在一定应力状态下工作的，和温度分布一样，涡轮盘各位置的应力也呈现一定的分布，其中应力的来源一般有三部分：榫头及轮盘本身的离心拉应力；由径向方向的温度梯度产生的热应力；由介质中气流载荷引起的弯曲应力和叶片传来的振动应力。这三部分应力中离心力和热应力是主要的，离心力取决于一定工作转速下轮盘自身的离心力，热应力取决于温度分布。总之，涡轮盘的工作状态因素主要是温度和应力，在一定温度和应力下工作的涡轮盘实际上处于一个应力时效状态。

随着航空发动机特别是地面燃气轮机和烟气轮机对延长寿命以及对运行部件剩余寿命评估等方面的迫切要求，其关键问题就聚焦在寻找与时间相关的性能和组织演变规律，若没有这方面的基础研究，就很难对高温合金部件的长寿命及剩余寿命进行估算。因此对已经实际服役运行长达 6 万小时的涡轮盘进行相关组织和性能的解剖分析，并对其剩余持久寿命进行检测分析将对数据的积累和分析工作的深入进行具有重要的意义。

10.1 服役 6 万小时涡轮盘的解剖分析

检查并解剖一个已实际运行近 6 万小时的直径 820mm 的 GH4738 合金烟机涡轮盘，分析其组织和性能变化。该涡轮盘采用真空感应加真空自耗重熔的双联工艺冶炼，钢锭开坯后模锻成盘材，经固溶和时效处理，热处理制度为：1026℃ × 4h 油冷 +845℃ ×4h 空冷 +760℃ ×16h 空冷。

该涡轮盘从出厂至进行解剖分析累计运行了 2565 天共 61560h。针对该涡轮盘，制订详细的解剖方案，制备组织和相应力学性能分析样品。

10.1.1 涡轮盘的组织分析

解剖前检查包括涡轮盘外观磨损与氧化观察、着色探伤、四触点电位探伤。

采用着色探伤检查盘两侧，未发现裂纹。采用四引线电位探伤法检查榫槽，也未发现裂纹。图 10-1 为运行 6 万小时后的涡轮盘的宏观照片。从图中可以看出，经过 6 万小时服役后，盘件不同部位没有出现明显的宏观及微观缺陷。

从氧化程度来看，涡轮盘中部两侧还有金属光泽，轮缘及榫齿两侧氧化层呈淡橘黄色，榫齿顶呈灰黑色。氧化层致密，无疏松起皮现象。榫槽处有轻度点

图 10-1　运行 6 万小时的涡轮盘的外观特征

蚀。与仅使用两年后的涡轮盘相比，该涡轮盘的氧化程度没有明显加深迹象。

该涡轮盘轮缘部分有受烟气冲刷的迹象，榫齿上部进、排气两侧有浅表冲刷。但总体来看，该涡轮盘在服役了近 6 万小时后，表面抗氧化性能良好，没有检测到裂纹。

在涡轮盘上切取一个榫齿，对榫齿的各部分进行系统的微观组织分析，以判断该涡轮盘在运行 6 万小时后微观组织的演变规律。图 10-2 为运行 6 万小时的涡轮盘榫齿不同部位的晶粒分布。从图中可以看出榫槽的不同部位晶粒度还是比较均匀的，没有出现大小混晶的现象，在运行过程中榫齿不同部位虽然承受的应力及温度载荷不同，但晶粒变化并不明显。

涡轮盘在实际运行过程中从榫齿到中心部位温度分布不同，为了分析检测榫齿不同部位强化相 γ' 及晶界情况的演变规律，对图 10-2 中表示的榫齿不同部位进行详细的扫描电镜（SEM）观察分析。

从图 10-3 可以看出，总体上榫齿不同部位的组织特征相差不大，运行 6 万小时后，大小 γ' 相的数量及大小匹配没有显著的变化。榫齿 1 齿部位应该承受的温度最高，但从图 10-3a 可以看出，此时 γ' 相也没有明显的长大粗化现象。除了大 γ' 相可以明显区别外，从 SEM 组织形貌中可以看出，在大 γ' 相之间有小 γ' 相的弥散析出。从各个榫齿部位观察不到 γ' 强化相的明显区别，但值得一提的是，在榫齿的不同部位晶界的变化却是明显的，不管是榫齿的顶部和底部，在一些区域都能观察到明显宽化的晶界，这种晶界宽化现象在已运行 6 万小时后的涡轮盘组织特征中具有一定的代表性。

为了更进一步分析涡轮盘在长期运行后强化相及晶界的演变情况，对榫齿各

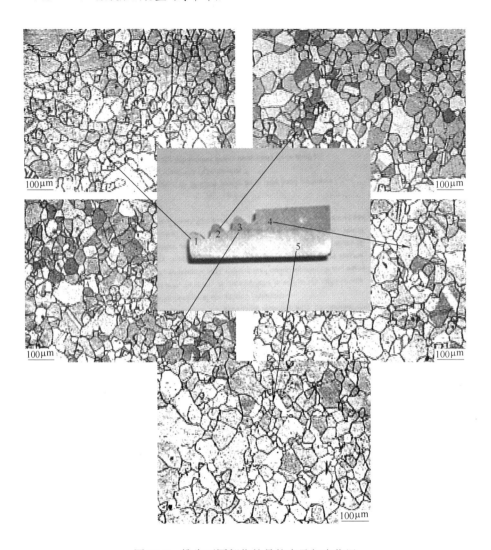

图 10-2　榫齿不同部位的晶粒度及相应位置

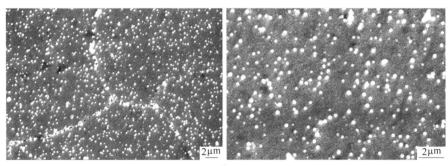

a

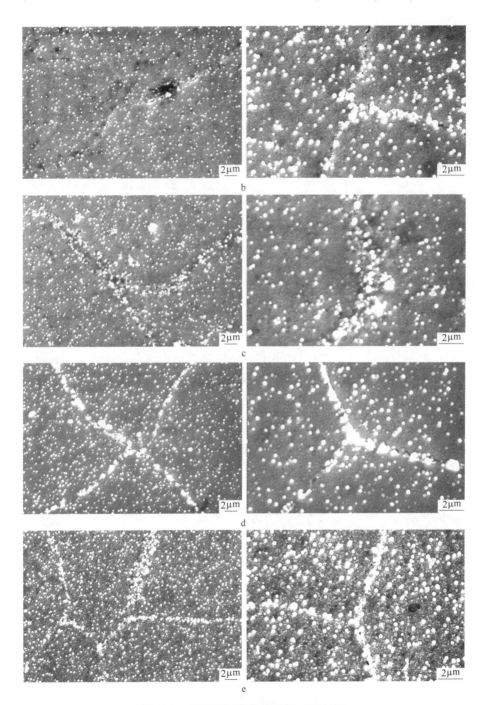

图 10-3 榫齿不同部位的 SEM 组织特征

a—1 齿部位的组织特征；b—2 齿之间的组织特征；c—3 齿部位的组织特征；
d—4 部位的组织特征；e—5 部位的组织特征

部位进行详细的 TEM 分析，图 10-4 为
榫齿第 1 齿的 TEM 组织形貌，从图中
可以看出，强化相由大小 γ′ 相组成，
大 γ′ 相此时约为 200～300nm，而小 γ′
相却还保持较小，约为 50nm。与没有
运行的 GH4738 合金的大小 γ′ 相没有
太明显的区别，但长期运行后 γ′ 相数
量可能有所增加，这与使用过程中的
补充析出有关。

200nm

图 10-4　榫齿第 1 齿的 TEM 组织形貌

　　榫齿第 2 齿的 γ′ 相与第 1 齿部分
没有明显的区别，但从图 10-5 中可以
看出，小 γ′ 相似乎在某些位置有堆积的现象，大 γ′ 相周围有一小范围的小 γ′ 贫
化区。图 10-6 为榫齿 2～3 齿之间部分强化相的 TEM 组织形貌，从该照片上可
明显地观察到大 γ′ 相周围的小 γ′ 相的贫化带，大小 γ′ 相也没有明显的变化，小
γ′ 相均匀弥散析出，在小 γ′ 相周围有较大的共格应变场存在。榫齿第 3 齿在强化
相方面也没有太明显的区别，这说明尽管榫齿不同部位的温度场有一定的区别，
但烟机实际运行的温度对于 GH4738 合金所能承受的温度而言还是相对偏低，运
行时间虽然长达 6 万小时，但运行的温度对强化相没有造成很大的影响。

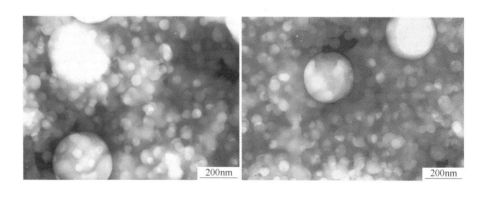

200nm　　　　　　　　　　　　　　　　　　　　　200nm

图 10-5　榫齿第 2 齿的 TEM 组织形貌

　　虽然长时服役运行后对合金的强化相没有太大的影响，但晶界却有了明显的
变化，从 SEM 形貌分析可以观察到局部晶界出现了宽化和 Cr 的贫化现象。使用
透射电镜进一步进行观察，图 10-7 为第 3 齿部分观察到的晶界 TEM 形貌，从图
中可以看出，晶界上发生了复杂的相反应，晶界上不仅有黑白相间的相析出，还
有大块相的堆积析出，同时，大 γ′ 相在晶界上也有堆积，从电子衍射分析可以看
出，晶界上发生了复杂的碳化物反应，主要是 $Cr_{23}C_6$ 的析出反应，可能还有一次

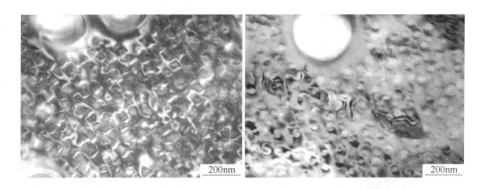

图 10-6　榫齿第 2～3 齿之间部分强化相的 TEM 组织形貌

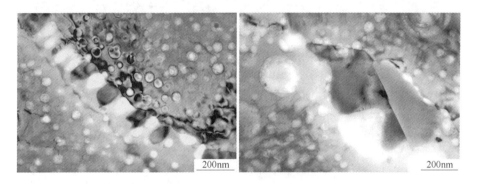

图 10-7　榫齿第 3 齿的 TEM 组织（晶界）形貌

碳化物 MC 在晶界的析出。因此碳化物在晶界的析出反应加剧了晶界的变化，而晶界的变化又会加快合金在服役过程中实际使用性能的变化，从而影响合金的使用寿命。

　　图 10-8 为榫齿第 3～4 齿的 TEM 组织形貌，从图中可以看出，大 γ′ 相周围存在着小 γ′ 相的贫化区，仔细观察也可以看出，此时小 γ′ 相也已经有长大的趋势。

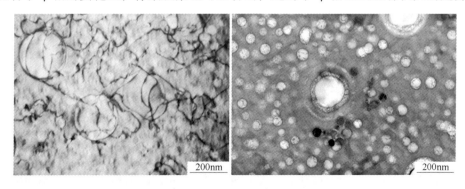

图 10-8　榫齿第 3～4 齿间部分强化相的 TEM 组织形貌

对于大 γ′ 相，位错已经以绕过的方式与其相互作用。从图 10-9 榫齿第 4 齿的 TEM 组织特征也同样可以观察到晶界上复杂的相析出反应，小 γ′ 相周围存在明显的应变衬度场。从第 5 齿部位所观察到的晶界情况见图 10-10，晶界明显粗化，晶界上还有大 γ′ 相的堆积，加上碳化物反应，更加加剧了晶界相反应的复杂性。

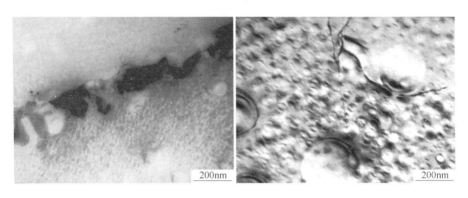

图 10-9　榫齿第 4 齿的 TEM 组织形貌

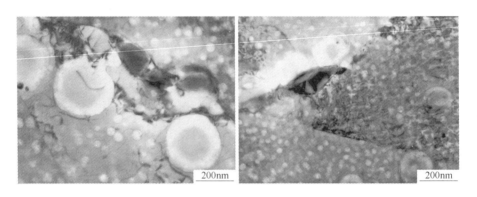

图 10-10　榫齿第 5 齿的 TEM 组织（晶界）形貌

榫齿底部的 TEM 组织形貌也没有明显的区别（见图 10-11）。从榫齿的顶部至底部，TEM 组织特征并没有太明显的区别，说明实际运行过程中虽然整个榫齿的温度有一定的温度梯度，但对强化相和晶界的影响不是很明显。

10.1.2　涡轮盘的力学性能分析

涡轮盘的直径为 φ820mm，考虑到榫齿部位是承受温度最高的，实验所取测试持久、拉伸和冲击性能的试样均取自于榫齿部位。每一个榫齿可以加工成一个持久或拉伸性能测试试样，然后进行详细的力学性能的分析工作。力学性能样品主要用来分析硬度、冲击韧性、室温拉伸强度、540℃ 瞬时拉伸强度及不同条件下的持久性能。具体持久实验的设计方案见表 10-1。

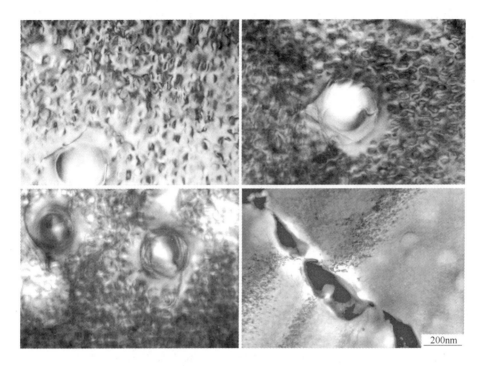

图 10-11　榫齿底部的 TEM 组织（晶界和 γ′ 相）形貌

表 10-1　持久实验方案

温度/℃	应力设定/MPa			
815	340	280	180	150
760	420	350	310	280
732	550			
700	630	500	420	390
650	840	670	600	500

　　首先对涡轮盘榫齿从齿尖到齿根，即从第 1 齿开始依次向齿根方向（位置见图 10-2）测量 HV 硬度的变化情况，结果列于表 10-2。可以看出，由齿尖到齿根，硬度稍稍有下降的趋势，但变化并不太明显。对比服役前后的硬度值，从服役前平均硬度 HB341 变为服役后平均硬度 HB337，可以看出该涡轮盘在使用后硬度稍有下降，但不明显。

表 10-2　榫齿各部位显微硬度的变化规律（HB）

部位	1	1~2	2	2~3	3	3~4	4	4~5	5
硬度	384.8	375.2	390.9	388.4	374.5	379.6	367.2	360	359

表 10-3 给出了该涡轮盘在使用前后冲击性能、室温和高温拉伸性能的对比结果。从表中可以看出，使用前后涡轮盘的室温和高温拉伸强度及塑性都没有下降，从数据对比上看还有稍稍的增加，说明涡轮盘在运行了 6 万小时后强度并没有损失。

表 10-3　涡轮盘使用前后力学性能对比分析

时间	冲击功 A_k/J	室温瞬时拉伸性能				540℃瞬时拉伸性能			
		σ_b/MPa	$\sigma_{0.2}$/MPa	δ/%	ψ/%	σ_b/MPa	$\sigma_{0.2}$/MPa	δ/%	ψ/%
使用前	—	1250	850	24.0	29.0	1111	739	20.0	26.0
		1270	865	24.0	29.0	1111	743	23.0	23.0
使用后	51	1250	935	25.5	37.5	1140	840	23.5	33.0
	52	1250	935	26.5	42.0	1150	840	22.5	35.0

10.2　服役 10 万小时涡轮盘的组织分析

为了与运行 6 万小时涡轮盘的组织进行对比，对一个已经实际运行了近 10 万小时的涡轮盘进行微观组织的分析工作，为涡轮盘的解剖及寿命预测工作和组织演变规律研究提供更为系统的数据。

对解剖的榫齿进行外观磨损与氧化观察、着色探伤、四触点电位探伤。结果认为经过 10 万小时服役后，盘件不同部位也没有出现明显的宏观及微观缺陷，与使用 6 万小时后的涡轮盘相比，该涡轮盘的氧化程度没有明显加深迹象，表面抗氧化性能良好，没有检测到裂纹，如图 10-12 所示。

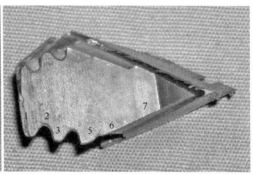

图 10-12　运行 10 万小时的涡轮盘榫齿的实物形貌

同 6 万小时运行的情况类似，取齿尖、齿根及靠近盘体部位进行详细的

SEM 组织形貌分析（取样位置如图 10-12 所示）。图 10-13 为榫齿位置 1 部分的 SEM 组织形貌，对比运行 6 万小时相应位置的组织，可以看出，此时合金的强化相大小并没有太大的区别，也就是说，涡轮盘虽然运行了 10 万小时，但其大小 γ′ 相并没有长大，即强化相并没有失稳，与运行 6 万小时的 γ′ 相相比，两者的大小没有太大的差别。但仔细观察可以发现，该涡轮盘的大 γ′ 相数量比前述涡轮盘要明显偏少，这可能与合金采用的热处理制度有一定的差别有关。不过，与运行 6 万小时的相比，晶界发生复杂反应的程度相应增加，从图 10-13 就可以看到有类似宽化的晶界及晶界上的大 γ′ 相的堆积和碳化物的析出。

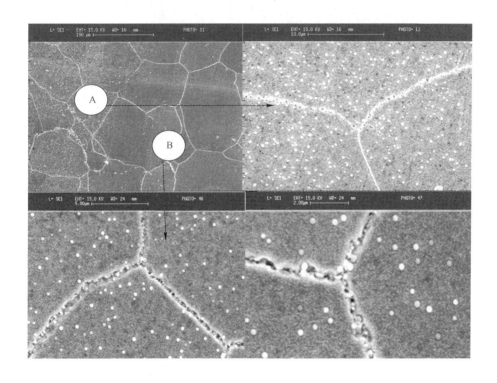

图 10-13　榫齿位置 1 部分的 SEM 组织形貌

图 10-14 为位置 1 部位晶界及其两侧的 EDS 分析结果。结果表明，在晶界的两侧区域，强化相元素 Al、Ti 相对较少，Cr 含量与基体差不多。而晶界部位则主要为 γ′ 相强化元素 Al、Ti，Cr 含量有所降低，这可能是由 γ′ 相在晶界堆积较为明显造成的。

从榫齿位置 2 部分的 SEM 微观组织可以看出（图 10-15），大 γ′ 相大小没有明显变化，但数量比上述 6 万小时的涡轮盘要少。晶界反应可能比前者要复杂。

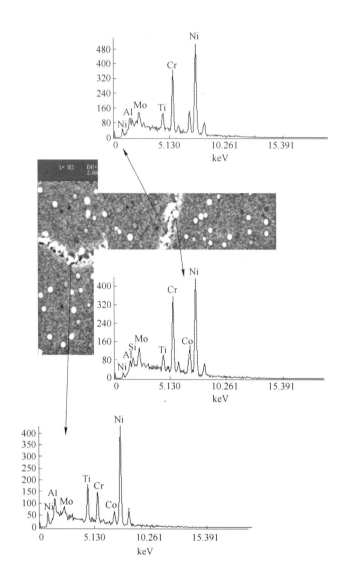

图 10-14　榫齿位置 1 部位晶界及其两侧周围的 EDS 分析

从图 10-16 榫齿位置 3 部分的 SEM 组织形貌可以看出，晶界上有块状不连续的晶界相析出。

　　从榫齿位置 4 部分同样也可观察到晶界上有大量块状析出相，如图 10-17 所示，宽化的晶界上同时也可观察到堆积的大 γ′相。从图 10-18 中可以更明显地观察到晶界在实际运行后发生复杂相变的情况。可想而知，如此宽化的晶界可能会对合金的性能产生一定的影响，尤其是对晶界敏感的性能将会受到影响。在榫齿

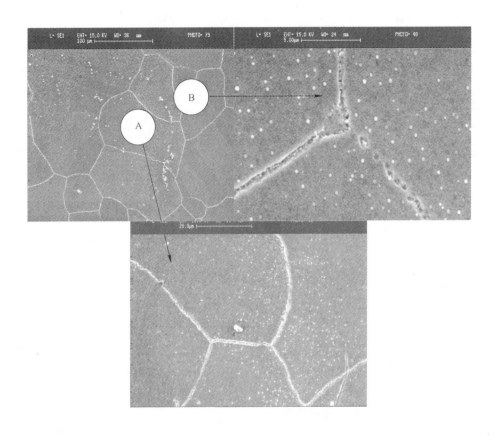

图 10-15 榫齿位置 2 部分的 SEM 微观组织

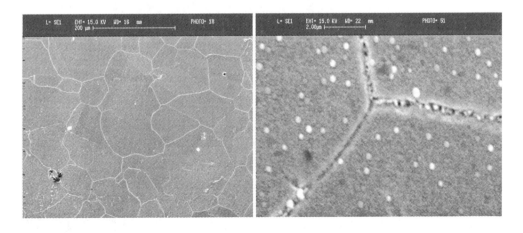

图 10-16 榫齿位置 3 部分的 SEM 微观组织

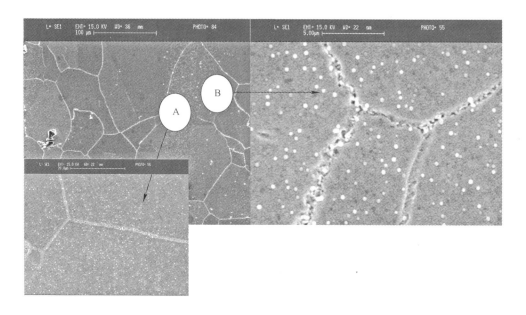

图 10-17 榫齿位置 4 部分的 SEM 微观组织形貌

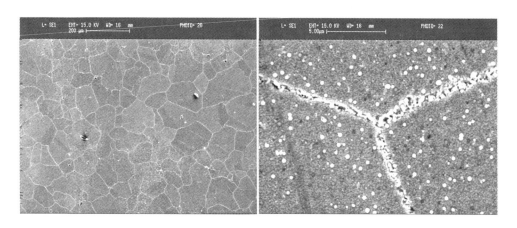

图 10-18 榫齿位置 4 的微观组织显示宽化的晶界

5 位置同样可观察到这种现象（图 10-19）。

图 10-20 和图 10-21 分别给出了榫齿 6 和 7 位置的组织，同样可以看出晶界的变化情况。

总之，对应于位置 1～6 的齿尖及齿根不同部位，组织有一个共同特点，大小 γ′ 强化相的大小并没有变化，大 γ′ 相的数量却比较少，与服役 6 万小时的涡轮盘组织相比，一个最明显的不同是晶界宽化的比例大大增加，并且晶界反应也明显加剧。实际上，虽然在服役运行 10 万小时后强化相退化并不严重，但晶界在

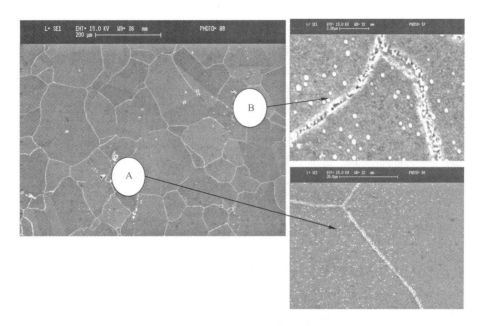

图 10-19　榫齿位置 5 不同区域的 SEM 微观形貌

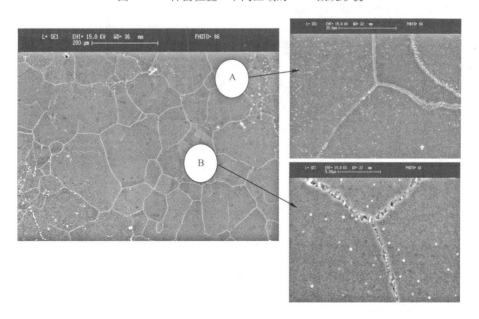

图 10-20　榫齿位置 6 不同区域的 SEM 微观形貌

超长时间服役下已经发生了较明显的晶界反应，结果造成晶界碳化物的聚集析出，大 γ′相的堆积以及晶界附近 Cr 的贫化现象。因此也可以说，尽管强化相没有发生显著退化，但合金的微观组织行为尤其是晶界发生了组织退化行为，显然

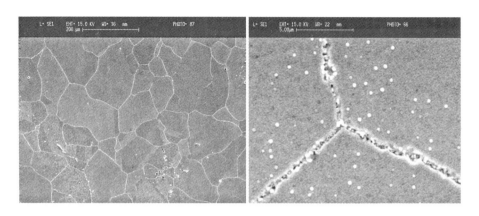

图 10-21   榫齿位置 7 的 SEM 微观形貌

这种组织退化会对合金的使用性能产生一定的影响。

10.3   服役 6 万小时涡轮盘的剩余力学性能及组织演化

对运行 6 万小时的涡轮盘不同部位的微观组织进行了分析，并与运行 10 万小时的涡轮盘的组织行为进行了对比分析。为了对运行 6 万小时后的涡轮盘有一个全面的认识，对涡轮盘进行解剖分析，对该涡轮盘运行前后的力学性能进行对比分析，并对其剩余的持久寿命进行系统分析研究，为对该涡轮盘的剩余性能评估计算提供实验数据。

表 10-4 分别为不同实验条件下涡轮盘的持久寿命及持久塑性。本次持久性能测试的温度是从 650 ~ 815℃ 共 5 个温度点，每个温度点共分 4 个应力水平，由于涡轮盘出厂的质量保证书上提供的持久性能是在 732℃/550MPa 条件下进行测试的，因此为了对比分析，在同样的持久条件下进行剩余持久性能的测试。

表 10-4   持久性能测试数据

温度/℃	应力/MPa	长时使用后					
		τ/h		$\delta/\%$		$\psi/\%$	
		试样 1	试样 2	试样 1	试样 2	试样 1	试样 2
815	340	51.4	25.3	19	28	48	44
	280	52.1	115.2	25	25	52	52
	180	746.4	802.9	29	26	62	56
	150	1395.5	1198.6	39	29	50	56
760	420	114.4	118.3	14	15	33	32
	350	292.8	458.9	19	24	41	40
	310	615.9	488.7	13	19	39	45
	280	1028.2	1718.5	20	30	42	41

温度/℃	应力/MPa	长时使用后					
		τ/h		δ/%		ψ/%	
		试样 1	试样 2	试样 1	试样 2	试样 1	试样 2
732	550	70.8	43.25	18	17	25	28
700	630	75.6	83.3	15	14	20	25
	580	135.9	132.9	9.4	17	27	30
	500	601.5	955.0	15	17	29	25
	420	2408.3	2539	16	11	30	31
650	840	24.3	15.4	10	11	19	24
	700	337.3	225.1	7.0	7.6	21	9.4
	650	331.6	4177	5	5	15	17
	580	2558	6509	6.4	7.8	21	15

从表 10-4 不同实验条件持久性能的变化可知，持久寿命随着温度和应力水平的降低而提高；而持久塑性则随温度的降低下降幅度比较大。

为了对比使用前后持久性能的变化情况，对持久条件为 732℃/550MPa 的该合金运行 6 万小时前后的性能进行对比，根据该涡轮盘质保单提供的数据：$\tau = 44.3$h，$\delta = 9\%$，$\psi = 15\%$，对比表 10-4 同样条件服役后的持久性能可以看出，从持久性能的平均值看，运行 6 万小时后所测的持久寿命和持久塑性并没有下降，反而有稍稍的增加，排除了持久性能测试数据的分散性，可以认为，实际运行 6 万小时对合金的持久性能没有太大的影响。

从以上的分析可以看出，涡轮盘在实际运行了 6 万小时后，室温和高温拉伸性能以及持久性能都没有明显的变化。

10.3.1　650℃不同应力水平下的组织特征

图 10-22a 为 650℃/580MPa 持久条件下持久寿命为 2558h 时样品的断口形貌，图 10-22b 为同样实验条件下持久寿命达 6509h 时的断口形貌，可以发现断口上已经有明显的二次裂纹，断口也显示出脆性断裂的特征，甚至有类似冰糖块的沿晶断裂，显然该种断裂特征与晶界有很大的关系。

图 10-22c、d 为 650℃/580MPa 持久条件下持久寿命为 6509h 时样品的 SEM 组织形貌，对比没有经过 6509h 持久的涡轮盘组织可以发现，其大小 γ' 相的形貌和分布并没有发生很大的变化，晶界的宽化现象也并没有明显加剧，因此，通过对比分析实际运行 6 万小时后的大小 γ' 相和随后又在 650℃/580MPa 条件下持续了 6509h 后大小 γ' 相的比较结果可以认为，该合金的涡轮盘在 650℃以下长时使用对强化相 γ' 的稳定性没有显著影响，也就是说，合金在 650℃以下 γ' 有较高的

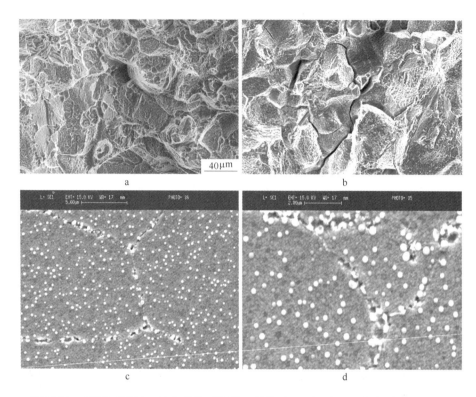

图 10-22   650℃/580MPa 持久条件下的断口形貌（a，b）及 SEM 组织形貌（c，d）

组织稳定性。同时，在长时有应力的环境下，γ′相也没有筏化的现象发生。在 γ′强化的高温合金中，尤其是 γ′相含量高于 30% 的高温合金中，在长时有应力的作用环境下，往往会有 γ′相沿作用应力方向被拉长的筏化现象，但该合金在长时有应力作用下，强化相 γ′的大小、形态、分布都没有发生变化，表现了极优的相稳定性。

透射电镜 TEM 下强化相 γ′的形貌如图 10-23 所示，与没有经长时持久测试的样品进行比较可以发现，强化相 γ′的形貌特征没有明显变化，小 γ′相弥散均匀分布，在其周围有明显的共格应变场，晶界上也有明显的碳化物反应析出，并有大 γ′相的堆积。

总之，对服役 6 万小时且在 650℃/580MPa 条件下剩余持久寿命为 6509h 的样品进行分析，可以认为，在 650℃长时作用对合金的强化相影响不大，材料保持了极好的相稳定性。

图 10-24 为在 650℃/650MPa 持久条件下的断口形貌和 SEM 组织形貌，在该温度和应力状态下，持久寿命最长达到 4000 多小时，从断口上可以很明显看到二次裂纹，材料表现出明显的沿晶断裂特征。从 SEM 组织形貌同样可以看出，

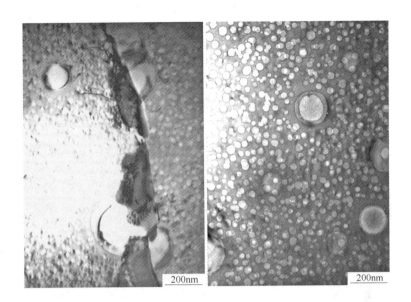

图 10-23　650℃/580MPa 持久条件下的 TEM 组织形貌

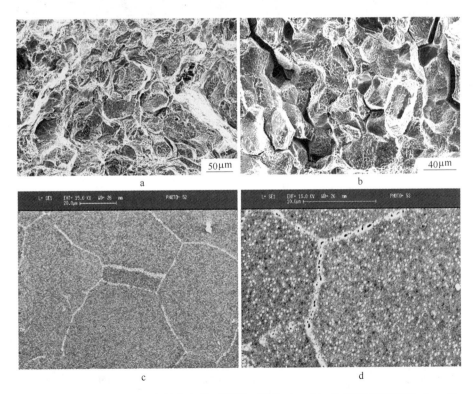

图 10-24　在 650℃/650MPa 持久条件下的断口形貌（a，b）和 SEM 组织形貌（c，d）

在同样温度下应力增加后，合金中强化相的析出分布特征没有变化，晶界宽化现象却有明显增加，说明在剩余持久寿命的测试过程中，强化相还是没有发生明显的退化，而晶界反应加剧。

在同样的温度下，增加应力到 700MPa，持久寿命约 300h，从图 10-25 的持久断口形貌特征来看，材料同样也表现出沿晶断裂特性。图 10-25 为对应的 SEM 组织形貌，强化相没有发生太明显的变化。

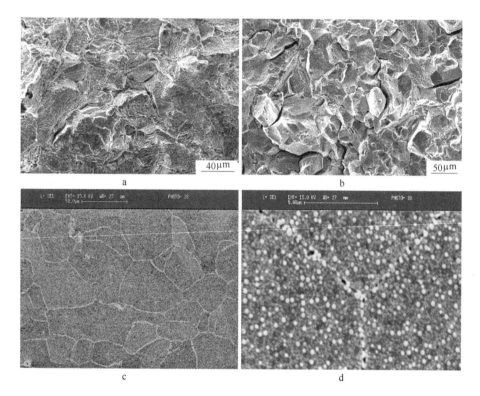

图 10-25   650℃/700MPa 持久条件下的断口形貌（a，b）和 SEM 组织特征（c，d）

但当应力增加到 840MPa 时，剩余持久寿命仅有 20h 左右，从图 10-26 的断口形貌上看，与同样温度下低应力长持久寿命的断裂特征有着明显的不同，高应力短持久寿命的断口明显表现为解理断裂加少量的韧性断裂，没有观察到长寿命典型的沿晶断裂特征。对比两者可以认为，同样温度下，应力对断裂的贡献主要反映在时间效应上，时间越长，越能表现出沿晶断裂特征，因此可以反映出一个问题，该合金的断裂特性与晶界的时间相关性有很大的关联性，也就是说与时间相关的晶界反应进行的程度影响着合金的断裂模式。

图 10-26 给出了 840MPa 应力下的强化相组织形貌，没有明显的变化。由此不难得出结论，在 650℃ 以下使用该合金涡轮盘的失效与否与强化相没有太大的

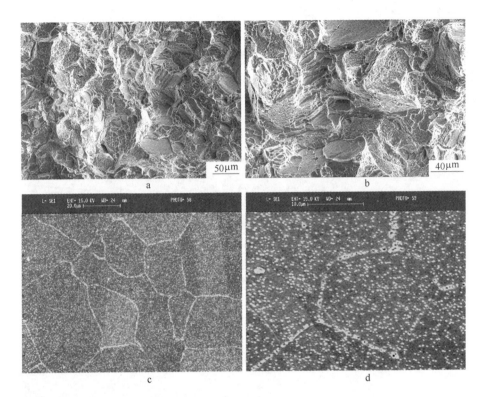

图 10-26 650℃/840MPa 持久条件下的断口形貌（a，b）和 SEM 组织特征（c，d）

关联性，强化相表现出较好的稳定性。但和与时间相关的晶界反应却有着明显的关联，时间的延长造成晶界反应加剧，从而导致晶界的弱化，出现明显的穿晶断裂。

运行后的榫齿在 650℃剩余持久寿命长达 6000 多小时后其强化相 γ′并没有发生明显的变化，但随着剩余持久寿命的延长，持久断口有着明显的区别，为了对比分析同一温度不同应力水平下断口的形貌演变，对比图 10-22b、图 10-24b、图 10-25b 和图 10-26b 不同应力状态下（不同持久时间）的断口演变特征，从图中可以明显看出，随着时间的延长，断口特征从解理加韧性断裂演变成明显的沿晶断裂，说明随着时间的延长，晶界反应对失效的贡献越来越突出。对比不同应力状态可以发现，其共同的特点是持久断口接近沿晶的脆性断口加少量的韧性断口特征，即在较低的温度下，持久断裂以沿晶脆性为主。

总之，该合金在使用温度较低时，晶界失效是合金引起破坏的主要原因。

10.3.2 700℃不同应力水平下的组织特征

700℃在 420MPa 应力水平下剩余持久寿命可达 2500h 左右，对应的断口形貌、SEM、TEM 组织特征如图 10-27 和图 10-28 所示。从图中可以看出，断口形貌表现出了沿晶和韧性断裂的混合形式，没有出现如 650℃ 低应力长时间的明显沿晶断裂特征。当温度提高到 700℃，并经 2500h 持久后，从 SEM 照片中可以看出，强化相形貌特征变化不大，但晶界的宽化比例有一定的增加，但从透射电镜 TEM 组织照片可以看出，此时大小 γ′ 相还是较为弥散分布的，晶界发生了复杂的相反应，大量的碳化物和大 γ′ 相堆积，仔细观察 TEM 照片还可以看出，局部区域已经出现明显的小 γ′ 相的贫化。

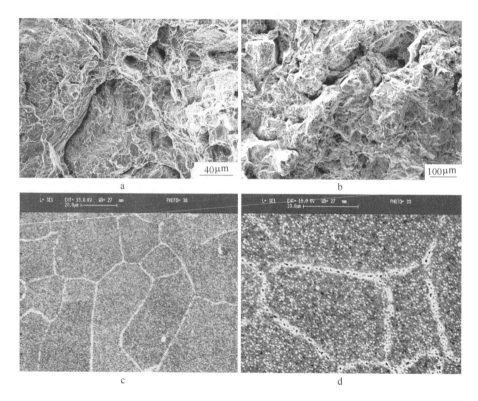

图 10-27　700℃/420MPa 持久条件下的断口形貌（a，b）和 SEM 组织特征（c，d）

　　为了观察不同温度经长时间持久后强化相的变化，对比图 10-23b 650℃ 经 6509h 和图 10-28b 700℃ 经 2500h 持久后强化相的 TEM 组织，可以看出，两者的大 γ′ 相并没有太大的差别，但小 γ′ 相在 700℃ 长时持久后已经有长大的现象，不仅有长大，而且小 γ′ 相的数量比前者也有减少，如果说在 650℃ 时 γ′ 相还表现出优良的组织稳定性的话，温度增加到 700℃ 时，长时过程中小 γ′ 相已经开始出现长大失稳趋势。

　　从表 10-4 对比两者的持久塑性也可以看出，700℃/420MPa 的持久塑性包括断面收缩率和伸长率都比 650℃/580MPa 的持久塑性要高，说明 700℃ 时合金已

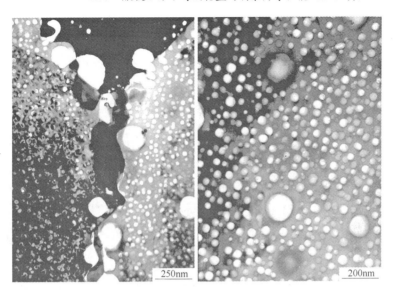

图 10-28　700℃/420MPa 持久条件下的 TEM 组织特征

经发生了软化。

图 10-29 分别给出了在 700℃/500MPa 条件下经约 778h 持久后的断口和 SEM

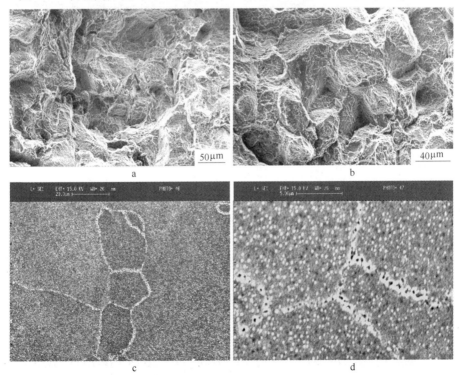

图 10-29　700℃/500MPa 持久条件下的断口形貌（a，b）和 SEM 组织特征（c，d）

组织形貌，从断口形貌上看，表现出了一定的韧性断裂特征，没有观察到较明显的沿晶断裂，强化相从 SEM 形貌上看也没有明显的变化。

图 10-30 分别给出了在 700℃/580MPa 条件下经约 133h 持久后的断口和 SEM 组织形貌，从断口形貌可以看出，断口上有一定量的韧涡，也存在一些二次裂纹，使用 SEM 对强化相进行观察也没有发现明显的区别。

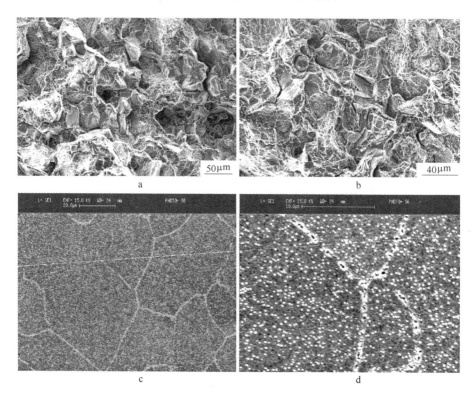

图 10-30   700℃/580MPa 持久条件下的断口形貌（a，b）和 SEM 组织特征（c，d）

同样对 700℃/630MPa 条件下的持久断口和 SEM 组织形貌进行观察（见图 10-31），由于持久寿命仅为 80h 左右，与时间相关的沿晶断裂特征不明显，相反表现出了明显的韧性断裂特征。

为了进一步对比分析 700℃高应力短时间作用对强化相的影响，观察图 10-32 所示的 TEM 组织特征，从图中可以看出，此时强化相大小 γ' 与 650℃长时的相比没有太大的区别，与 700℃低应力长时间的小 γ' 有长大趋势不同，700℃高应力短时间作用下小 γ' 相并没有长大。

为了对比分析在同样温度（700℃）下，随持久寿命的缩短其断口特征的演变规律，对比图 10-27b、图 10-29b、图 10-30b 和图 10-31b 在 700℃不同应力水平下的持久断口特征。对比分析可以发现，温度上升至 700℃以后，随应力水平

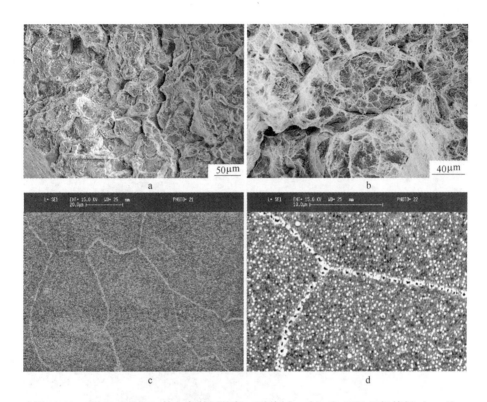

图 10-31　700℃/630MPa 持久条件下的断口形貌（a，b）和 SEM 组织特征（c，d）

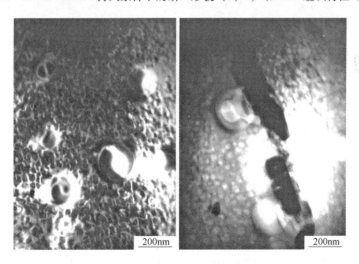

图 10-32　700℃/630MPa 持久条件下的 TEM 组织形貌

的提高，断口呈沿晶、穿晶解理及韧窝共存的综合特征，而且与 650℃相比，韧性部分有所增加。

10.3.3 732℃/550MPa 应力水平下的组织特征

732℃/550MPa 持久条件下的断口形貌如图 10-33 所示，此时持久寿命约 56h，断口形貌上表现出较明显的韧性断裂特征，同时也有小量的沿晶断裂现象，大 γ′相比没有持久前的组织稍稍有长大，可能在该温度下，γ′相有长大的趋势。

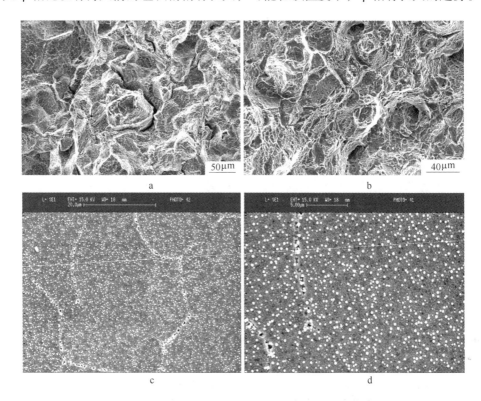

图 10-33   732℃/550MPa 持久条件下的断口形貌（a，b）和 SEM 组织特征（c，d）

732℃/550MPa 持久性能是产品质保书上要给出的性能数据，从未使用的持久性能与使用 6 万小时后同样条件下的持久性能相比，从性能数据上看，持久寿命没有太大的差别，但持久塑性却有增加，说明在运行 6 万小时后，材料发生了一定的软化现象。

10.3.4 760℃不同应力水平下的组织特征

运行后的榫齿在 760℃/280MPa 条件下的持久寿命为 1373h 左右，从断面收缩率来看已经达到了 40% 以上，说明材料发生了明显的软化，断口形貌如图 10-34所示，断口表现出明显的韧性断口特征，材料发生了显著的软化，从图 10-34的 SEM 组织和图 10-35 的 TEM 组织形貌可以观察到，此时大小 γ′相都有长

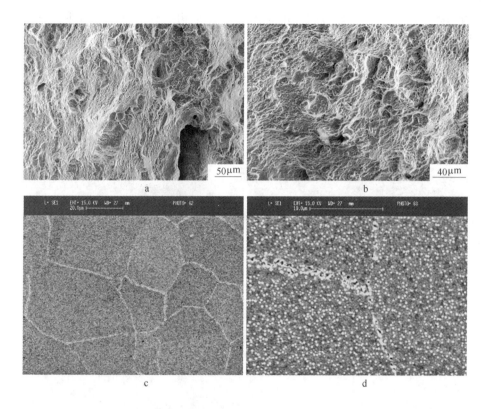

图 10-34 760℃/280MPa 持久条件下的断口形貌（a，b）和 SEM 组织特征（c，d）

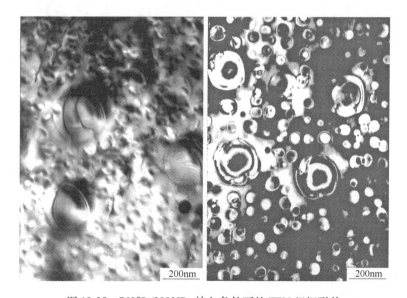

图 10-35 760℃/280MPa 持久条件下的 TEM 组织形貌

大的趋势，尤其是小 γ′相有明显的长大，且小 γ′相的数量也明显减少，这可能是材料发生软化的主要原因。

图 10-36 为 760℃/310MPa 持久条件下的断口形貌，虽然该持久条件下材料的持久断面收缩率也高达 40%以上，材料也发生了软化，但断口表现出韧性断裂和解理断裂的混合特征。从图 10-36 的 SEM 组织形貌可以看出，此时强化相大小 γ′也有长大趋势，晶界宽化较为明显。

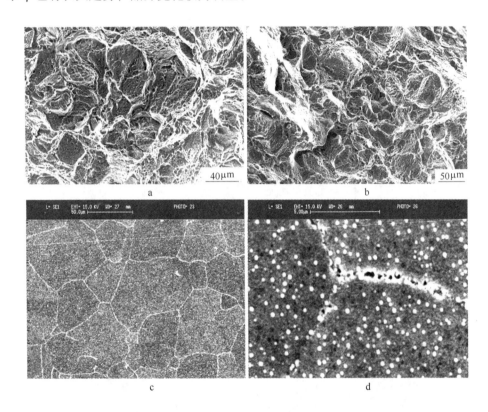

图 10-36　760℃/310MPa 持久条件下的断口形貌（a，b）和 SEM 组织特征（c，d）

当应力增加到 350MPa 时，在同样的温度下持久寿命从 310MPa 时的 550h 缩短到 375h，断口表现出韧性和脆性的混合断裂特征，强化相和晶界并没有明显的变化，如图 10-37 所示。

在同样的温度下，当应力从 350MPa 增加到 420MPa 时，剩余持久寿命仅有 116h，从图 10-38 可以看出，断口特征为韧性加少量的沿晶断裂特征，强化相没有明显的变化，但可观察到严重宽化的晶界。从 TEM 组织形貌照片可以看出，小 γ′相稍有长大，数量也有减少，也就是说，在 760℃时，强化相尤其是小 γ′相已经有失稳倾向发生，如图 10-39 所示。

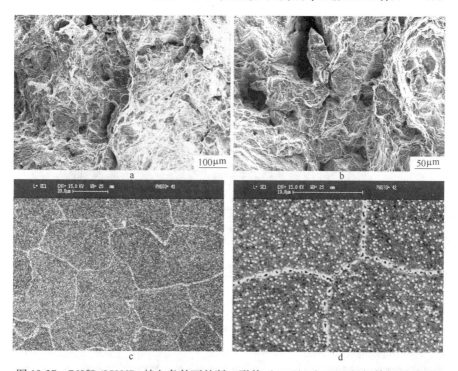

图 10-37　760℃/350MPa 持久条件下的断口形貌（a，b）和 SEM 组织特征（c，d）

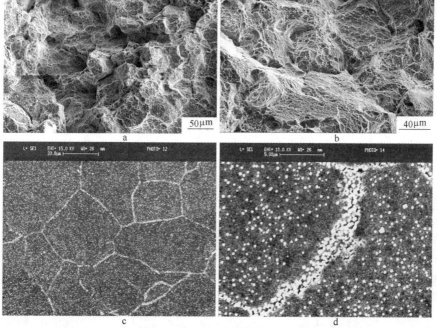

图 10-38　760℃/420MPa 持久条件下的断口形貌（a，b）和 SEM 组织特征（c，d）

图 10-39 760℃/420MPa 持久条件下的 TEM 组织形貌

10.3.5 815℃不同应力水平下的组织特征

当温度增加到 815℃，应力水平为 150MPa 时，剩余持久寿命还有 1297h，此时合金的持久断面收缩率已达 53%，合金发生了明显的软化现象，从图 10-40 的

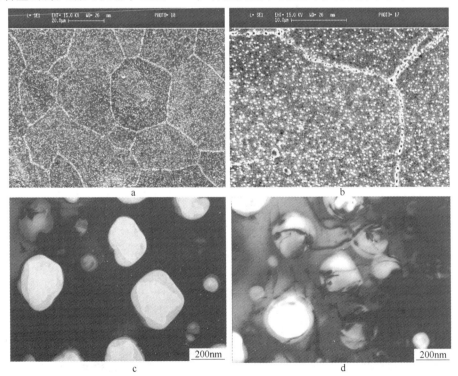

图 10-40 815℃/150MPa 持久条件下的 SEM（a，b）和 TEM 组织形貌（c，d）

SEM 组织形貌来看，在该持久条件下，虽然持久寿命还有 1297h，但合金的强化相已经明显长大，从对应的 TEM 形貌可以观察到，此时大 γ′ 相进一步粗化，值得注意的是，在该温度长时间作用下，合金中小 γ′ 相已经很少，可能大部分回溶或粗化长大，也就是说在高温长时保温，小 γ′ 相消失。

图 10-41 给出了持久条件为 815℃/180MPa 对应的持久断口形貌和 SEM 组织特征，在该持久条件下，剩余持久寿命达 775h，从断口上看表现出了韧性和沿晶的断裂特征，从 SEM 组织形貌照片可以观察到强化相已经长大，最为明显的是晶界发生了严重的宽化，大量的大 γ′ 相向晶界堆积，加上晶界上碳化物的反应加剧，导致晶界宽化严重。

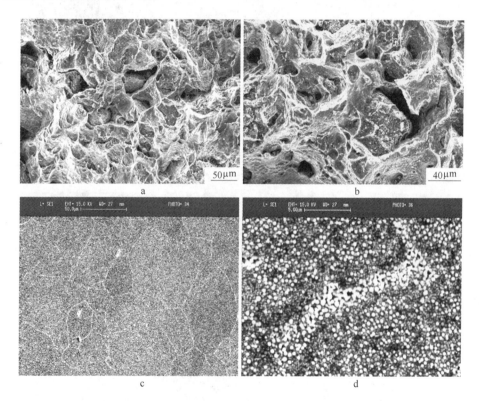

图 10-41　815℃/180MPa 持久条件下的断口形貌（a，b）和 SEM 组织特征（c，d）

图 10-42 为经 815℃/280MPa 持久试验后的断口和 SEM 组织形貌，在高温和高应力水平下，持久寿命还有近 83h 左右，说明该合金有着优越的高温性能。断口表现出明显的韧性断裂特征，强化相也已经发生长大现象，晶界宽化也比较明显。

在 815℃高温 340MPa 更高应力条件下，持久寿命仅有约 38h，在高温短时作用下，断口表现为韧窝状的韧性断裂特征（图 10-43），但与同样温度低应力长

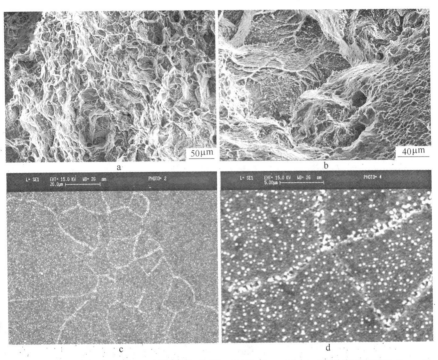

图 10-42　815℃/280MPa 持久条件下的断口形貌（a，b）和 SEM 组织特征（c，d）

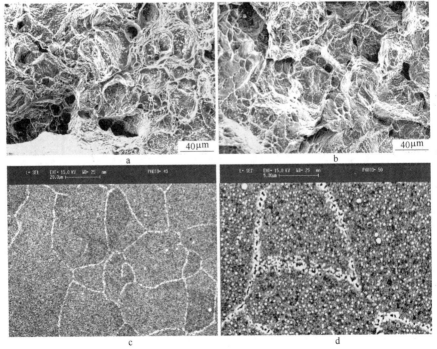

图 10-43　815℃/340MPa 持久条件下的断口形貌（a，b）和 SEM 组织特征（c，d）

时间持久后小 γ′ 相基本消失不同, 高温短时作用下小 γ′ 相有一定的长大, 但没有回溶消失 (见图 10-43 的 SEM 组织和图 10-44 的 TEM 组织形貌)。因此可以认为, 该合金在 815℃ 的高温段, 短时的超温并不能显著影响强化相的形态和分布, 也说明了该合金有较优越的强化相组织稳定性。

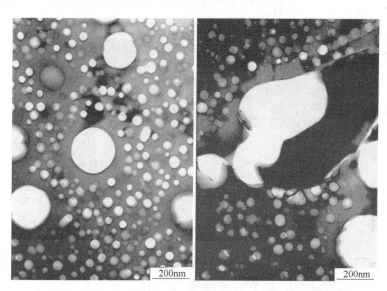

图 10-44 815℃/340MPa 持久条件下的 TEM 组织形貌

综合分析不同温度不同应力水平下持久样品的 SEM 组织分析结果, 可以发现存在一个共同的现象是, 在温度及应力的同时作用下, 某些小晶粒的晶界部位存在粗化现象, 如图 10-45 所示, 进一步对晶界的 EDS 分析结果表明主要为 Cr 的碳化物及大 γ′ 相的堆积。

为了综合分析合金在运行 6 万小时后在不同条件下的软化趋势, 把不同持久条件下的断面收缩率随剩余持久寿命的关系示于图 10-46, 从图中可以看出, 在同一温度下, 总的趋势是, 随时间的延长, 合金的断面收缩率增加, 表现出了合金的软化趋势增加, 虽然 650℃ 时, 合金的断面收缩率随时间延长而增加的规律较为明显, 但合金总的断面收缩率的水平还是比较低的, 6000 多小时后的断面收缩率仍只为 18% 左右, 联系到此时合金的断口形貌主要为沿晶的脆性断口, 说明合金的失效方式并非强化相软化失效所致, 因此对于该合金来说, 低温长时运行后晶界反应所导致的合金失效是主要的失效方式。

当温度增加到 760℃ 时, 合金在 500h 以前发生了明显的软化, 而后断面收缩率基本不变, 联系此时的断口分析和 SEM、TEM 分析, 可以得出结论, 在 760℃ 时合金的失效方式主要是强化相 γ′ 的失稳和晶界反应失稳综合作用的结果。而当温度增加到 815℃ 时, 合金的断面收缩率已经达到了很高的值, 延续很短时间就

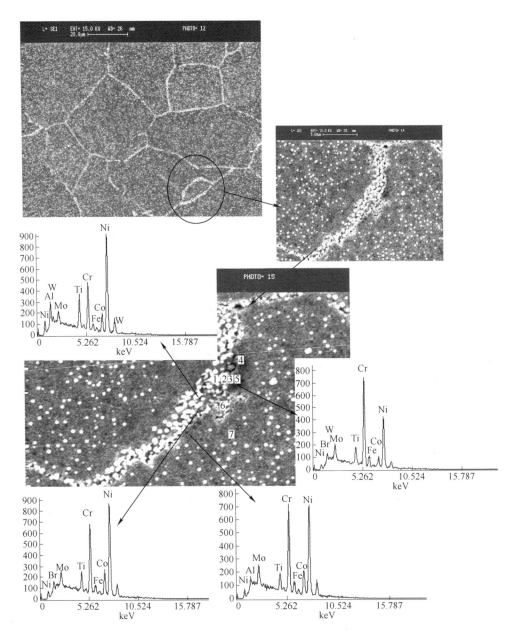

图 10-45   宽化晶界的 SEM/EDS 分析

发生了明显的软化，其失效的方式主要是强化相失稳所造成的。

图 10-46 给出了不同温度下，合金软化的趋势对比，可以明显地看出，随着温度的增加合金软化的程度明显增加，但有一个共同点是，在一定的温度下，在时效初期都有一个明显的软化加速阶段，因此可以认为，在不同条件下合金软化

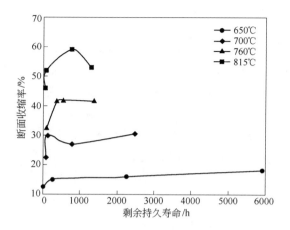

图 10-46　不同温度下断面收缩率与持久寿命的对比分析

的机制是不同的。

　　为了进一步观察在不同持久条件下合金材质软化的规律，分别对不同温度和不同剩余持久寿命的样品进行硬度测试，结果见图 10-47。从图中可以看出，在不同温度下，由于应力条件不同，随着剩余寿命时间的延长，硬度都呈下降的趋势，815℃时硬度已下降到很低，发生了明显的材质软化。从650℃条件下所表现出的硬度变化规律来看，在前2000h硬度下降显著，而后下降的速度减慢，760℃时的硬度下降趋势较700℃显著，说明温度达到760℃时将加剧合金的软化，这与组织行为观察相一致，高温时，强化相发生了失稳的现象。

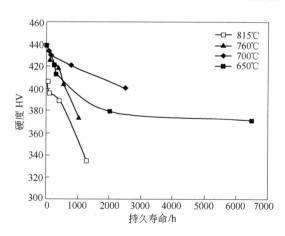

图 10-47　不同温度下硬度的变化规律

　　图 10-47 比较了不同条件下合金硬度变化的规律性，可以看出，700℃时合金的硬度虽然也是呈下降趋势，但对应的硬度值都比其他温度高，可能是在

700℃时合金强化相还有补充析出，导致硬度维持在较高的水平，而815℃时呈现明显的软化现象。

对以上的测试数据进行综合分析，可以获得 GH4738 合金从 650 ~ 815℃ 的断裂机制图，如图 10-48 所示。其中 Y 轴为归一化应力，即应力与弹性模量的比值 σ/E，X 轴为 T/T_m（T_m 为合金的熔点）。图中给出了 4 类断裂机制区域，高温高应力区表现出高应变速率的动态断裂特征；当温度降低时，表现出穿晶蠕变断裂特征，晶界起了主要的作用；两者中间为混合断裂区。而当应力减小时，沿晶断裂特征增加，存在沿晶蠕变断裂模式，温度很低时，主要以晶界滑移控制的沿晶断裂模式为主，温度增加，晶界空洞形核长大的沿晶蠕变断裂模式是主要的控制机制。

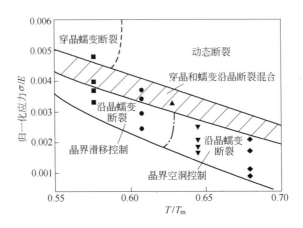

图 10-48　GH4738 合金的断裂机制图

为了更明确地显示温度、应力、微观组织与断裂机制的关系，做出断裂模式图，如图 10-49 所示。分成三个温度区域，低温区（近或稍小于 650℃），中温区（700 ~ 760℃）和高温区（近或稍大于 815℃）。在低温区时，γ' 相和晶界显

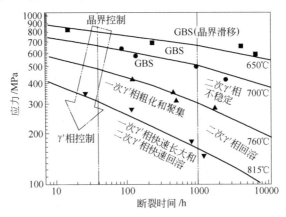

图 10-49　GH4738 合金的断裂模式图

示了较好的稳定性,断裂模式以晶界弱化为主;在中温区,γ′相和晶界随温度与应力发生变化,但仅仅观察到小 γ′相有回溶的现象,说明晶界滑移控制模式还是主要的方式,但已经从晶界模式向 γ′相失稳模式转换;当温度增加到 760℃时,γ′相粗化,晶界发生复杂的相反应;更高温度时,γ′相快速粗化和回溶,晶界空洞形成,体现了沿晶蠕变断裂模式。

10.4 涡轮盘剩余寿命的评估分析

一般而言,构件的可使用寿命可以从几个方面概括:基于结构体模拟运行条件下的设计寿命;考虑到热、冷加工因素评估的有效使用寿命及综合运行环境的实际使用寿命。剩余寿命一般针对没有达到设计寿命或接近设计寿命而材料组织退化不明显的构件作出的可使用性评价。剩余寿命评估对于充分分析构件的使用可靠性及提高经济效益方面具有重要意义。

构件的寿命预测的关键是材料的寿命预测。目前,材料寿命的评估方法有很多,如 Larson-Miller 法、Dorn 法(或 K-D)法、θ 法、ω 法等,L-M 及 K-D 法主要基于样品的持久或蠕变断裂时间,而 θ 法、ω 法同时考虑了蠕变变形的动力学过程。仅从数学角度来看,寿命预测包括两个主要内容:(1)根据实验建立寿命预测的本构方程,即由给定的条件计算寿命预测值 T_m 以及方差 S;(2)选择合理的置信度作寿命区间的估计。一般以寿命值不小于某一值 TX 的概率 $P = 95\%$ 进行部件的寿命区间估计。基于材料的持久断裂寿命,利用 L-M 法、K-D 法及基于非线性映射的人工神经网络技术对 GH4738 合金经 6 万小时运行后材料的剩余寿命进行评估及分析。

图 10-50 为服役 6 万小时后的 GH4738 合金在不同温度应力水平下的持久实验结果。从图中可以看出,在低温低应力下,材料具有更长的剩余寿命。鉴于涡轮盘服役条件的特殊性,一般轮缘处于高温低应力状态,轮芯处于低温高应力状态。因此,在进行剩余寿命评估时,应综合考虑其影响。

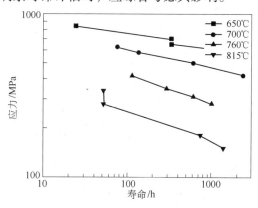

图 10-50 材料在不同温度应力水平下的剩余寿命

10.4.1　Larson-Miller 外推法评估涡轮盘的寿命

L-M 法蠕变、持久外推模型如下所示：

$$T(C + \lg t) = a_0 + a_1 \lg \sigma + a_2 \lg \sigma^2 + a_3 \lg \sigma^3 \tag{10-1}$$

式中，C 和 a_i（$i = 0$，1，2，3）为待定参数。

根据多元线性回归的基本原理，令

$$X_1 = \lg \sigma; \quad X_2 = \lg \sigma^2; \quad X_3 = \lg \sigma^3; \quad Y = \lg t$$

以 X_i 作为自变量；Y 作为随机因变量。于是 Y 的实际观测值与估计值 Y' 之差服从正态分布：

$$Y - Y' \approx N \left[0, S_0 \sqrt{1 + \frac{1}{n} + \sum_{i=1}^{p} \sum_{j=1}^{p} C_{ij}(X_i - \overline{X})(X_j - \overline{X})} \right] = N(0, S) \tag{10-2}$$

式中，S 为预测量 Y 的方差。

此时，变量 Y 的值处于区间（$Y' - \delta$，∞）的概率 P 与估计方差之间满足如下关系式：

$$\delta = \chi_\alpha S; \quad \alpha = 1 - P$$

一般而言，在实验参数区间，预测方差 S 等于中值点方差 S_0。因此，使用外推法进行寿命预测时，方差 S 与中值点方差 S_0 越接近，外推效果越好。

从图 10-50 在不同测试条件下的蠕变剩余寿命在应力-寿命的双对数坐标系下的基本趋势可以发现，在实验参数区间内，持久寿命与应力水平在双对数坐标系下呈良好的线性关系。结合上述的 Larson-Miller 模型，可以认为实验数据具有较好的外推性。

图 10-51 为实验值（E）与 L-M 外推值在实验温度及应力水平下的对比。可

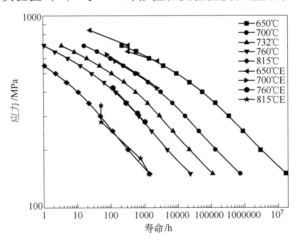

图 10-51　实验值与预测外推值的对比

以看出，在实验参数范围内，L-M模型具有较高的描述精度。根据该模型进行外推，假如涡轮盘材料的使用温度为700℃，此时的最大应力若不大于300MPa，则剩余寿命接近2万小时；若最大应力不大于250MPa，则剩余寿命大于4万小时。当轮盘超温至815℃时，则其剩余寿命低于2000h，无法正常使用。图10-52为在其他应力及温度水平下的剩余寿命外推结果。

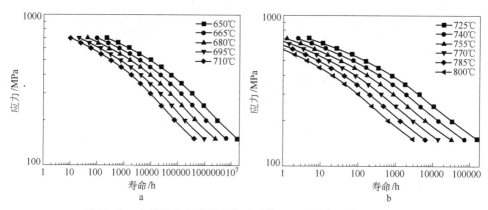

图 10-52 在其他应力及温度水平下的 L-M 法剩余寿命预测结果

10.4.2 K-D 外推法评估涡轮盘的寿命

Dorn 或 K-D 法与 L-M 法同是基于多元线性回归理论范畴，它与持久或蠕变过程的激活能相关。其表达式如下：

$$\lg t - \frac{Q}{2.3RT} = a_0 + a_1 \lg\sigma + a_2 \lg\sigma^2 + a_3 \lg\sigma^3 \qquad (10\text{-}3)$$

其置信度分析与 L-M 法类似。

图 10-53 为 K-D 法外推拟合的预测值与实验值的对比结果，从图中可以看

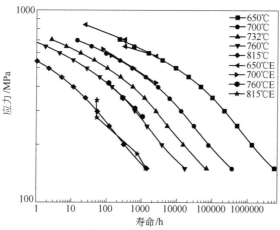

图 10-53 实验值与预测外推值的对比

出，两者的结果吻合得较好。图 10-54 则为利用 K-D 法外推的持久寿命。在 700℃，应力水平为 300MPa 时，剩余寿命约为 1.5 万小时；当应力小于 250MPa 时，剩余寿命大于 3 万小时，比 L-M 法的预测值有所降低。

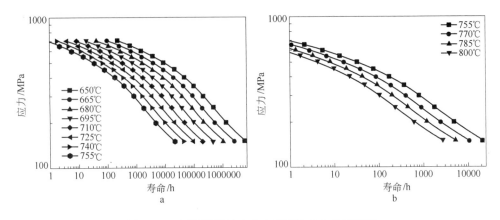

图 10-54　不同温度及应力水平下的 K-D 法预测值

图 10-55 为 L-M 法和 K-D 法在不同实验温度和应力水平下的预测结果对比。

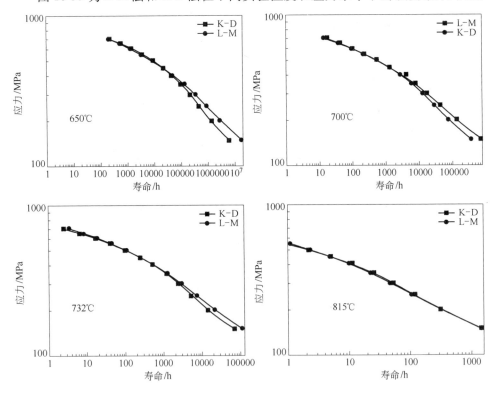

图 10-55　L-M 法与 K-D 法预测结果的对比

可以看出，两种方法在低温低应力条件下预测值差异较大，在低温高应力及高温（815℃）时，预测值基本一致。

为了分析不同条件对剩余寿命的影响，做出两种不同方法在不同条件下的等寿命曲线，如图 10-56 所示，而图 10-57 为设计单位给出的榫齿的应力分布图，从图中看出，榫齿部位最大的应力为 398MPa，同时该烟机设计时的进气温度为 620℃，若以最大应力为计算依据，从图 10-56 中的等寿命曲线可以得到结论，当应力水平为 400MPa 时，如温度为 650℃，其剩余寿命还有 6 万小时，而当温度提高到 680℃时，剩余寿命就只有 1 万小时。

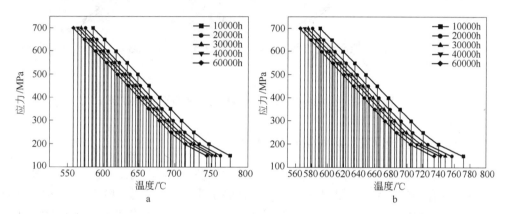

图 10-56 两种预测方法在温度-应力平面的等寿命线分布

a—L-M 法；b—K-D 法

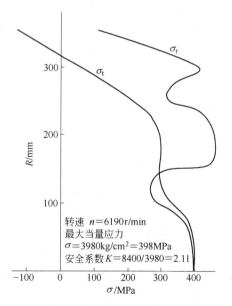

图 10-57 涡轮盘工作转速下的应力场分布计算结果

图 10-58 将两种方法给出的等寿命曲线进行比较，可以看出，两种预测方法在预测精度上相差不多。

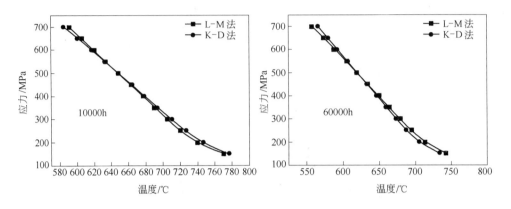

图 10-58 不同预测方法在温度-应力平面的等寿命曲线

10.4.3 人工神经网络预测涡轮盘的剩余寿命

实践证明，简单的线性公式并不能准确地反映各影响因素与高温合金蠕变断裂寿命间存在的关系，而人工神经网络（ANN）是一种信息处理技术，它擅长处理输入与输出元素间存在的复杂的多元非线性关系问题。根据收集的实验数据建立了 GH4738 合金的服役条件与蠕变断裂寿命间的人工神经网络模型，利用它预测 GH4738 合金的蠕变断裂寿命，并对服役条件的影响进行定量分析。

采用通用的人工神经网络预测软件 Eagleye2003 预测 GH4738 合金的蠕变断裂寿命。预测软件包括以下几个基本的功能模块：

（1）人工神经网络（ANN）模型。设计的人工神经网络模型为反向传播型，如图 10-59 所示。模型包括三层神经元：输入层、输出层及隐含层。输入层有两个节点，分别代表两个服役条件：应力和温度；隐含层的节点数不确定，在训练过程中进行调节；输出层有一个节点，代表合金的持久断裂寿命。ANN 模型的训练采用反向传播算法的附加动量法，学习速率取为 0.05，动量项系数取为 0.5，最大循环次数设为 8000 次。

（2）ANN 模型的训练。采用"留一法"（leave-one-out method）训练 ANN 模型。具体做法如下：假设数据库中有 N 个样本，第一次，从样本集中取出第一个样本，用其余 $N-1$ 个样本训练网络，然后用训练得到的 ANN 模型对

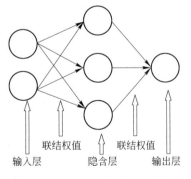

图 10-59 ANN 模型的示意图

取出的那个样本进行预测；第二次：将第一次取出的样本放回样本库，取出第二个样本，同样用剩余的 $N-1$ 个样本训练网络，然后用训练得到的 ANN 模型对此次取出的样本进行预测……如此依次进行，用预测结果来评价 ANN 模型的预测性能。

（3）ANN 模型预测性能的评价方法。采用散点图和统计学指标衡量 ANN 模型的预测性能。

1）散点图。即以蠕变断裂寿命的测试值为横坐标，以预测值为纵坐标建立坐标系，横轴和纵轴采用相同的刻度，然后将所有测试样本的"实测值-预测值"用圆点标注在此坐标系中。这些点越接近坐标系中自原点至右上方的45°对角线，说明预测值与实测值越接近，人工神经网络模型的预测性能就越好。

2）统计学指标。散点图可以直观地显示 ANN 模型的预测性能，但不能定量反映预测值与实际值之间的具体误差。为了更加准确、客观地描述人工神经网络模型的预测性能，采用三个统计学变量来描述 ANN 模型的预测性能：

$$\text{MSE} = \sqrt{\frac{\sum_{i=1}^{N}(V_{\text{calc},i} - V_{\text{meas},i})^2}{N}} \tag{10-4}$$

$$\text{MSRE} = \sqrt{\frac{\sum_{i=1}^{N}\left(\frac{V_{\text{calc},i} - V_{\text{meas},i}}{V_{\text{meas},i}}\right)^2}{N}} \tag{10-5}$$

$$\text{VOF} = 1 + \frac{\sum_{i=1}^{N}(V_{\text{calc},i} - \overline{V}_{\text{calc}})(V_{\text{meas},i} - \overline{V}_{\text{meas}})}{\sqrt{(\sum_{i=1}^{N}V_{\text{calc},i}^2 - N\overline{V}_{\text{calc}}^2)(\sum_{i=1}^{N}V_{\text{meas},i}^2 - N\overline{V}_{\text{meas}}^2)}} \tag{10-6}$$

式中，MSE（mean squared errors）为均方误差；MSRE（mean squared relative errors）为相对均方误差；VOF（value of fitness）为拟和分值；V_{calc} 为计算值；V_{meas} 为测试值；N 为样本数量。

均方误差和相对均方误差的取值范围为 $0 \sim +\infty$，拟合分值的取值范围为 $0\sim2$。当计算值与实测值越接近，即网络模型的预测性能越好时，均方误差和相对均方误差的数值就会越小，即越接近于0，而拟合分值会越大，即接近于2。反之，当均方误差和相对均方误差值越小，或拟合分值越大时，说明模型的预测性能越好。

10.4.3.1　ANN 模型预测性能

设计了不同的 ANN 模型，它们的隐含层节点数分别为1、2、3、4、…、28、29、30 个。用搜集的训练样本对这些模型进行训练，然后测试它们各自的预测性能。图 10-60 为隐含层的节点数分别为5、10、15、20 个的几个模型的预测

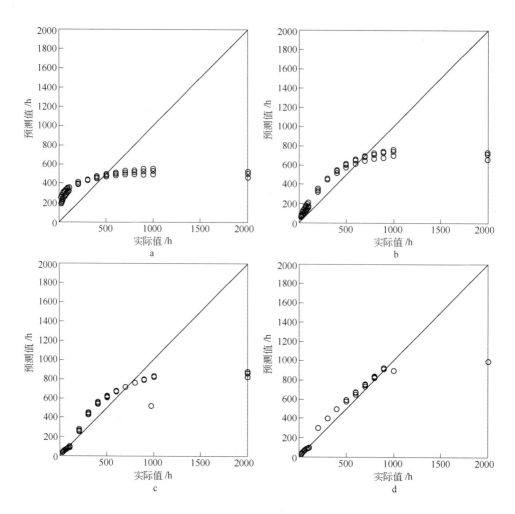

图 10-60　不同隐含层节点数量的 ANN 模型的散点图

a—隐含层有 5 个节点；b—隐含层有 10 个节点；c—隐含层有 15 个节点；d—隐含层有 20 个节点

性能。

（1）散点图。图 10-60 是 ANN 模型的预测结果的散点图，每张分图代表不同隐含层节点数的 ANN 模型的计算结果。从图 10-60a 可以看到，节点数为5 时，散点与对角线偏离较严重，说明断裂寿命的预测值与实际值间存在较大的误差。节点数增加为 10 个时，散点与对角线偏离较轻，如图 10-60b 所示，这说明 ANN 模型预测性能有了提高。从图 10-60c 可以看到，散点基本上均沿对角线分布，说明隐含层的节点数增加到 15 个时，ANN 模型的预测性能有了进一步的提高。当隐含层的节点数从 15 个增加到 20 个时，从图 10-60d 中可以看到，与图 10-60c 相比，散点又开始偏离对角线，说明 ANN 模型的预测精度开始下降。

从上述的散点图可以得出初步的结论：当 ANN 模型的隐含层中的节点数较少时，随着其数量的增加，ANN 模型的预测精度越来越高，表现为散点越来越趋向于沿坐标轴的原点——右上方45°对角线分布，当隐含层中的节点达到一定的数量时，ANN 模型的预测精度最高；如果节点数量继续增加，ANN 模型的预测精度就不再提高，反而会有所下降。

（2）统计指标。各个 ANN 模型的预测误差计算结果见图 10-61，从预测误差与节点数的关系曲线图可以看出，当 ANN 模型的隐含层节点数从 5 个增加至 15 个时，MSE 从 415h 降至 236h，MSRE 从 365.42% 降至 25.32%，VOF 从 1.7479 增加至 1.8967，说明 ANN 模型的预测误差逐渐降低，预测性能不断提高。当隐含层的节点数增加为 20 个时，MSE 值变为 274h，MSRE 值变为 38.54%，VOF 值变为 1.8588，这表明 ANN 模型的预测误差又开始变大。

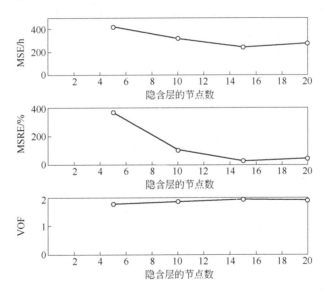

图 10-61　ANN 模型的预测误差曲线图

总之，散点图和统计学指标反映的情况保持一致：当 ANN 模型的隐含层中的节点数量较少时，模型的预测精度随节点数量的增多而逐渐提高；当节点数达到一定数量时，模型的预测性能达到最佳；当节点的数量继续增加时，模型的预测精度会降低。这说明 ANN 模型中隐含层的节点数对模型的预测精度有重要影响，但 ANN 模型的预测性能并不是随着隐含层中节点数的增加而单调增加的，而是有一个最佳值：模型中的节点数在此值时，模型的预测性能最优，节点数少于或多于这个数值，模型的预测性能都会下降。本次分析中，ANN 模型隐含层的最佳节点数为 15 个。

10.4.3.2　服役条件对持久断裂寿命的定量影响

人工神经网络模型经过训练后，结构得到优化，具有最佳而且可靠的预测性能，此时就可以根据合金的服役条件预测其持久寿命。此外，利用 ANN 模型还可以分析服役条件对合金的持久寿命的定量影响。下面用 ANN 模型分析应力和温度对 GH4738 合金的持久寿命的定量影响。

（1）温度恒定时，应力对 GH4738 合金的持久寿命的影响。图 10-62 是用 ANN 模型预测应力对 GH4738 合金分别在 650℃、760℃和 815℃时的持久寿命的影响。图中的实线是测试得到的结果，虚线是 ANN 模型的预测结果。从图中可以看到，在温度为 650℃的条件下，ANN 模型对应力为 750MPa、700MPa 和 600MPa 时的持久寿命的预测值与测试值吻合得很好，对应力为 800MPa 时的持久寿命的预测值误差较大。此外，用 ANN 模型预测了应力大于 800MPa 以及小于 600MPa 时的持久寿命，预测结果显示，当应力大于 800MPa 时，合金的应力-持久寿命曲线以较大的斜率向上延伸，当应力小于 600MPa 时，合金的应力-持久寿命曲线以较大的斜率向下延伸，如图 10-62 所示。ANN 模型对 760℃和 815℃时的持久寿命的计算结果反映的情况与 650℃时类似。

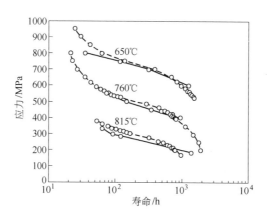

图 10-62　用 ANN 模型预测的应力对 GH4738 合金的持久断裂寿命的影响

总之，ANN 模型的计算表明：首先，ANN 模型的预测值与实验的测试值吻合程度较好，证明 ANN 模型的预测性能令人满意；其次，从 ANN 模型的预测结果反映的趋势来看，应力与持久寿命的对数间并不是完全的线性关系。

（2）应力恒定时，温度对合金的持久寿命的影响。用 ANN 模型分析了应力为 500MPa 时温度对 GH4738 合金的持久寿命的影响，结果如图 10-63 所示。从图中可以看到，合金的持久寿命的对数（lgt）与温度间同样存在非线性关系：在 720～750℃范围内，合金的持久寿命的对数（lgt）与温度间大致为线性关系，但是当温度高于 750℃时，合金的温度-持久寿命曲线以较大的斜率向上延伸，当温度低于 720℃时，合金的温度-持久寿命曲线以较大的斜率向下延伸。

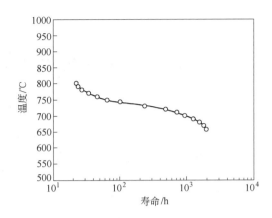

图 10-63　用 ANN 模型预测的温度对 GH4738 合金的持久断裂寿命的影响

（3）服役温度较低（650℃以下）时合金的持久断裂寿命。考虑到 GH4738 合金涡轮盘的实际服役条件，用 ANN 模型同时结合最小二乘法预测了合金在较低温度（650℃以下）时的持久断裂寿命。计算结果如图 10-64 所示。

需要说明的是：人工神经网络虽然具有一些独特的优点，但用人工神经网络模型预测超出其训练样本数据范围的变量时会产生较大的误差，由于受实验数据所限，用 ANN 模型预测 650℃以下的持久断裂寿命时就会由于这个原因出现比较大的误差。而根据最小二乘法总结的回归经验公式则没有这个缺点。此外经验公式还具有形式简明、应用方便的特点，所以进行预测时可以对 ANN 模型起到有益的补充作用。基于这些考虑，总结了 GH4738 合金在 650℃以下的服役条件与断裂寿命间的经验公式。图 10-64 中 400℃、500℃、600℃三条曲线就是根据经验公式预测的结果。

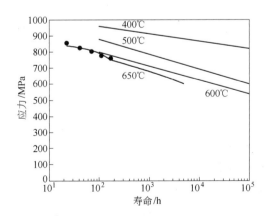

图 10-64　在 650℃以下服役条件与持久断裂寿命的关系

11　叶片制备工艺及失效分析

涡轮叶片是燃气轮机的关键零件。在高速脉冲的气动力和离心力的作用下，涡轮叶片不仅要承受拉力和弯曲力，而且还要承受振动力。因此，要求叶片必须具有足够高的抗拉强度、持久强度和蠕变强度，又要求叶片具有良好的机械疲劳、热疲劳、抗氧化和抗热腐蚀性能，以及适当的塑性。

烟气轮机是炼油厂催化裂化装置核心机组——主风机组的关键设备，其运行质量的好坏不仅关系到装置能耗的高低，而且影响到装置能否正常生产。作为烟机主风机组热端的核心部件，动叶片和涡轮盘在高温循环应力及高硫条件下工作，且叶片还要承受催化颗粒的冲蚀作用，复杂的运行环境使得叶片比涡轮盘在服役过程中更易产生失效破坏。与烟机其他热端部件相比，动叶片的特殊性还在于具有复杂的空间构形。几何构形的复杂化加大了叶片在热加工过程中组织控制的难度。由于叶片不同部位尺寸的差异性，使得锻造过程中锻件不同部位的温度及变形程度分布差异均很大。因此，控制叶片的热加工质量具有重要的工程意义。

11.1　叶片热加工及组织特征

烟机动叶片从轧棒到最终成型要经过多个工序，各工序间的组织遗传性会造成一旦某个工序操作不当都将会直接导致最终产品的不合格。在这样一个复杂的加工过程中，叶片的最终组织优化控制将与整个热加工过程密切关联。晶粒度和晶界相是衡量烟机动叶片性能的重要表象指标，也是整个加工过程中组织控制的重点；晶粒度较为均匀、晶界碳化物相分布合理并且没有包膜现象是理想的组织结构。

为了对生产过程进行跟踪研究，找到每个环节有可能出现的具体问题，对轧制棒材和锻造得到的成品叶片进行热加工态和热处理态的晶粒度、晶界和碳化物等进行系统的对比分析，从而得出 GH4738 合金的晶粒度和析出相在整个加工过程中的演化规律，对于优化工艺控制具有重要的指导意义。

11.1.1　叶片锻造工艺控制原则

以某一规格的动叶片锻造为例进行锻造工艺控制的说明。GH4738 合金采用真空感应加真空自耗重熔的双联工艺冶炼。钢锭开坯后经多火轧制成 $\phi55mm$ 棒材，并采用该棒材模锻成叶片。烟气轮机动叶片锻造工艺共分为 3 个工步：顶锻、预锻和终锻，每个工步之前首先要预热到（725 ± 25）℃，时间控制在 50min～8h，然后高温加热到（1080 ± 10）℃，时间不小于 50min。此叶片的热加工温度选为 1080℃。典型的烟气轮机动叶片锻造工艺规范如下：

（1）下料（图 11-1a）：平端面、倒角，平端面后的尺寸为：$\phi 51_0^{0.3} \times 332 \pm 1$。

（2）顶锻：包括聚集（图 11-1b），平均变形量约为 27%；成型（图 11-1c），左端变形约为 35%，中间法兰位置变形量约为 61%；机加修整（图 11-1d）。

（3）预锻（图 11-1e）：榫槽部位变形量约为 25%，叶身排、进气边的变形量约为 76%，叶身翼型最厚部位基本未变形。

（4）终锻：榫槽部位变形量约为 29%；叶尖排、进气边的变形量约为 26%，翼型最厚部位变形量约为 30%；叶根排、进气边的变形量约为 26%，翼型最厚部位变形量约为 30%。

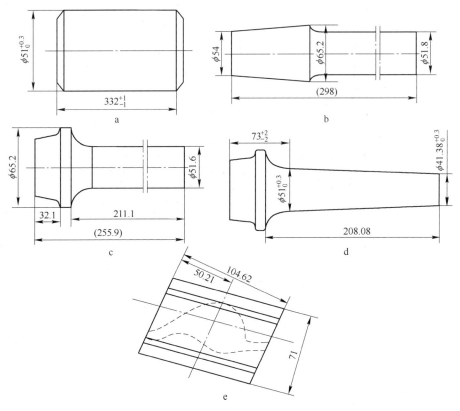

图 11-1　叶片各工步的示意图

a—下料；b—聚集；c—成型；d—机加修整；e—预锻

11.1.1.1　叶片锻造工艺制定

A　预锻坯料形状设计

根据物理模拟结果，工艺设计时尽量保证每一变形工序的变形量接近或大于 30%，以保证叶片不同部位的晶粒分布接近均匀。表 11-1 为预锻坯不同部位的最小尺寸（参照图 11-2），预锻坯的形状见图 11-1e。

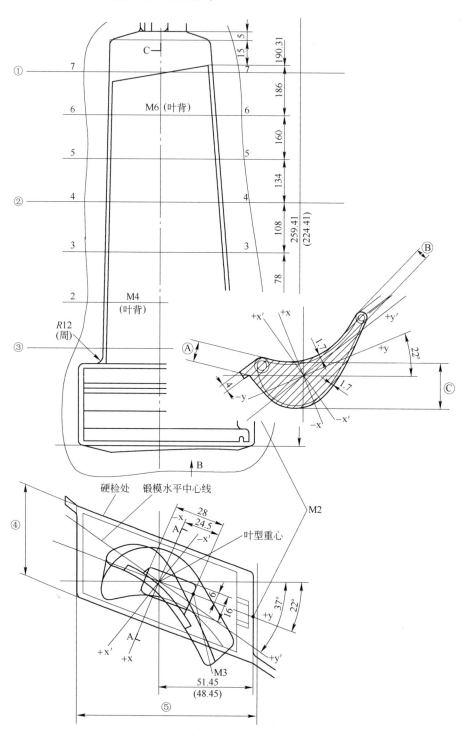

图 11-2 叶片不同部位示意图

表 11-1 预锻坯不同部位的最小尺寸 （mm）

项目	①叶尖			②叶中			③叶根			④榫槽
	A	B	C	A	B	C	A	B	C	
锻件	8	2.5	19.5	9	2.5	30	19	2.5	36.5	64.6
预锻坯要求	10.4	3.25	25.35	11.7	3.25	39	24.7	3.25	47.45	84

注：1. ①②③分别为叶尖、叶身、叶根部位，横截面 A、B、C 部位的尺寸；

2. ④为榫槽部位的外廓尺寸。

B 顶锻工序结束后坯料形状的适应性

对 GH4738 合金的研究表明，变形量过小，会产生因临界变形引起的晶粒异常长大。因此，热加工工艺制定时应在每一变形工步保证充足的变形量。但是，传统压力机上锻造时，由于顶锻机变形后坯料截面仍为圆形（图 11-1d），而预锻坯截面为图 11-1e 虚线所示流线型，在截面的最厚处易产生小变形。而且，此时产生的晶粒异常在随后的终锻过程不易消除，从而影响锻件的质量。

因此，建议顶锻结束后加自由锻压扁工序，图 11-1d 的坯料叶身部分由圆截面改为等面积矩形或近矩形截面（图 11-3）。这样，预锻时材料的流动加大，可以避免叶身最厚部位小变形的产生，从而更好控制叶片的晶粒分布。

C 压力机上锻造工艺流程

叶片锻造工艺流程如图 11-4 所示。

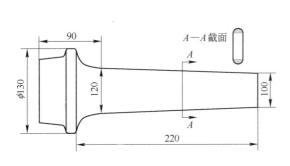

图 11-3 叶片顶锻机变形后坯料示意图

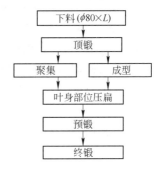

图 11-4 叶片锻造工艺流程

需要说明的是：（1）叶身部位压扁尺寸参照图 11-3，预锻坯尺寸参照表 11-1；（2）所有锻造过程锻造温度为（1080 ± 10）℃，模具预热到 400℃ 以上；（3）工艺建议尺寸为测量尺寸，实际工艺确定时应以锻件图要求为准。

D 工艺控制规程

由于叶片不同部位尺寸的差异性，使得锻造过程中锻件不同部位的温度及变形程度分布差异均很大。热加工的关键控制点在于热加工温度的选择和不同部位变形量的控制。热加工温度的控制可通过 6.1 节提出的最佳热加工控制温度模型，根据实际合金成分，给出优化的热加工温度。热加工变形量的控制根据叶身部位压扁尺寸（参照图11-3和表11-1）进行计算分析，实际工艺确定时应以锻件图要求为准。

11.1.1.2 具体热加工工艺规范

具体热加工工艺规范介绍如下：

（1）下料：（采用砂轮切割机）下料后磨端面毛刺，在棒材两端标刻炉批号。车外圆，平端面、倒角，并检查粗糙度。

（2）顶锻：顶锻前先将坯料预热 50min ~ 8h，预热温度为（725 ± 25）℃；锻造加热温度应按照合金成分，利用本研究获得的最佳热加工温度的控制模型进行计算确定，时间不小于120min。加热炉：煤气炉或高温电阻炉；高温炉中前排毛料有锻批号一端面向炉门，标有锻批号的一端不允许顶锻，顶锻采用平锻机。锻后抽查尺寸。

（3）叶身部位压扁：压扁前先将坯料预热 50min ~ 8h，预热温度为（725 ± 25）℃；锻造加热温度应按照合金成分，利用获得的最佳热加工温度的控制模型进行计算确定，时间不小于120min。加热炉：煤气炉或高温电阻炉；锻造设备：自由锻锤。

（4）预锻及终锻：锻坯先预热 50min ~ 8h，预热温度为（725 ± 25）℃；锻造加热温度应按照合金成分，利用获得的最佳热加工温度的控制模型进行计算确定，时间不小于120min。加热炉：煤气炉或高温电阻炉；锻造设备：模锻压力机。

（5）终检：检查表面缺陷：锻件（毛边除外）不允许有裂纹、折叠等缺陷，排除缺陷处应留有不小于1mm 的单面余量。

需要说明的是：毛料每次在高温炉中的停留时间不大于120min；顶、预、终锻前加热分别允许重复1次；个别回炉料在高温炉加热不少于5min；电炉及炉温要检查；顶锻模预热温度不低于100℃，预锻模预热温度不低于150℃，终锻模预热温度不低于200℃，夹料钳和放料平台预热温度不低于300℃，用表面温度计或者测温笔检查温度；模具允许用 MoS_2 润滑；毛料出炉至变形结束时间不大于10s；预、终锻过程中锻件分别以一次冲击完成；生产不能进行时毛料应从高温炉中转入中温炉或者铁箱中；锻件在铁箱内空冷。

11.1.2 热加工过程中组织演化

对取自 ϕ55mm 棒材和锻态叶片进行 A 制度标准热处理：1080℃/4h/空冷 + 845℃/24h/空冷 + 760℃/16h/空冷。分别在轧态棒料、经标准热处理后的棒料及由轧态棒料直接模锻的未经热处理和经标准热处理的叶片上取样，进行热加工过程中合金组织特征的观察分析。

11.1.2.1 晶粒度

图 11-5 为原始棒料的晶粒组织，平均晶粒尺寸约为 40μm，晶粒主要由比较均匀的等轴晶组成，这说明在多个道次的轧制过程中，合金棒材发生了充分的动态再结晶。

图 11-6 是经过 1080℃ 开锻温度模锻成为叶片后不同部位的晶粒度，从图中可以看出，在不同的部位处晶粒的大小及均匀度有很大的不同。有些部位处出现了项链状组织（在较大的原始未再结晶晶粒的周围包围着较细小的再结晶晶粒），如图 11-6a 所示；而有些部位再结晶较完全，晶粒度也较为均匀，如图 11-6d 所示。叶片的组织不均匀性主要是由于叶片的不同部位厚度是不一样的，也就是由坯料变形为叶片时的变

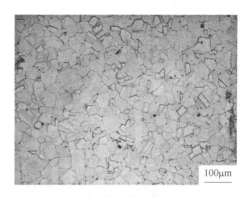

图 11-5 原始棒料的晶粒度

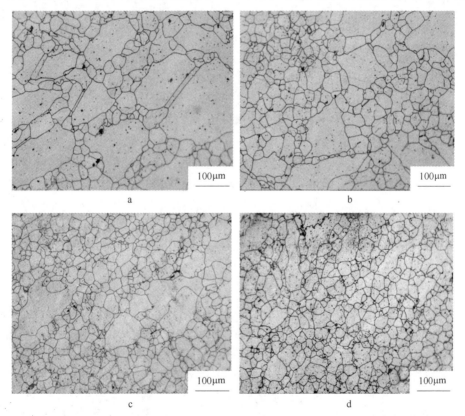

a

b

c

d

图 11-6 模锻叶片不同部位的组织形貌

a—榫齿处；b—叶根处；c—叶身出气边；d—叶身进气边

形量是有差别。变形量是一个重要的热加工参数,较大的变形量有利于得到较为充分的再结晶组织。热变形过程中的动态再结晶行为决定了变形后的组织,因此变形量的差异对最终组织的均匀性也产生了较大影响。

图 11-7a 为合金棒材经过标准热处理后的金相组织,从图中可以看出晶粒发生了明显的长大现象,叶片经过标准热处理后,得到了较为均匀的晶粒,平均晶粒度要比棒料的稍大一些,如图 11-7b 所示。

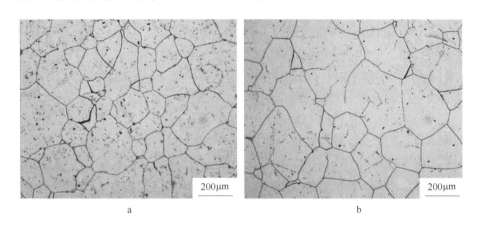

图 11-7 经过标准热处理后棒料(a)和叶片(b)的显微组织

11.1.2.2 碳化物和 γ′ 相的存在形态及其分布

由于碳化物对 GH4738 合金晶粒的均匀度具有很大的影响,因此有必要对加工过程中碳化物的存在形态进行研究。

图 11-8 为棒材、叶片以及它们热处理之后的样品经过萃取 X 射线相分析的结果,从图中可以看出,在 GH4738 合金中主要存在 TiC 和 $M_{23}C_6$ 两种碳化物。

对四种不同状态的试样进行晶界碳化物的显微组织观察,如图 11-9 所示,从图中可以看出,在 GH4738 合金中碳化物主要存在于晶界处,而晶界处往往是疲劳裂纹萌生和扩展的主要路径,因此碳化物对合金的蠕变和疲劳性能产生较大的影响。

从图 11-8a 可以看出棒料中存在两种碳化物 TiC 和 $M_{23}C_6$,从衍射峰值还可以看出,铸锭经过长期均匀化处理、快锻开坯和多个火次的轧制后,棒料中的碳化物以 TiC 为主,少量的 $M_{23}C_6$ 是在随后的空冷过程中析出的。在棒料中碳化物 TiC 和 $M_{23}C_6$ 断续地分布于晶界处,它们主要以块状出现,见图 11-9a。

经过锻造成型后,合金中的 $M_{23}C_6$ 碳化物发生了回溶,只存在 TiC 一种碳化物,如图 11-8b 所示。叶片在锻造的过程中要经过顶锻、预锻和终锻三个工步,在这三次的加热、保温和锻造加工后,只有熔点较高的 TiC 保留下来。棒材加工成叶片后,部分次生的 MC 和 $M_{23}C_6$ 发生了回溶。在晶界处仅有一些少量的 TiC

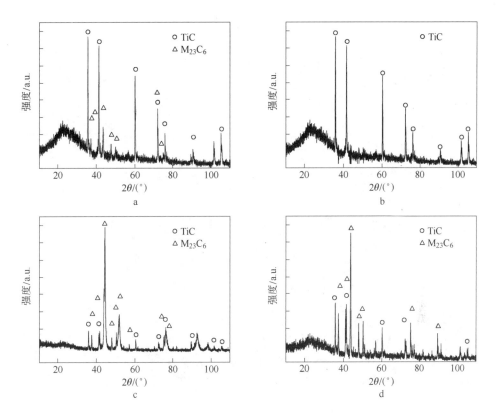

图 11-8　不同状态下合金的 XRD 分析

a—原始棒料；b—模锻叶片；c—原始棒料＋标准热处理；d—模锻叶片＋标准热处理

存在，它们主要分布于基体的晶界处，如图 11-9b 所示。这些 TiC 主要是在合金凝固过程中析出的，析出回溶的温度较高，因此在合理的锻造温度范围内，不会发生回溶或分解的现象。这部分 MC 对 GH4738 合金的组织控制有很大的影响，由于选择的锻造温度比较合理（这里所选用的温度为 1080℃），因此没有发生在高温下的回溶以及空冷、固溶时的再析出现象，有利于形成较均匀的晶粒度和避免碳化物在晶界的析出成膜现象。

　　棒材和锻造叶片经过完全热处理后，合金中的碳化物由 TiC 和 $M_{23}C_6$ 两种形态组成，分别如图 11-8c、d 所示。而且从衍射峰值还可以看出，棒料和叶片经过标准热处理后，合金中的碳化物组成以 $M_{23}C_6$ 为主。棒材和叶片经过标准热处理后，显微组织比较接近，大量的 $M_{23}C_6$ 沿晶界析出，如图 11-9c、d 所示。

　　四种不同状态的试样对应的 γ' 相显微形貌，如图 11-10 所示。原始棒料和锻态叶片中主要有一种尺寸的 γ' 相，平均晶粒尺寸为 50nm，它们是在棒材加工成型后的冷却过程中形核并长大的，如图 11-10a、b 所示。经过标准热处理后，合金的基体主要由两种大小的 γ' 相组成，较大的平均直径为 80nm，是在固溶后的

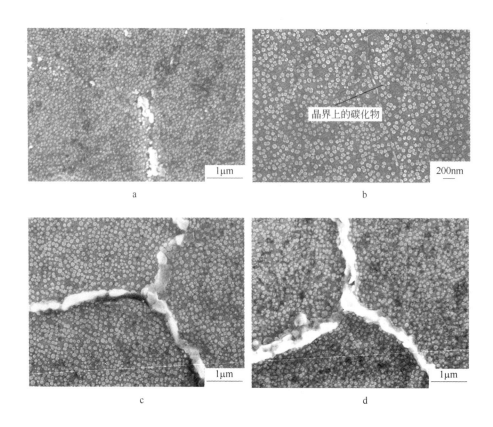

图 11-9　不同状态下合金析出相的分布与形貌
a—原始棒料，块状碳化物；b—模锻叶片，晶界上的 TiC；
c—原始棒料 + 标准热处理；d—模锻叶片 + 标准热处理

空冷析出、长大并在后面的稳定化及时效过程中进一步长大的，较小的 30nm 左右的 γ′ 相是在 845℃ 的稳定化过程中补充析出的。由图 11-10a、b 和 c、d 比较可以看出，经过热处理后的大 γ′ 相要比未经过热处理的要大，这是因为前者是在稳定化和时效的过程中长大的，而后者是在空冷时长大的，加热提供的能量有利于 γ′ 相的长大。

　　从图 11-7b、图 11-9d 和图 11-10d 可以看出，当 GH4738 合金经典型工艺锻造成叶片、再经 1080℃ 标准热处理后，晶粒的均匀度较好，γ′ 相的数量和大小匹配得到优化，另外在晶界处析出了一定数量的 MC 和 $M_{23}C_6$ 碳化物，晶界碳化物颗粒具有较高的弹性模量，晶格常数与基体 γ 相不同，与晶界不存在共格关系，在合金高温变形过程中，对晶界区域的位错运动构成阻力，大量的观察表明位错通常不会切过碳化物，因此可以增强 GH4738 合金的韧性和蠕变抗力。

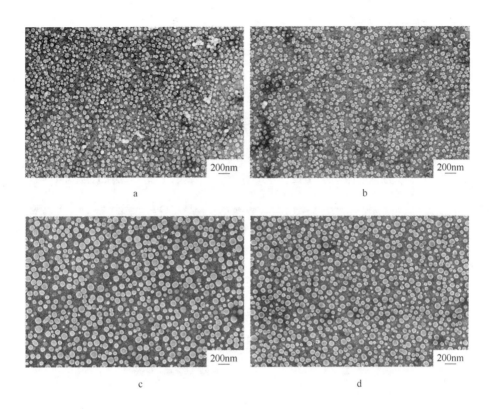

图 11-10　不同状态下合金 γ′相的形貌

a—原始棒料；b—模锻叶片；c—原始棒料 + 标准热处理；d—模锻叶片 + 标准热处理

11.1.2.3　高温加热时间对显微组织的影响

烟机叶片锻造的工艺流程中，叶片在进行顶锻、预锻和终锻工步之前都要在 1080℃ 进行高温加热，时间为不小于 50min（实际叶片加工过程保温时间一般从 40min 到 2h 不等）。保温时间的不固定是否会对合金的组织造成影响是一个值得考虑的问题。因此分别在 1080℃ 下保温 10min、20min、50min 和 180min，研究加热保温时间对 GH4738 合金的晶粒度和碳化物的影响规律。因为 1080℃ 已经远远地超过了 GH4738 合金 γ′相的析出温度，可以推断出此时合金组织中 γ′相会发生充分的回溶，所以这里就不讨论保温时间对 γ′相的影响。

图 11-11 为在 1080℃ 固溶不同时间水冷后的晶粒度情况，从图中可以看出，GH4738 合金在经过 10min 的保温之后，晶粒度发生了明显的长大现象，此时平均尺寸为 75μm。随着保温时间的延长，晶粒度的大小稍有长大，但没有发生明显的长大现象。

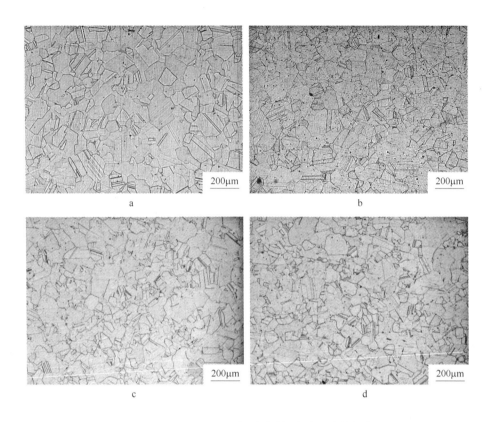

图 11-11 在 1080℃固溶不同时间水冷后的晶粒度

a—10min；b—20min；c—50min；d—180min

图 11-12 为在 1080℃保温不同时间后碳化物的演变情况，从图中可以看出在经过 10min 的保温后，晶界上的碳化物基本发生了回溶，根据前面的实验结果可知，此时回溶的碳化物为 $M_{23}C_6$，仍然存在于组织内部的为回溶温度较高的 MC 碳化物。随着时间的变化，碳化物没有发生明显的变化，由于 MC 碳化物的回溶

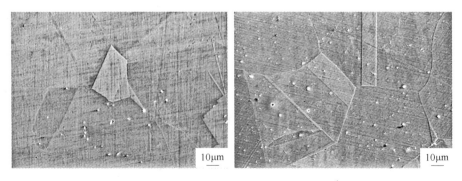

a   b

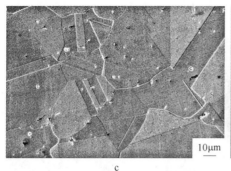

图 11-12 在 1080℃ 固溶不同时间水冷后的碳化物形貌

a—10min；b—20min；c—50min；d—180min

温度较高，此时仍然钉扎在晶界上，阻止晶粒的进一步长大。

试验的目的主要是研究叶片锻造前的保温时间对初始组织特征的影响，从图 11-11 和图 11-12 可以看出，经不同时间的保温后晶粒度的大小和组织中碳化物的形态没有发生显著的变化，也就是说叶片在锻造前加热时间的影响不太明显。

11.2 叶片服役失效原因分析

烟气轮机动叶片是烟气轮机的重要部件，在实际的运行过程中，不仅要承受高的离心负荷、振动负荷和热负荷，还要承受环境介质的腐蚀与氧化，以及高速运行微小粒子的冲蚀，其工作条件十分恶劣，因而在实际使用过程中出现失效的概率较高。

通过对近几年烟机动叶片失效的原因进行综合分析后认为，针对材料而言，主要有内因和外因两大因素。外因主要有榫槽间接触不均匀，造成接触处应力局部集中；腐蚀冲刷严重等。内因主要有合金的冶金质量（夹杂物），包括晶粒度、晶界相的有效控制及 γ' 强化相在实际运行过程中超温运行时的粗化现象等。

11.2.1 叶片服役过程中存在的问题

11.2.1.1 榫齿与榫槽接触不均匀

宏观分析发现榫齿和涡轮盘榫槽接触不均匀，导致叶片榫齿局部磨损严重，裂纹起源于榫齿表面磨损严重区，和其他接触问题一样磨损会降低疲劳寿命。显微组织观察榫齿裂纹源附近存在腐蚀现象。涡轮盘榫头表面（包括齿的工作面、非工作面、齿顶面），在长期使用过程中，由于环境介质（包括大气和燃气介质环境）的腐蚀作用，会产生腐蚀，榫齿表面腐蚀的存在，一方面会引起应力集中，另一方面又会吸附与聚集腐蚀介质，因而容易诱发疲劳裂纹。

当接触不均匀的时候，失效叶片榫齿裂纹起源通常在第三榫齿工作面与齿底交接处，见图 11-13，呈多源特征，扩展区可见疲劳弧线特征，说明榫齿裂纹的性质为起始应力较大的疲劳开裂。

图 11-13　接触不均匀导致的局部应力集中
（亮斑为宏观实际接触表面区）

涡轮叶片受力复杂，榫头应力计算也十分复杂，一般简单计算只考虑叶片质量离心力引起的应力。作为估算，假设各齿所受的载荷 N_i 相等。则第 i 齿上的压力为：

$$N_i = \frac{P_C}{2n\cos\alpha} \tag{11-1}$$

式中，n 为榫头齿对数；P_C 为整个叶片的质量离心力；α 为榫头楔形半角。

烟机在一定的工况下正常运转时，离心力 P_C 基本上是定值。接触长度的大小对挤压应力、弯曲应力和剪切应力都有影响，如图 11-14 所示。另外在榫头垂直于离心力方向的 $I—I$ 截面上还受到离心力所产生的拉伸应力 σ_I：

$$\sigma_I = \frac{P_I}{a_I h} \tag{11-2}$$

式中，P_I 为 $I—I$ 截面以上叶片的质量离心力；a_I 为实际接触宽度；h 为齿长。

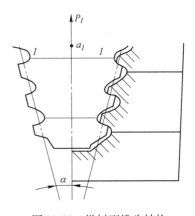

图 11-14　枞树型榫头结构

在榫头设计时，考虑到工艺上很难做到百分之百的接触，通常采用80%接触作为应力计算的准则。表11-2为失效叶片（图11-13）榫齿和榫槽的实际接触情况。设计第三齿接触面长度为52mm，而实测接触长度为28mm，因此，第三齿的挤压、弯曲和剪切应力比设计值高大约132%，拉伸应力也可能因为接触面的变化而产生不均匀分布。并且第三齿齿面接触长度不连续，接触区间隔较大，这样在接触区与非接触区的交界处应力水平突然发生变化。上述各种应力的局部加大可能会引起疲劳裂纹萌生、扩展并最终形成断裂。

表11-2 失效叶片榫头尺寸实测值

第三齿齿宽/mm	第三齿长度			榫头的楔形半角 α/(°)
	总长/mm	设计接触长/mm	实测接触长/mm	
5	65	52	28	20

为了对接触面减少对动叶片寿命影响进行评估分析，利用高温疲劳/蠕变裂纹扩展速率试验设备进行裂纹扩展行为的研究。为了接近实际工作条件，试验温度定为650℃。加载方式为梯形波（15s—90s—15s），最大载荷为565kN。

对比分析接触面从80%降到65%后，由于接触面的减少造成应力集中对合金裂纹扩展速率和寿命的影响程度。经计算，接触面积为80%对应的应力强度因子取40MN/mm$^{3/2}$，对应的接触面积为65%的应力强度因子取60MN/mm$^{3/2}$。实验测试结果如图11-15所示。从图中可以看出，接触面积下降后，合金的裂纹扩展速率明显加快，从 a-N 曲线可以看出，接触面积从80%下降到65%后，裂纹扩展寿命下降约3.8倍，可想而知，如果接触面积进一步减少，裂纹扩展寿命将显著下降。

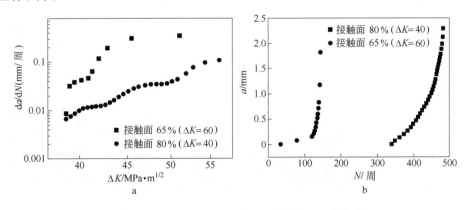

图11-15 在不同应力强度因子下合金的裂纹扩展速率曲线（a）和
裂纹长度与应力循环周次的关系曲线（b）

从以上的分析可以看出，由于叶片的榫齿和榫槽在机加工或者是装配的过程中导致接触不均匀时，叶片的实际使用寿命将会有大幅度的降低，如果在接触的部位存在夹杂物或者在晶界存在析出相包膜造成晶界明显弱化时，萌生的微裂纹会在疲劳和蠕变的交互作用下加速扩展，最终导致叶片的断裂。

11.2.1.2 烟气中颗粒对叶片的冲刷

烟气中催化剂颗粒对烟机过流部件的冲蚀会直接导致叶片失重、型线破坏其至叶片断裂，图11-16为动叶片冲蚀破坏后的实物照片，该组叶片的总服役时间只有7个月。可以看出，动叶片冲蚀部位主要集中在叶片的迎风面及内弧接近出气端面处，尤其是内弧接近出气端面处冲蚀现象特别严重，有些地方甚至出现了蚀透的现象。一般烟机的动、静叶片都有轻微的催化剂沉积和冲蚀，但这并不影响烟机的性能和运行的可靠性。据有关资料统计，烟机有较严重的催化剂粉尘沉积和冲蚀，最后造成烟机叶片严重磨损而停机。

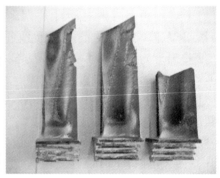

图 11-16 烟气中颗粒对叶片的冲刷作用

图11-17为该组叶片的组织形貌，从图中可以看出，该叶片的晶粒度控制良

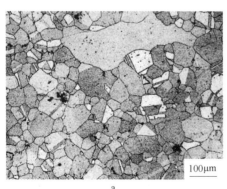

100μm

200nm

a

b

图 11-17 发生冲蚀失效叶片的组织

a—晶粒度；b—γ′相和晶界碳化物的 TEM 形貌

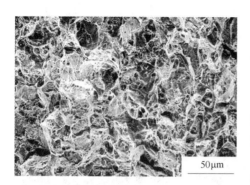

图11-18　分析叶片使用后室温冲击断口形貌

好，晶界碳化物没有出现封闭相，断续地分布在晶界上，γ'相也没有出现粗化的现象。

从该叶片上取样进行室温冲击性能实验，a_k值平均为85J，可以发现合金的冲击韧性没有下降，说明此时合金的抗冲击性能还是非常优异的。图11-18为冲击断口的扫描电镜SEM形貌，呈现韧性断裂的特征，表现出很好的塑性行为。

从以上分析可以看出，该组叶片的组织控制良好、性能优异，发生失效的主要原因为烟气中所夹杂颗粒对叶片的冲蚀，最终导致叶片的断裂。

关于粉尘颗粒粒度大小与冲蚀量的关系，国外专业厂家试验及经验数据表明[1]：颗粒粒度在5μm以下时可以造成较小的冲蚀；在5～20μm时将造成严重的冲蚀；20～40μm时将造成严重的磨损；而在颗粒粒度超过50μm以后，实际上不再增加冲蚀。

叶片损伤主要是由冲刷造成的，冲刷形成冲刷缺口后，在烟机振动等复杂因素作用下，发生冲刷⇌磨损⇌氧化⇌扩展⇌再冲刷磨损氧化扩展的相互作用过程。同时，从对合金的进一步分析可知，合金材质没有发生变化，高冲击性能表现出合金具有良好的塑性以抵抗裂纹的扩展，这从冲刷造成的缺口并向内延伸如此长的距离（图11-19），并没有造成叶片的断裂，其平直断口和氧化颜色就可以看出，在随后的快速扩展和瞬间断裂前，该叶片已经"带病工作"了很长的时间。从另外一个侧面证明了GH4738合金优越的综合力学性能。至于对叶片造成冲刷的不均匀性，可能与烟气的作用方向不均匀有关。

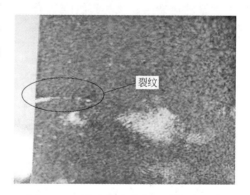

图11-19　被冲蚀叶片背面的宏观照片

11.2.1.3　激光修复工艺不当产生微裂纹

由于涡轮叶片制造工艺复杂，生产周期长，更换新叶片成本明显高于修复叶片。因此，叶片修复技术的经济效益很高。一般认为，当修复叶片的费用低于更新叶片成本费用的70%时，修复工作就是完全值得的。激光熔覆可以实现热输入的准确和局部控制，同时其热影响区和热畸变小，焊接及过渡区的厚度、成分和稀释率可控性好，激光熔覆技术理论上可以获得任意的焊层厚度[2]。而且，由于激光熔覆速度高，冷却速度快，可以获得组织致密、性能优越的堆焊层，节省贵重金属，焊接质量易于保证，焊接可靠性高，故易于实现自动化，符合现代生产的发展趋势，因而成为国内外学者的研究热点，近十几年来得到了迅速发展。

激光熔覆作为一种有效的修复方法为叶片修复开创了一种新局面，但在激光的修复过程中，裂纹是影响激光熔覆质量的主要问题之一。叶片的出气边和进气边通常为冲蚀最严重的地方，这两处也是激光修复最多的位置，如图 11-20 所示。

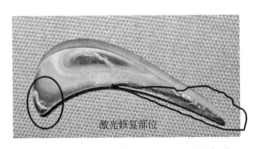

图 11-20　叶片进行激光熔覆工艺的部位

但工艺不当会造成合金组织的二次损伤，尤其针对 GH4738 这种较难焊接的合金。图 11-21 为经激光熔覆后的显微组织及工艺不当导致的微裂纹，从图中可以看出，裂纹从两交界面形成并向基体母材区扩展，母材中裂纹是沿着晶界扩展的。该断裂叶片不管在焊接区还是在母材部位都存在明显的裂纹。尤其在堆焊区裂纹就更加明显，甚至有的裂纹从焊接区扩展到了母材区。该组烟机动叶片断裂的主要原因是激光焊接修复过程中导致激光熔覆区、过渡区及母材区产生了大量的热裂纹，该类裂纹随后成为了叶片断裂的裂纹源，在外加应力的作用下，经扩展最终导致叶片的断裂。

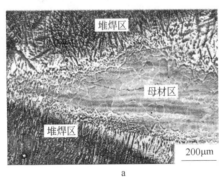
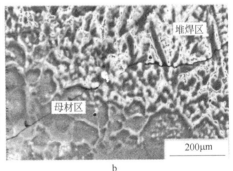

图 11-21　激光熔覆后的显微组织（a）及工艺不当导致的微裂纹（b）

由于激光熔覆工艺不当导致的微裂纹，在叶片工作的过程中就会发生失效断裂，而且这种失效更具有突发性，造成的损失会更大。因此在激光熔覆的过程中应该注意工艺的控制，保证熔覆的质量。

11.2.1.4　夹杂物

在一些断裂叶片的组织中，存在夹杂物过多这一类严重的冶金缺陷，如图

11-22 所示。从分布形态上看，夹杂物主要以颗粒状存在，可以观察到最大的颗粒约有 30μm。

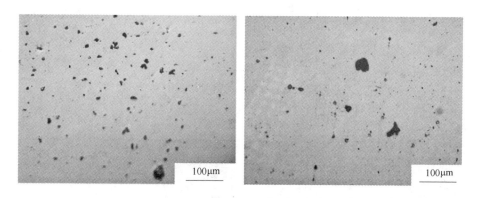

图 11-22 组织中过多的夹杂物

图 11-23 为叶片近表面的断口形貌，从图中可以明显看出，在离表面很近的部位有非常典型的疲劳辉纹，同时在离表面约 20～30μm 的亚表面处观察到由外向内方向长约 30～40μm、宽约 10～20μm 的夹杂物，疲劳纹恰恰是从夹杂物处向外扩展的，从能谱可以看出该夹杂物为 Ca 和 Si 含量较高的硅酸盐类夹杂。在亚表面处存在有如此夹杂物，显然对合金的疲劳性能会有很大的影响。实际上，该夹杂物正好是在裂纹源所在的位置，也就是说，该叶片的疲劳断裂主要与该亚表面处的夹杂物有关。

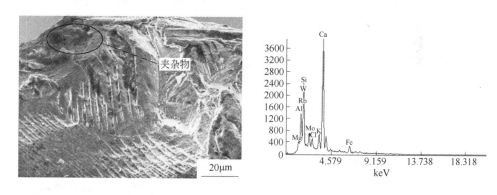

图 11-23 裂纹源处的夹杂物和典型疲劳纹

组织中如果存在较多的夹杂，那么合金的性能将会有明显的下降，尤其作为叶片材料，当基体的夹杂位于榫齿的亚表面时，微裂纹会很容易在这里产生，Byrne[3] 的研究结果表明，亚表面存在缺陷时平均疲劳寿命会降低一个数量级。要是在此处再发生应力集中的现象，那么叶片发生失效断裂的倾向会更严重。因此 GH4738 合金在熔炼的时候要特别注意对夹杂物的控制，避免由于夹杂的存在影响合金的使用性能。

11.2.1.5 严重的混晶组织

从失效动叶片取样观察不同叶片相同部位晶粒度的分布情况，如图 11-24 所示。从图 11-24 中可以看出，在现今工艺相同的条件下，晶粒度的情况有很大的差别。在某些位置晶粒的均匀度较好，如图 11-24a、e 和 g 所示。有些为典型的项链状组织（图 11-24b），在大晶粒的四周包围着较小的晶粒。有的叶片存在严重的混晶现象，在组织的内部分布着尺寸为 40μm 的新再结晶晶粒和尺寸为几百

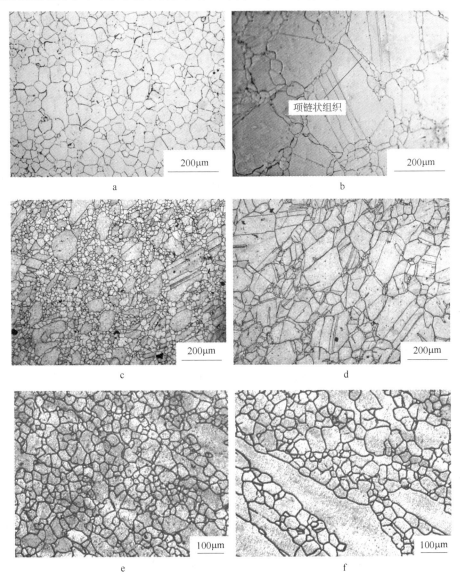

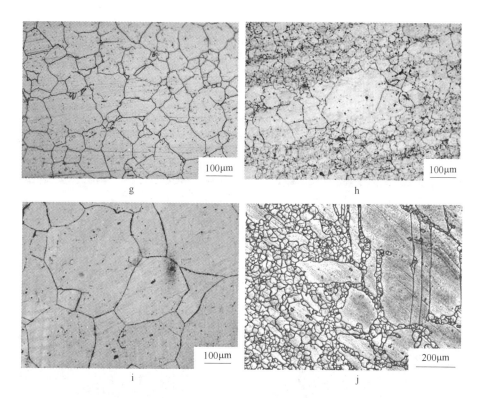

图 11-24　分别取自不同 GH4738 合金动叶片同一部位的晶粒度情况

微米的原始晶粒，如图 11-24f、h 和 j 所示。还有些叶片的一些部位根本观察不到明显的再结晶现象，组织内的原始晶粒因受加工应力而发生变形，最终的组织由晶界平直的畸变型晶粒组成，如图 11-24d 所示。

严重的混晶现象对合金的使用性能是有害的，它将会降低材料的疲劳性能，进而降低叶片的使用寿命。Mandy[4] 的研究表明，Waspaloy 合金疲劳性能的下限由组织中的大晶粒而不是平均晶粒度控制。这种混晶组织是由锻造形成并在后续的热处理过程中遗传下来的，在变形量不够、变形温度过低和变形温度过高的情况下都会产生这样的晶粒组织。

11.2.1.6　晶界碳化物的粗化成膜现象

图 11-25 为发生过早失效断裂叶片的晶界形貌。从图 11-25a 可以看出，此时晶界的碳化物呈包膜状；在一些组织内还观察到晶界有连续、粗大碳化物的存在，见图 11-25b。这种碳化物膜是由锻造工艺不当引起的。

图 11-26 为宽化晶界和晶界控制良好的对比图片。从图 11-26a 可以看出失效叶片的晶界较宽，碳化物连续且为短粗膜状；从图 11-26b 可以看出正常叶片的碳化物细小且为断续状。

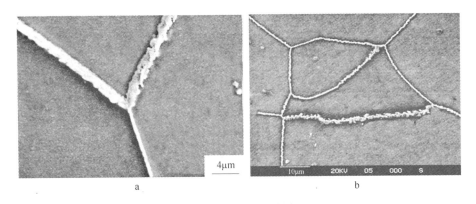

图 11-25 烟机动叶片晶界碳化物形貌

a—包膜状碳化物；b—宽化的晶界

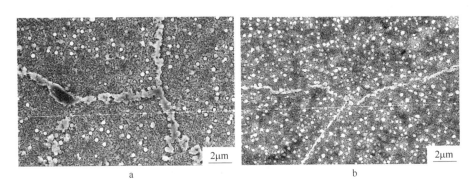

图 11-26 榫齿部位的组织形貌

a—宽化晶界；b—正常组织，晶界碳化物断续分布

在高温下合金的晶界碳化物是否起到强化作用与其形态有关，均匀分布的细小晶界碳化物颗粒对合金高温强度有利，大的晶粒尺寸由于伴随着较少的不均匀分布的大块晶界碳化物，其对合金高温强度不利。这是因为小且不连续的晶界碳化物阻止晶界滑移而极大增强韧性和蠕变抗力，粗大成膜状的碳化物降低韧性导致叶片提前失效。

为了进一步分析宽化晶界区域的变化规律，对宽化晶界沿着穿过晶界的方向进行成分变化的 EDS 能谱分析，结果如图 11-27 所示。从图中可以看出，晶界上 Cr 含量偏高，可能有含 Cr 的碳化物相析出，而靠近晶界附近区域 Cr 含量偏低，这表明在晶界附近存在 Cr 的贫化区。

GH4738 合金在长期运行后，由于在晶界上析出富含 Cr 的碳化物，可能将导致晶界附近会有 Cr 的贫化区产生，晶界的宽化可能是由晶界碳化物反应和大 γ' 相聚集长大造成的，因此，宽化晶界附近 Cr 贫化区的出现就更明显。这种晶界

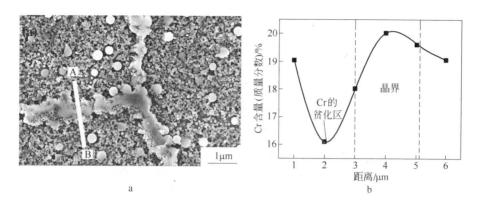

图 11-27 宽化晶界 (a) 及附近 Cr 含量的分布 (b)

附近的贫 Cr 区在随后的使用过程中可能对与晶界氧化有关的性能产生不利的影响, 在蠕变、热疲劳和复杂工况气氛的综合作用下, 宽化的晶界加之该类晶界附近形成的贫 Cr 区将对合金的脆化和失效有重要的影响。

由于晶界的宽化及宽化晶界附近 Cr 贫化区的存在会导致 GH4738 合金晶界弱化的现象, 此时晶界成为裂纹萌生和裂纹扩展的主要路径, 如图 11-28 所示。裂纹在晶界上的快速扩展最终导致叶片的提前失效, 在断口上主要表现为脆性的沿晶断裂特征。

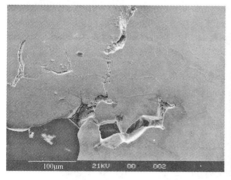
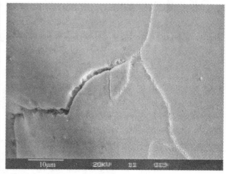

图 11-28 晶界弱化导致的穿晶裂纹

11.2.1.7 叶片超温运行时 γ′ 相的粗化现象

烟气入口温度一般在 610～700℃ 之间, 也就是说烟气轮机叶片的工作温度应该不超过 650℃, 但烟气轮机在工作运行的时候常常会遇到超温的情况, 此时要考虑合金中 γ′ 相会粗化长大造成的影响。

图 11-29 为在不同条件下 GH4738 合金的持久寿命变化规律, 从图中可以看出, 随着温度增高, 持久寿命大幅度下降。以 600MPa 的应力条件下为例, 在

704℃超温时，持久寿命是78h，与649℃的1534h相比寿命减少了20倍。如果在更高的温度超温运行，那么其持久寿命还会有更大的损耗，当在490MPa时，649℃的寿命为10000h，当温度提高到760℃，寿命只剩下了26h。

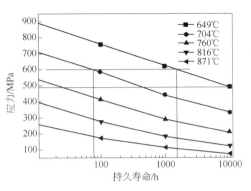

图11-29　持久寿命随温度和应力的变化规律

为了观察不同温度经长时间持久后强化相的变化，把650℃经6509h和700℃经2500h持久后强化相的TEM组织照片进行对比（图10-23右图与图10-28右图对比），说明温度增加到700℃时，长时过程中小γ′相已经出现长大失稳趋势。

从表10-4对比两者的持久塑性也可以看出，700℃/420MPa的持久塑性包括断面收缩率和伸长率都比650℃/580MPa的持久塑性要高，说明700℃时合金发生了软化现象。

多次、长时间的超温将严重地影响叶片和盘件的寿命，在超温条件下γ′相颗粒将聚集长大而减弱甚至失去强化效果，这个过程是不可逆的，也就是说，γ′强化相在运行中因高温长时间的作用逐渐地向热力学稳定的状态聚集长大，从而使材料逐渐软化以致失效。

11.2.2　进口动叶片组织性能控制水平评价

为了了解进口大型烟机动叶片组织和性能水平，对图11-30所示的进口动叶片的夹杂物、晶粒度和强化相等组织控制水平进行分析，并对合金的冲击性能进行了测试分析。

图11-30　进口动叶片宏观形貌

该进口动叶片运行 11 个月后，从叶片上取样测试的冲击性能为 79J。从榫齿间的接触面看，接触良好。

11.2.2.1 夹杂物

图 11-31 为进口动叶片对应的夹杂物大小形态和分布情况，从分布形态上看，夹杂物主要以颗粒状存在，并且夹杂物含量较少，夹杂物主要还是以 Ti 的碳氮化合物形式存在。

11.2.2.2 晶粒度

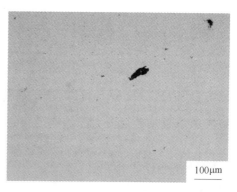

图 11-31 动叶片夹杂物的大小和分布形态

从叶片切取的样品横断面上进行晶粒度观察，从图 11-32 可以看出，由于该烟机为大型烟机，动叶片较大，因此对热加工过程中晶粒度的影响规律就比较复杂，晶粒度的控制难度明显加大。进口动叶片晶粒度也不是非常均匀，能观察到局部的"双晶"组织，即大晶粒边缘有小晶粒的包围圈。

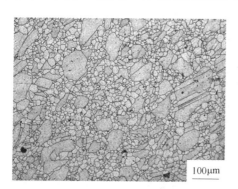 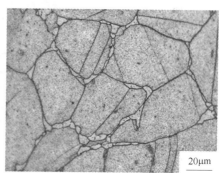

图 11-32 进口动叶片的晶粒度形貌

从以上的观察可以看出，尽管是从美国进口的叶片，由于该叶片是一个较大的叶片，在热加工工艺的控制过程中也是一个关键的难点。因此，今后如何控制变形工艺获得均匀的晶粒度将是我们面临的一个关键问题，尤其是对大功率动叶片的制备。

11.2.2.3 晶界和强化相分析

图 11-33 为叶片分析部位的 SEM 组织形貌，从图中可以观察到大 γ' 强化相弥散分布，局部晶界有连接的趋势，进一步观察可以看出，合金的强化相大 γ' 相分布较为均匀。强化相存在两种形态，其中大 γ' 相的尺寸约为 200nm，小 γ' 相约为 20nm。可以推定，该进口动叶片执行的是 1020℃标准热处理制度（热处理 B）。

从解剖分析结果可以看出，虽然是烟气轮机整机进口，因动叶片较大，也还存在局部的混晶现象，热处理采用的是 1020℃固溶处理的制度。合金的冲击韧性

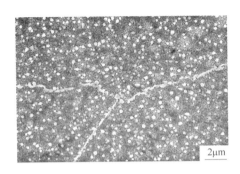
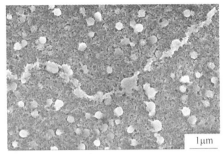

图 11-33   分析叶片强化相及晶界 SEM 组织形貌

值高达 79J。该动叶片的在服役过程中出现损伤主要是由于烟气作用不均匀造成局部的冲蚀损伤。

11.3   典型动叶片失效分析

11.3.1   YL10000I 烟机转子动叶片断裂原因分析

该烟机在发生叶片断裂停机前累计运行了近 11 个月，发现损伤后经激光修复又累计运行了 9 个月。动叶片断裂情况如图 11-34 所示，从图可以看出，榫齿与榫槽接触面接触良好。

图 11-34   断裂叶片的宏观形貌

对断裂叶片的硬度测试可知，硬度略有下降，而合金的冲击韧性没有明显下降，为 52J。从对叶片夹杂物的观察认为，夹杂物的控制水平合理，没有观察到大量的冶金缺陷，如图 11-35 所示。图 11-36 为从叶片横断面不同部位取样分析的晶粒度组织形貌，从图中可以明显看出，晶粒组织明显不均匀，存在明显的大小混晶现象，甚至存在明显的未再结晶组织。

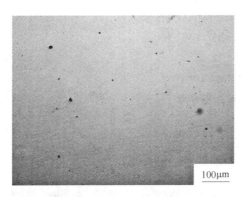

图 11-35　榫齿部分观察到的夹杂物形貌

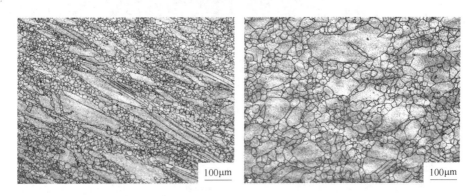

图 11-36　榫齿不同部位的晶粒组织形貌

从图 11-37 可以看出，在叶片根部进行过激光修复，组织观察可见，裂纹从两交界面形成并向基体母材区扩展，母材中裂纹是沿着晶界扩展的。

通过对合金的强化相和晶界的组织形貌进行观察后可知，如图 11-38 所示，该断裂叶片强化相均匀分布，没有观察到有粗化长大的趋势，合金的晶界也基本上没有发生太明显的变化，仅仅是碳化物析出增加。从强化相的分布规律可以判断，该动叶片执行的是 1020℃固溶的热处理制度（热处理 B）。

从解剖分析结果可以看出，尽管该动叶片在晶粒度控制方面不理想，存在大小混晶组织，热处理也是采用低持久寿命的 1020℃固溶制度，不过，由于榫齿间接触良好，没有观察到小接触面的局部亮斑。因此尽管该组烟机在累计运行 11 个月后发现在叶片根部有损伤，随后进行了激光修补，修复后又累计运行了近 9 个月才发生断裂。从此可以看出，在众多均可导致动叶片不正常断裂的原因中，激光焊接修复过程中导致激光熔覆区和过渡区及母材区产生的热裂纹是导致叶片失效的一个主要原因。因此，激光修复技术的应用要严格控制工艺过程，否则将会带来负面影响。

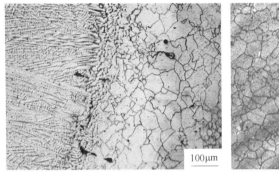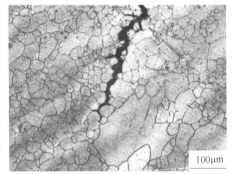

图 11-37 激光修补区裂纹开裂和扩展情况

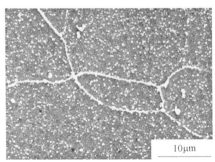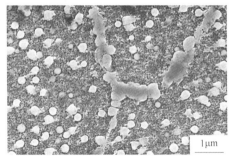

图 11-38 榫齿部位强化相和晶界析出相分布行为

11.3.2 YL4000F 催化装置烟机动叶片检测分析

该烟机从投用运行至停机检修，实际累计运行了将近 15 个月，叶片没断裂，如图 11-39 所示，仅仅在局部区域有被由于不均匀冲刷造成的冲刷痕迹，该烟机动叶片没有经过补焊等修补方法。

该叶片的冲击韧性也没有明显的下降，从使用前的平均 55J 到使用后的 50J，

冲击性能基本没有影响。榫齿间的接
触面良好。图 11-40a 为夹杂物大小形
态和分布情况，合金中夹杂物控制合
理。从图 11-40b 可见，晶粒度大小较
为均匀，没有存在混晶现象，基本上
都呈现等轴晶形貌，说明该分析叶片
在热加工过程中，晶粒度控制较为
理想。

图 11-39 叶片宏观形貌

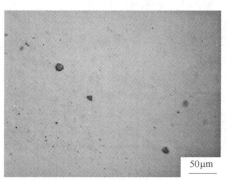

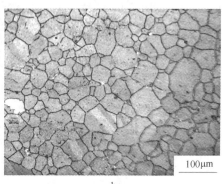

a　　　　　　　　　　　b

图 11-40 叶片夹杂物（a）和晶粒度（b）观察

图 11-41 为对叶片强化相和晶界的观察分析，该叶片在运行后晶界宽化现象
并不明显，强化相大 γ′ 相也没有明显的粗化长大现象。从强化相的析出形态看，
该动叶片执行的是 1020℃固溶的热处理制度。

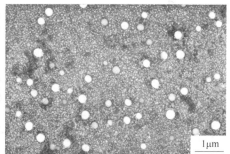

图 11-41 叶片晶界和析出相的扫描电镜观察

从解剖分析来看，尽管累计运行了近 15 个月，热处理执行的是 1020℃固溶
处理的制度，榫齿接触面良好，除了有局部被冲刷外，材料基本没有发生失稳变
化，还维持较高的冲击性能。动叶片组织和性能稳定。

11.3.3 催化装置烟机动叶片断裂原因分析

该烟机转子的动叶片从投入应用到叶片出现故障实际累计运行了将近 6 个月，该烟机动叶片没有经过补焊等修补方法。图 11-42 为分析叶片的宏观形貌。

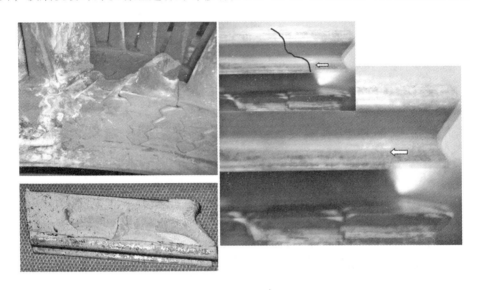

图 11-42 动叶片宏观形貌和裂纹所处位置

从断裂叶片的宏观观察可以看出，榫槽局部发亮区域（图 11-42 箭头所示）已经有裂纹开裂情况发生，榫齿接触面有不均匀现象。合金的冲击性能已经下降，为 35J。图 11-43a 为夹杂物大小形态和分布情况，局部区域有较大的夹杂物存在，从总体上看，合金中夹杂物的含量还是较多。图 11-43b 为晶粒度组织形貌，从图中可以明显看出，榫槽部位的晶粒组织明显不均匀，存在大小混晶现象，这种混晶组织的存在，对合金的疲劳性能将会产生不利的影响。

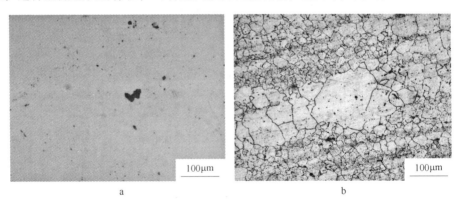

a   b

图 11-43 夹杂物大小分布形态（a）和晶粒度（b）

实际上，从图 11-44 可以看出从叶片表面向里已经有晶界优先开裂，裂纹源起始位置是这些先开裂的表面晶界，也就是说，该动叶片在实际使用后，晶界已经发生了明显的脆化，在氧化介质和应力作用下，首先在样品的表面应力集中处晶界开裂，晶界开裂后，在环境的作用下沿着晶界向内扩展。而其外在的原因则为该部位接触应力集中。

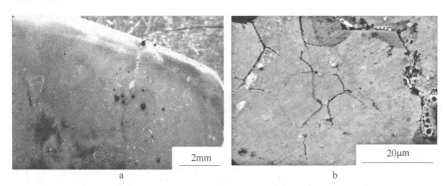

图 11-44 叶片横断面观察到的晶界裂纹源（a）及沿晶开裂（b）

图 11-45 为叶片榫槽部位的扫描电镜组织形貌，晶界上可观察到有大量的晶

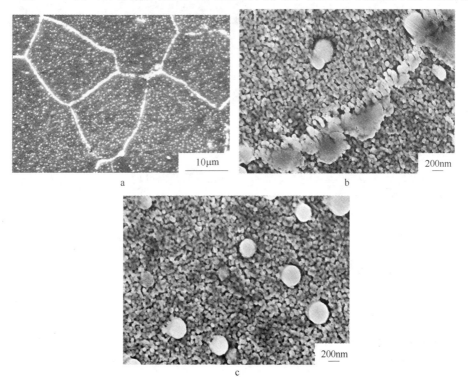

图 11-45 叶片榫槽处的晶界形态及强化相大小和分布形态
a—晶界形态；b—晶界析出相；c—强化相

界相析出，而且已经沿晶界连接成晶界析出相链。这与沿裂纹源横向切取的组织观察相吻合，即此时合金的晶界已经发生了弱化，但强化相 γ′ 并没有发生粗化长大现象，说明此时强化相并没有发生明显的失稳。

从解剖分析结果可以看出，热处理采用 1020℃ 固溶处理制度，运行 6 个月后合金的冲击性能已经下降，晶粒度有混晶存在，晶界也有碳化物连接成膜的趋势。榫齿间的接触面有局部集中现象，开裂正好位于接触应力集中的部位，该处首先发生晶界脆化开裂，随后在疲劳和蠕变的交互作用下，合金发生了疲劳和沿晶开裂交互作用下的裂纹扩展模式，疲劳和蠕变的交互作用最终导致叶片的断裂。接触应力集中加上晶界弱化是造成断裂的主要原因。

11.3.4 YL12000A 烟机动叶片损坏原因分析

YL12000A 型烟机因一个动叶片断裂造成停机，停机前连续运行了 793d，加上以前的运行时间总使用时间已达 25000h。叶片采用的热处理制度为 1020℃ 固溶的处理制度。图 11-46 为断裂叶片的断裂特征。

图 11-47a 为分析叶片对应的夹杂物大小形态和分布情况，夹杂物偏多。图 11-47b 为叶片的晶粒度组织形貌，不管是叶片的顶部还是叶片的榫齿部位其晶粒组织不均匀。

图 11-46 动叶片断裂外观情况

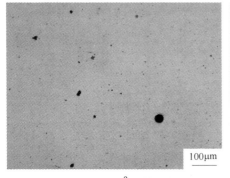
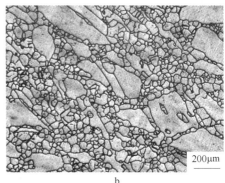

图 11-47 叶片夹杂物形貌（a）和晶粒度（b）

图 11-48 为近表面的断口形貌，从图中可以明显看出，在离表面很近的部位有非常典型的疲劳辉纹，同时在离表面约 20~30μm 的亚表面处观察到由外向内方向长约 30~40μm、宽约 10~20μm 的夹杂物，疲劳纹恰恰是从夹杂物处向外扩展的，该夹杂物为含 Ca 和 Si 较高的硅酸盐类夹杂。在亚表面处存在有如此夹

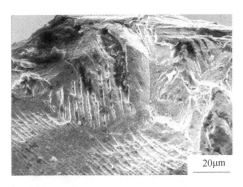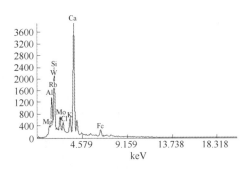

图 11-48 裂纹源处观察到的典型疲劳纹和夹杂物及 EDS 能谱分析

杂物，显然对合金的疲劳性能会有很大的影响。实际上，该夹杂物正好是在裂纹源所在的位置，也就是说，该叶片疲劳断裂的原因主要与该亚表面处的夹杂物有关。

图 11-49 为 γ′强化相弥散分布和晶界状态，合金的强化相大 γ′相分布较为均匀，晶界也没有观察到复杂的碳化物反应导致的晶界宽化现象，说明该叶片材料在实际运行过程中强化相和晶界均没有发生明显的失稳。图 11-49 的透射电镜照片也可以看出有大小 γ′相的匹配析出。

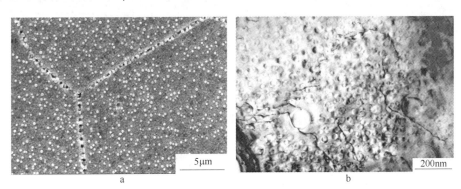

图 11-49 强化相及晶界的 SEM 组织形貌（a）和 TEM（b）

从解剖分析结果可以看出，热处理采用 1020℃固溶处理制度，运行约 34 个月后合金的冲击性能已经下降至 30J。晶粒度控制不理想，存在混晶。强化相和晶界都没有发生失稳。该叶片在榫槽处的开裂是由于近表面的夹杂物成为疲劳裂纹形成核心，叶片变形过程中造成的晶粒不均匀性等都将加剧疲劳裂纹的扩展速率，综合作用将影响该叶片的使用性能。

11.3.5 催化装置烟机动叶片断裂特征分析

该烟机在 2005 年 3 月 4 日断裂停机修整后再运行仅 10 个月左右又发生了动

叶片断裂造成的停机。动叶片断裂情况如图11-50所示，榫齿间的接触面不均匀。使用后冲击韧性下降至28J。

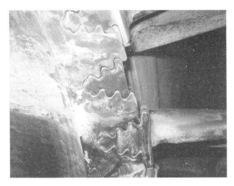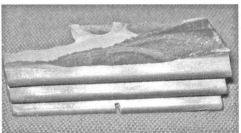

图11-50 叶片宏观形貌

夹杂物含量较多，晶粒度局部区域存在混晶，如图11-51所示。

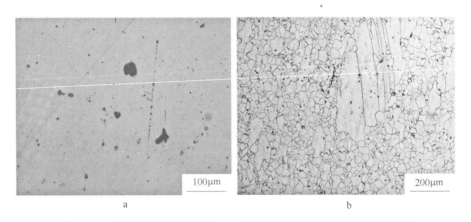

a   b

图11-51 动叶片夹杂物形貌（a）及榫齿部位对应的晶粒度形貌（b）

图11-52为断口附近的组织特征，可以看出，在裂纹源附近有夹杂物存在。

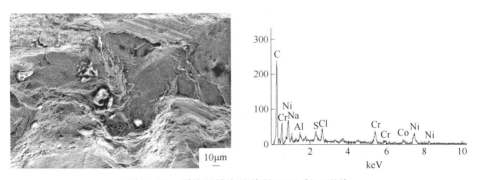

图11-52 裂纹源槽底边缘的SEM断口形貌

图 11-53 为合金的强化相和晶界情况，晶界已经发生了明显的宽化现象，晶界上也可观察到有大量的晶界相析出，而且已经沿晶界连接成晶界析出相链，但强化相 γ′并没有发生粗化长大现象，说明此时强化相并没有发生明显的失稳。

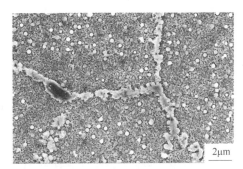

图 11-53 晶界和强化相形态

从解剖分析结果可以看出，热处理采用 1020℃固溶处理制度，运行 10 个月后合金的冲击性能已经下降，晶粒度有混晶存在，晶界也有碳化物连接成膜的趋势。

该动叶片断裂的主要原因可以归结为外部因素和内在因素相互作用的结果。外部因素是由于涡轮盘榫齿和动叶片榫齿接触不均匀造成的磨损严重，加上高温燃气的腐蚀作用，造成在第三榫齿和榫槽部位局部应力集中，而内在因素是由于动叶片热加工工艺不当所造成的晶粒度明显不均匀、冶炼造成夹杂物含量偏多并存在较大的外来夹杂物，同时晶界存在析出相的晶界封闭行为造成晶界的明显弱化，因此，两者的相互作用造成裂纹的萌生首先是由材料在服役过程中接触不均匀部位的最大应力处于夹杂物及弱化的晶界处优先开裂，随后在疲劳和蠕变的交互作用下，合金发生了疲劳和沿晶开裂交互作用下的裂纹扩展模式，疲劳和蠕变的交互作用最终导致叶片的断裂。

11.3.6 烟机动叶片断裂原因分析

该烟机在服役后运行仅 10 个月左右发生了动叶片断裂造成的停机，如图 11-54 所示。该动叶片已经执行 1080℃的热处理制度（热处理 A）。从该失效动叶片上取样进行冲击性能测试后发现，室温冲击韧性仍然很高，为 43J，硬度没有太明显的变化，持久性能满足要求。

图 11-54 断裂叶片宏观形貌

从图11-54可以看出，榫齿间的接触面明显不均匀，存在明显的局部应力集中区域，裂纹源即为应力集中的亮区。图11-55a为叶片合金夹杂物形貌，含量和大小属于正常范围。图11-55b为晶粒度组织形貌，晶粒度基本均匀，控制合理。因动叶片执行的是1080℃的热处理制度，晶粒尺寸明显增加。

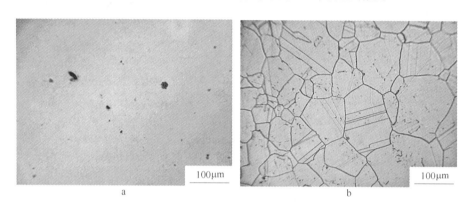

图11-55 动叶片榫齿部位对应的夹杂物（a）和晶粒度（b）形貌

图11-56为叶片榫槽部位的扫描电镜SEM组织形貌。晶界处可观察到有大量的晶界相析出，晶界碳化物基本上是以链状形态分布，还没有连接成晶界的碳化物膜，也就是说还没有形成晶界封闭相现象，晶界组织属于正常。强化相也没有发生粗化长大现象，因此，从总体上说，合金的组织没有发生失稳。

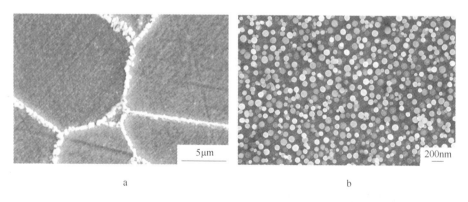

图11-56 晶界（a）和强化相分布形态（b）

从解剖分析结果可以看出，热处理采用1080℃固溶处理制度，运行10个月后合金的冲击性能基本没有下降，晶粒均匀，夹杂物正常，晶界和强化相都没有发生失稳现象。

主要的断裂原因为第三榫齿和榫槽接触不均匀，局部应力集中增大，导致发生疲劳扩展型的断裂。

11.3.7 YL4000D 烟机动叶片断裂原因分析

该烟机在运行了 1 年 9 个月后动叶片出现故障停机，其中 52 个动叶片同时断裂，如图 11-57 所示。该组动叶片执行的是 1080℃ 热处理工艺。高温拉伸性能符合要求，使用后冲击值为 35J。

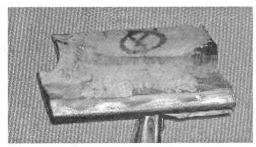

图 11-57　动叶片宏观形貌

图 11-58a 为分析叶片对应的夹杂物大小形态和分布情况，夹杂物偏多。从图 11-58b 可以看出，晶粒度正常，没有混晶组织。

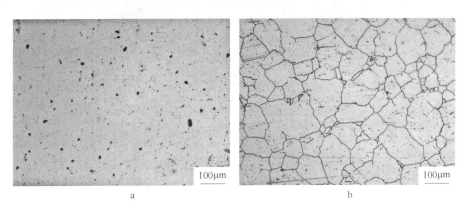

图 11-58　叶片夹杂物（a）和晶粒（b）形貌

对唯一的扩展开裂型断口进行深入分析，沿裂纹源处纵向切开样品，对横断面进行组织观察分析。从横断面的 SEM 组织形貌可以看出，在裂纹源起始位置的外界面上从表面向里已经有晶界优先开裂（图 11-59），在氧化介质和应力作用下，首先在样品的表面应力集中处晶界开裂，晶界开裂后，在环境的作用下沿着晶界向内扩展。晶界相分布合理，强化相没有粗化长大，TEM 组织形貌如图 11-60 所示。

从解剖分析结果可以看出，热处理采用 1080℃ 固溶处理制度，运行 21 个月

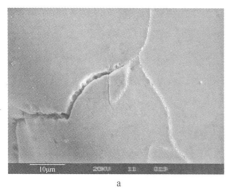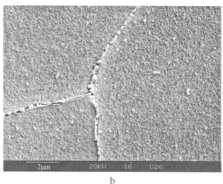

a   b

图 11-59　裂纹源横断面的沿晶开裂（a）和动叶片晶界形貌（b）

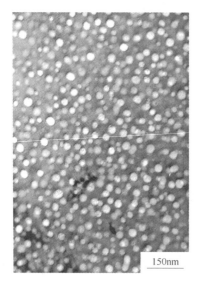

图 11-60　动叶片强化相和晶界碳化物析出形貌的 TEM 观察

后合金的冲击性能还能维持在 35J。晶粒均匀，夹杂物正常，晶界和强化相都没有发生失稳现象。

　　主要的断裂原因为第三榫齿和榫槽接触处应力局部集中，在腐蚀环境下，在叶片榫槽应力集中处首先发生晶界开裂，随后在腐蚀环境中疲劳和蠕变的交互作用下，合金发生了疲劳和沿晶开裂交互作用下的裂纹扩展模式，疲劳和蠕变的交互作用最终导致叶片的断裂。

11.3.8　YL4000D 烟机转子动叶片断裂特征分析

　　该组动叶片从投用到断裂共使用约 12500h，其中激光修复前累计运行了约

9000h，激光修复后又累计运行了约3500h，断裂叶片如图11-61所示。叶片执行的是1020℃热处理制度。

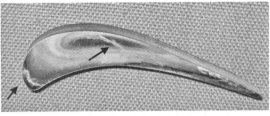

图11-61 断裂叶片宏观形貌

有一些较大的夹杂物存在，并观察到混晶组织，如图11-62所示。晶界和强化相属于正常状态，没有发生明显的失稳现象，如图11-63所示。

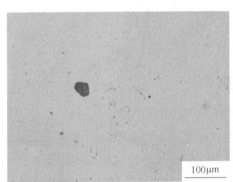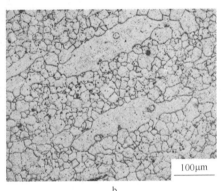

a   b

图11-62 动叶片夹杂物（a）和晶粒度（b）

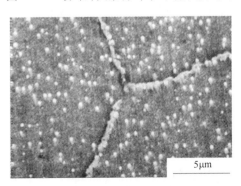

图11-63 强化相和晶界相

该断裂叶片不管在焊接区还是在母材部位都存在明显的裂纹。尤其在堆焊区裂纹就更加明显，甚至有的裂纹从焊接区扩展到了母材区，如图11-64所示。

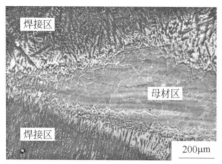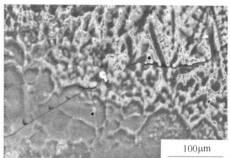

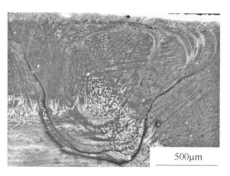

图 11-64　堆焊处的裂纹

　　该组烟机动叶片断裂的主要原因是激光焊接修复过程中导致激光熔覆区、过渡区及母材区产生了大量的热裂纹，该类裂纹随后成为叶片断裂的裂纹源，在外加应力的作用下，经扩展最终导致叶片的断裂。

11.3.9　YL33000A 烟机动叶片组织行为及断裂原因分析

　　烟机于 2006 年 3 月初出现故障而停机，该烟机因故造成共 18 片动叶片被打弯，其中两个动叶片断裂，同时还可发现涡轮盘上有两个榫齿出现裂纹，并且在出现裂纹榫齿部位有 1mm 左右的翻边，烟机的其他部分也有不同程度的损伤。该烟机累计运行了约半年时间，如图 11-65 所示。

　　对该叶片夹杂物、晶粒度、晶界和强化相分析后认为均属正常，如图 11-66 所示。

　　该烟机动叶片组织均匀，强化相和晶界都没有发生组织失稳，夹杂物控制合理，叶片断裂特征为具有瞬间断裂的断裂行为特征，结合整个烟机故障分析判断，该动叶片的断裂并非合金自身组织失稳而造成断裂，其断裂原因在于外部原因，断裂的原因可能是来自外部的强大冲击作用。

11.3.10　烟机动叶片断裂行为分析

　　该烟机因动叶片断裂造成从投产服役仅仅 3 个月后就发生动叶片断裂停机。

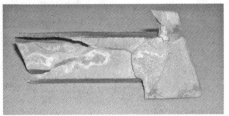

图 11-65 叶片宏观形貌

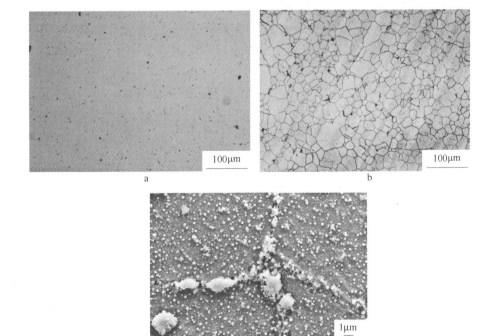

图 11-66 夹杂物（a）、晶粒度（b）和强化相（c）

共有两片动叶片发生断裂，断裂发生在榫槽的根部，如图 11-67 所示。在断裂叶片旁边有被打弯的叶片。该叶片执行的是 1080℃的热处理制度 A。

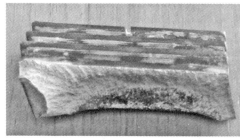

图 11-67　叶片宏观形貌

该动叶片夹杂物含量偏多，晶粒度、晶界及强化相控制合理，没有出现混晶和强化相失稳现象，如图 11-68 所示。

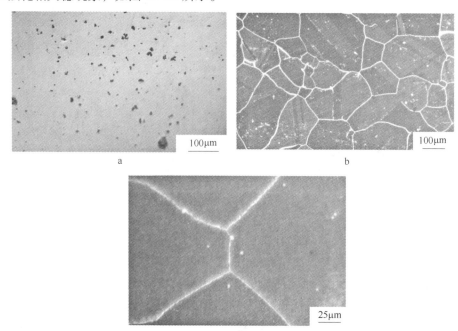

图 11-68　夹杂物（a）、晶粒度（b）和晶界相（c）

该动叶片断裂可以归结为外部因素和内在因素相互作用的结果。外部因素是由涡轮盘榫齿和动叶片榫齿接触不均匀造成的局部应力集中，如图 11-69 所示。从 11.2 节的模拟实验可以看出，接触面积减小后，合金的裂纹扩展速率明显加快。应力集中也导致磨损严重，裂纹起源于榫齿表面磨损严重区，和其他接触问题一样磨损会降低疲劳寿命，若加上高温燃气的腐蚀作用，造成在第三榫齿和榫槽部位局部应力集中。而内在因素是冶炼造成夹杂物含量偏多并存在较大的外来夹杂物，因此，两者相互作用的结果是材料在服役过程中接触不均匀部位的应力集中处与夹杂物及弱化的晶界处优先开裂。接触面过小是造成局部应力集中的主要原因。

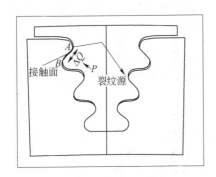
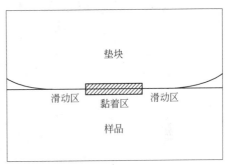

图 11-69 榫齿接触面导致的应力集中部位

11.3.11 YL8000D 烟机动叶片断裂原因分析

该烟机因三个动叶片断裂造成停机，累计运行了仅两个月左右，加上以前的运行时间总使用时间约 1500h。叶片宏观形貌如图 11-70 所示。执行的是 1020℃

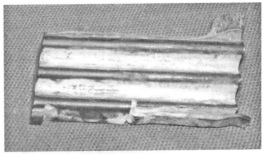

图 11-70 叶片宏观形貌

的热处理制度。使用后室温冲击值为40J。

从图11-71金相和扫描电镜照片可以看出，夹杂物控制合理。晶粒度存在混晶现象，强化相没有发生粗化长大，但晶界析出相增多，有连接成膜的趋势。

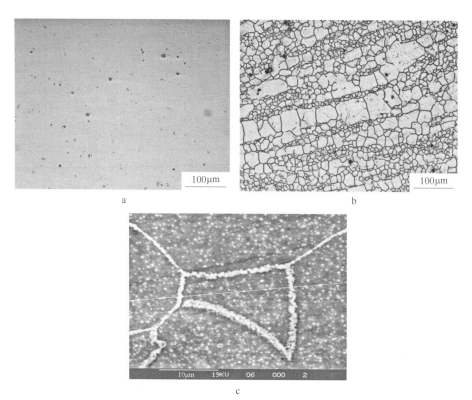

图 11-71 动叶片夹杂物（a）、晶粒度（b）和强化相及晶界（c）

裂纹源附近横切面的组织观察可以看出，裂纹源部位从外表面向里已经有晶界优先开裂，如图11-72所示。而从图11-70榫槽的接触面情况看，接触处可观

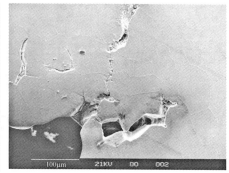

图 11-72 晶界开裂情况

察到局部的亮斑，说明接触面处存在局部应力集中。

接触面局部应力集中，造成外表面晶界优先开裂，是造成断裂的主要原因。

从解剖分析结果可以看出，热处理采用1020℃固溶处理制度，运行仅2个月后合金的冲击性能基本没有下降，夹杂物正常，晶粒度存在混晶现象，强化相没有发生失稳，但晶界碳化物析出相较多。

主要的断裂原因为接触不均匀造成局部应力集中，表面的晶界优先开裂，形成裂纹源，在随后疲劳蠕变应力和腐蚀介质的作用下，裂纹加速扩展最终导致动叶片的断裂。

11.3.12 重催装置烟机转子动叶片断裂原因分析

该动叶片从投用到断裂共使用约20000h，动叶片执行的是1020℃的热处理制度，使用后室温冲击性能为25J。断裂叶片如图11-73所示。

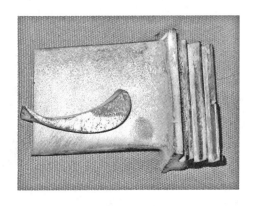

图11-73 叶片宏观形貌

从图11-74可以看出，该动叶片夹杂物控制合理，属正常范围，但晶粒度明

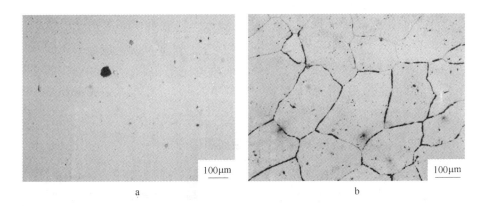

图11-74 动叶片夹杂物（a）和晶粒度（b）

显偏大。晶界析出相已经明显增加，基本上晶界碳化物已经呈现晶界碳化物连续膜状，如图 11-75 所示。

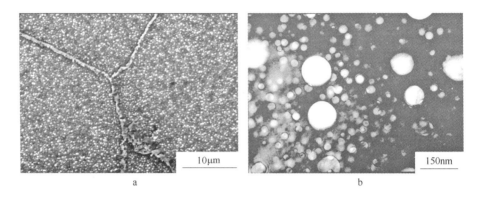

图 11-75 晶界相（a）和强化相（b）

裂纹源起始位置的外界面上从表面向里已经有晶界优先开裂，也就是说，该动叶片在实际使用后，晶界已经发生了明显的脆化，在氧化介质和应力作用下，首先在样品的表面应力集中处如表面或近表面缺陷和晶界等处优先开裂，晶界开裂后，在环境的作用下沿着晶界向内扩展，如图 11-76 所示。

从解剖分析结果可以看出，热处理采用 1020℃ 固溶处理制度，运行 20000 多小时，室温冲击韧性下降至 25J，晶粒度偏大。该动叶片的断裂主要是由于在实际服役过程中合金的晶界发生了失稳弱化，在叶片叶身部分的缺陷处产生局部的应力集中，首先

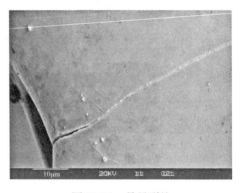

图 11-76 晶界裂纹

在应力集中处发生晶界脆化开裂，夹杂物的存在造成了局部的应力集中同时也成为裂纹萌生的优先位置，随后萌生裂纹的缺陷和开裂晶界在疲劳和蠕变的交互作用下，合金发生了疲劳和沿晶开裂交互作用下的裂纹扩展模式，疲劳和蠕变的交互作用最终导致叶片的断裂。

11.3.13 催化装置 YL15000B 烟机叶片断裂原因分析

该烟机因两片动叶片断裂造成停机，累计运行时间为 7 个月，如图 11-77 所示。执行的是 1020℃ 的热处理制度。服役后的室温冲击性能为 70J。

明显的特征是，动叶片根部进气侧有被冲刷损伤所留下的缺陷，仔细观察可

图 11-77　叶片宏观形貌

以认为，在烟机服役过程中，冲刷过程极不均匀的，局部区域存在严重的加重冲蚀作用。该动叶片夹杂物控制合理，局部存在混晶组织，但不严重，如图 11-78 所示。

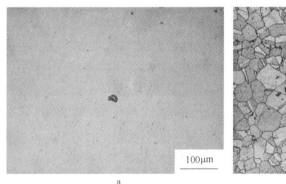

图 11-78　夹杂物（a）和晶粒度（b）

从图 11-79 可以看出，动叶片强化相弥散分布均匀且没有粗化长大，说明合

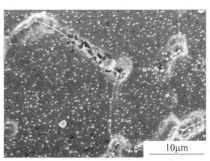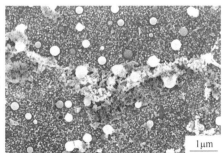

图 11-79　晶界相（a）和强化相（b）

金的强化相并没有失稳。合金的晶界没有发生宽化现象，没有出现晶界的宽化和析出相呈现连续封闭膜的组织特征，也就是说合金的晶界没有观察到复杂的碳化物反应导致的晶界宽化现象。

叶片损伤主要是由冲刷造成的，如图 11-80 所示。冲刷形成冲刷缺口后，在烟机振动等复杂因素作用下，发生冲刷⇌磨损⇌氧化⇌扩展⇌再冲刷磨损氧化扩展的相互作用过程。同时，从对合金的进一步分析可知，合金材质没有发生变化，高冲击性能表现出合金具有良好的塑性以抵抗裂纹的扩展，这从冲刷造成的缺口并向内延伸如此长的距离，并没有造成叶片的断裂，其平直断的和氧化颜色就可以看出，在随后的快速扩展和瞬间断裂前，该叶片已经"带病工作"了很长的时间。从另外一个侧面证明了 GH4738 合金优越的综合力学性能。至于对叶片造成冲刷的不均匀性，可能与烟气的作用方向不均匀有关。

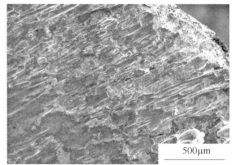

500μm

图 11-80　叶片冲刷

从解剖分析结果可以看出，热处理采用 1020℃固溶处理制度，运行了 7 个月，运行后室温冲击韧性很高。夹杂物正常，存在局部混晶。强化相没有发生失稳，晶界也属于正常。因此，该动叶片的损伤主要是由烟气作用不均匀造成局部过于集中的冲蚀损伤为主导因素造成的。分析的动叶片在服役 7 个月后，合金微观组织并没有发生失稳现象，力学性能也没有发生较大的变化，说明材料没有失效。至于对叶片造成冲刷的不均匀性，可能与烟气的作用方向不均匀有关。

参 考 文 献

[1] Tabakoff W, Hamed A, Ramachandran J. Study of metal erosion in high-temperature coal gas streams [J]. Engineering For Power, 1980, 102(1): 20~22.

[2] Sexton C L. Alloy development by laser cladding [J]. Journal of laser applications, 2001, 13(1): 2~11.

[3] Byrne J, Kan N Y K, Hussey I W, et al. Influence of sub-surface defects on low-cycle fatigue life in a gas turbine disk alloy at elevated temperature [J]. International Journal of Fatigue, 1999, 21: 195~206.

[4] Mandy L B, Andrew H R. Evaluation of the influence of grain structure on the fatigue variability of waspaloy. Superalloys 2008. Roger C R. TMS, 2008: 583~588.